Elektrische Maschinenverstärker

Elektrische Maschinenverstärker

Von

Dr.-Ing. G. Loocke
Berlin-Grunewald

Mit 171 Abbildungen

Springer-Verlag
Berlin / Göttingen / Heidelberg
1958

ISBN-13:978-3-642-92740-9 e-ISBN-13:978-3-642-92739-3
DOI: 10.1007/978-3-642-92739-3

Vorwort

Der elektrische Maschinenverstärker ist eine Sonderbauform der Gleichstrommaschine. Er verdankt seine Entstehung der modernen Regelungstechnik. Diese benötigte einen leistungsfähigen, betriebssicheren Verstärker für die Aufgabe, Leonardantriebe großer Leistung, große Synchron-Schweißmaschinen u. ä. Maschinen auf einem Leistungsniveau von wenigen Watt zu steuern.[1] Die Forderung der Regelungstechnik nach kleinen Steuerleistungen führte zur Entwicklung mehrerer Typen von Verstärkermaschinen, in der Mehrzahl der Fälle aus bekannten Konstruktionen heraus, von denen neben der gewöhnlichen einstufig wirkenden Gleichstrommaschine vor allem die zweistufig wirkenden Querfeld-Maschinenverstärker überragende Bedeutung gewonnen haben.

Die Maschinenverstärker, die heute meist in Verbindung mit magnetischen und elektronischen Vorverstärkern für winzigste Eingangsleistung eingesetzt sind, schlossen nicht nur eine Lücke in der Regelungstechnik, sondern gaben auch von sich aus den Anstoß zur Automatisierung industrieller Arbeitsprozesse. Das Gebiet der elektrischen Maschinenverstärker ist deshalb einer besonderen Behandlung wert.

Zwar finden sich bereits vorzügliche Darstellungen einzelner Probleme aus dem Gebiet, so z. B. in der 3. und 4. Auflage des Buches von NÜRNBERG *Prüfung elektrischer Maschinen* und in dem in deutscher Übersetzung vorliegenden Buch von MEJEROW *Grundlagen der selbsttätigen Regelung*, doch hat eine zusammenfassende Darstellung des gesamten Gebietes in der deutschen Literatur bisher gefehlt. Naturgemäß muß in einer solchen Darstellung die Anpassung der Maschinenverstärker an ein gegebenes Antriebsproblem breiten Raum einnehmen, zumal die vorliegende Arbeit ja nicht nur die Fachingenieure ansprechen soll, die sich mit der Berechnung, Konstruktion und Prüfung dieser Maschinen befassen, sondern auch den großen Kreis der projektierenden Ingenieure und nicht zuletzt den Betriebsingenieur mit dem Betriebsverhalten der Maschinenverstärker und mit den Problemen des Einsatzes im Regelkreis vertraut machen soll. Die zweckmäßige Anwendung der Verstärkermaschinen wird dabei durch zahlreiche Beispiele aus der Praxis näher erläutert. Bei der Darstellung der Erregungsprobleme

[1] Bei den stromrichtergespeisten Antrieben war das Problem der Steuerung auf kleinem Leistungsniveau mit Hilfe der Gittersteuerung gelöst worden.

wurden im wesentlichen die Arbeiten R. RÜDENBERGS *Elektrische Schaltvorgänge in geschlossenen Starkstromkreisen* zu Grunde gelegt.

Bei der Abfassung der Arbeit hat mich besonders die Allgemeine Elektricitäts-Gesellschaft mit wertvollen Unterlagen unterstützt. Ihr und vielen ihrer Ingenieure danke ich für die wertvollen Hinweise, die sie mir für die textliche Gestaltung gaben. Mein Dank gebührt ferner den Siemens-Schuckert-Werken sowie zahlreichen Firmen des Auslandes für die reichhaltigen Unterlagen, die sie mir zur Verfügung stellten. Zur besonderen Dankbarkeit bin ich dabei den Herren BAUDISCH von SSW, Berlin, HEUMANN von der General-Electric, Schenectady, VALENTIN von der Alsthom, Belfort, und BLACKHURST von der Macfarlane-Engineering, Glasgow, verpflichtet. Ferner gewann ich aus den Diskussionen mit Herrn Prof. NÜRNBERG, der auch die Anregung zu dem Titel des Buches gab, für mich wertvolle Hinweise.

Dem Springer-Verlag danke ich für eine gute Zusammenarbeit und für seine erfolgreichen Bemühungen, das Buch in sehr guter Ausstattung herauszubringen.

Berlin, im Januar 1958

G. Loocke

Inhaltsverzeichnis

A. Einleitung

Die Entwicklung, welche die Technik der elektromotorischen Antriebe während des zweiten Weltkrieges und in den folgenden Jahren genommen hat, ist häufig als *Renaissance des Gleichstroms* bezeichnet worden. Der Gleichstrom, aus der Energieerzeugung und -verteilung nahezu vollständig verschwunden, hat viele Gebiete der Antriebstechnik zurückgewonnen.

Bei den Industrie-Antrieben kam der Anstoß zu dieser Entwicklung von technologischer Seite, wobei ständig eine Steigerung der Produktionsmenge, z. B. bei Hebezeugen und Fördermitteln, in vielen Fällen außerdem noch eine Steigerung von Güte oder Genauigkeit der Erzeugnisse verlangt wurde, z. B. in den Walzwerken und bei Werkzeugmaschinen. Zwangsläufig muß dabei der Antriebsmotor immer näher an den Arbeitsprozeß heranrücken und sich den Bedingungen dieses Prozesses unterordnen. Drehzahl und Drehmoment können nicht mehr vom Bedienungspersonal willkürlich eingestellt werden, sondern müssen sich selbsttätig den Bedingungen des Arbeitsprozesses anpassen. Die Regelungstechnik ist in nahezu alle Gebiete der Verfahrenstechnik eingedrungen.

Der Drehstrom-Käfigläufermotor, an Einfachheit des Aufbaus nicht zu übertreffen, erfüllt die Bedingungen des hochwertigen Antriebs nicht, denn er ist an eine feste Drehzahl gebunden. Der Schleifringläufer erkauft die Drehzahlstellung mit schlechtem Wirkungsgrad. Die Einstellung der Drehzahl mit Hilfe von Widerständen im Läuferkreis erfordert außerdem einen erheblichen Aufwand an Stellgeräten. Auf niedrigem Leistungsniveau und praktisch verlustlos stellbar in der Drehzahl ist der Drehstrom-Kommutatormotor, der sich in Deutschland für manche Antriebsaufgaben bewährt hat. Aber auch bei ihm muß die Drehzahl durch einen mechanischen Stellvorgang geändert werden: Bürstenverschiebung oder Verstellung eines Drehtransformators.

Einfache mechanische Stellgetriebe erfüllen die Forderungen des hochwertigen Antriebes nicht. Selbst die Stellmöglichkeiten hydraulischer Getriebe entsprechen häufig nicht diesen Forderungen.

Unerreicht in seiner Anpassungsfähigkeit an gegebene Antriebsbedingungen ist der fremderregte Gleichstrommotor. Für die Drehzahl eines Gleichstrommotors gilt bekanntlich:

$$n = \frac{U - J\,R_A}{c\,\Phi} \approx \frac{U}{c\,\Phi} \tag{1}$$

wobei

U die Ankerspannung
R_A den Ankerwiderstand
c eine Maschinenkonstante
J den Ankerstrom
Φ den Maschinenfluß

bedeuten.

Für das Drehmoment gilt:

$$M = c\,J\,\Phi - M_{verl} \approx c\,J\,\Phi \qquad (2)$$

(M_{verl} Verlustmoment durch Eisen- und Reibungsverluste).

Drehzahl und Drehmoment lassen sich also durch die elektrischen Größen Ankerspannung U, Ankerstrom J und Erregerstrom i (maßgebend für den magnetischen Fluß Φ) einstellen. Der Gleichstromantrieb wird in der Mehrzahl der Fälle aus einer Gleichspannungsquelle mit veränderlicher Ausgangsspannung U gespeist. Hierfür kommt der Gleichstromgenerator (LEONARDschaltung) und da, wo die Betriebsverhältnisse es zulassen, der Stromrichter in Betracht. Da im Zusammenhang mit Stromrichtern elektrische Maschinenverstärker nicht verwendet werden, kann der in neuerer Zeit immer mehr an Bedeutung gewinnende Stromrichterantrieb im Rahmen dieses Buches nicht behandelt werden.

In der LEONARDschaltung wird der Anker des Gleichstrommotors mit dem eines Generators verbunden. Eine Hilfsspannungsquelle erzeugt die Erregerspannung für Motor und Generator. Die Einstellung der Motordrehzahl erfolgt über den Erregerstrom des Generators (bestimmt die Ankerspannung U) und des Motors (bestimmt den magnetischen Fluß Φ des Motors). Beim klassischen LEONARDantrieb steht ein Erregernetz konstanter Spannung zur Verfügung. Die Erregerströme von Motor und Generator werden über Widerstände (Feldsteller) eingestellt. Auf diese Weise wird die Leistung im LEONARDankerkreis mit Hilfe der um mindestens eine Größenordnung kleineren Erregerleistung beeinflußt. Diese Möglichkeit, Drehzahl und Drehmoment des Gleichstrommotors durch elektrische Gleichgrößen auf einem niedrigen Leistungsniveau beeinflussen zu können, hat das Gebiet hochwertiger Regelantriebe in der Industrie dem Gleichstrommotor zurückerobert. Aus dem gleichen Grunde bevorzugen gewisse Antriebe von Verkehrsmitteln heute den Gleichstrom. Anwendung findet er vor allem auf Spezialfahrzeugen, deren Betriebskennlinie bestimmten Arbeitsbedingungen angepaßt werden muß, z. B. auf Fährschiffen. Bei anderen elektrischen Fahrzeugantrieben gewährleistet die Gleichstromübertragung erst eine rationelle Ausnutzung der Kraftmaschine, z. B. bei Diesellokomotiven.

Der LEONARDgenerator ist als Urform eines elektrischen Maschinenverstärkers anzusehen, denn er verstärkt die dem Feld zugeführte Erregerleistung zu einer größeren, der Ankerwicklung zu entnehmenden elektrischen Leistung. Die Hilfsenergie für den Verstärkungsvorgang wird dem Generator durch die Antriebswelle mechanisch zugeführt.

Bei großen Gleichstrommaschinen kann man wegen der hohen Erregerleistung nicht mehr mit handbetätigten Feldstellern üblicher Bauart arbeiten. Die Widerstandsstufen im Erregerkreis der Gleichstrommaschine können dann mit Schützen geschaltet werden, die von einem Steuerschalter aus zu betätigen sind. Diese Anordnung ermöglicht jedoch bei wirtschaftlichem Aufwand keine so feinstufige Einstellung des Erregerstromes, wie sie mit Feldstellern erreicht werden kann.

Es sind nun auch für größere Erregerleistungen feinstufige Feldsteller gebaut worden, die aber nicht mehr von Hand, sondern hydraulisch oder pneumatisch betätigt werden. Diese Technik kann auch dort angewandt werden, wo die Einstellung nicht willkürlich durch den Bedienungsmann vorgenommen, sondern von der Änderung gewisser Betriebsgrößen oder Störeinflüsse abhängig gemacht werden soll (Übergang zur Automatisierung). Durch die Stellgrößen — in der Regel durch Gleichspannungen oder Ströme auf niedrigem Leistungsniveau abgebildet — werden dann Steuerventile betätigt, die den Druckluft- oder Druckölstrom für die eigentlichen Stellorgane beeinflussen.

Die moderne Schaltungstechnik verfolgt nun das Ziel, Schaltvorgänge in den Erregerkreisen großer Gleichstrommaschinen überhaupt zu vermeiden. Das wird in einfacher Weise erreicht, wenn die Erregung der Gleichstrommaschinen nicht mehr aus einer Hilfsspannungsquelle konstanter Spannung, sondern aus einer Erregermaschine erfolgt, die unmittelbar in die Erregerwicklung der großen Maschine einspeist. Der Erregerstrom der Hauptmaschine kann dann auf dem um eine Größenordnung kleineren Leistungsniveau der Erregerleistung dieser Erregermaschine eingestellt werden.

Die Leistungsverstärkung, die mit einer derartigen Anordnung, einer sog. LEONARDschaltung zweiter Ordnung, zwischen dem Erregerkreis der Erregermaschine und der Ankerleistung im LEONARDkreis erzielt werden kann, ist nun für moderne Antriebe noch zu klein. Aus diesem Gedanken heraus sind Gleichstrommaschinen entwickelt worden, die auf einen besonders hohen Verstärkungsfaktor, d. h. auf ein möglichst großes Verhältnis von Ankerleistung zu Erregerleistung hin gezüchtet sind und die als Verstärkermaschinen = Maschinenverstärker bekannt sind. Mit diesem Bauelement der modernen Antriebs- und Regelungstechnik soll sich das vorliegende Buch befassen.

Die Forderungen an Aufbau und Betriebsverhalten dieser Maschinen sind nur aus dem Einsatz der Maschinen in Steuerkette oder Regelkreis verständlich. Es wird deshalb zunächst über die Grundschaltungen: — Steuerkette und Regelkreis — und ihr Verhalten im stationären und dynamischen Zustand berichtet. Aufbau und Arbeitsweise der verschiedenen Verstärkermaschinen und ihre Betriebseigenschaften werden im zweiten Abschn. des Buches behandelt, wobei die Querfeld-Verstärkermaschine (Amplidyne) im Vordergrund steht. Der dritte Abschn. schildert den Einsatz der Maschinenverstärker in einzelnen Gebieten der Industrie, der Energieversorgung und des Verkehrs.

B. Der Maschinenverstärker im Regelkreis

I. Stell-, Steuer- und Regelvorgänge (allgemeine Betrachtung)

An Hand einfacher Aufgaben aus der Schaltungstechnik soll zunächst die unterschiedliche Problemstellung beim Stellen, Steuern und Regeln erörtert werden.

Grundaufgabe A. Ein Gleichstromgenerator wird von einem Dieselmotor angetrieben. Die Spannung des Gleichstromgenerators soll in weiten Grenzen zwischen Null und einem Höchstwert stellbar sein.

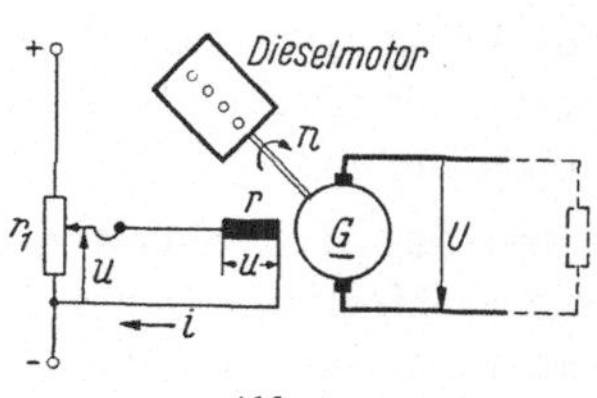

Abb. 1
Fremderregter Gleichstrom-Generator

Diese Aufgabe ist in einfacher Weise zu lösen, wenn der Generator mit Fremderregung wie in Abb. 1 ausgerüstet wird: Ein Gleichstromerregernetz konstanter Spannung sei vorhanden. Mit Hilfe des Spannungsteilers (Potentiometer) r_1 kann eine beliebige Erregerspannung u eingestellt werden. Sie bestimmt den Erregerstrom $i = \frac{u}{r}$, wobei mit r der Widerstand der Erregerwicklung bezeichnet wird, und damit auch den magnetischen Fluß Φ, dem die EMK des Generators proportional ist. Die Ankerspannung U stellt sich dann entsprechend der Generator-EMK und dem Ankerstrom J ein, wobei die Beziehung gilt:

$$U = EMK - J\,R_A = c\,\Phi\,n - J\,R_A \tag{3}$$

n = Drehzahl, R_A = Widerstand im Ankerkreis des Generators.

Unter idealisierten Verhältnissen (Vernachlässigung der Widerstandsänderung im Erreger- und Ankerkreis unter dem Einfluß der Wicklungserwärmung, Vernachlässigung der Hysteresis, keine Drehzahlschwankungen, konstanter Belastungswiderstand) schreibt damit die Erregerspannung u eindeutig die Höhe der Ankerspannung U vor, d. h. einer bestimmten Erregerspannung u_0 ist auch eine ganz bestimmte Ankerspannung U_0 zugeordnet. Man kann also die Ankerspannung U mit Hilfe der Erregerspannung u bzw. die Ankerleistung $U\,J$ (Ausgangsleistung) mit Hilfe der wesentlich kleineren Erregerleistung $i^2\,r$ (Eingangsleistung) *steuern.* Mit dem Begriff *steuern* verbindet man die Vorstellung, eine physikalische Größe mit Hilfe einer anderen, die physikalisch nicht unbedingt gleichartig sein muß, vorzuschreiben (Grundgedanke: ein Schiff steuern — Kurs eines Schiffes mit Hilfe der Lage des Ruders vorschreiben). Die Steuergröße *Erregerspannung* u liegt beim fremderregten Generator auf einem kleineren Leistungsniveau als die gesteuerte Größe (Ausgangsgröße) *Ankerspannung* U.

Grundaufgabe B. Ein Gleichstromgenerator wird von einem Dieselmotor angetrieben. Die Ankerspannung des Gleichstromgenerators soll auf möglichst kleinem Leistungsniveau zwischen Null und einem Höchstwert gesteuert werden.

Soll dieses Leistungsniveau kleiner als das des Generator-Erregerkreises sein, kuppelt man den Generator zweckmäßig mit einer zweiten Gleichstrommaschine, die die Erregerwicklung des Hauptgenerators speist — Erregermaschine —. Dann kann man mit Hilfe eines Spannungsteilers im Erregerkreis der Erregermaschine über die Erregerspannung $u\alpha$ die Ankerspannung u der Erregermaschine einstellen und steuert so die Ankerspannung des Hauptgenerators U mit Hilfe der Erregerspannung $u\alpha$ der Erregermaschine; man hat also die Steuerung aus dem Erregerkreis des Hauptgenerators in den Erregerkreis der Erregermaschine und damit auf ein wiederum um eine Größenordnung kleineres Leistungsniveau verlegt.

In modernen Anlagen setzt man anstelle einer gewöhnlichen Erregermaschine gern eine Verstärkermaschine ein. Bei diesen Maschinen, die für Aufgaben der Steuerungs- und Regelungstechnik entwickelt worden sind, ist das Verhältnis von der dem Anker entnehmbaren Ausgangsleistung zu der der Erregerwicklung zuzuführenden Eingangsleistung, der sog. Verstärkungsfaktor, um mindestens eine Ordnung größer als bei gewöhnlichen Gleichstrommaschinen.

$$\text{Verstärkungsfaktor} = \frac{\text{Ausgangsleistung}}{\text{Eingangsleistung}}\left(= \frac{\text{Ankerleistung}}{\text{Erregerleistung}}\right) \quad v = \frac{N_A}{N_E}. \quad (4)$$

Die Verstärkermaschinen = Maschinenverstärker, deren Aufbau, Arbeitsweise und Betriebsverhalten im Teil C dieses Buches gebracht werden, sollen in allen Schaltbildern dieses Buches einheitlich mit dem nebenstehenden Zeichen symbolisiert werden.

Wenn die Aufgabenstellung für die Steuerung ein noch kleineres Leistungsniveau fordert, als es der Eingangskreis der Verstärkermaschine bietet — diese Aufgabenstellung kommt bei Fernsteuerungen, insbesondere bei Funkfernsteuerungen vor — werden weitere Verstärkungsglieder (elektronische oder magnetische Vorverstärker) benutzt. Abb. 2a zeigt das Prinzip einer derartigen Schaltung.

Zur Darstellung von Steuervorgängen ist es nun zweckmäßig, sich eine besondere Symbolik zu schaffen. Um diese Vorgänge zu erfassen, braucht man ja nicht unbedingt die vollständige Schaltung, sondern nur die für den jeweiligen Steuervorgang charakteristischen Eigenschaften der einzelnen Glieder festzuhalten. Man stellt die Glieder dabei durch Blöcke (Blockschaltbild) dar, in die man die charakteristischen Eigenschaften einschreibt. Die Schaltung von Abb. 2a kann beispielsweise auf die in Abb. 2b dargestellte Symbolik gebracht werden: eine Kette von Blockschaltelementen, die sogenannte *offene Steuerkette*, nach neueren Vorschlägen auch als *Steuerstrang* bezeichnet, das Kennzeichen einer Steuerung.

a
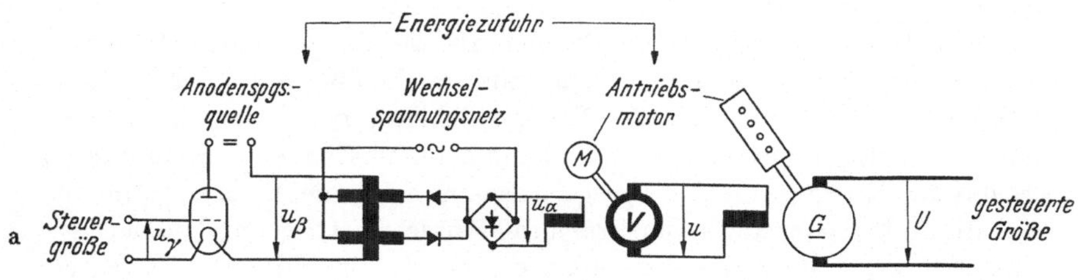

b

Abb. 2 a u. b. Beispiel für eine Steuerkette (Steuerstrang)
a) Schaltbild, b) Symbolische Darstellung im Blockschaltbild

Grundaufgabe C. Ein Gleichstromgenerator wird von einem Dieselmotor angetrieben. Die Ankerspannung des Gleichstromgenerators soll zwischen Null und einem Höchstwert gesteuert werden. Einer bestimmten Steuergröße (z. B. u_0 nach Abb. 1) *soll* eine bestimmte Ausgangsgröße (z. B. U_0 nach Abb. 1) entsprechen (Sollwert der Ausgangsgröße).

Diese Forderung ist mit der Steuerkette in der Praxis nicht zu erfüllen. Der eindeutige Zusammenhang zwischen Erregerspannung u und Ankerspannung U besteht nämlich beim fremderregten Generator nicht mehr, sobald, was in der Praxis immer der Fall ist, eine der Idealisierungen nicht mehr zutrifft. Fällt z. B. die Drehzahl des Dieselmotors um einen Wert $\frac{\Delta n}{n_0} = 0{,}1$ ab, sinkt auch die Ankerspannung U mit guter Annäherung um $\frac{\Delta U}{U_0} = 0{,}1$. Zum Ausgleich müßte die Erregerspannung u_0 um einen entsprechenden Betrag Δu_0 erhöht werden. Das kann geschehen, indem man von Hand die Erregerspannung nachstellt (Handregelung). In vielen Fällen ist jedoch eine Anordnung erwünscht, die diesen Ausgleich selbsttätig durchführt.

Die moderne Technik bevorzugt dabei eine Schaltung, deren Grundform unter dem Namen K-13-Schaltung (DRP 287 146 vom 2. 3. 1912) bekannt, Bild 3a zeigt. Der am Spannungsteiler r_1 abgegriffenen Spannung E wird die Ankerspannung U *gegengekoppelt.* Über der Erregerwicklung liegt die Spannung $u = E - U$. Bei der K-13-Schaltung wird also am Spannungsteiler eine wesentlich größere Spannung als beim fremderregten Generator (Abb. 1) abgegriffen $E \gg u$. Der Überschuß $E - u$ wird durch die Ankerspannung U aufgehoben. Der Erregerkreis sei so abgeglichen, daß sich unter den gleichen idealisierten Verhältnissen wie beim gewöhnlichen fremderregten Generator die Erregerspannung u_0 und die Ankerspannung U_0 einstellen, also $u_0 = E - U_0$.

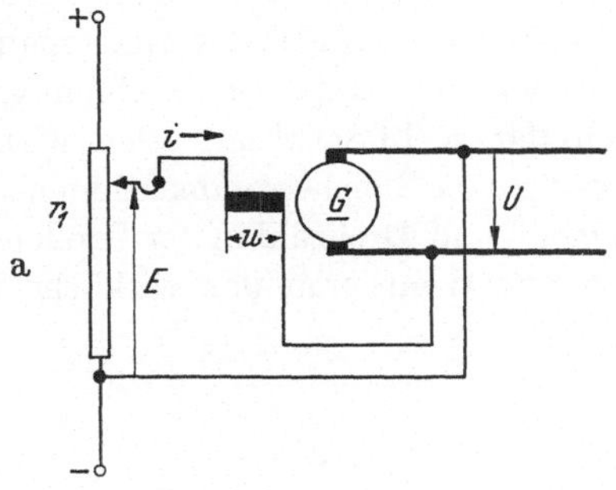

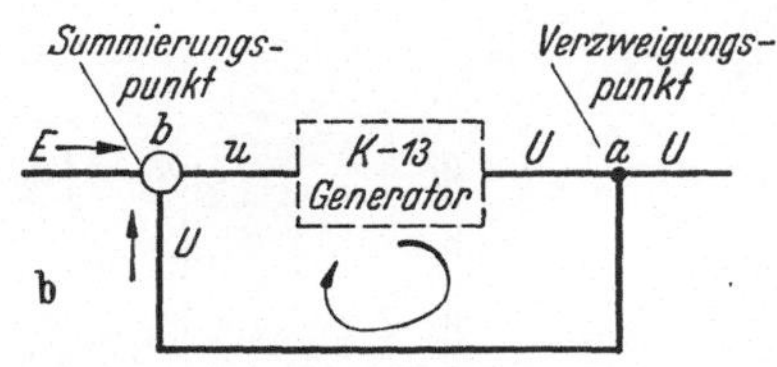

Abb. 3 a u. b. Generator in *K*-13-Schaltung
a) Schaltbild, b) Blockschaltbild

Was geschieht nun bei der *K*-13-Schaltung, wenn die Drehzahl um $\frac{\Delta n}{n_0} = 0{,}1$ fällt? Beim gewöhnlichen fremderregten Generator verursacht dieser Drehzahlabfall $\frac{\Delta n}{n_0}$ einen mit guter Annäherung proportionalen Ankerspannungsabfall $\frac{\Delta U}{U_0}$. Ein Sinken der Ankerspannung muß bei der *K*-13-Schaltung den Gleichgewichtszustand im Erregerkreis $u_0 = E - U_0$ (Abb. 4a) stören, denn es ist jetzt

$$u = E - \left(U_0 - \frac{\Delta n}{n_0} U_0\right)$$

$$u = E - U_0 + \frac{\Delta n}{n_0} U_0$$

$$u = u_0 + \Delta u_0 .$$

Das Ergebnis dieser Rechnung läßt sich physikalisch wie folgt deuten: Wenn die Ankerspannung sinkt, tritt eine erhöhte Erregerspannung auf (Abb. 4b), die selbsttätig den Ausgleich des Spannungsabfalls $U_0 \frac{\Delta n}{n_0}$ einleitet. Es tritt also die gleiche Wirkung ein, wie wenn die Erregerspannung von Hand nachgestellt würde. Aus einer „*Handregelung*" ist damit eine *selbsttätige Regelung* geworden, für die nach der derzeitigen Terminologie der Begriff einer Regelung vorbehalten ist.

Die ausgleichende Wirkung der *K*-13-Schaltung ist dann besonders gut, wenn die am Spannungsteiler abgegriffene Spannung E wesentlich größer als der Spannungsverbrauch an der Erregerwicklung u ist. D. h. der gesamte Leistungsaufwand $E\,i$ muß möglichst groß gegenüber dem Leistungsverbrauch der Erregerwicklung $u\,i = i^2\,r$ sein. Diese Gesetzmäßigkeit, deren genaue mathematische Untersuchung den Kap. B II und B III vorbehalten ist, wird im Prinzip durch die Abb. 4b und 4c veranschaulicht. In Abb. 4b ist $E = 4\,u_0$; in Abb. 4c ist $E = 7\,u_0$. Bei 4c steht für den Ausgleich des Ankerspannungsabfalls ein wesentlich höherer Wert Δu_0 als bei 4b zur Verfügung. Diese Gesetzmäßigkeit setzt aber auch der K-13-Schaltung eine wirtschaftliche Grenze: Die Erregerleistung von Gleichstrommaschinen $i^2\,r$ liegt bekanntlich je nach Drehmoment und Drehzahl in der Größenordnung von 1 bis 10% der Ankerleistung. Wenn nun der wirkliche Leistungsaufwand im Erregerkreis

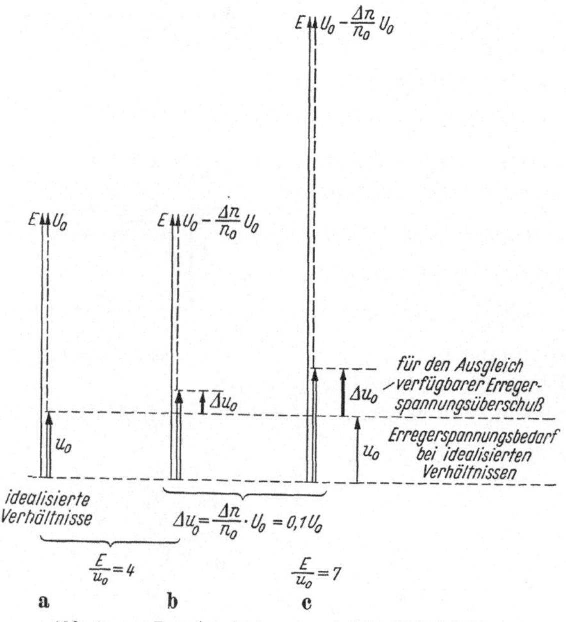

Abb. 4a—c. Zum Ausgleichvorgang bei der K-13-Schaltung

$E\,i \gg i^2\,r$ sein muß, erreicht $E\,i$ die Größenordnung der Ankerleistung. Man speist deshalb bei modernen Schaltungen mit der Differenz $E - U$ nicht unmittelbar das Generatorfeld, sondern den Eingang eines Verstärkungsgliedes, beispielsweise den Eingangskreis einer Verstärkermaschine, das die Erregerwicklung des Generators speist (Abb. 5a). Je größer die Verstärkung dieses Gliedes ist, auf um so kleinerem Leistungsniveau kann der Größenvergleich $u = E - U$ erfolgen; umgekehrt ausgedrückt: je kleiner die Eingangsleistung des Verstärkungsgliedes ist, um so größer kann man bei gegebener Leistung $E\,i$ das Verhältnis $\frac{E}{u}$ machen. Wenn der Größenvergleich auf einem noch kleineren Leistungsniveau stattfinden muß, als es der Eingangskreis einer Verstärkermaschine bietet, verwendet die moderne Technik vorzugsweise Maschinenverstärker mit elektronischen und magnetischen Vorverstärkern.

Es ist zweckmäßig, auch Regelvorgänge symbolisch mit Hilfe von Blockschaltbildern darzustellen, wobei in den Blöcken wieder lediglich die Funktionen der einzelnen Glieder beim Regelvorgang zum Ausdruck kommen sollen. Abb. 3b zeigt die einfache *K*-13-Schaltung, Abb. 5b die Schaltung 5a im Blockbild. Der wesentliche Unterschied zur Steuerkette (Abb. 2) besteht in der Gegenkopplung der Ankerspannung U, der Ausgangsgröße der Regelung (*Regelgröße*) auf die Steuerspannung E, die Führungsgröße der Regelung. Aus der offenen Kette, dem Symbol der Steuerung, wird der geschlossene Kreis: *Der Regelkreis*, das Symbol der Regelung.

Die bei Regelkreisen im Blockschaltbild eingetragenen Pfeile kennzeichnen nicht die Richtung von Spannungen und Strömen, sondern die Wirkungsrichtung des Regelkreises: Es wird festgestellt, wie groß U tatsächlich *ist* (Verzweigungspunkt a). Dieser *Istwert* der Regelgröße wird mit der Führungsgröße E *verglichen* (Summierungspunkt b), die von der Regelung nicht beeinflußt wird und vorgibt, wie groß die Ausgangsgröße sein *soll* (*Sollwert*). Die Differenzgröße $E - U$ tritt in die Verstärkungsglieder ein (auch der Generator kann als Verstärkungsglied aufgefaßt werden). Jede Änderung der Differenzgröße bedingt eine Korrektur der Regelgröße im gewünschten Sinne.

a

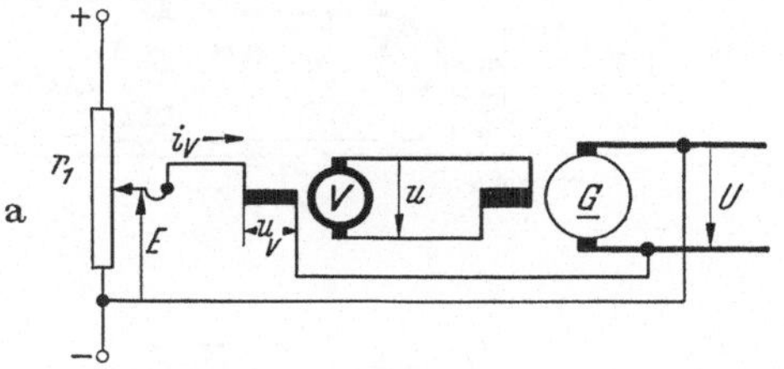

b

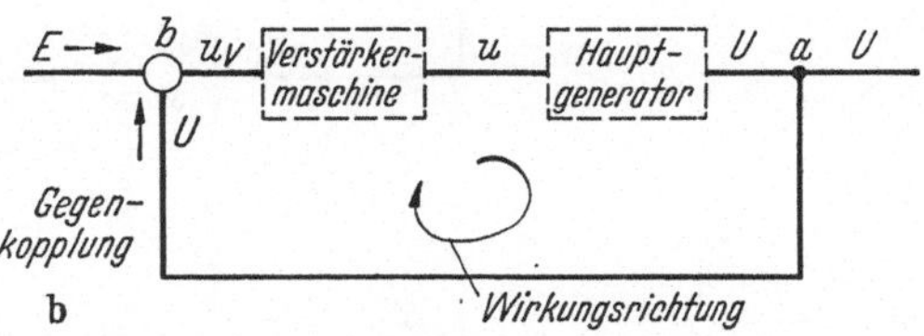

Abb. 5 a u. b. Erweiterte *K*-13-Schaltung mit Maschinenverstärker. a) Schaltbild, b) Blockschaltbild

In diesem Einführungskapitel werden nur Blockschaltbilder 1. Art verwendet. Näheres über Blockschaltbilddarstellung s. B IV 2.

Durch Gegeneinanderschalten von Führungsgröße und Regelgröße kann man nun jede beliebige physikalische Größe regeln. Abb. 6a zeigt eine Stromregelung, Abb. 6c eine Drehzahlregelung. Hier tritt das Problem der *Meßwertumformung* auf. Jede Regelung beruht auf dem ständigen Vergleich von Führungs- und Regelgröße. Vergleichen kann man aber immer nur gleichartige physikalische Größen, wie z. B. Spannungen in den Abb. 3 und 5. Die Führungsgröße der Regelung wird häufig durch eine Spannung dargestellt. Ist nun die Regelgröße ein Strom oder eine

Drehzahl (Abb. 6), muß die Regelgröße (Strom, Drehzahl) auf eine der Führungsgröße gleichartige physikalische Größe, also eine Spannung umgeformt werden: Zwischen Verzweigungs- und Summierungspunkt muß ein Meßwertumformer eingefügt werden. Bei der Stromregelung kann es ein Widerstand R sein, über dem der zu regelnde Strom J einen Spannungsabfall $J\,R$ hervorruft. Bei der Drehzahlregelung ist es eine Drehzahlgebermaschine (Tachometerdynamo), die eine drehzahlproportionale Spannung $u_{TD} \sim n$ erzeugt.

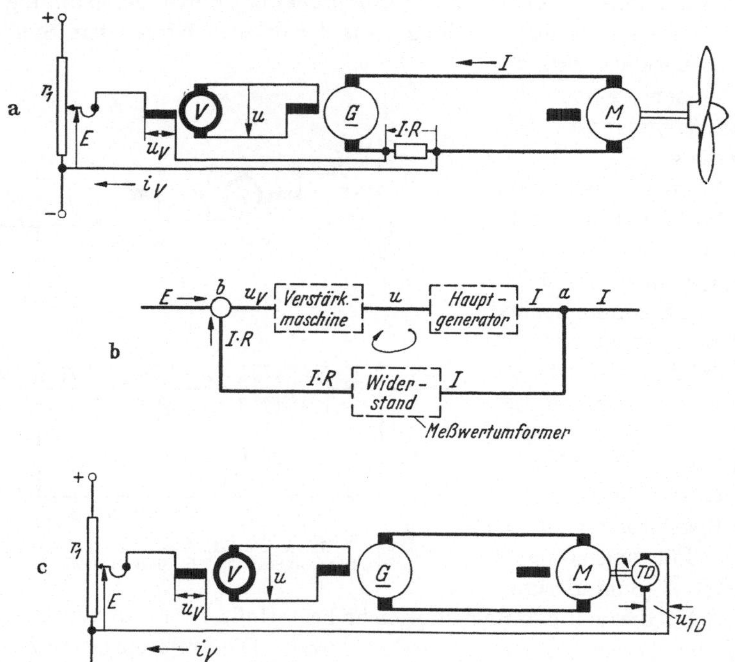

Abb. 6 a—c. a) Prinzipschaltbild einer Stromregelung (Galvanischer Vergleich von Führungs- und Regelgröße), b) Stromregelung im Blockschaltbild, c) Prinzipschaltbild einer Drehzahlregelung

Für die Maschinenverstärker ist besonders die folgende Art der Meßwertumformung von Bedeutung: Es gibt Fälle, in denen ein Spannungsvergleich wie in Abb. 3, 5 und 6 nicht möglich ist. So kann beispielsweise das Potential der Regelgröße, z. B. Ankerspannung eines Gleichstromwalzmotors so hoch sein, daß man es nicht auf die Erregerkreise übertragen will. Häufig sind auch die Spannungsverhältnisse für einen Spannungsvergleich sehr ungünstig, z. B. stehe für den Spannungsteiler r_1 in Abb. 6a eine Speisespannung von 220 V zur Verfügung, die Spannung über dem Ohmschen Widerstand R darf aber mit Rücksicht auf Stromwärmeverluste nicht höher als 1 V sein. In solchen Fällen nimmt man den sog. Durchflutungsvergleich = Ampèrewindungsvergleich vor. Man verwandelt die Führungsgröße (Steuerspannung E) in eine Steuerdurchflutung Θ_{St} und die Regelgröße J oder ihr Abbild $J\,R$ in eine Gegendurchflutung Θ_J und führt die Differenz der Durchflutungen Θ_{res} als Differenzgröße in den Regelkreis ein. (Schaltbild und Blockschaltbild 7.)

Gerade bei der Stromregelung wendet man den Durchflutungsvergleich gern an, da sich häufig der Strom in eine Gegendurchflutung mit weniger Aufwand als in eine Gegenspannung verwandeln läßt.

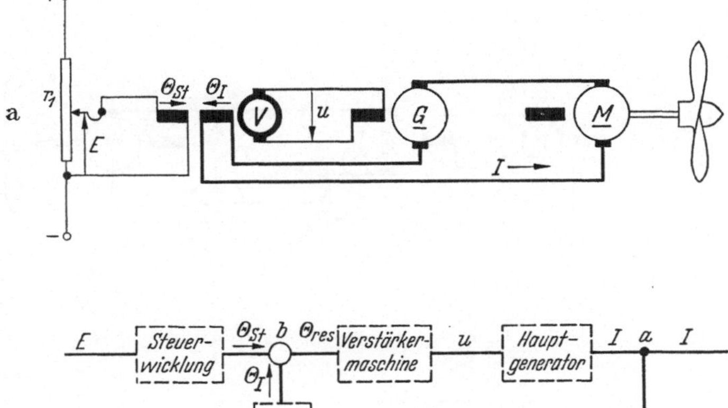

Abb. 7 a u. b. a) Prinzipschaltbild einer Stromregelung mit Durchflutungsvergleich von Führungs- und Regelgröße, b) Stromregelung mit Durchflutungsvergleich im Blockschaltbild

Der Ampèrewindungsvergleich findet seine Grenze im Wickelraum der Verstärkermaschine. Während man nämlich bei der K-13-Schaltung bzw. der ihr entsprechenden Schaltung in Abb. 5 nur eine Erregerwicklung für die wirksame Durchflutung benötigt, ist beim Ampèrewindungsvergleich eine Wicklung für die Steuerdurchflutung Θ_{St} und eine für die Gegendurchflutung Θ_{Geg} (im Schaltbild 7 die Gegendurchflutung des Stromes Θ_J) unterzubringen. Das sei anhand des folgenden Zahlenbeispiels erläutert:

Bei einer K-13-Schaltung sei $\frac{E}{u_0} = \frac{5}{1}$; dem entspricht bei einem Durchflutungsvergleich ein Verhältnis von

$$\frac{\Theta_{St}}{\Theta_{St} - \Theta_{Geg}} = \frac{\Theta_{St}}{\Theta_{res}} = \frac{5}{5-4} = \frac{5}{1}.$$

Es ist also beim Ampèrewindungsvergleich $5 + 4 = 9$ mal soviel Erregerkupfer (gleiche Ausnutzung vorausgesetzt) aufzubringen, wie bei der K-13-Schaltung. Der Ampèrewindungsvergleich läßt sich im allgemeinen nur bis zu $\frac{\Theta_{St}}{\Theta_{res}} \leqq 5$ durchführen.

Auch die Istwert-Verstärkung wird bei Stromregelungen gern angewandt. Dabei wird ein Umformerglied vorgesehen, das die Eigenschaft des Meßwertumformers mit der des Verstärkers verbindet. Abb. 8 zeigt am Beispiel einer Stromregelung, wie eine dem Strom J proportionale Durchflutung zur Erregung einer Verstärkermaschine (Strommeßmaschine) benutzt wird, deren stromproportionale Ausgangsspannung u_J dann mit der Führungsgröße E verglichen wird. Die Ist-

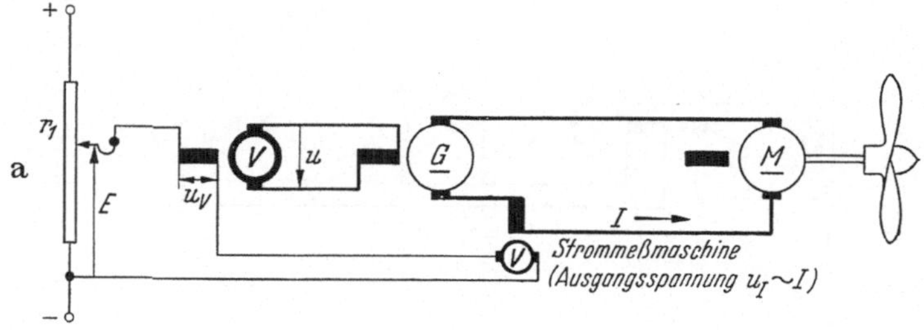

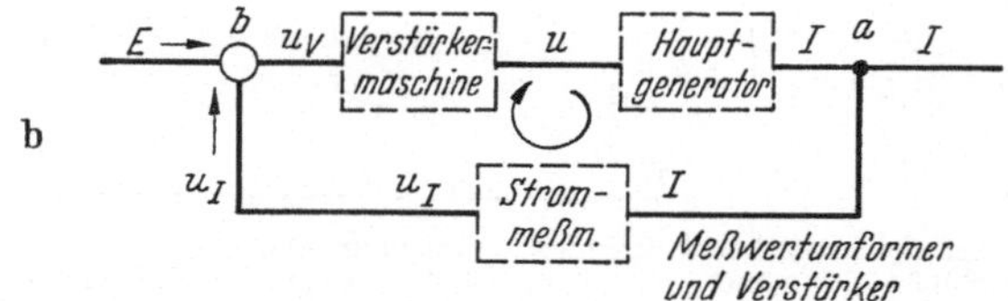

Abb. 8 a u. b. a) Prinzipschaltbild einer Stromregelung mit Istwert-Verstärkung, b) Stromregelung mit Istwert-Verstärkung im Blockschaltbild

wertverstärkung wird vorzugsweise angewendet, wenn zwar die Führungsgröße auf genügend großem Leistungsniveau, die Regelgröße dagegen nur auf einem kleinen Leistungsniveau abgebildet werden kann; z. B. bei den Regelgrößen Drehmoment und Beschleunigung.

Regelkreise sind ein Bestandteil der modernen Technik aller Fachgebiete, so beispielsweise bei Kraftmaschinen (Drehzahlregelung, Leistungsregelung), in der Wärme- und Kältetechnik (Temperatur-Regelung) und in der Technik der chemischen Apparate (Regelung von Zufluß, Druck und Konzentration); sie sind aber auch in der Natur selbst vorhanden (TUSTIN[1]).

Das klassische Beispiel ist der *Zentrifugal-Regulator* der Dampfmaschine von JAMES WATT. Ein Zentrifugal-Regulator hat bei Kraftmaschinen, beispielsweise

[1] TUSTIN: Regelung. Regelungstechnik (1953), S. 174—180.

Kolbendampfmaschinen die Aufgabe, die Drehzahl, die bei gleichbleibender Füllung stark lastabhängig ist, konstant zu halten. Zu diesem Zwecke vergleicht er Soll- und Istwert der Drehzahl und korrigiert die Abweichung von der Soll-Drehzahl durch eine Verstellung der Dampfzufuhr. Der Istwert der Drehzahl wird mit Hilfe der Zentrifugalkräfte gefesselter umlaufender Massen, der Sollwert durch die auf die Masse wirkende Erdanziehung (Gewicht), die evtl. durch den Druck einer Feder verstärkt wird, nachgebildet.

Um nun gleichartige Regelvorgänge beispielsweise an elektrischen Maschinen und Apparaten der chemischen Industrie diskutieren und insbesondere Erkenntnisse auf einem Anwendungsgebiet für ein anderes nutzbar machen zu können, mußte eine einheitliche Sprache für die *Regelungstechnik* geschaffen werden. Je weiter sich die technische Seite der Regelungstechnik entwickelte, um so notwendiger wurde die einheitliche Terminologie ihrer Begriffe.

Im Jahre 1954 wurde deshalb vom Arbeitsausschuß Regelungstechnik im Deutschen Normenausschuß das Normblatt DIN 19226[1] herausgegeben, das „die für die Planung, Erstellung, Prüfung und den Betrieb von Regelungseinrichtungen wichtigen Begriffe und Benennungen“ enthält, und vor allem der Erleichterung des Verkehrs zwischen projektierenden Firmen sowie der Verständigung mit dem Kunden dienen soll. Über das Wesen der Regelung sagt das Normblatt folgendes:

(1) Die Regelung (Das Regeln) ist ein Vorgang, bei dem der vorgegebene Wert einer Größe fortlaufend durch Eingriff aufgrund von Messungen dieser Größe hergestellt und aufrechterhalten wird. Hierdurch entsteht ein Wirkungsablauf, der sich in einem geschlossenen Kreis, dem Regelkreis, vollzieht, denn der Vorgang läuft ab aufgrund von Messungen einer Größe, die durch ihn selbst wieder beeinflußt wird.

Bei der K-13-Schaltung wird die Ankerspannung U am Verzweigungspunkt fortlaufend gemessen und mit einem Festwert E verglichen; Die Differenz $E - U$ bestimmt die Erregung des Generators und damit wieder die Ankerspannung U.

Die Regelung löst also die Aufgabe, den vorgegebenen Wert einer Größe, der ohne Regelung infolge störender Einflüsse in unerwünschter Weise veränderlich wäre, herzustellen und aufrecht zu erhalten.

Bei der K-13-Schaltung werden Spannungsänderungen, die beispielsweise als Folge von Drehzahlschwankungen auftreten, korrigiert.

Eine Regelung setzt nur innerhalb der Grenzen ihres Leistungsvermögens alle störenden Einflüsse auf den Wert der zu regelnden Größe wesentlich herab. Bei sehr genauen Regelungen kann diese Herabsetzung bis unter die Grenze der Erkennbarkeit gehen.

Ein gewisser Restfehler bleibt bei der K-13-Schaltung bestehen. Näheres s. B II 1.

(3.1) Die Größe, die geregelt wird, bezeichnet das Normblatt als Regelgröße.

Bei der K-13-Schaltung die Ankerspannung U.

[1] Normblatt DIN 19226: Regelungstechnik, Benennungen und Begriffe.

(3.11) Istwert der Regelgröße ist der Wert, den diese Größe jeweils tatsächlich hat.

(3.13) Der Sollwert der Regelgröße ist der am *Sollwerteinsteller* eingestellte Betrag der Regelgröße.

Sollwert der Regelgröße ist bei der K-13-Schaltung die Spannung U_0. Sollwerteinsteller ist bei der K-13-Schaltung der Spannungsteiler r_1.

Für die Beeinflussung des Sollwertes nennt das Normblatt folgende drei Möglichkeiten:

(3.1321) a) Festwertregelung — auch Verfahrensregelung genannt

Eine Festwertregelung liegt vor, wenn der Sollwert fest eingestellt ist; der Sollwert kann durch Bedienung des Sollwerteinstellers verstellbar sein (z. B. Regelung eines Generators auf konstante Spannung).

(3.1322) b) Zeitplanregelung

Bei einer Zeitplanregelung wird der Sollwert nach einem vorgegebenen Zeitplan selbsttätig geändert. (Wichtig für thermische Prozesse und Prozesse in der chemischen Industrie. Bei Anfahrvorgängen elektromotorischer Antriebe findet gelegentlich eine Zeitplanregelung statt.)

(3.1323) c) Folgeregelung

Bei einer Folgeregelung folgt der Sollwert dem Wert einer veränderlichen Größe, der Führungsgröße, die den Wert des Sollwertes bestimmt und die von der Regelung nicht beeinflußt wird. Angewandt bei den meisten geregelten LEONARDantrieben.

Bei der K-13-Schaltung ist E die Führungsgröße.

II. Der Regelkreis im stationären Zustand

1. *P*-Regelung

(früher statische Regelung genannt)

Das Verhalten der K-13-Schaltung bzw. der erweiterten Schaltung 5a bei Änderung des Ankerstromes J und der Drehzahl n soll anhand der Diagramme 9a, b und c untersucht werden. In den Diagrammen bilden die Abszissen-Werte die Spannungen im Erregerkreis, die Ordinaten-Werte die Ankerspannungen ab. Die stark ausgezogene Kennlinie $U = f(u)$ ——— stellt den Zusammenhang von Ankerspannung U und Spannung über der Erregerwicklung u unter idealisierten Verhältnissen (z. B. Ankerstrom $J = 0$, Drehzahl $n = n_0$) dar, gibt also an, welche Erregerspannung u zur Erzeugung einer bestimmten Ankerspannung U benötigt wird. Der Erregerspannung u_0 entspricht dabei eine Ankerspannung U_0.

a) Der Einfluß von Änderungen des Ankerstromes J (additiv überlagerter Störeinfluß) (Abb. 9a). Ein Stromanstieg von $J = 0$ auf J' hat zur Folge, daß aus der stark ausgezogenen idealisierten Kennlinie die stark gestrichelte Kurve $U = f(u)$ — — — — wird. Sie entspricht der —— Kurve, abzüglich einem konstanten Spannungswert $\Delta U_0 = J' R_A$. Unter der Einwirkung des Stromanstieges würde im ungeregelten Zustand die Spannung U_0 auf den Wert U_0' absinken. Das Diagramm 9a zeigt, wie weit mit Hilfe der Gegenkopplung dieser Spannungsabfall ausgeglichen wird.

Der Abstand zwischen der Ordinatenachse und der ihr parallelen Geraden stellt die am Spannungsteiler r_1 abgegriffene Spannung E dar. Dieser konstanten vorgegebenen Spannung wirkt die Ankerspannung U entgegen; die Gerade, die den Zusammenhang zwischen der Ankerspannung und der an der Erregerwicklung verbleibenden Spannung $u = E - U$ angibt, verläuft naturgemäß bei der K-13-Schaltung unter einem Winkel von 45° zur Waagerechten und Lotrechten, gleicher Maßstab der Achsen vorausgesetzt. Diese Gerade gibt an, welche Erregerspannung u bei konstanter Spannung E und einer bestimmten Ankerspannung U an der Erregerwicklung zur Verfügung steht.

Die Ankerspannung U muß sich bei der K-13-Schaltung so einstellen, daß die dafür benötigte Erregerspannung und die zur Verfügung stehende Erregerspannung übereinstimmen. Der Arbeitspunkt muß also der Schnittpunkt der Kurve $U = f(u)$ mit der Geraden $u = E - U$ sein. Unter idealisierten Voraussetzungen (z. B. $J = 0$; $n = n_0$) sei diese Gleichgewichtsbedingung am Punkt U_0/u_0 erfüllt (Sollwert der Ankerspannung). Eine Stromänderung von $J = 0$ auf J', unter deren Einfluß die Spannung U_0 im ungeregelten Zustand auf den Wert U_0' absinken würde, ergibt bei der K-13-Schaltung den neuen Gleichgewichtszustand U'/u'. Die Erregerspannung hat sich dabei unter dem Einfluß der Gegenkopplung selbsttätig von u_0 auf den Wert u' erhöht. Die Erhöhung der Erregerspannung bewirkt, daß die Ankerspannung nicht um $\Delta U_0 = U_0 - U_0'$, sondern nur um $\Delta U_{rest} = U_0 - U'$ fällt. Die mathematische Beziehung zwischen ΔU_{rest} und ΔU_0 läßt sich *für den Fall der Proportionalität aller beteiligten Größen* aus dem Diagramm 9a mit Hilfe geometrischer Ähnlichkeitsgesetze ermitteln. Wegen der Ähnlichkeit der Dreiecke $A P_{U_0} O$ und $P_{U_0} P_{U'} P_{U_0'}$ folgt

$$\frac{\Delta U_{rest}}{\Delta U_0} = \frac{U_0 - U'}{U_0 - U_0'} = \frac{u_0}{E}. \tag{5a}$$

Das Verhältnis von Führungsgröße zu der Differenzgröße, die sich aus der Gegenschaltung von Führungs- und Regelgröße oder den Abbildungen von beiden im idealisierten Zustand ergibt (bei der K-13-Schaltung $\frac{E}{u_0}$) sei im folgenden mit ε „Regelempfindlichkeit" bezeichnet.

Mit Hilfe dieses Ausdrucks kann für den additiven Störeinfluß geschrieben werden:

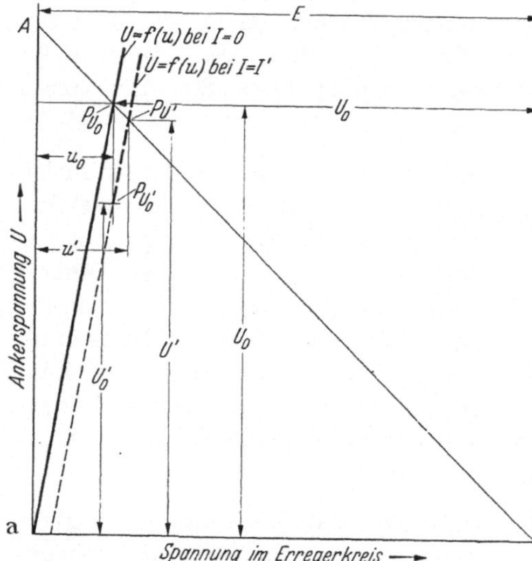

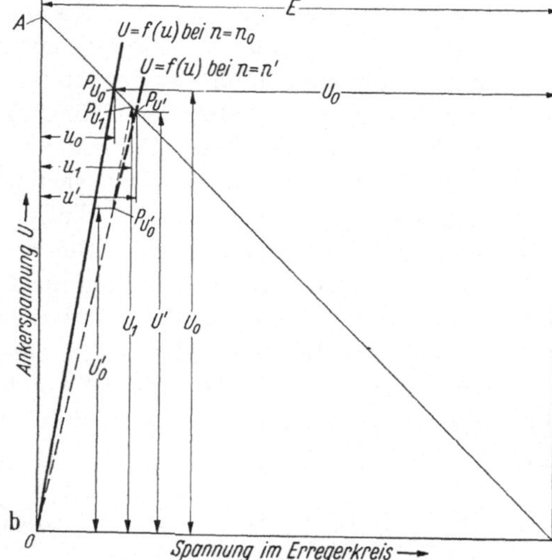

Abb. 9 a u. b. Grafische Darstellung des Ausgleichvorganges a) bei additiv überlagerter Störung, b) bei kleiner multiplikativ überlagerter Störung

$$\frac{\Delta U_{rest}}{\Delta U_0} = \frac{1}{\varepsilon}. \qquad (5\,b)$$

Gl. (5a) wird häufig auch in der Form ausgedrückt

$$\frac{\Delta U_{rest}}{\Delta U_0} = \frac{U_0 - U'}{U_0 - U_0'} = \\ = \frac{u_0}{u_0 + U_0}.$$

Bei Proportionalität aller beteiligten Größen kann gesetzt werden $U_0 = k\,u_0$. Dabei gibt k an, wie sich bei der K-13-Schaltung die vom Summierungspunkt abgehende Differenzgröße u_0 in der am Summierungspunkt ankommenden gegengeschalteten Größe U_0 abbildet. k soll deshalb als *Abbildungsfaktor* bezeichnet werden.[1]

[1] „k" wird in der Literatur verschiedentlich als „*Regelverstärkung*" bezeichnet. Da man mit dem Begriff „*Verstärkung*" vorstellungsmäßig zunächst eine *Leistungsverstärkung* verbindet, wie auch in den Begriffen Maschinenverstärker, magnetischer Verstärker, Röhrenverstärker zum Ausdruck kommt, schlägt der Verfasser vor, nicht die Begriffe *Leistungsverstärkung* und *Regelverstärkung* nebeneinander zu führen, sondern *Verstärkung* grundsätzlich im *Sinne Leistungsverstärkung* zu gebrauchen und den Begriff des *Abbildungsfaktors* einzuführen. Diese Bezeichnung für k scheint auch im Zusammenhang mit der Stabilitätsprüfung (s. B IV 2) sinnvoll.

Es gilt dann

$$\frac{\Delta U_{rest}}{\Delta U_0} = \frac{u_0}{u_0 + U_0} = \frac{1}{1+k} \,. \qquad (6)$$

Das gleiche Ergebnis kann man auf algebraischem Wege gewinnen. Der Gleichgewichtszustand am Summierungspunkt ergibt:

unter idealisierten Verhältnissen

$$u_0 = E - U_0$$

im gestörten Zustand

$$u' = E - U' \,.$$

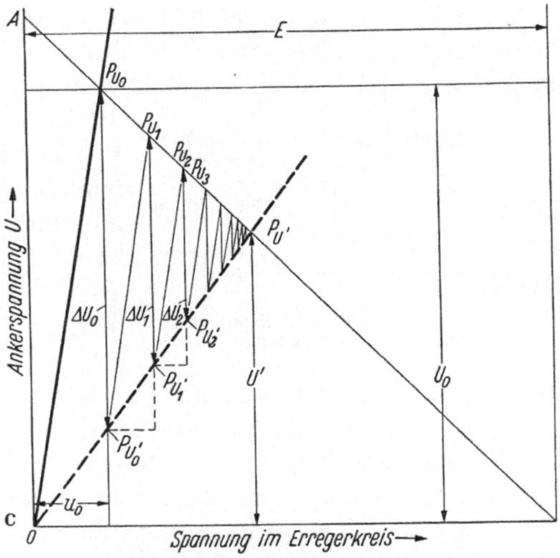

Abb. 9 c. Grafische Darstellung des Ausgleichvorganges c) bei großer multiplikativ überlagerter Störung

Es kann für

$$U' = U'_L - J' R_A = U'_L - \Delta U_0$$

gesetzt werden, wobei U'_L die Leerlaufspannung des Generators und ΔU_0 den vom Strom J' im Ankerkreis hervorgerufenen Spannungsabfall darstellt.

Im Leerlauf gilt: $U = k\,u \,.$

Deshalb läßt sich ausdrücken:

$$\begin{array}{rcll} u_0 &=& E - k\,u_0 & - \\ u' &=& E - k\,u' \quad + \Delta U_0 & + \\ \hline u' - u_0 &=& -k\,(u' - u_0) + \Delta U_0 & \end{array}$$

Es ist aber

$$\begin{aligned} \Delta U_{rest} &= U_0 - U' \\ &= (E - u_0) - (E - u') \\ &= u' - u_0 \,. \end{aligned}$$

Deshalb kann gesetzt werden:

$$\Delta U_{rest} = -k\,\Delta U_{rest} + \Delta U_0$$

$$\frac{\Delta U_{rest}}{\Delta U_0} = \frac{1}{1+k} \,.$$

Im Rahmen dieses Kapitels sollen die graphischen Verfahren bevorzugt werden, weil sie grundsätzlich auch dann anwendbar sind, wenn der Generator in seinen Sättigungsbereich hinein ausgesteuert wird (Keine lineare Bezeichnung mehr zwischen Spannung und Strom.).

In der Blockbilddarstellung kennzeichnet man Einflüsse, die zu einer Abweichung der Regelgröße von ihrem Sollwert führen, symbolisch durch den Eintritt von Störgrößen Z in den Regelkreis (Abb. 10). Ist die Auswirkung der Störung auf die Regelgröße unabhängig vom Arbeitspunkt des Regelkreises — der Spannungsabfall im Anker $\Delta U = J\,R_A$ ist unabhängig von der jeweils eingestellten Ankerspannung — spricht man von *additiv überlagerten Störgrößen*. Die durch den Eintritt einer Störgröße auftretende Abweichung der Regelgröße von ihrem Sollwert wird im Normblatt als *Regelabweichung* x_w (3.2) bezeichnet.

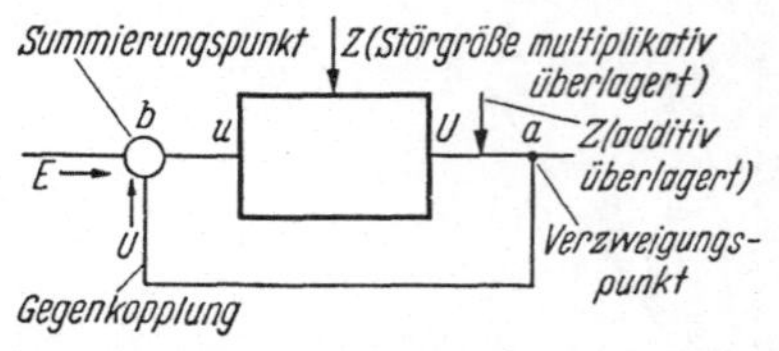

Abb. 10. Blockbilddarstellung: Eintritt der Störgröße in den Regelkreis

Bei der K-13-Schaltung: $U_0 - U_0' \triangleq x_w$, Abweichung im ungeregelten Zustand.

Der Eintritt der Störgröße Z löst unter dem Einfluß der Gegenkopplung einen Regelvorgang aus. Es ist chrakteristisch für den hier vorliegenden Kreis, daß im Endzustand ein gewisser Restfehler $x_{w\,rest}$ die sogenannte „bleibende Regelabweichung" (3.21) bestehen bleibt.

Bei der K-13-Schaltung: $U_0 - U' \triangleq x_{w\,rest}$.

x_w und $x_{w\,rest}$ können in absoluten Größen angegeben werden. In den meisten Fällen wird aber mit bezogenen Größen gearbeitet:

$$\xi = \frac{\Delta U_0}{U_0} \quad \text{relative Regelabweichung} \tag{7a}$$

$$\xi_{rest} = \frac{\Delta U_{rest}}{U_0} \quad \text{relative bleibende Regelabweichung (relativer bleibender Fehler).} \tag{7b}$$

Der Praktiker bezeichnet ξ_{rest} häufig als *Genauigkeit der Regelung*, die er in Prozenten des Sollwertes der Regelgröße angibt.
Allgemein gilt:

$$x_{w\,rest} = \varrho\, x_w \tag{8a}$$

bzw.

$$\xi_{rest} = \varrho\, \xi \tag{8b}$$

ϱ, der Regelfaktor gibt also an, auf welchen Bruchteil der Einfluß von Störungen auf die Regelgröße ausgeregelt wird. Für den Fall der additiv überlagerten Störung gilt nach Formel (5)

$$\varrho_A = \frac{1}{\varepsilon}\,. \tag{9}$$

Grundaufgabe D. Als Sollwert der Spannung eines geregelten Gleichstromgenerators, beispielsweise in K-13-Schaltung sei U_0 vorgegeben. Die maximale Störgröße Z und ihr Einfluß auf die Regelgröße im ungeregelten Zustand ist bekannt. Wie ist der Regelkreis zu bemessen, damit die bleibende Abweichung $x_{w\,rest}$ innerhalb eines vorgeschriebenen Grenzwertes liegt?

Die allgemeine Lösung dieser Aufgabe ermöglicht die Gl. (8a). Für den Fall der additiv überlagerten Störung und der Proportionalität aller beteiligten Größen gelten die Gl. (5) bzw. (9). Danach hängt der Regelfaktor ϱ von den Verhältnissen am Summierungspunkt ab, die in ε zum Ausdruck kommen, d. h. durch die richtige Abstimmung von E, U_0 und u_0 kann man von vornherein bei der Bemessung des Regelkreises die bleibende Abweichung vorschreiben, denn mit ε ist das Verhältnis zwischen Erregerspannung u_0 und Führungsgröße E und damit auch die Beziehung zur Ankerspannung U gegeben.

Zahlenbeispiel: Eine K-13-Schaltung arbeite unter idealisierten Verhältnissen mit einer Ankerspannung von 500 V. Additiv überlagerte Störeinflüsse haben ohne Ausgleich durch eine Gegenkopplung Spannungsänderungen von 75 V zur Folge. Wie ist der Erregerkreis abzustimmen, damit die bleibende Regelabweichung nicht mehr als 0,02 des Sollwertes beträgt. Gemäß Gl. (7a) gilt $\xi = \frac{75}{500} = 0{,}15$.

Gemäß Gl. (8b) fordert die Aufgabenstellung einen Regelfaktor $\varrho_A = \frac{0{,}02}{0{,}15} = \frac{1}{7{,}5}$. Das entspricht gemäß Gl. (9) einer Regelempfindlichkeit $\varepsilon = 7{,}5$, d. h., daß die am Spannungsteiler r_1 abzugreifende Spannung E 7,5 mal so groß wie der Spannungsverbrauch über der Erregerwicklung u_0 sein muß. Es gilt nun

$$E = u_0 + 500\ \text{V} = 7{,}5\, u_0$$

$$u_0 = \frac{500}{6{,}5} = 77\ \text{V}$$

$$E = 577\ \text{V}.$$

Bei $U_0 = 500$ V benötige der Generator eine Erregerleistung $N_{err} = 100$ W. Das ergibt einen Erregerstrom $i = \frac{N_{err}}{u_0} = 1{,}3$ A. Der Widerstand der Feldwicklung muß sein $r = \frac{u_0^2}{N_{err}} = \frac{77^2}{100} = 59$ Ohm.

b) Der Einfluß von Änderungen der Drehzahl n (multiplikativ überlagerter Störeinfluß). Ist die Auswirkung der Störung auf die Regelgröße abhängig vom Arbeitspunkt des Regelkreises — die durch eine Drehzahländerung hervorgerufene Änderung der Ankerspannung $\Delta U = \frac{\Delta n}{n_x} U_x$ ist abhängig von der jeweils eingestellten Ankerspannung U_x —, spricht man von *multiplikativ überlagerten* Störeinflüssen.

Auch der Restfehler eines solchen Störeinflusses kann graphisch bestimmt werden (Abb. 9b). Bei einem Drehzahlabfall des Gleichstromgenerators von n_0 auf n' wird aus der —— ausgezogenen Kurve $U = f(u)$ — gilt für Drehzahl n_0 — die — — — — Kennlinie. Der Spannungswert, auf den die Ankerspannung U_0 unter dem Einfluß des Drehzahlabfalls ungeregelt sinken würde, sei wiederum mit U_0', der Spannungswert, den sie unter dem Einfluß der Gegenkopplung annimmt, wieder mit

U' bezeichnet. Hier läßt sich aus der Ähnlichkeit der Dreiecke $A P_{U'} O$ und $P_{U_0} P_{U'} P_{U_0'}$ folgende Beziehung ableiten:

$$\frac{\Delta U_{rest}}{\Delta U_0} = \frac{U_0 - U'}{U_0 - U_0'} = \frac{u'}{E}.$$

Die Grundaufgabe D wäre auch für den Fall der multiplikativ überlagerten Störung mittels Gl. (8b) zu lösen, wobei sich $\varrho_M = \frac{u'}{E}$ ergibt. Auch in $\frac{u'}{E}$ kommen die Verhältnisse am Summierungspunkt zum Ausdruck, allerdings für den gestörten Zustand (E, U' und u'). Für die Vorausberechnung des Regelkreises ist das ein Umweg. Man braucht ein Verfahren, das die am Summierungspunkt zu wählenden Verhältnisse im idealisierten Zustand — die dafür maßgebenden Größen sind bei der K-13-Schaltung E, U_0 und u_0 — angibt, da im allgemeinen die Kenngrößen von Schaltelementen des Regelkreises insbesondere bei listenmäßigen Bauelementen für idealisierten Zustand vorliegen. Bei der K-13-Schaltung würde beispielsweise die in Abb. 9 stark ausgezogene Kennlinie $U = f(u)$, die durch den Punkt U_0/u_0 geht, bekannt sein. Für überschlägige Berechnungen wird häufig $\frac{u'}{E} \approx \frac{u_0}{E}$ also $x_{w\,rest} \approx x_w \frac{u_0}{E}$ gesetzt. Der Fehler, den man dabei begeht, zeigt Abb. 9b. Man würde dann eine bleibende Regelabweichung $U_0 - U_1$ ermitteln und bei der graphischen Konstruktion nicht auf den Punkt $P_{U'}$, sondern auf P_{U_1} stoßen, denn da auf Grund der Ähnlichkeitsgesetze ein dem Dreieck $A P_{U_0} O$ ähnliches Dreieck $P_{U_0} P_{U_1} P_{U_0'}$ entsteht, muß die Dreieckseite $P_{U_0'} P_{U_1}$ der Geraden $O P_{U_0}$ parallel sein. Ein Vergleich der Abb. 9b (kleine Störung) und 9c (große Störung) zeigt, daß bei kleinen Störungen die Spannung U_1 eine gute Annäherung ergibt, während bei großen Störungen die Näherung ungenügend ist.

Bild 9c zeigt, daß man sich der wirklichen bleibenden Regelabweichung $U_0 - U'$ schrittweise nähert, indem man die für die Ermittlung von U_1 angewandte Ähnlichkeitskonstruktion beliebig oft wiederholt (G. LOOCKE[1]). Diese Überlegung kann zu einer, wenn auch etwas aufwendigen Berechnung von $x_{w\,rest}$ benutzt werden. Die iterative Näherung liefert die Spannungen U_2, U_3 usw. Algebraisch entspricht diese Konstruktion einer unendlichen geometrischen Reihe mit endlicher Summe: d. h. $U_0 - U'$ muß in der Form

$$U_0 - U' = (U_0 - U_1) + (U_1 - U_2) + (U_2 - U_3) + \cdots + (U_{n-1} - U_n)$$

darstellbar sein, wobei für $n \to \infty$

$$(U_{n-1} - U_n) \to 0\,.$$

[1] LOOCKE, G.: Die Bemessung eines Regelkreises auf Grund der Bedingungen für den stationären Zustand, ETZ-A, Bd. 77, H. 11, 1. 6. 56, S. 330—334.

Das erste Glied der Reihe ist bereits bekannt

$$U_0 - U_1 = \Delta U_0 \frac{u_0}{E} = \Delta U_0 \frac{1}{\varepsilon}.$$

Das zweite Glied kann aus dem ersten mit Hilfe des Ähnlichkeitssatzes abgeleitet werden.

$$\frac{U_1 - U_2}{U_0 - U_1} = \frac{\Delta U_1}{\Delta U_0} = \frac{\Delta U_0 - (U_0 - U_1)}{U_0}$$

$$U_1 - U_2 = (U_0 - U_1)\frac{\Delta U_0 - (U_0 - U_1)}{U_0} = \Delta U_0 \frac{1}{\varepsilon} \cdot \frac{\Delta U_0 - \Delta U_0 \frac{1}{\varepsilon}}{U_0}$$

$$U_1 - U_2 = \Delta U_0 \frac{1}{\varepsilon} \cdot \frac{\Delta U_0}{U_0}\left(1 - \frac{1}{\varepsilon}\right)$$

Auf dem gleichen Wege gewinnt man die folgenden Glieder

$$\frac{U_2 - U_3}{U_1 - U_2} = \frac{\Delta U_2}{\Delta U_1} = \frac{\Delta U_1 - (U_1 - U_2)}{\Delta U_0 - (U_0 - U_1)}$$

Es ist aber

$$\Delta U_1 = \frac{\Delta U_0^2}{U_0}\left(1 - \frac{1}{\varepsilon}\right)$$

und daher

$$U_2 - U_3 = (U_1 - U_2)\frac{\Delta U_1 - (U_1 - U_2)}{\Delta U_0 - (U_0 - U_1)} =$$

$$= \Delta U_0 \frac{1}{\varepsilon} \cdot \frac{\Delta U_0}{U_0}\left(1 - \frac{1}{\varepsilon}\right) \frac{\frac{\Delta U_0^2}{U_0}\left(1 - \frac{1}{\varepsilon}\right) - \frac{\Delta U_0^2}{U_0} \cdot \frac{1}{\varepsilon}\left(1 - \frac{1}{\varepsilon}\right)}{\Delta U_0 - \Delta U_0 \frac{1}{\varepsilon}}$$

$$= \Delta U_0 \frac{1}{\varepsilon} \cdot \frac{\Delta U_0}{U_0}\left(1 - \frac{1}{\varepsilon}\right) \frac{\frac{\Delta U_0^2}{U_0}\left(1 - \frac{1}{\varepsilon}\right)\left(1 - \frac{1}{\varepsilon}\right)}{\Delta U_0\left(1 - \frac{1}{\varepsilon}\right)}$$

$$U_2 - U_3 = \Delta U_0 \frac{1}{\varepsilon}\left[\frac{\Delta U_0}{U_0}\left(1 - \frac{1}{\varepsilon}\right)\right]^2.$$

Anfangsglied der geometrischen Reihe ist also der Ausdruck $\Delta U_0 \frac{1}{\varepsilon}$. Jedes folgende Glied wird mit $\frac{\Delta U_0}{U_0}\left(1 - \frac{1}{\varepsilon}\right)$, multipliziert, so daß das $n$te Glied der Reihe lautet:

$$\Delta U_0 \frac{1}{\varepsilon}\left[\frac{\Delta U_0}{U_0}\left(1 - \frac{1}{\varepsilon}\right)\right]^{n-1}.$$

An diesem allgemeinen Gliede erkennt man die Analogie zwischem graphischem Bild und Reihenentwicklung. Bei kleinen Störungen $\Delta U_0/U_0 \ll 1$ genügt in der Tat das aus der Gl. (9) gewonnene erste Glied

$\Delta U_0 \frac{1}{\varepsilon}$ zur Berechnung des bleibenden Spannungsabfalls, da alle weiteren Glieder der Reihe gegenüber dem Glied $\Delta U_0 \frac{1}{\varepsilon}$ vernachlässigbar klein werden müssen.

Die Summe der Reihe ist:

$$U_0 - U' = \Delta U_0 \frac{1}{\varepsilon} \cdot \frac{1}{1 - \frac{\Delta U_0}{U_0}\left(1 - \frac{1}{\varepsilon}\right)}.$$

Daraus ergibt sich

$$\frac{\Delta U_{rest}}{\Delta U_0} = \frac{U_0 - U'}{U_0 - U_0'} = \frac{1}{\varepsilon} \cdot \frac{1}{1 - \frac{\Delta U_0}{U_0}\left(1 - \frac{1}{\varepsilon}\right)}. \tag{10}$$

Setzt man nun nach Gl. (7a) $\frac{\Delta U_0}{U_0} = \xi$, erhält man nach Gl. (8b) für den Regelfaktor der multiplikativ überlagerten Störung:

$$\frac{\Delta U_{rest}}{\Delta U_0} = \frac{\xi_{rest}}{\xi} = \varrho_M = \frac{1}{\varepsilon} \cdot \frac{1}{1 - \xi\left(1 - \frac{1}{\varepsilon}\right)}. \tag{11a}$$

Der Regelfaktor ϱ_M hängt also nicht nur von der Regelempfindlichkeit ε, sondern auch von der Störgröße, die in ξ zum Ausdruck kommt, ab. Nur für $\xi \to 0$ kann $\varrho_M = \frac{1}{\varepsilon}$ gesetzt werden.

Die physikalische Bedeutung von Gl. (11a) wird klarer, wenn man anstelle der Regelempfindlichkeit ε den Abbildungsfaktor k einführt. Aus Gl. (11a) wird dann

$$\varrho_M = \frac{1}{1+k} \cdot \frac{1}{1 - \xi\left(1 - \frac{1}{1+k}\right)} = \frac{1}{1 + k(1-\xi)}. \tag{11b}$$

Gl. (11b) unterscheidet sich von Gl. (6) dadurch, daß bei k noch der Faktor $1 - \xi$ steht. Um $1 - \xi$ ändert sich aber bei der Drehzahländerung der Abbildungsfaktor k, der im idealisierten Zustand das Verhältnis $k = \frac{U_0}{u_0}$ ausdrückt.

Das Ergebnis (11b) kann man wiederum auf algebraischem Wege gewinnen. Es ist

$$\begin{aligned}
U' = U_0 - \Delta U_{rest} &= k \frac{n_0 - \Delta n}{n_0} u' = k \frac{U_0 - \Delta U_0}{U_0} u' = \\
&= k(1-\xi)\,u' = k(1-\xi)(E - U') = \\
&\qquad k(1-\xi)(E - U_0 + \Delta U_{rest}) \quad - \\
U_0 = k\,u_0 &\qquad = k\,(E - U_0) \quad + \\
\hline
\Delta U_{rest} &= -k\,\Delta U_{rest} + k\,\xi\,(E - U_0) + k\,\xi\,\Delta U_{rest} \\
\Delta U_{rest}&(1 + k - k\,\xi) = k\,\xi\,u_0\,.
\end{aligned}$$

Nun ist aber

$$k \xi u_0 = \Delta U_0 ;$$

also gilt

$$\frac{\Delta U_{rest}}{\Delta U_0} = \frac{1}{1 + k(1 - \xi)} .$$

Den mathematischen Zusammenhang der Gl. (11) zeigt Abb. 11 im graphischen Bild: Regelfaktor ϱ_M in Abhängigkeit von der relativen Regelabweichung ξ. Parameter der Kurvenschar ist die Regelempfindlichkeit ε mit den Werten 2, 5, 10, 20, 50 und 100.

Für die Lösung der Grundaufgabe D ist besonders Diagramm 12 von Bedeutung, in dem die Regelempfindlichkeit ε, die erforderlich ist, wenn eine bestimmte bleibende Regelabweichung ξ_{rest} eingehalten werden soll, abhängig von ξ aufgetragen ist. Parameter der Kurvenschar ist die bleibende Regelabweichung ξ_{rest}, bezogen auf den Sollwert der Regelgröße mit den Zahlenwerten 0,002; 0,005; 0,01; 0,02; 0,05 und 0,1. Wie man mit diesen Kurvenscharen arbeitet, soll wieder an Hand eines Zahlenbeispiels erläutert werden:

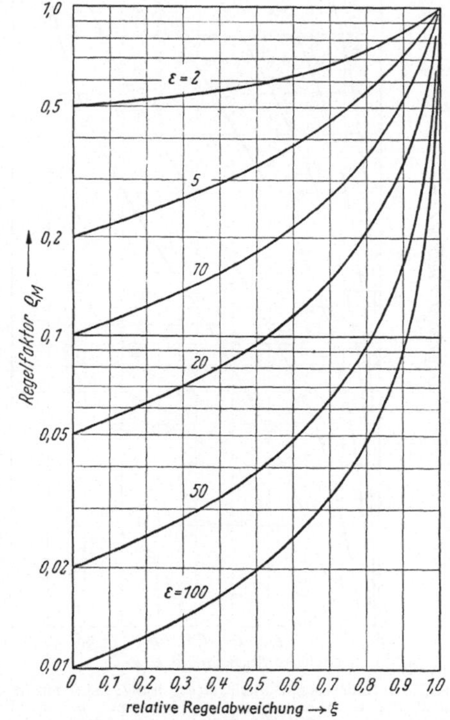

Abb. 11. Multiplikativ überlagerte Störung: Regelfaktor ϱ_M in Abhängigkeit von der relativen Regelabweichung ξ. (Als Kurvenparameter vorgegeben: Regelempfindlichkeit ε)

Eine K-13-Schaltung arbeite unter idealisierten Verhältnissen mit einer Ankerspannung von 500 V. Multiplikativ überlagerte Störeinflüsse haben ohne Ausgleich durch eine Gegenkopplung Spannungsänderungen von 75 V zur Folge. Wie ist der Erregerkreis abzustimmen, damit die bleibende Regelabweichung nicht mehr als 0,02 des Sollwertes beträgt?

Gemäß Gl. (7a) gilt wieder:

$$\xi = \frac{75}{500} = 0{,}15 .$$

Aus Abb. 12 kann man für den Abszissenwert 0,15 und den Kurvenparameter 0,02 einen Wert $\varepsilon = 8{,}5$ ablesen. Die weitere Berechnung kann wie für den additiv überlagerten Störeinfluß (s. S. 19) durchgeführt werden. Es ergibt sich unter sonst gleichen Verhältnissen für den multiplikativ überlagerten Störeinfluß:

$$E = 567\ \text{V} \qquad i = 1{,}5\ \text{A}$$
$$u = 67\ \text{V} \qquad r = 45\ \text{Ohm}.$$

Alle hier durchgeführten Berechnungen setzen eine lineare Beziehung aller Größen zueinander voraus. Sobald ein Glied des Regelkreises nicht mehr im linearen Bereich arbeitet, ist es empfehlenswert, die bleibende Abweichung graphisch mit Hilfe eines Diagramms wie in Abb. 9 zu ermitteln.

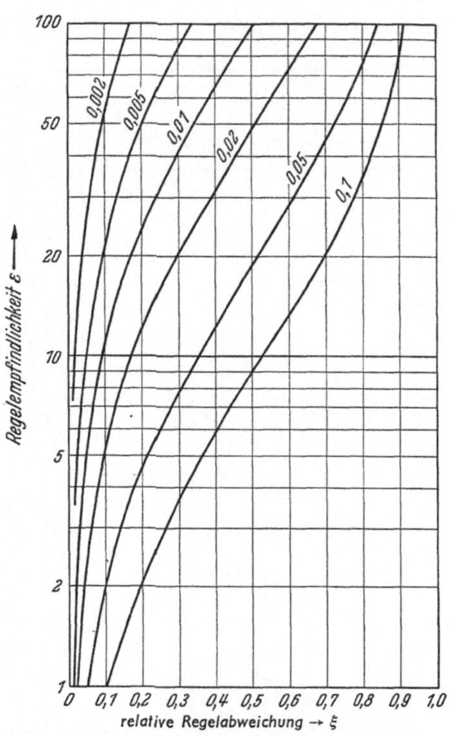

Abb. 12. Multiplikativ überlagerte Störung: Regelempfindlichkeit ε in Abhängigkeit von der relativen Regelabweichung ξ. (Als Kurvenparameter vorgegeben: bleibende Regelabweichung)

Das Kennzeichen von Regelkreisen, die auf das Prinzip von Abb. 3 oder 5 zurückzuführen sind, ist, daß jedem Wert der Regelgröße (bei der K-13-Schaltung: U) am Verzweigungspunkt a eine bestimmte Differenzgröße (bei der K-13-Schaltung $u = E - U$), vom Summierungspunkt b ausgehend, zugeordnet ist. Der Zusammenhang dieser beiden Größen wird in Abb. 9 für idealisierte Verhältnisse durch die stark ausgezogene Kurve: —— $U = f(u)$, im gestörten Falle durch die Kurve – – – dargestellt. Im vorliegenden Beispiel war grundsätzlich Proportionalität aller beteiligten Größen vorausgesetzt worden. Auch wenn eines der Glieder im Zweig von b nach a nicht mehr in seinem linearen Bereich arbeitet, gilt die proportionale Zuordnung noch für kleine Abweichungen. Es erscheint deshalb zweckmäßig, von einem proportional wirkenden (P-)Regelkreis zu sprechen. Charakteristisch für den P-Regelkreis ist, daß nach dem Ausregeln einer Störung eine gewisse Abweichung der Regelgröße von ihrem Sollwert (bei der K-13-Schaltung $\Delta U_{rest} = U_0 - U'$) verbleibt, die nach DIN 19226, 5.233 P-Abweichung (P-Fehler) genannt wird.

Nach älteren Vorschlägen, z. B. Regelungstechnik, Begriffe und Bezeichnungen VDI-Verlag 1944, wird die P-Regelung als *statische Regelung*, die bleibende Abweichung als *Statik* bezeichnet.

Das Normblatt führt neben dem Begriff des *Sollwertes* noch den des *Aufgaben-Wertes* (3.12) ein. Es trägt damit nicht zuletzt den Vorgängen bei der P-Regelung Rechnung. Den Sollwert (z. B. U_0 bei der K-13-Schaltung) kann die Regelgröße bei der P-Regelung nur unter idealisierten Voraussetzungen annehmen, die praktisch nie erfüllt sind. Maßgebend für die Projektierung des Regelkreises ist meist der Aufgabenwert, in dem bereits zulässige bleibende Regelabweichungen als Abzug oder Zuschlag zum Sollwert berücksichtigt sein können (z. B. U' bei der K-13-Schaltung).

2. J-Regelung

(früher astatische Regelung genannt)

Neben der P-Regelung, bei der im eingeschwungenen Zustand jede Störung einen gewissen Restfehler hinterläßt, gibt es eine Regelung, bei der die Regelgröße im eingeschwungenen Zustand den Sollwert annimmt. Sie wird als J-Regelung bezeichnet. Über den Grund für diese Bezeichnung soll später (B III 1b) berichtet werden.

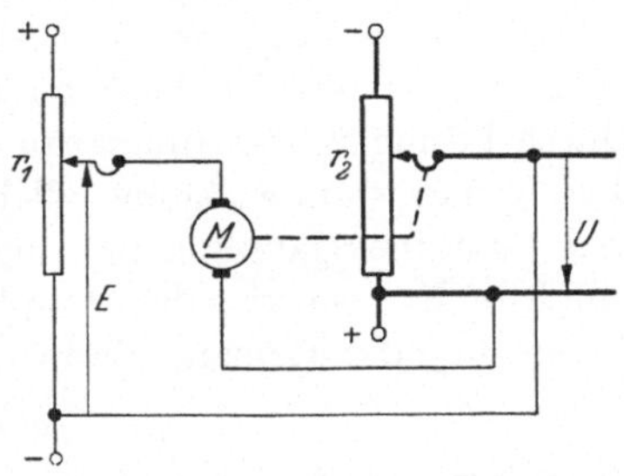

Abb. 13. Prinzipschaltbild einer Spannungsregelung mit J-Verhalten

Das Muster einer solchen Spannungsregelung ist die in Abb. 13 dargestellte Schaltung. Ähnlich wie bei der K-13-Schaltung in Abb. 3a sind U, die Regelgröße und die am Spannungsteiler r_1 abgegriffene Spannung E, die Führungsgröße gegeneinandergeschaltet. In den Vergleichskreis ist der Anker des sogenannten Integriermotors M geschaltet, der den Abgriff des Spannungsteilers r_2 und damit die Spannung U verstellt. Unter idealisierten Voraussetzungen (Ankerspannungsabfall des Motors $\Delta U \ll U$ bzw. E; Reibungsmoment des Motors und des angekuppelten Verstellmechanismus vernachlässigbar) läuft dieser Motor solange, wie überhaupt eine Potentialdifferenz ($E - U$) besteht. Der laufende Motor verstellt dabei den Abgriff des Spannungsteilers r_2 so, daß die Potentialdifferenz verkleinert wird. Im Endzustand der Regelung (Integrationsmotor steht) bleibt unter den obengenannten idealisierten Voraussetzungen eine Abweichung der Regelgröße von ihrem Sollwert, der hier durch E dargestellt wird, nicht bestehen.

Ein ähnliches Betriebsverhalten wie Schaltung 13 weist die Schaltung in Abb. 14 auf, bei der ähnlich Schaltung 5a ein Generator von einer Verstärkermaschine erregt wird. Diese Verstärkermaschine ist mit einer zusätzlichen selbsterregten Wicklung versehen, durch die die im stationären Betrieb erforderliche Durchflutung der Verstärkermaschine aufgebracht werden soll. Das wäre grundsätzlich durch eine auferregend wirkende Nebenschlußwicklung möglich. Die Praxis bevorzugt jedoch mit Rücksicht auf die Stabilität des Regelkreises eine auferregende Reihenschlußwicklung, wenn die Verstärkermaschine auf die Erregerwicklung einer größeren Maschine arbeitet. Unter der idealisierten Voraussetzung, daß der ohmsche Belastungswiderstand der Verstärkermaschine r, der ohmsche Widerstand der Erregerwicklung des Generators, konstant bleibt, ist, wenn man zunächst von der Wirkung der Gegenkopplung absieht, der Erregerkreis des Hauptgenerators labil, d. h. es kann sich jeder Erregerstrom i einstellen, im ganzen Arbeitsbereich der Verstärkermaschine Proportionalität zwischen Durchflutung Θ_v und Ankerspannung u vorausgesetzt. Unter dem Einfluß der Reihenschlußwicklung allein wird nämlich von der Verstärkermaschine eine Spannung u erzeugt, die gerade den ohmschen Spannungsabfall im Erregerkreis des Hauptgenerators deckt. Bedingungen für die Bemessung der Reihenschlußwicklung:

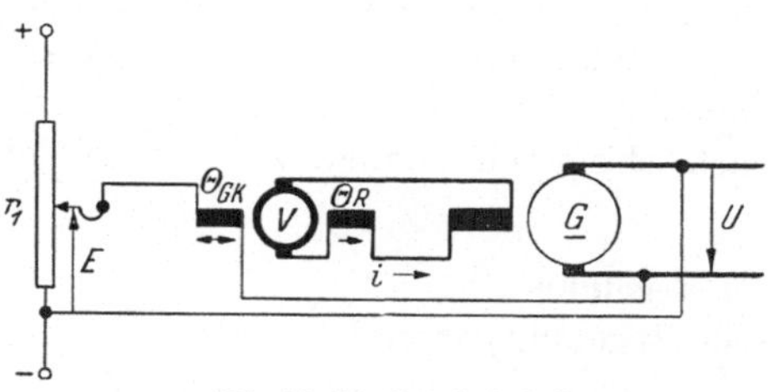

Abb. 14. Die Rototrolschaltung

$$i\,r = u = c\,\Theta_R = c\,i\,w_R\,. \tag{12a}$$

In den Formeln bedeuten:

r = der gesamte ohmsche Widerstand im Erregerkreis des Hauptgenerators (der Ankerwiderstand der Verstärkermaschine sei vernachlässigbar).
u = die Ankerspannung der Verstärkermaschine.
$\Theta_R = i\,w_R$ = die Durchflutung der Verstärkermaschine, hervorgerufen durch die Reihenschlußwicklung.
w_R = Windungszahl der Reihenschlußwicklung

$$w_R = \frac{r}{c} = \frac{r}{u/\Theta_R}\,. \tag{12b}$$

Der stabile Betriebspunkt wird nun durch die Gegenkopplung von Führungsgröße E und Regelgröße U über die Wicklung w_{GK} auf der Verstärkermaschine festgelegt. Die Bedingung $u = i\,r$ ist nämlich nur erfüllt, wenn $\Theta_{GK} = 0$. Das System befindet sich also im stabilen Zustand, wenn U, die Spannung des Hauptgenerators, ihren durch E vorgeschriebenen Sollwert annimmt.

Ein Spannungsrückgang durch Drehzahlabfall des Hauptgenerators von n_0 auf n' wird auf diese Weise vollständig ausgeregelt. Ein Restfehler verbleibt nicht. Der Erregerstrom des Hauptgenerators steigt dabei von i_0 auf i', die Erregerspannung von u_0 auf u' und die Selbsterregung der Verstärkermaschine von Θ_{R_0} auf Θ'_R.

Da die Verstärkermaschine in Schaltung 14 ihre stationäre Durchflutung selbst aufbringt, muß von der Quelle fremder Spannung (Speisespannung des Teilers r_1) nur die zur Stabilisierung benötigte kleine Leistung kurzzeitig aufgebracht werden. Man erreicht also eine wesentlich höhere Leistungsverstärkung als mit der Schaltung 5 a. Eine in Schaltung 14 arbeitende Verstärkermaschine wird von der Westinghouse unter der Firmenbezeichnung *Rototrol* geliefert.

Trotz der scheinbaren Vorteile (keine bleibende Regelabweichung, kleine Erregerleistung) ist in der Praxis der Maschinenregelung die P-Regelung häufiger als die J-Regelung. Das ist nicht zuletzt darauf zurückzuführen, daß die J-Wirkung der Schaltung 14 auf den idealisierten Voraussetzungen des labilen Gleichgewichtszustandes $r =$ konst.; $\frac{u}{\Theta_v} =$ konst. beruht, die in der Praxis nicht erfüllt sind. r ändert sich mit der Erwärmung von Verstärkermaschine und Hauptgenerator. Proportionalität zwischen Durchflutung Θ_v und Ankerspannung u läßt sich bei der Verstärkermaschine nur mit erheblichem Aufwand erreichen, wie in Abschnitt C ausführlich erläutert werden wird. In Wirklichkeit zeigt daher auch der Regelkreis 14 P-Verhalten, benötigt allerdings bei gleicher Regelempfindlichkeit ε weniger Leistung von der fremden Spannungsquelle (Spannungsteiler r_1). Diesen Vorteil erkauft er jedoch mit längeren Einschwingzeiten beim Ausregeln der Störung. Bei gleichem stationärem und dyn. Verhalten der Regelung ist der Aufwand für Schaltung 5a und 14 der gleiche [s. Gl. (26)].

Die Tatsache, daß nach dem Ausregeln der Störung beim P-Regelkreis ein gewisser Restfehler verbleibt, ist übrigens keineswegs als grundsätzlicher Nachteil zu werten, insbesondere beim Parallelbetrieb mehrerer Generator-Einheiten. Arbeiten z. B. mehrere Gleichstromgeneratoren in Parallelschaltung auf einen Verbraucher, so verteilt sich bekanntlich der Verbraucherstrom nur dann gleichmäßig auf die einzelnen Generatoren, wenn diese Generatoren weich sind, d. h. wenn bei Belastung die Ankerspannung U abnimmt. Wird dagegen eine konstante Klemmenspannung lastunabhängig eingeregelt, so fehlt jeder Belastungsausgleich und die Stromaufteilung auf die Generatoren ist nicht mehr ohne weiteres zu überwachen.

Wegen ihrer weit größeren Bedeutung für die Praxis der Regelung elektrischer Maschinen soll deshalb nur der Kreis mit P-Verhalten ausführlich behandelt werden.

III. Das Zeitverhalten des Regelkreises

1. Das Wesen der Stoßerregung (Der Regelkreis 1. Ordnung)

a) P-Verhalten. An den Regelvorgängen bei elektrischen Maschinen sind in den meisten Fällen die Erregerkreise der Maschinen beteiligt.

Bekanntlich folgt der Erregerstrom, damit auch der magnetische Fluß und die Ankerspannung einer Maschine allen Änderungen der Erregerspannung mit einer gewissen Zeitverzögerung. Man kann daher die elektrische Maschine als ein Regelkreisglied auffassen, bei dem eine zeitliche Verzögerung (Verzögerungsglied = VZ-Glied) zwischen der Eingangsgröße (Erregerspannung) und Ausgangsgröße (Ankerspannung) besteht. Das Normblatt DIN 19 226 führt für diese gegenseitige Abhängigkeit von Eingangs- und Ausgangsgröße den Begriff des *Zeitverhaltens oder Übertragungsverhaltens* ein (4.121). Der Verlauf der Ausgangsgröße, der sich bei sprunghafter Änderung der Eingangsgröße einstellt, wird als *Übergangsfunktion* bezeichnet. Man muß sich daher bei allen Regelvorgängen nicht nur mit dem stationären Zustand, sondern auch mit dem zeitlichen Ablauf befassen, zumal in vielen Fällen die Aufgabenstellung vorschreibt, daß eine Störung nicht nur so weit wie möglich, sondern auch so schnell wie möglich ausgeglichen wird.

Der Zeitablauf von Erregungsvorgängen in elektrischen Maschinen soll zunächst an Hand eines Ersatzschaltbildes betrachtet werden, in dem die Erregerwicklung der elektrischen Maschine wie üblich als Reihenschaltung eines ohmschen r_0 und eines induktiven Widerstandes L dargestellt wird. Legt man an einen solchen Verbraucher plötzlich die konstante Spannung E_0, ergibt sich ein Stromverlauf — eine Übergangsfunktion des Stromes —, der durch die Differentialgleichung beschrieben wird

$$E_0 \quad - \quad i\,r_0 \quad - \quad L\,\frac{di}{dt} = 0 \tag{13a}$$

angelegte Spannung — Spannungsabfall über r_0 — Spannungsabfall über L

Für den homogenen Teil dieser Differentialgleichung

$$-\,i\,r_0 - L\,\frac{di}{dt} = 0$$

ergibt sich die Lösung

$$i = A_1\,e^{-\frac{r_0}{L}t}\,.$$

Für den inhomogenen Teil lautet eine Lösung $i = A_0$. Die vollständige Lösung ergibt sich also zu

$$i = A_1\,e^{-\frac{r_0}{L}t} + A_0\,. \tag{13b}$$

Für $t = \infty$ nimmt der Strom den Wert

$$i = i_{end} = \frac{E_0}{r_0}$$

an. Daraus folgt

$$i_{end} = A_0\,.$$

Im Einschaltmoment liegt die Anfangsbedingung $t = 0$; $i = 0$ vor. Eingesetzt in (13b) ergibt dies

$$A_1 = -i_{end}$$

und daraus

$$i = \frac{E_0}{r_0}\left(1 - e^{-\frac{r_0}{L}t}\right) = i_{end}\left(1 - e^{-\frac{t}{T_0}}\right) \tag{13c}$$

$T_0 = \frac{L}{r_0}$ ist die sogenannte Zeitkonstante (s. Abb. 15a), die bei Schaltvorgängen in induktiven Verbraucherkreisen gern als Maß für den Zeitverlauf des Stromes benutzt wird. In Abb. 15a ist nicht die Übergangsfunktion des Stromes $i = f(t)$, sondern die der stromproportionalen Spannung $i\,r_0 = f(t)$ aufgetragen. Wie die graphische Darstellung zeigt, teilt sich die angelegte Spannung $E_0 = i_{end}\,r_0$ während des Ausgleichvorganges in einen Spannungsanteil am ohmschen Widerstand $i\,r_0$ und einen an der Induktivität wirksamen Spannungsanteil $L\frac{di}{dt}$ auf. Im Einschaltmoment ($t = 0$) liegt die gesamte Spannung am induktiven Widerstand $\left(E_0 = L\frac{di}{dt}\right)$ und bestimmt infolgedessen auch den Stromanstieg im Einschaltmoment $\left(\text{Anfangstangente des Stromes } \frac{di}{dt} = \frac{E_0}{L}\right)$, während im Endzustand ($t = \infty$) die gesamte Spannung über dem ohmschen Widerstand verbraucht wird ($E_0 = i_{end}\,r_0$). Der ohmsche Widerstand bestimmt also den Endwert des Stromes.

Wie kann man einen schnelleren Anstieg des Stromes erzwingen?

Das ist gleichbedeutend mit einer Verkleinerung der Zeitkonstante. Nach einer weit verbreiteten Auffassung ist diese Aufgabe nur zu lösen, indem man den ohmschen Widerstand des Kreises vergrößert. Dieser Auffassung liegt die abstrakte mathematische Denkweise zugrunde, daß der Ausdruck für die Zeitkonstante $T_0 = \frac{L}{r_0}$ verkleinert wird, indem man die im Nenner stehende Größe, nämlich den ohmschen Widerstand vergrößert, beispielsweise durch den Zusatzwiderstand r_z. Bei einem größeren ohmschen Widerstand $r_1 = (r_0 + r_z) = n\,r_0$ ergibt sich die verkleinerte Zeitkonstante

$$T_1 = \frac{L}{r_0 + r_z} = \frac{L}{n r_0} = \frac{1}{n} T_0 .$$

Um aber bei vergrößertem ohmschem Widerstand gleichen Endwert des Stromes i_{end} zu erreichen, muß man eine höhere Spannung $E_1 = r_1\,i_{end} = n\,r_0\,i_{end} = n\,E_0$ anlegen. Die Erhöhung der Spannung auf E_1 hat zur Folge, daß während des ganzen Ausgleichvorganges am Verbraucher r_0, L eine Spannung $u = E_1 - i\,r_z > E_0$ liegt. In Bild 15b ist der Verlauf von u durch die — — — Kurve dargestellt. Im Einschaltmoment liegt die gesamte Spannung E_1 am induktiven Wider-

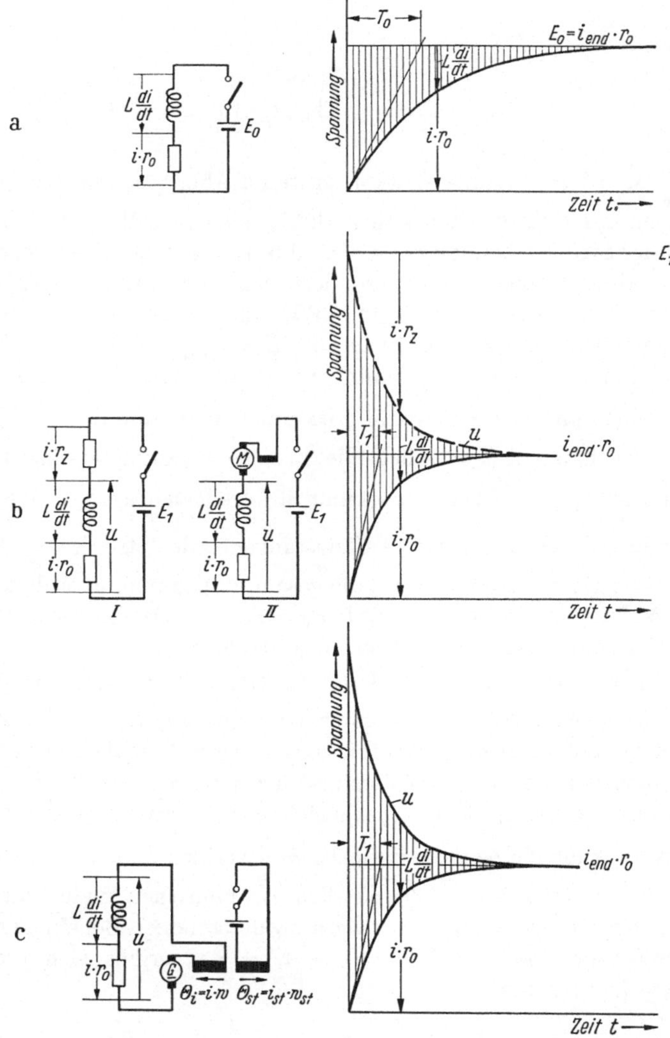

Abb. 15 a—c. Stromverlauf in einer Reihenschaltung aus ohmschem Widerstand r_0 und Induktivität L (idealisierte Ersatzschaltung für den Erregerkreis einer elektrischen Maschine). a) Übergangsfunktion bei plötzlichem Anlegen einer konstanten Spannung $E_0 = i_{end}\, r_0$, b) Schnellerregung durch Einschalten von Zusatzwiderstand r_z, c) Stoßerregung

stand. Erst im Endzustand verbraucht der ohmsche Widerstand r_z die gegenüber Abb. 15a aufgebrachte höhere Spannung $E_1 — E_0$; d. h. erst im Endzustand wird $u = i_{end}\, r_0 = E_0$. Die Übergangsfunktion läßt sich durch die Differentialgleichung beschreiben:

$$\underbrace{E_1 - \overbrace{i\,r_z}^{}}_{u}\!\!\!\!\!\!\overbrace{ - i\,r_0}^{i\,r_1} - L\,\frac{di}{dt} = 0\,. \tag{14}$$

Nun gilt:

$$E_0\,T_0 = i_{end}\,r_0\,\frac{L}{r_0} = \underline{i_{end}\,L}$$

$$E_1\,T_1 = i_{end}\,r_1\,\frac{L}{r_1} = \underline{i_{end}\,L}$$

$$\boxed{T_1 = T_0\,\frac{E_0}{E_1}}$$

allgemein also:

$$\boxed{E\,T = i_{end}\,L = \text{konst.}} \tag{15a}$$

$$\boxed{T = \frac{\text{konst.}}{E}} \tag{15b}$$

In dieser Form kommt der entscheidende physikalische Zusammenhang zum Ausdruck. Wie schnell der Strom im vorliegenden Verbraucher seinem Endwert i_{end} zustrebt — die Zeitkonstante T ist ein Maß dafür — hängt lediglich davon ab, welche Spannung an ihn gelegt wird.

Physikalisch gesehen führt also nicht das Vergrößern des Nenners (Einschalten eines ohmschen Zusatzwiderstandes) zur *Verkleinerung der Zeitkonstante*, sondern die höhere Spannung, die der Verbrauch über dem ohmschen Zusatzwiderstand erforderlich macht und die während des Ausgleichvorganges auch über der Induktivität liegt, beschleunigt den Anstieg des Stromes auf seinen Endwert. Die Zeitkonstante ist lediglich ein Hilfsmittel zur Kennzeichnung des Zeitablaufes. Gelingt es auf anderem Wege während des Einschwingvorganges dem Verbraucher r_0, L Spannungen $> E_0$ aufzudrücken, kann man auf einen Zusatzwiderstand r_z und die mit ihm verbundenen Leistungsverluste verzichten.

Läßt sich dieser Gedanke verwirklichen?

Man denke sich den Zusatzwiderstand r_z durch einen mit konstanter Drehzahl laufenden Reihenschlußmotor (Spannungsverbraucher) ersetzt (Abb. 15b II). Besteht bei diesem Motor Proportionalität zwischen Durchflutung und Ankerspannung und kann man die Erreger- und Anker-Zeitkonstante der Maschine gegenüber $T_0 = \frac{L}{r_0}$ und den Ankerwiderstand gegenüber r_0 vernachlässigen, so verhält sich die Maschine genau wie der ohmsche Zusatzwiderstand r_z, d. h. die von ihr verbrauchte Spannung ist dem Strom nicht nur im stationären Zustand, sondern auch in jedem Zeitpunkt der Übergangsfunktion proportional. Der Ausgleichvorgang kann also wieder durch die Differentialgleichung 14 beschrieben werden. Sowohl beim Zusatzwiderstand r_z als auch bei dem Motor wird die über dem Verbraucher r_0, L liegende Spannung u gebildet von der

Differenz zwischen einem konstanten (Spannungsquelle E_1) und einem strom-proportionalen Glied (Spannungsabfall $i\, r_z$ über dem Widerstand r_z oder Spannungsverbrauch des Motors), also $u = \text{konst.} - c\, i$.

Konst. $- c\, i = u$ ist aber auch die Ankerspannung eines mit zwei gegeneinander arbeitenden Erregerwicklungen ausgerüsteten Gleichstromgenerators, wie ihn Bild 15c zeigt. Diese Maschine besitzt eine konstante Steuerdurchflutung $\Theta_{St} = i_{St}\, w_{St}$, der eine stromabhängige Durchflutung $\Theta_i = i\, w$ entgegenwirkt. Die erzeugte Spannung ist von der Durchflutungs-Differenz $\Theta_{St} - \Theta_i$ abhängig. Es ist also $u = c\,(\Theta_{St} - \Theta_i)$. Unter idealisierten Voraussetzungen (Proportionalität aller Größen; Erreger- und Ankerzeitkonstante und Widerstand des Ankers vernachlässigbar; vollständige gegenseitige Entkopplung der beiden Wicklungen) kann man die Übergangsfunktion durch eine Differentialgleichung beschreiben:

$$\underbrace{c\,(\Theta_{St} - \Theta_i)}_{u} - i\, r_0 - L\,\frac{di}{dt} = 0\,. \tag{16}$$

Das Glied $c\,(\Theta_{St} - \Theta_i)$ wird aufgespalten in

$$c\,\Theta_{St} - c\,\Theta_i = \text{konst.} - c'\, i\,.$$

u läßt sich damit als Differenz eines konstanten und eines strom-proportionalen Gliedes ausdrücken. Die Gl. (16) läßt sich daher auf den Typ der Gl. (14) zurückführen. Um in Abb. 15c gleiche Verhältnisse wie in Abb. 15b zu erhalten, muß $c\,\Theta_{St} = E_1$ und $c\,\Theta_i = i\, r_z$ und $c\,\Theta_{res} = E_0$ gemacht werden. Ein Vergleich der Abb. 15b und 15c zeigt, daß sich dann bei beiden Anordnungen gleicher Stromverlauf ergibt, da in beiden Fällen über dem Verbraucher r_0, L die gleiche treibende Spannung u liegt. Ein entscheidender Unterschied besteht jedoch: bei 15b wird ein Teil der konstanten Spannung $(E_1 - u)$ über einem Zusatzglied verbraucht, während bei Abb. 15c von der Spannungsquelle nur die Spannung u aufgebracht wird (HARZ[1]).

Aus den Gln. (14)—(16) läßt sich folgende mathematische Analogie für die Anordnungen nach Abb. 15b und 15c ableiten:

Verkürzung der Zeitkonstante T_0

a) durch Zusatzwiderstand bei Quelle konstanter Spannung

$$\left.\begin{aligned} T_1\, E_1 &= T_0\, E_0 = \text{konst.} \\ T_1 &= T_0\,\frac{E_0}{E_1} \end{aligned}\right\} \tag{17}$$

[1] HARZ, H.: Über Feldänderungsgrößen bei elektrischen Maschinen, insbesondere bei Synchron- und Asynchronmaschinen, Dissertation, Berlin: 1949.

b) durch Generator mit Differenzerregung als Spannungsquelle

$$\left.\begin{aligned} T_1\, c\, \Theta_{st} &= T_0\, c\, \Theta_{res} = \text{konst.} \\ T_1 &= T_0 \frac{\Theta_{res}}{\Theta_{st}}. \end{aligned}\right\} \quad (18)$$

Die aus dem Ersatzschaltbild gewonnenen Erkenntnisse kann man nun auf den Erregerkreis einer elektrischen Maschine übertragen. Wird an die Erregerwicklung eines fremderregten Generators, wie ihn Abb. 1 zeigt, plötzlich die Erregerspannung u_0 gelegt, erwartet man nach Gl. (13) mit den gleichen Anfangs- und Endbedingungen

$$t = 0 \qquad i = 0$$

$$t = \infty \qquad i = \frac{u_0}{r_0}$$

eine Übergangsfunktion des Erregerstromes $i = \frac{u_0}{r_0}\left(1 - e^{-\frac{r_0}{L} t}\right)$.

Mit r_0 ist der ohmsche W'derstand der Erregerwicklung, mit L die Induktivität der Erregerwicklung gekennzeichnet.

Voraussetzung für diesen Stromanstieg nach Gl. (13c) ist aber eine *konstante* Induktivität wie sie beispielsweise in einer Luftdrosselspule verwirklicht ist. Die Induktivität der Erregerwicklung ist jedoch, bedingt durch die Sättigung im Eisen *veränderlich*, sobald beim Auferregungsvorgang ein größerer Bereich der Magnetisierungskennlinie durchfahren wird. Trotzdem ist es bei grundsätzlichen theoretischen Betrachtungen von Regelvorgängen an elektrischen Maschinen üblich, mit einer Zeit*konstante* als Maß für den Zeitablauf des Erregungsvorganges zu arbeiten.

Der Wert der Erregerzeitkonstante $T_0 = \frac{L}{r_0}$, in dem nur die Erregerwicklung selbst, also keine Vorschaltwiderstände oder Vorschaltinduktivitäten berücksichtigt sind, soll im folgenden als *natürliche Zeitkonstante* bezeichnet werden. Dieser Begriff bedarf noch einer gewissen Erläuterung:

Die Zeitkonstante einer elektrischen Maschine berechnet der Elektromaschinenbauer (näheres s. Abschn. C I) aus

$$T_0 = \frac{L}{r_0} = \frac{w\,\Phi}{i\,r_0} = c\,\frac{\Phi}{i}. \tag{19}$$

($w \triangleq$ Windungszahl)

Für Φ und i setzt er normalerweise Fluß und Erregerstrom bei Nennspannung ein; also

$$T_{on} = c\,\frac{\Phi_{nenn}}{i_{nenn}}. \tag{19a}$$

T_{on} erscheint zunächst als fiktive Größe, nämlich als Zeit*konstante* einer Maschine, deren Leerlaufkennlinie $\Phi = f(i)$ eine Gerade ist, die durch den Punkt Φ_{nenn}/i_{nenn} geht, also der Bedingung genügt

$$\frac{\Phi}{\Phi_{nenn}} = \frac{i}{i_{nenn}} \text{ (in Abb. 16 — — — gezeichnet).}$$

Da die Maschine in Wirklichkeit die —— ausgezogene Leerlaufkennlinie hat, kann ein Auferregungsvorgang von O auf Φ_{nenn} nur mit grober Annäherung durch eine e-Funktion dargestellt werden. Das Kennzeichen des exponentiellen Verlaufs, die *Zeitkonstante*, ist nicht vorhanden, denn bei der stark gekrümmten Magnetisierungskennlinie kann die Induktivität beim besten Willen nicht mehr als *konstant* angesehen werden.

Nun kommt allerdings der Fall, daß eine Maschine in einem so weiten Bereich wie zwischen O und Φ_{nenn} auf- und aberregt wird, in der Regelungstechnik elektrischer Maschinen nur bei Folge-Regelungen vor. (Beispielsweise wird bei Umkehrantrieben der Steuergenerator häufig in einem Zug von O auf volles Maschinenfeld gefahren.) Bei der Verfahrensregelung, wie sie die Spannungsregelung eines Generators, beispielsweise die K-13-Schaltung darstellt, handelt es sich dagegen nur darum, durch Last- oder Drehzahländerungen bedingte Spannungsschwankungen im Anker ΔU durch eine Änderung der Erregerspannung Δu, die eine Änderung von Erregerstrom Δi und Fluß $\Delta\Phi$ nach sich zieht, auszugleichen. Die Störeinflüsse würden ohne den Einfluß einer Gegenkopplung die Ankerspannung nur etwa in der Größenordnung von 10% ändern. In der gleichen Größenordnung liegen naturgemäß die Ausgleichvorgänge im Erregerkreis, d. h. es ist

$$\begin{aligned} u_2 - u_1 &= \Delta u \leqq 0{,}1\, u_{nenn} \\ i_2 - i_1 &= \Delta i \leqq 0{,}1\, i_{nenn} \\ \Phi_2 - \Phi_1 &= \Delta\Phi \leqq 0{,}1\, \Phi_{nenn}\,. \end{aligned}$$

Da sich diese Vorgänge meistens nur über einen Bereich ausdehnen, in dem die Magnetisierungskennlinie mit guter Annäherung durch eine Gerade ersetzt werden kann, ist man auch berechtigt, mit einer Zeitkonstante zu arbeiten. Sie ist wie folgt zu errechnen:

$$T_0 = \frac{w\,(\Phi_2 - \Phi_1)}{r_0\,(i_2 - i_1)} = \frac{w\,\Delta\Phi}{r_0\,\Delta i} = c\,\frac{\Delta\Phi}{\Delta i} \tag{19b}$$

und bei sehr kleinen Änderungen

$$T_0 \to \frac{w\,d\Phi}{r_0\,di} = c\,\frac{d\Phi}{di} \tag{19c}$$

d. h. Ausgleichvorgänge im Bereich eines Kurvenpunktes $P_x(\Phi_x;\, i_x)$ verlaufen nach einer Zeitkonstante T_{0x}, bei der das Verhältnis von Fluß Φ zu Erregerstrom i durch die Kurventangente dieses Punktes $\frac{d\Phi}{di}(x)$ bestimmt wird.

Damit bekommt die Größe T_{on} eine reelle Bedeutung, und zwar als Zeitkonstante für Ausgleichvorgänge im Bereich des Punktes Φ_a/i_a, denn die Tangente in diesem Kurvenpunkt ist parallel zur Geraden $\Phi = \Phi_{nenn} \frac{i}{i_{nenn}}$. Wenn T_{on} und die Leerlaufkennlinie einer Maschine bekannt sind, kann man die Zeitkonstante eines beliebigen Kurvenbereichs T_{ox} leicht finden. Wie Abb. 16b zeigt, ist nämlich

$$T_{ox} = T_{on} \frac{\operatorname{tg} \alpha_x}{\operatorname{tg} \alpha_{nenn}}. \quad (20)$$

Der Winkel α_x kann sowohl durch eine Kurvensekante als auch durch eine Kurventangente bestimmt werden. In Abb. 16b bestimmt z. B. die Neigung der Sekanten P_2—P_1 mit guter Annäherung eine Zeitkonstante, mit der ein Ausgleichvorgang von Φ_1/i_1 auf Φ_2/i_2 verlaufen würde. Die Kurventangente P_3 bestimmt dagegen die Zeitkonstante von Ausgleichvorgängen, die sich in der engeren Umgebung des Punktes P_3 (Φ_3, i_3) abspielen.

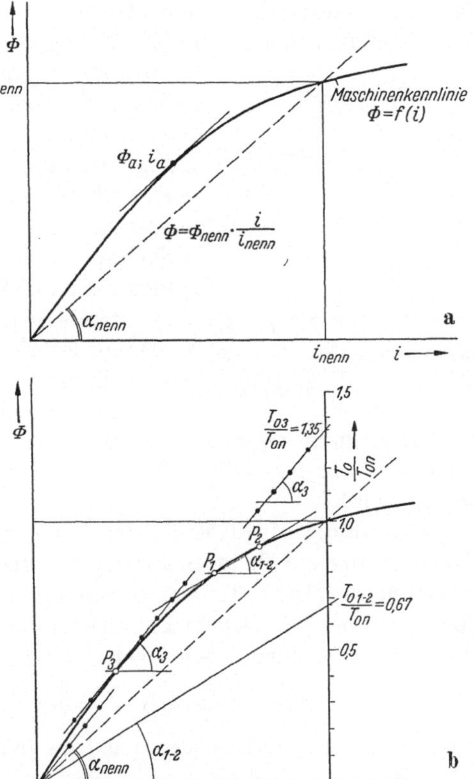

Abb. 16a u. b. a) Zur Definition der natürlichen Zeitkonstante bei elektrischen Maschinen, b) Bestimmung der „Zeitkonstanten" in einem beliebigen Punkt der Magnetisierungskennlinie

Die Übergangsfunktion des Erregerstromes ist bei einem Ausgleichvorgang von i_1 auf i_2 ebenfalls durch die an Hand des Ersatzschaltbildes aufgestellten Differentialgleichungen (13)—(15) zu beschreiben. Da es sich nur um eine Änderung des Erregerstromes von i_1 auf i_2 handelt, liegt die Anfangsbedingung vor:

$t = 0 \qquad i = i_1$ Moment des Eintritts der Störgröße.

Im Endzustand nach dem Ausgleich des Störeinflusses

$t = \infty$ ist $i = i_2$.

Die Lösung lautet $$i = i_2 - (i_2 - i_1)\, e^{-\frac{t}{T_0}}. \quad (21)$$

Graphische Darstellung s. Abb. 17.

Grundaufgabe E: Bei einem fremderregten Generator (Schaltung Abb. 1) ergebe sich bei plötzlichem Zuschalten der Erregerspannung eine Erregungszeit t_a. Sie soll auf $\frac{t_a}{n}$ verkürzt werden, wobei $n > 1$ sein soll. Es kann grundsätzlich offen bleiben, ob ein Auferregungsvorgang von $\Phi = 0$ auf Φ_{end} oder eine Flußänderung von Φ_1 auf Φ_2 vorliegt.

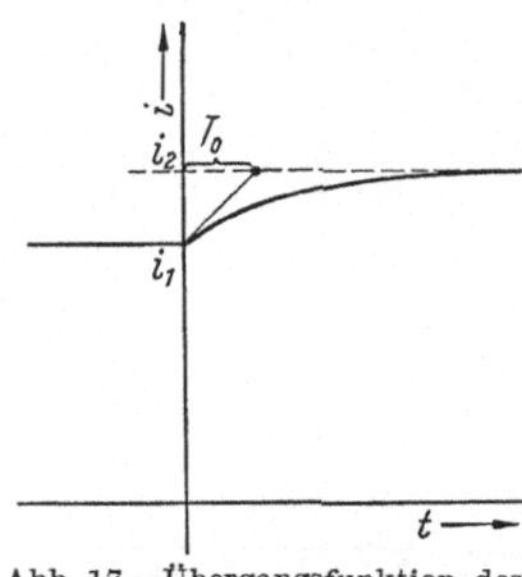

Abb. 17. Übergangsfunktion des Erregerstromes bei plötzlicher Erhöhung der Erregerspannung

In älteren Anlagen hat man diese Aufgabe mit der sogenannten Widerstandsschnellerregung $1:n$ gelöst. Man schaltet dabei der Erregerwicklung so viel ohmschen Widerstand vor, daß der gesamte ohmsche Widerstand des Erregerkreises das n-fache des Wicklungswiderstandes beträgt. In älteren Walzwerken findet man die Widerstandsgerüste für diese Widerstands-Schnellerregung noch häufig. Wie an Hand des Ersatzschaltbildes 15b I gezeigt wurde, beruht physikalisch gesehen die Verkürzung der Erregungszeit darauf, daß während des Auferregungsvorganges über der Erregerwicklung eine höhere Spannung wirksam ist, als im Endzustand an der Erregerwicklung verbraucht wird.

Eine andere Möglichkeit, der Erregerwicklung während des Ausgleichvorganges höhere Spannungen aufzudrücken, bietet die K-13-Schaltung von Abb. 3. Der Stromverlauf im Erregerkreis des K-13-Generators bei plötzlichem Einschalten der Spannung E wird durch die Differentialgleichung beschrieben:

$$u = E - U = i\,r_0 + L\frac{di}{dt}$$

r_0 ist wieder der ohmsche Widerstand, L die Induktivität der Erregerwicklung. Wenn Proportionalität zwischen Ankerspannung U und Erregerstrom i, also $U = c\,i$ angenommen wird, kann gesetzt werden

$$E - c\,i = i\,r_0 + L\frac{di}{dt}$$

oder

$$E - c\,i - i\,r_0 - L\frac{di}{dt} = 0\,.$$

Das ist der Typus der Differentialgleichung (14).

Voraussetzung für diesen Ansatz ist, daß Erregerstrom i und Generatorspannung U einander nicht nur im stationären Zustand, sondern auch in jedem Zeitpunkt des Erregungsvorganges proportional sind. U und i müssen also gleiche Übergangsfunktionen haben.

Bei gewöhnlichen elektrischen Maschinen erreicht im allgemeinen der Fluß seinen Endzustand nicht gleichzeitig mit dem Erregerstrom, denn Wirbelströme im magnetischen Kreis machen einen Teil der Erregerdurchflutung kurzzeitig unwirksam. Erst wenn diese Wirbelströme abgeklungen sind, erreicht der magnetische

Fluß seine volle Höhe. Man kann Wirbelströme dadurch vermeiden, daß man den gesamten magnetischen Kreis der Maschine, also auch Pole und Joch blecht, oder (wie vor allem in USA üblich) bei Maschinen im Regelkreise für Joch und Pole magnetische Werkstoffe mit hohem ohmschen Querwiderstand verwendet.

Als Lösung für den Auferregungsvorgang mit der Anfangsbedingung

$$t = 0\,,\ i = 0\,,\quad \text{und dem Endzustand } t = \infty,\ i = i_{end}$$

erhält man:

$$i = i_{end}\left(1 - e^{-\frac{r_0 + c}{L}t}\right)$$

und wegen der Proportionalität von U und i damit auch

$$U = U_{end}\left(1 - e^{-\frac{r_0 + c}{L}t}\right) = c\, i_{end}\left(1 - e^{-\frac{r_0 + c}{L}t}\right).$$

Die Gegenkopplung wirkt sich genauso wie ein Zusatzwiderstand im Erregerkreis aus: Beim P-Regelkreis kann also die Zeitverzögerung zwischen Eingangs- und Ausgangsgröße des VZ-Gliedes mit Hilfe einer Gegenkopplung verkürzt werden. Häufig ist allein dieses verbesserte Übertragungsverhalten für die Anwendung einer Gegenkopplung und damit eines Regelkreises anstelle der einfachen Steuerkette maßgebend. In anderen Fällen erstrebt man diese dynamische Eigenschaft des P-Regelkreises neben der des stationären Ausgleichs von Störeinflüssen.

Für die stationären und dynamischen Eigenschaften des P-Regelkreises ist die gleiche Kenngröße, nämlich die Regelempfindlichkeit ε, maßgebend: Durch die Gegenkopplung der K-13-Schaltung ergibt sich eine Zeitkonstante $T_1 = \frac{L}{r_0 + c}$. Gegenüber dem gewöhnlichen fremderregten Generator mit der Zeitkonstante T_0 wird eine Verbesserung der Zeitkonstante im Verhältnis $\frac{T_1}{T_0} = \frac{L}{(r_0 + c)} \cdot \frac{r_0}{L} = \frac{r_0}{r_0 + c}$ unter sonst gleichen Voraussetzungen erzielt. Wenn man vom Sollwert der K-13-Schaltung (U_0/u_0) ausgeht, gilt $u_0 = i_{end}\, r_0$ und $U_0 = c\, i_{end}$. Daraus folgt

$$\frac{T_1}{T_0} = \frac{u_0}{u_0 + U_0} = \frac{u_0}{E} = \frac{1}{\varepsilon}\,. \tag{22a}$$

Die Regelempfindlichkeit ε, die für den stationären Zustand in erster Näherung angibt, auf welchen Bruchteil des Wertes Störeinflüsse ausgeglichen werden, gibt auch an, auf welchen Bruchteil ihres Wertes die natürliche Zeitkonstante eines VZ-Gliedes beispielsweise eines Generators, verkleinert wird. Auch das gilt streng genommen nur für den Auferregungsvorgang von Null auf Sollwertspannung des K-13-Generators unter der Voraussetzung der Proportionalität von Erregerstrom und Ankerspannung; mit guter Annäherung jedoch für jeden Ausgleichvorgang im P-Regelkreis.

Bei der Widerstands-Schnellerregung $1:n$ muß der größte Teil der Leistung im Erregerkreis (die $n-1$ fache Verlustleistung der Erregerwicklung) in Zusatzwiderständen vernichtet werden. Auch bei der K-13-Schaltung muß im Erregerkreis die Spannung $E = u + U$, der ε-fache Spannungsbedarf der Erregerwicklung, sowohl während des Erregungsvorganges als auch im stationären Zustand, aufgedrückt werden. Das bedeutet wie bei der entsprechenden Ersatzschaltung 15b II auch im stationären Zustand die ε-fache Erregerleistung

$$E\,i = \varepsilon \underbrace{u\,i}_{\substack{\text{Verlustleistung}\\ \text{der Erregerwicklung}}} = u\,i + U\,i\,.$$

Die Leistung $U\,i$ wird nicht vernichtet, sondern kommt dem Ankerkreis des Generators zugute. In der Schaltung 5 steht eine Erregeranordnung zur Verfügung, bei der wie in der entsprechenden Ersatzschaltung 15c im stationären Zustand lediglich die Verlustleistung in der Erregerwicklung $u\,i_{end} = r_0\,i_{end}^2$ aufzubringen ist. Eine Spannung $u > i_{end}\,r_0$ wird nur während des Auferregungsvorganges an die Wicklung gelegt. Dieser Verlauf der Erregerspannung wird als *Stoßerregung* bezeichnet.

In Schaltung 5 wird die Erregerwicklung des Hauptgenerators nicht von einer Quelle konstanter Spannung, sondern von einem Verstärkungsglied, beispielsweise einer Verstärkermaschine erregt. Die Gegeneinanderschaltung von Führungsgröße E und Regelgröße U wird nicht im Feld des Hauptgenerators, sondern im Erregerkreis der Verstärkermaschine durchgeführt. Es ist daher nur das ε-fache der an sich kleinen Erregerleistung der Verstärkermaschine aufzubringen. Unter idealisierten Verhältnissen (Erregerzeitkonstante der Verstärkermaschine gegenüber der des Generators zu vernachlässigen, was in der Praxis häufig der Fall ist; Proportionalität zwischen Erregerstrom i_v und Ankerspannung u der Verstärkermaschine) verläuft der Stoßerregungsvorgang von $U = 0$ auf $U = U_0$ folgendermaßen:

Der Strom im Erregerkreis der Verstärkermaschine $i_v = \frac{E - U}{r_v}$ ist im Einschaltmoment ($t = 0$; $U = 0$) dann $\frac{E}{r_v} = \varepsilon\,i_{v\,end}$. Er hat an der Verstärkermaschine die Ankerspannung $\varepsilon\,u_0 = \varepsilon\,i_{end}\,r_0$ zur Folge. Mit steigender Generator-Ankerspannung U geht der Erregerstrom i_v zurück. Der Kreis ist so abgeglichen, daß sich der Gleichgewichtszustand bei einer Ankerspannung des Generators U_0 einstellt. Es ist also $i_{v\,end} = \frac{E - U_0}{r_v}$. Diesem Endwert des Erregerstromes entspricht eine Ankerspannung der Verstärkermaschine und damit Erregerspannung des Generators $u_0 = r_0\,i_{end}$. Gl. (22a) läßt sich auf diese Schaltung übertragen. Es gilt dann

$$\left.\begin{aligned} \frac{T_1}{T_0} &= \frac{u_{v0}}{E} = \frac{1}{\varepsilon} \\ \text{bzw.}\quad \frac{T_1}{T_0} &= \frac{\Theta_{res}}{\Theta_{St}} = \frac{1}{\varepsilon} \end{aligned}\right\} \qquad (22\,\mathrm{b})$$

wenn anstelle des galvanischen Vergleichs von Führungs- und Regelgröße ein Ampèrewindungsvergleich vorgenommen wird.

Bei der Ersatzschaltung 15c wurde davon ausgegangen, daß Ankerwiderstand und Ankerinduktivität der Verstärkermaschine vernachlässigbar klein sind. In der Praxis braucht diese Bedingung nicht erfüllt zu sein. Man kann ja den ohmschen Widerstand als Teil des Gesamtwiderstandes und die Ankerinduktivität als Teil der Gesamtinduktivität im Erregerkreis des Hauptgenerators ansehen und, wenn der Erregungsvorgang nach Gl. (22) berechnet wird, für T_0 nicht die natürliche Zeitkonstante der Haupterregerwicklung T_0 allein, sondern die natürliche Zeitkonstante des Erregerkreises T_0' einsetzen. T_0' schließt dann Ankerwiderstand und Ankerinduktivität der Verstärkermaschine und, wenn nötig, entsprechende Werte der Verbindungsleitungen ein. In der Mehrzahl der Fälle ist aber $T_0' \approx T_0$. Im Folgenden soll deshalb zwischen diesen beiden Größen nicht mehr unterschieden werden.

Die Erregung des Generators aus einer Verstärkermaschine bringt außerdem den Vorteil, daß alle Schalthandlungen in den Erregerkreis der Verstärkermaschine und damit auf ein sehr kleines Leistungsniveau verlegt sind. Bei der Widerstands-Schnellerregung oder K-13-Schaltung muß dagegen immer im Erregerkreis des Hauptgenerators geschaltet werden. Die Schaltleistungen im Erregerkreis der Verstärkermaschine sind meist so klein, daß man Schalt- und Stellgeräte unmittelbar von Hand betätigen kann. Die Verstärkermaschine macht damit auch Schaltgeräte größerer Leistung entbehrlich (s. auch D I).

Bei Erregungsvorgängen, die sich über einen so weiten Bereich erstrecken, daß die Induktivität auch mit grober Annäherung nicht mehr als konstant angesehen werden kann, darf man nicht mehr mit den Gl. (22a) und (22b) rechnen. Diese Gleichungen gelten nur für einen exponentiellen Zeitverlauf von Strom oder Fluß, charakterisiert durch eine Zeit*konstante*. Wird nun die Aufgabenstellung der Grundaufgabe E auf Vorgänge ausgedehnt, bei denen mit einer konstanten Induktivität nicht mehr gerechnet werden kann, ist es empfehlenswert, den Zeitablauf des Erregungsvorganges auf graphischem Wege vorauszubestimmen. Ein Verfahren gibt RÜDENBERG[1] an: Er behandelt allerdings nur den Fall

[1] RÜDENBERG, R.: Elektrische Schaltvorgänge in geschlossenen Stromkreisen von Starkstromanlagen, 4. Aufl., S. 432 ff., Berlin/Göttingen/Heidelberg: Springer 1953.

der gewöhnlichen Fremd- und Selbsterregung von Gleichstrommaschinen. Das Verfahren kann so erweitert werden, daß es auch auf Stoßerregungsvorgänge, wie sie bei der Schaltung 5 auftreten, anwendbar ist. Es läßt sich dabei noch der für die Praxis wichtige Fall berücksichtigen, daß bei Erregungsvorgängen über einen weiten Bereich auch die Verstärkermaschine bis in die Sättigung hinein ausgesteuert wird.

Für den Zeitablauf der Vorgänge im Erregerkreis des Generators ist die Differentialgleichung

$$u - i\,r_0 - w\frac{d\Phi}{dt} = 0 \tag{23a}$$

maßgebend, die durch Trennung der Variablen auf die Lösungsform

$$t = w\int\frac{d\Phi}{u - i\,r_0} + C \tag{23b}$$

gebracht werden kann. Dabei bedeutet

u die dem Erregerkreis des Hauptgenerators aufgedrückte Spannung (handelt es sich um eine gewöhnliche Fremderregung von einer Quelle konstanter Spannung E aus, kann, wie bei den Gln. (13) und (14) $u = E$ gesetzt werden. Handelt es sich dagegen um Stoßerregungsvorgänge, ist u eine veränderliche Spannung, die z. B. in Abb. 5 von einer Verstärkermaschine erzeugt wird,
Φ den Fluß des Hauptgenerators, der eine Erregerwicklung mit
w Windungen durchsetzt,
r_0 den ohmschen Widerstand des Erregerkreises und
i den Erregerstrom des Hauptgenerators.

Die Anker- und Erregerzeitkonstante der Verstärkermaschine seien vernachlässigbar. Sowohl bei der Verstärkermaschine als auch beim Hauptgenerator besteht der Zusammenhang zwischen Fluß Φ und Erregerstrom i, wie er durch die Magnetisierungskennlinien gegeben ist, nicht nur im stationären Zustand, sondern auch in jedem Zeitpunkt des Auferregungsvorganges. Es gibt also keine Zeitverzögerung zwischen Φ und i als Folge von Wirbelströmen.

In Abb. 18 ist als praktisches Beispiel der Auferregungsvorgang einer Schaltung 5 behandelt mit den Bedingungen

$$t = 0 \qquad \Phi = 0$$
$$t = \infty \qquad \Phi = \Phi_{end}\,.$$

Das unbestimmte Integral 23b geht damit in das bestimmte Integral

$$t = w\int\limits_0^{\Phi}\frac{d\Phi}{u - i\,r_0} \tag{23c}$$

über. Dieses muß auf graphischem Wege gelöst werden, denn ein formelmäßiger Zusammenhang zwischen i, u und Φ ist nicht vorhanden. Die Beziehung dieser Größen untereinander muß aus den Magnetisierungskennlinien von Hauptgenerator und Verstärkermaschine ermittelt werden. Zu diesem Zwecke geht man von der Spannungskennlinie des Hauptgenerators $U = f(i)$ aus, wie sie Abb. 18a zeigt. Ein wohl definierter Zusammenhang zwischen U und i kann im stationären Zustand nur für folgende Belastungsfälle des Generators angegeben werden:

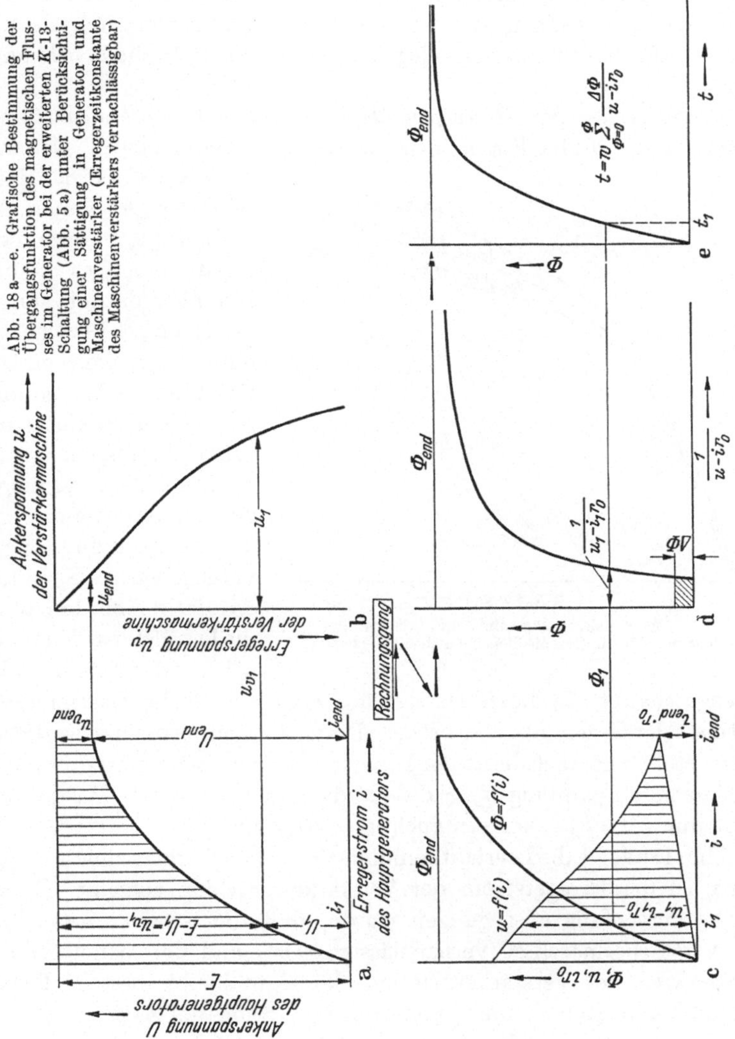

Abb. 18a—e. Grafische Bestimmung der Übergangsfunktion des magnetischen Flusses im Generator bei der erweiterten K-13-Schaltung (Abb. 5a) unter Berücksichtigung einer Sättigung in Generator und Maschinenverstärker (Erregerzeitkonstante des Maschinenverstärkers vernachlässigbar)

1. Leerlauf des Hauptgenerators. Der in der Praxis wichtige Fall, daß der Hauptgenerator auf eine Induktivität arbeitet, wobei der Ankerstrom sehr viel langsamer als der Erregerstrom des Hauptgenerators steigt, kann mit guter Annäherung durch den Leerlauf-Fall ersetzt werden.

Dieser Fall kommt bei der Stoßerregung von Drehstromgeneratoren vor, wobei der in Abb. 5 dargestellte Gleichstromgenerator als Haupterregermaschine dient.

2. Der Anker des Hauptgenerators arbeitet auf konstanten Widerstand. Dieser Fall ist in der Praxis selten. Die Anlaufvorgänge von Antrieben, deren Arbeitsmaschinen eine bestimmte Zuordnung von Drehzahl und Drehmoment haben, können gelegentlich nach dieser Methode behandelt werden.

3. Der Anker des Hauptgenerators arbeitet mit konstantem Strom. Dieser Fall ist in der Praxis nicht nur bei den Konstantstromsystemen anzutreffen. Bei der Mehrzahl der geregelten Antriebe findet während des Anlaufvorganges eine Strombegrenzung statt.

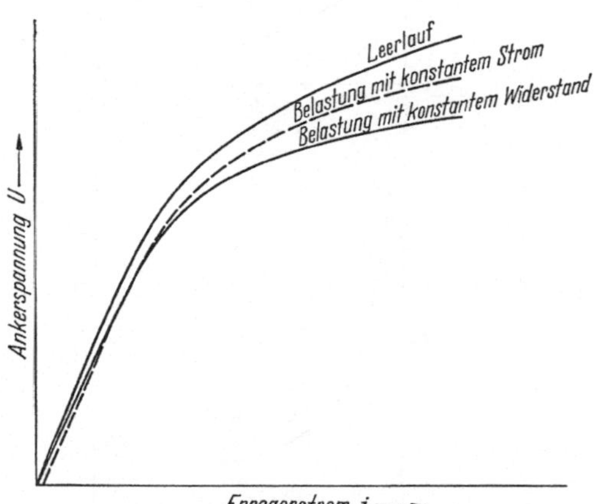

Abb. 19. Magnetisierungskennlinie eines Gleichstrom-Generators bei unterschiedlichen Lastbedingungen

Die Abb. 19 zeigt, wie unter sonst gleichen Umständen diese 3 Kennlinien bei einem Gleichstromgenerator aussehen.

Die Ankerspannung U des Hauptgenerators ist der am Spannungsteiler r_1 vorgegebenen Spannung E, die in Abb. 18a durch die Parallele zur Abszissenachse dargestellt wird, gegengeschaltet. In dieser Darstellung werden auch die Spannungsverhältnisse der Gegenkopplung erfaßt. Die Ordinatenwerte im schraffierten Gebiet stellen nämlich die an der Erregerwicklung der Verstärkermaschine verbleibende Spannung $u_v = E - U$ dar. Das Diagramm 18a gibt also nicht nur $U = f(i)$, sondern auch $u_v = f(i)$ an.

Abb. 18b zeigt die Leerlaufkennlinie der Verstärkermaschine $u = f(i_v)$. Mit i_v ist der Erregerstrom der Verstärkermaschine gemeint. Da von der Voraussetzung ausgegangen wurde, daß die Erregerzeitkonstante der Verstärkermaschine vernachlässigbar ist, und der Widerstand im Erregerkreis der Verstärkermaschine konstant bleibt, besteht Proportionalität zwischen u_v und i_v nicht nur im stationären Zustand, sondern auch in jedem Moment des Erregungsvorganges. Die Leerlaufkennlinie der Verstärkermaschine, bei der normalerweise die Leerlaufspannung u über dem Erregerstrom i_v aufgetragen ist, gibt also auch den Zusammenhang $u = f(u_v)$ an, wenn für die Abszissenachse ein Maßstab $u_v = \text{konst.} \times i_v$ eingeführt wird.

Mit Hilfe der Diagramme 18a und b läßt sich aus $U = f(i)$ über $u_v = f(i)$ der Zusammenhang $u = f(i)$ konstruieren, wie er in Abb. 18c aufgetragen ist. Um die punktweise Konstruktion zu erleichtern, wurde die Leerlaufkennlinie der Verstärkermaschine in Abb. 18b um 90° aus der normalen Lage verdreht. Der ohmsche Spannungsabfall im Erregerkreis des Generators $i\, r_0$, im Schaubild 18c durch die im Nullpunkt beginnende Gerade dargestellt, ist dem Erregerstrom proportional. Im Endzustand muß $i_{end}\, r_0 = u_{end}$ sein. Die schraffierte Fläche stellt $u - i\, r_0$, den Nenner des bestimmten Integrals (23c), dar.

In Abb. 18c ist ferner die Magnetisierungskennlinie der Maschine $\Phi = f(i)$ eingetragen. Die Ermittlung dieses Zusammenhanges bereitet gewisse Schwierigkeiten. Der aus der Leerlaufkennlinie bekannte Zusammenhang $\frac{U}{U_{end}} = f\left(\frac{i}{i_{end}}\right)$ stellt wohl auch einen Zusammenhang $\frac{\Phi_L}{\Phi_{L\,end}} = f\left(\frac{i}{i_{end}}\right)$ dar; dabei ist unter Φ_L aber der Fluß im Luftspalt bei Leerlauf des Ankers zu verstehen. Der Zusammenhang zwischen Φ_L und U ergibt sich ohne weiteres aus den Abmessungen der Maschinen, d. h. es ist $\Phi_L = c\, U$. Der die Erregerwicklung durchsetzende Fluß Φ, der für das Zeitverhalten des Erregerkreises maßgebend ist, unterscheidet sich jedoch vom Fluß im Luftspalt durch einen Streu-Koeffizienten σ, der sich zwischen gesättigtem und ungesättigtem Zustand der Maschine ändern kann. Aus Gründen der Einfachheit zieht der Elektromaschinenbauer jedoch bei der Untersuchung von Erregungsvorgängen eine Darstellung $\Phi = (1 + \sigma)\, \Phi_L = (1 + \sigma)\, c\, U = f(i)$ mit konstantem Streufaktor vor. Die Leerlaufkennlinie $U = f(i)$ gibt damit nach entsprechender Maßstabsänderung auch den Zusammenhang $\Phi = f(i)$ an[1].

Mit Abb. 18c [$\Phi = f(i)$ und $u - i\, r_0 = f(i)$] ist auch der Zusammenhang zwischen Φ und $u - i\, r$ gefunden, der für die graphische Integration des Ausdrucks

$$t = w \sum_{\Phi = 0}^{\Phi} \frac{1}{u - i\, r_0}\, \Delta\Phi \tag{23d}$$

benötigt wird. Zur Vereinfachung der Zeichenarbeit beim Integrieren ist es empfehlenswert, erst den Zusammenhang $\frac{1}{u - i\, r_0} = f(\Phi)$ (Abb. 18d) aufzutragen. Zu integrieren ist die schraffierte Fläche in Abb. 18d über Φ. Durch Multiplikation mit w ergibt sich dann der in Abb. 18e dargestellte Zusammenhang $\Phi = f(t)$, aus dem mit Hilfe der Diagramme 18a und c rückwärts auf den Verlauf $U = f(t)$ und $i = f(t)$ zu schließen ist.

---

[1] Ist die Maschine mit konstantem Strom oder konstantem Widerstand belastet, muß $\Phi = f(i)$ oft genauer berechnet werden.

Besonders einfach wird das graphische Verfahren, wenn man alle Kennlinien in Abb. 18 nicht in absoluten, sondern in bezogenen Größen aufträgt. D. h. beispielsweise statt

$$U = f(i)$$

$$\lambda_U = \frac{U}{U_{end}} = f\left(\frac{i}{i_{end}}\right) = f(\lambda_i)\,.$$

Die Gl. (23d) geht damit in die Form über

$$t = \frac{w\,\Phi_{end}}{i_{end}\,r_0} \sum_{\lambda_\Phi = 0}^{\lambda_\Phi} \frac{1}{\lambda_{u-i r_0}} \Delta\lambda_\Phi\,.$$

Es ist aber $\frac{w\,\Phi_{end}}{i_{end}\,r_0} = T_{on}$ die aus Gl. (19a) bekannte *natürliche Zeitkonstante*, so daß geschrieben werden kann:

$$\frac{t}{T_{on}} = \sum_{\lambda_\Phi = 0}^{\lambda_\Phi} \frac{1}{\lambda_{u-i r_0}} \Delta\lambda_\Phi\,. \tag{23e}$$

In dieser allgemeinen Form enthalten die Kurven 18c, d und e nur dimensionslose Zahlenwerte. Man kann daher die graphische Integration ohne Rücksicht auf Maßstabsfragen durchführen und erhält damit einen Zusammenhang zwischen bezogenen Größen $\lambda_\Phi = f\left(\frac{t}{T_{on}}\right)$, der nur von der Form der beiden Kennlinien $U = f(i)$ und $u = f(i_v)$ abhängt. Erst am Schluß führt man durch die Multiplikation mit T_{on} die allgemeine Lösung auf einen speziellen Fall zurück, denn nur in T_{on} sind die Größen einer bestimmten Aufgabenstellung enthalten. Man kann sich nun durch Kombination verschiedener Kurven $U = f(i)$ und $u = f(i_v)$ einen Kurvenatlas schaffen, der allgemein gültig ist. Zur Bestimmung eines Auferregungsvorganges hat man dann lediglich aus dem Kurvenatlas die passende Kurve $\lambda_\Phi = f\left(\frac{t}{T_{on}}\right)$ auszusuchen. Aus den Daten der Aufgabenstellung errechnet man T_{on} und führt damit die allgemeine Lösung $\lambda_\Phi = f\left(\frac{t}{T_{on}}\right)$ auf die spezielle Lösung $\Phi = f(t)$ zurück.

Ist die Erregerzeitkonstante der Verstärkermaschine gegenüber der des Hauptgenerators nicht mehr zu vernachlässigen und macht sich bei einem Ampèrewindungsvergleich die gegenseitige induktive Kopplung der beiden Wicklungen oder die Dämpfung im magnetischen Kreis von Generator oder Verstärkermaschine bemerkbar, so sind zu einer Vorausbestimmung der Übergangsfunktion weder die Gl. (22a) und (22b) noch das graphische Verfahren zu verwenden. Wie unter solchen Bedingungen die Übergangsfunktionen aussehen, soll in anderen Kapiteln dieses Buches behandelt werden.

b) J-Verhalten. Für den Erregerkreis des Gleichstromgenerators in Abb. 14 läßt sich, wenn man wieder von der Voraussetzung ausgeht, daß die Zeitkonstante der Verstärkermaschine vernachlässigbar gegenüber der des Hauptgenerators ist und daß beide Wicklungen gegeneinander vollständig entkoppelt sind, folgende Gleichung aufstellen: $\text{EMK}_v = i\,r_0 + L\frac{di}{dt}$, die dem Typ der Gl. (13a) entspricht; unter EMK_v ist dabei die Anker-EMK der Verstärkermaschine, unter r_0 der ohmsche Gesamtwiderstand und unter L die Gesamtinduktivität im Erregerkreis des Hauptgenerators zu verstehen. Man geht nun von der Voraussetzung aus, daß L und r_0 konstant sind und daß EMK_v der Durchflutung der Verstärkermaschine Θ_v proportional ist, also $\text{EMK}_v = c\,\Theta_v$. Es kann sowohl die Reihenschlußwicklung der Verstärkermaschine w_R als auch die Wicklung im Gegenkopplungszweig w_{GK} einen Durchflutungsbeitrag liefern: $\Theta_v = \Theta_R + \Theta_{GK}$. Nun gilt aber für Schaltung 14 die Voraussetzung des labilen Gleichgewichts [Gl. (12a)] $c\,\Theta_R = i r_0$. Daher folgt

$$c\,\Theta_R + c\,\Theta_{GK} = i\,r_0 + L\frac{di}{dt} \quad \text{und} \quad c\,\Theta_{GK} = L\frac{di}{dt} \tag{24a}$$

d. h. die Änderung des Erregerstromes $\frac{di}{dt}$ wird ausschließlich von der Durchflutung der Wicklung w_{GK} bestimmt. Es ist aber

$$\Theta_{GK} = i_{GK}\,w_{GK} = \frac{E - U}{r_{GK}}\,w_{GK}\,,$$

also gilt

$$L\frac{di}{dt} = c\,\Theta_{GK} = c\,\frac{E-U}{r_{GK}}\,w_{GK} \quad \text{und daraus} \quad \frac{di}{dt} = c_1(E - U)\,. \tag{24b}$$

Jeder Abweichung der Regelgröße von ihrem Sollwert (bei der Schaltung 14 $E - U$) wird also eine bestimmte *Änderungsgeschwindigkeit* für den Erregerstrom zugeordnet. Durch Trennung der Variablen findet man

$$di = c_1\,(E - U)\,dt$$

$$i_2 - i_1 = c_1 \int_{t_1}^{t_2} (E - U)\,dt\,. \tag{24c}$$

Die Änderung des Erregerstromes ist dem *Zeitintegral* der Regelabweichung proportional: (integral-wirkende Regelung = J-Regelung).

Für den Zeitverlauf des Stromes i bzw. der Ankerspannung U ergibt sich aus Gl. (24b) $\frac{di}{dt} = c_1E - c_1U = c_1E - c_1c_2\,i$, wenn die Ankerspannung U des Hauptgenerators dem Erregerstrom i in jedem Zeitpunkt des Einschwingvorganges proportional ist. Als Lösungsansatz dieser Differentialgleichung wird gewählt

$$i = A_1 e^{-c_1 c_2 t} + A_0\,.$$

Mit der Anfangsbedingung von Gl. (13)

$$t = 0 \qquad i = 0$$ und dem Endwert
$$t = \infty \qquad i = i_{end}$$

ergibt sich

$$i = i_{end}\,(1 - e^{-c_1 c_2 t})$$

bzw.

$$U = U_{end}\,(1 - e^{-c_1 c_2 t})$$ der Typ von Gl. (13c).

Es ist aber

$$c_1 c_2 = \frac{1}{L} \cdot \frac{c\,\Theta_{GK}}{E - U} \cdot \frac{U}{i} \,. \tag{25a}$$

Der Quotient $\frac{c\,\Theta_{GK}}{E - U}$ gibt an, in welchem Verhältnis die von der Durchflutung der Gegenkopplung Θ_{GK} erzeugte Anker-EMK der Verstärkermaschine $\text{EMK}_{vGK} = c\,\Theta_{GK}$ zur Spannungsdifferenz $E - U$ im Gegenkopplungszweig steht. EMK_{vGK} erreicht ihr Maximum für das Maximum von $E - U$, d. h. bei $U = 0$, also gilt

$$\frac{c\,\Theta_{GK}}{E - U} = \frac{(c\,\Theta_{GK})_{max}}{E} \,.$$

Man kann nun schreiben $c\,\Theta_{GK\,max} = \bar{\varepsilon}\, i_{end}\, r_0$. Dabei drückt $\bar{\varepsilon}$ aus, das Wievielfache des ohmschen Spannungsverbrauchs des Generatorerregerkreises im Endzustand ($U = E$, $i = i_{end}$), d. h. von $i_{end}\, r_0$ die unter dem Einfluß der Gegenkopplung erzeugte maximale Anker-EMK der Verstärkermaschine EMK_{vGK} beträgt. Der Quotient $\frac{U}{i}$ kann, wenn man vom Endzustand des Einstellvorganges ausgeht, auch in der Form $\frac{E}{i_{end}}$ ausgedrückt werden. Damit läßt sich Gl. (25a) überführen in

$$c_1 c_2 = \frac{1}{L} \cdot \frac{c\,\Theta_{GK}}{E - U} \cdot \frac{U}{i} = \frac{\bar{\varepsilon}}{L} \cdot \frac{i_{end}\, r_0}{E} \cdot \frac{E}{i_{end}} = \frac{\bar{\varepsilon}}{T_0} \,. \tag{25b}$$

$T_0 = \frac{L}{r_0}$ ist wieder die natürliche Zeitkonstante des Generatorerregerkreises. Für die Übergangsfunktion des Stromes i bzw. der Spannung U ergibt sich

$$\frac{i}{i_{end}} = \frac{U}{U_{end}} = 1 - e^{-\frac{\bar{\varepsilon}}{T_0} t} \,. \tag{26}$$

2. Der Regelkreis 2. Ordnung

Von 2. Ordnung ist ein Regelkreis mit zwei Energiespeichern, z. B. ein Kreis, in dem in Wirkungsrichtung zwei Glieder (VZ-Glieder) hintereinander angeordnet sind, bei denen die Ausgangsgröße der Eingangsgröße mit einer gewissen Zeitverzögerung folgt. Als Beispiel kann die Schaltung in Abb. 5a behandelt werden unter der Voraussetzung, daß die Erregerzeitkonstante der Verstärkermaschine V nicht mehr vernachlässigbar gegenüber der des Hauptgenerators G ist. Eine Zeitverzögerung zwischen Erregerspannung und -strom tritt also sowohl im Erregerkreis der Hauptmaschine als auch im Erregerkreis der Verstärkermaschine auf. Zur besseren Unterscheidung soll bezeichnet werden mit

U	Ankerspannung	des Hauptgenerators
i_G	Erregerstrom	des Hauptgenerators
r_G	ohmscher Widerstand des Erregerkreises	des Hauptgenerators
L_G	Induktivität des Erregerkreises	des Hauptgenerators
T_G	natürliche Zeitkonstante des Erregerkreises	des Hauptgenerators
u	Speisespannung für Erregerkreis	des Hauptgenerators
u	Ankerspannung	der Verstärkermaschine
i_v	Erregerstrom	der Verstärkermaschine
r_v	ohmscher Widerstand des Erregerkreises	der Verstärkermaschine
L_v	Induktivität des Erregerkreises	der Verstärkermaschine
T_v	natürliche Zeitkonstante des Erregerkreises	der Verstärkermaschine
E	in den Erregerkreis als Führungsgröße eingeführte Fremdspannung	der Verstärkermaschine

Vorausgesetzt wird

$$U = c_G\, i_G\,, \tag{27a}$$

$$u = c_v\, i_v\,. \tag{27b}$$

Diese Voraussetzung soll wieder in jedem Zeitpunkt der Übergangsfunktion gelten. Sie ist bei Maschinen mit vollgeblechtem magnetischem Kreis praktisch erfüllt (B III 1).

Im Erregerkreis des Generators G gilt

$$u = i_G\, r_G + L_G \frac{di_G}{dt} \quad \text{oder} \quad \frac{u}{r_G} = i_G + T_G \frac{di_G}{dt}. \tag{28}$$

Im Erregerkreis der Verstärkermaschine V gilt

$$E - U = i_v\, r_v + L_v \frac{di_v}{dt} \quad \text{oder} \quad \frac{E-U}{r_v} = i_v + T_v \frac{di_v}{dt}. \tag{29}$$

Gl. (28) läßt sich mit Hilfe von Gl. (27) umformen

$$\frac{c_v}{r_G}\, i_v = i_G + T_G \frac{di_G}{dt} \quad \text{oder} \quad i_v = \frac{r_G}{c_v}\left(i_G + T_G \frac{di_G}{dt}\right) \tag{30a}$$

$$\frac{di_v}{dt} = \frac{r_G}{c_v}\left(\frac{di_G}{dt} + T_G \frac{d^2 i_G}{dt^2}\right). \tag{30b}$$

In Gl. (29) kann man nun die aus Gl. (30a) und (30b) gewonnenen Größen einführen:

$$\frac{E-U}{r_v} = \frac{E - c_G\, i_G}{r_v} = \frac{r_G}{c_v}\left(i_G + T_G \frac{di_G}{dt}\right) + \frac{T_v\, r_G}{c_v}\left(\frac{di_G}{dt} + T_G \frac{d^2 i_G}{dt^2}\right)$$

$$\frac{E}{r_v} = i_G\left(\frac{r_G}{c_v} + \frac{c_G}{r_v}\right) + \frac{di_G}{dt} \cdot \frac{r_G}{c_v}(T_G + T_v) + \frac{d^2 i_G}{dt^2}\, T_G\, T_v \frac{r_G}{c_v}$$

oder

$$\frac{d^2 i_G}{dt^2} + \frac{T_G + T_v}{T_G\,T_v} \cdot \frac{d i_G}{dt} + \frac{1}{T_G\,T_v}\left(1 + \frac{c_G\,c_v}{r_G\,r_v}\right) i_G = \frac{E}{r_v} \cdot \frac{c_v}{r_G} \cdot \frac{1}{T_G\,T_v} = g\,. \qquad (31)$$

Diese Differentialgleichung beschreibt die Übergangsfunktion des Stromes i_G. Mit den Übersetzungswerten c_G und c_v und den ohmschen Widerständen r_G und r_v enthält der homogene Teil Größen, die speziell an die vorliegende Aufgabe gebunden sind. Zur Behandlung des allgemeinen Regelkreises 2. Ordnung ist es notwendig, die Gl. (31) auf eine Form zu bringen, die nur noch die charakteristischen Größen des Regelkreises 2. Ordnung, nämlich die beiden Zeitkonstanten T_v und T_G sowie die Regelempfindlichkeit ε enthält.

Gl. (31) läßt sich durch folgende Überlegung umformen.

Im eingeschwungenen Zustand gilt Gl. (27)

$$U_{end} = c_G\, i_{G\,end} = c_G \frac{u_{end}}{r_G} = \frac{c_G\, c_v\, i_{v\,end}}{r_G}$$

$$1 + \frac{c_G\,c_v}{r_G\,r_v} = 1 + \frac{U_{end}}{i_{v\,end}\, r_v} = \frac{i_{v\,end}\, r_v + U_{end}}{i_{v\,end}\, r_v} = \frac{E}{i_{v\,end}\, r_v} = \varepsilon\,.$$

Durch diese Umrechnung läßt sich die Differentialgleichung (31) auf die Form

$$\frac{d^2 i_G}{dt^2} + \frac{T_G + T_v}{T_G\,T_v} \cdot \frac{d i_G}{dt} + \frac{\varepsilon}{T_G\,T_v}\, i_G = g\,, \qquad (31\,\mathrm{a})$$

deren homogener Teil nur noch die für den allgemeinen Regelkreis 2. Ordnung charakteristischen Größen T_G, T_v und ε enthält, oder die einfachere Form

$$\frac{d^2 i_G}{dt^2} + 2\,\delta \frac{d i_G}{dt} + \omega^2\, i_G = g \qquad (31\,\mathrm{b})$$

bringen, wobei $\delta = \frac{T_G + T_v}{2\,T_G\,T_v}$ und $\omega^2 = \frac{\varepsilon}{T_G\,T_v}$ ist.

Durch diesen Typ der Differentialgleichung 2. Ordnung sind Einschwingvorgänge mit linearer Dämpfung gekennzeichnet, deren markantestes Beispiel in der Elektrotechnik Einschwingvorgänge in Stromkreisen sind, die ohmschen, induktiven und kapazitiven Widerstand enthalten.

In der Mechanik beschreibt die Gleichung den Einschwingvorgang eines aus linearer Feder und Masse bestehenden Systemes mit geschwindigkeitsabhängiger Dämpfung.

Als Analogon für den Regelvorgang kann der mechanische Einschwingvorgang gute Dienste leisten, wofür beispielsweise der Einstellvorgang eines Meßwerkes herangezogen werden kann.

Für das übliche Drehspulmeßwerk gilt die folgende Momentengleichung:

$$\mathfrak{T} \frac{d^2\beta}{dt^2} + \varkappa \frac{d\beta}{dt} + c\,\beta = M\,.$$

Dabei bedeutet:

β den Ausschlagwinkel, gemessen im Bogenmaß,
$\mathfrak{T}$ das Massen-Trägheitsmoment des Meßwerks [kgm sek²],
$\varkappa$ den Dämpfungskoeffizient [kgm sek],
(verursacht durch Reibung oder Wirbelstromdämpfung)
c die Federkonstante [kgm],
M das von der stromdurchflossenen Spule unter dem Einfluß des Magnetfeldes aufgebrachte Drehmoment [kgm].

Analoga sind:

$$\delta = \frac{\varkappa}{2\,\mathfrak{T}}, \qquad \omega^2 = \frac{c}{\mathfrak{T}}, \qquad g = \frac{M}{\mathfrak{T}}.$$

Der homogene Teil der Gl. (31), der für den Zeitverlauf des Einschwingvorganges maßgebend ist, wird durch einen Ansatz

$$i_G = A\,e^{-\alpha t} \tag{31c}$$

befriedigt. Man erhält nun nach Gl. (31b)

$$\alpha^2 - 2\,\delta\,\alpha + \omega^2 = 0\,, \tag{31d}$$

die sogenannte *charakteristische Gleichung* mit den Wurzeln

$$\alpha_{1/2} = \delta \pm \sqrt{\delta^2 - \omega^2}\,.$$

Für den inhomogenen Teil lautet eine Lösung $i_G = A_0$.

Wenn nun $\delta^2 - \omega^2 > 0$, sind $\alpha_{1/2}$ reell. Die vollständige Lösung der Gleichung lautet in diesem Falle

$$i_G = A_1\,e^{-\alpha_1 t} + A_2\,e^{-\alpha_2 t} + A_0\,.$$

Die Übergangsfunktion i_G stellt also die Summe zweier Exponentialfunktionen dar. Bei e-Funktionen ist es wegen einer einfachen zeichnerischen Darstellung angebracht, den Exponenten in der Form $\frac{t}{\tau} = \alpha t$ anzugeben, wodurch die Lösung die Form

$$i_G = A_1\,e^{-\frac{t}{\tau_1}} + A_2\,e^{-\frac{t}{\tau_2}} + A_0 \tag{32}$$

erhält. Die drei Koeffizienten A_1, A_2 und A_0 sind aus den Anfangs- und Endbedingungen der Gleichung zu ermitteln.

An dieser Stelle soll nur der Auferregungsvorgang, d. h.

$$\begin{array}{lll} t = 0 & i_G = 0 & U = 0 \\ t = \infty & i_G = i_{G\,end} & U = U_{end} \end{array}$$

behandelt werden. Selbstverständlich kann mit der Gl. (31) auch ein Ausgleichvorgang von i_{G1} auf i_{G2} erfaßt werden, wobei natürlich andere Anfangs- und Endbedingungen gelten.

Für den Auferregungsvorgang folgt aus der Schaltung als Randbedingung: In einem Kreis, der eine Reihenschaltung von ohmschen und induktiven Widerständen darstellt, kann sich der Strom nicht sprunghaft ändern, wenn die Spannung sprunghaft geändert wird, denn jede Spannungsänderung $\left(L \frac{di}{dt}\right)$ wird zunächst vom induktiven Widerstand aufgenommen. Im Zeitpunkt $t = 0$ wird die Spannung E zugeschaltet. Für $t = 0$ muß $i_v = 0$ sein. Da aber die Ankerspannung der Verstärkermaschine u dem Erregerstrom i_v proportional ist [Gl. (27b)], ist $i_v = 0$ gleichbedeutend mit $u = 0$. Wenn aber $u = 0$ und $i_G = 0$, muß nach Gl. (28) auch $\frac{di_G}{dt} = 0$ sein. Daraus ergibt sich die Randbedingung:

$$t = 0 \qquad \frac{di_G}{dt} = 0 .$$

Zur Koeffizientenbestimmung

a) $t = \infty \quad i_G = i_{G\,end}$ daraus folgt $i_{G\,end} = A_0$,

b) $t = 0 \quad i_G = 0$ daraus folgt $0 = A_1 + A_2 + A_0$,

c) $t = 0 \quad \frac{di_G}{dt} = 0$ daraus folgt $0 = -\frac{A_1}{\tau_1} - \frac{A_2}{\tau_2}$,

und daraus $A_1 = -A_2 \frac{\tau_1}{\tau_2}$.

Aus Bedingung b und c ergibt sich dann

$$A_2\left(1 - \frac{\tau_1}{\tau_2}\right) + i_{G\,end} = 0 \quad \text{oder} \quad A_2 = -i_{G\,end} \frac{\tau_2}{\tau_2 - \tau_1},$$

$$A_1 = i_{G\,end} \frac{\tau_2}{\tau_2 - \tau_1} \cdot \frac{\tau_1}{\tau_2} = i_{G\,end} \frac{\tau_1}{\tau_2 - \tau_1},$$

$$i_G = i_{G\,end}\left(1 + \frac{\tau_1}{\tau_2 - \tau_1} e^{-\frac{t}{\tau_1}} - \frac{\tau_2}{\tau_2 - \tau_1} e^{-\frac{t}{\tau_2}}\right). \tag{32a}$$

Um im folgenden die verschiedenen Vorgänge miteinander vergleichen zu können, sollen die *Übergangsfunktionen in normierten Größen* ausgedrückt werden, d. h. in der Form

$$\frac{i_G}{i_{G\,end}} = 1 + \frac{\tau_1}{\tau_2 - \tau_1} e^{-\frac{t}{\tau_1}} - \frac{\tau_2}{\tau_2 - \tau_1} e^{-\frac{t}{\tau_2}} = \frac{U}{U_{end}}. \tag{32b}$$

Die Übergangsfunktionen $\frac{i_G}{i_{G\,end}}$ und $\frac{U}{U_{end}}$ müssen identisch sein, da die Berechnung von der Voraussetzung $U = c_G\, i_G$ [Gl. (27)] ausging. Der Verlauf des Erregerstromes der Verstärkermaschine i_v läßt sich mit Hilfe der Gl. (30a) ermitteln.

$$i_v = \frac{r_G}{c_v} i_{G\,end}\left(1 + \frac{\tau_1}{\tau_2 - \tau_1} e^{-\frac{t}{\tau_1}} - \frac{\tau_2}{\tau_2 - \tau_1} e^{-\frac{t}{\tau_2}} - \frac{T_G}{\tau_2 - \tau_1} e^{-\frac{t}{\tau_1}} + \frac{T_G}{\tau_2 - \tau_1} e^{-\frac{t}{\tau_2}}\right).$$

Es ist aber $\frac{\overbrace{r_G\, i_{G\,end}}^{u_{end}}}{c_v} = i_{v\,end}$ [Gl. (27b)], so daß sich zusammenfassen läßt:

$$\frac{i_v}{i_{v\,end}} \text{ und damit auch } \frac{u}{u_{end}} = 1 - \frac{T_G - \tau_1}{\tau_2 - \tau_1} e^{-\frac{t}{\tau_1}} + \frac{T_G - \tau_2}{\tau_2 - \tau_1} e^{-\frac{t}{\tau_2}}. \tag{33}$$

Abb. 20a zeigt die Übergangsfunktionen $\frac{i_G}{i_{G\,end}}$ bzw. $\frac{U}{U_{end}} = f(t)$; Abb. 20b die Übergangsfunktionen $\frac{i_v}{i_{v\,end}}$ bzw. $\frac{u}{u_{end}} = f(t)$ für den Fall $T_G = 1000$ msek, $T_v = 30$ msek, $\varepsilon = 3{,}75$. Die dargestellten Funktionen lauten

$$\frac{i_G}{i_{G\,end}} = 1 + 0{,}157\, e^{-\frac{t}{33\,[\mathrm{msek}]}} - 1{,}157\, e^{-\frac{t}{243\,[\mathrm{msek}]}},$$

$$\frac{i_v}{i_{v\,end}} = 1 - 4{,}61\, e^{-\frac{t}{33\,[\mathrm{msek}]}} + 3{,}61\, e^{-\frac{t}{243\,[\mathrm{msek}]}}.$$

Wenn $\underline{\delta^2 - \omega^2 < 0}$, sind $\alpha_{1/2}$ komplex.

Man schreibt dann

$$\alpha_{1/2} = \delta \pm j\sqrt{\omega^2 - \delta^2} = \delta \pm j\,\omega_0\,.$$

Der vollständige Lösungsansatz der Gl. (31b) lautet für diesen Fall

$$i_G = A_1\, e^{-\delta t} \cos(\varphi + \omega_0 t) + A_0\,. \tag{34}$$

Physikalisch bedeutet das eine Schwingung mit der Dämpfung δ, für die zum Zwecke der einfacheren graphischen Darstellung wieder $\tau = \frac{1}{\delta}$ eingeführt wird, der Kreisfrequenz ω_0 und der Phasenverschiebung φ. A_1, A_0 und φ lassen sich wieder aus den Bedingungen a, b, c bestimmen.

a) $t = \infty$ $\quad i_G = i_{G\,end}$; daraus folgt $i_{G\,end} = A_0$,

b) $t = 0$ $\quad i_G = 0$; daraus folgt $0 = A_1 \cos\varphi + A_0$,

c) $t = 0$ $\quad \frac{di_G}{dt} = 0$; daraus folgt $0 = \frac{1}{\tau}\cos\varphi + \omega_0 \sin\varphi$.

und daraus

$$A_1 = -\frac{1}{\cos\varphi}\, i_{G\,end} \qquad \operatorname{tg}\varphi = \frac{-1}{\tau\,\omega_0} = -\frac{\delta}{\omega_0},$$

$$i_G = i_{G\,end}\left[1 - \frac{1}{\cos\varphi}\, e^{-\frac{t}{\tau}} \cos(\varphi + \omega_0 t)\right], \tag{34a}$$

bzw. in normierten Größen

$$\frac{i_G}{i_{G\,end}} = \frac{U}{U_{end}} = 1 - \frac{1}{\cos\varphi}\, e^{-\frac{t}{\tau}} \cos(\varphi + \omega_0 t)\,. \tag{34b}$$

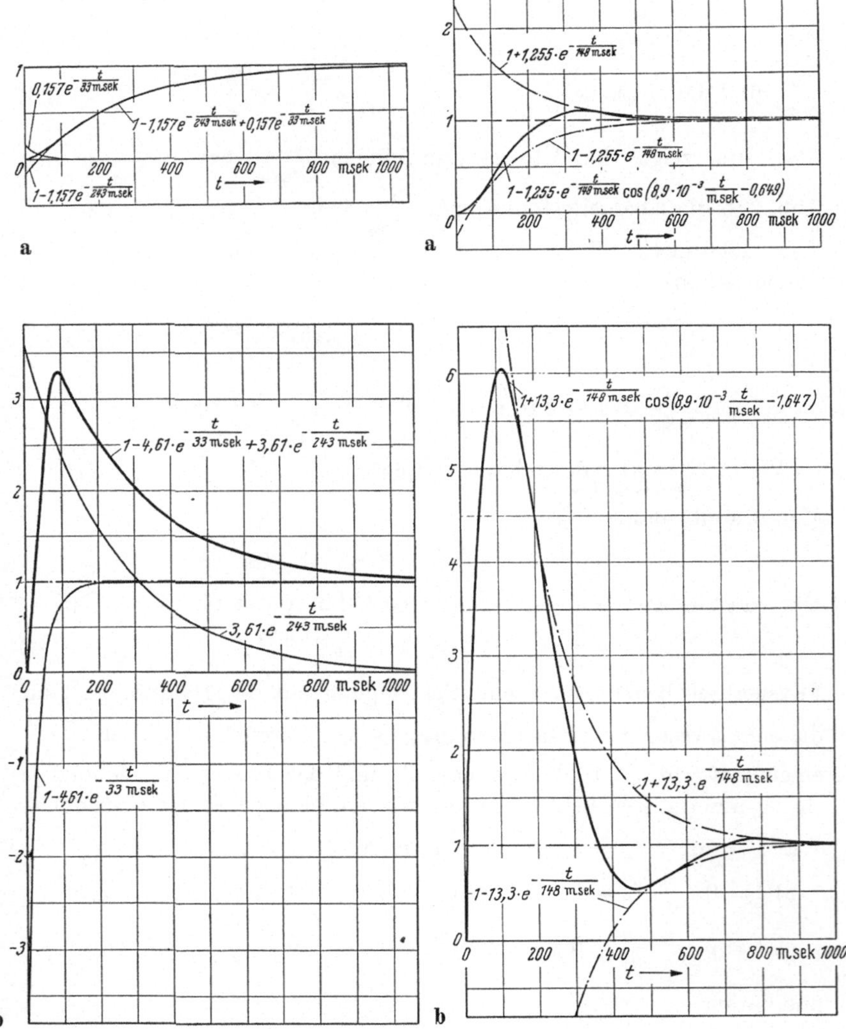

Abb. 20 a u. b. Übergangsfunktionen im Regelkreis zweiter Ordnung: aperiodischer Verlauf (Schaltung nach Abb. 5 a). a) Übergangsfunktion der Generator-Ankerspannung $\frac{U}{U_{end}}$, b) Übergangsfunktion der Generator-Erregerspannung $\frac{u}{u_{end}}$

Abb. 21 a u. b. Übergangsfunktionen im Regelkreis zweiter Ordnung: gedämpfte Schwingung (Schaltung nach Abb. 5 a). a) Übergangsfunktion der Generator-Ankerspannung $\frac{U}{U_{end}}$, b) Übergangsfunktion der Generator-Erregerspannung $\frac{u}{u_{end}}$

Mit Hilfe der Gl. (30a) wird wieder die Übergangsfunktion des Stromes i_v (bzw. der Spannung u) ermittelt:

$$i_v = \frac{r_G}{c_v} i_{G\,end}\left[1 - \frac{1}{\cos\varphi} e^{-\frac{t}{\tau}} \cos(\varphi + \omega_0 t)\right.$$

$$\left. + \frac{T_G}{\tau \cos\varphi} e^{-\frac{t}{\tau}} \cos(\varphi + \omega_0 t) + \frac{T_G \omega_0}{\cos\varphi} e^{-\frac{t}{\tau}} \sin(\varphi + \omega_0 t)\right],$$

$$\frac{i_v}{i_{v\,end}} = 1 - \frac{1}{\cos\varphi} e^{-\frac{t}{\tau}}\left[\left(1 - \frac{T_G}{\tau}\right)\cos(\varphi + \omega_0 t) - T_G \omega_0 \sin(\varphi + \omega_0 t)\right]. \quad (35)$$

Diese Gleichung läßt sich mit Hilfe einfacher trigonometrischer Beziehungen auf die Form bringen

$$\frac{i_v}{i_{v\,end}} = 1 - \frac{B}{\cos\varphi} e^{-\frac{t}{\tau}} \cos(\varphi + \psi + \omega_0 t).$$

Damit kommt zum Ausdruck, daß es sich hier wie bei der Gl. (34b) um eine Schwingung mit der Dämpfung $\delta = \frac{1}{\tau}$ und der Kreisfrequenz ω_0 handelt. Von der durch Gl. (34b) dargestellten Schwingung unterscheidet sie sich jedoch durch die Amplitude B und die zusätzliche Phasenverschiebung ψ. Damit ist man auf eine wichtige Eigenschaft des Regelkreises gestoßen: Schwingungen im Regelkreis treten zwar in allen Gliedern mit gleicher Frequenz, aber nicht mit gleicher Phasenlage auf. (In Regelkreisen mit mehr als zwei zeitverzögernden Gliedern kann das zur Selbsterregung führen.)

Beispiele von Übergangsfunktionen nach Gl. (34) und (35) zeigt Abb. 21. Dabei ist

$$T_G = 1000\ \text{msek}, \qquad T_v = 80\ \text{msek}, \qquad \varepsilon = 10,$$

so daß

$$\frac{i_G}{i_{G\,end}} = 1 - 1{,}255\, e^{-\frac{t}{148\,[\text{msek}]}} \cos\left(-0{,}649 + 0{,}89 \cdot 10^{-2} \frac{1}{\text{msek}} t\right)$$

und

$$\frac{i_v}{i_{v\,end}} = 1 + 10{,}6 \cdot 1{,}255\, e^{-\frac{t}{148\,[\text{msek}]}} \cos\left(-0{,}649 - 0{,}998 + 0{,}89 \cdot 10^{-2} \frac{1}{\text{msek}} t\right).$$

Der Grenzfall der aperiodischen Übergangsfunktion ist $\underline{\underline{\delta^2 - \omega^2 = 0}}$. Dabei wird $\alpha_1 = \alpha_2$ und auch $\tau_1 = \tau_2$. Für diesen Grenzfall des reellen Exponenten kann nicht die Lösung (32) übernommen werden, die ja unter diesen Umständen die unbestimmte Form $1 + \infty - \infty$ annehmen müßte. Die Lösung für diesen Grenzfall findet man über eine Grenzwertbetrachtung mit dem Ansatz $i_G = A_1 e^{-\alpha t} + A_2 e^{-(\alpha + \lambda) t} + A_0$, wobei $\alpha_1 = \alpha$ und $\alpha_2 = \alpha + \lambda$ gesetzt wird. Mit Hilfe der Koeffizientenbedingungen a, b, c erhält man dann

a) $t = \infty \quad i_G = i_{G\,end}\,;$ und daraus $i_{G\,end} = A_0\,,$

b) $t = 0 \quad i_G = 0\,;$ und daraus $0 = A_1 + A_2 + A_0\,,$

c) $t = 0 \quad \frac{di_G}{dt} = 0;$ und daraus $0 = -\alpha A_1 - (\alpha + \lambda) A_2\,,$

$$A_1 = -\left(1 + \frac{\lambda}{\alpha}\right) A_2\,,$$

$$A_2\left(-\frac{\lambda}{\alpha}\right) = -i_{G\,end} \qquad A_2 = \frac{\alpha}{\lambda}\, i_{G\,end}\,,$$

$$A_1 = -\left(1 + \frac{\lambda}{\alpha}\right)\frac{\alpha}{\lambda}\, i_{G\,end} = -i_{G\,end}\left(1 + \frac{\alpha}{\lambda}\right).$$

Es wird dann

$$\begin{aligned} i_G &= i_{G\,end}\left[1 - \left(1 + \frac{\alpha}{\lambda}\right) e^{-\alpha t} + \frac{\alpha}{\lambda}\, e^{-(\alpha+\lambda)t}\right] \\ &= i_{G\,end}\left[1 - e^{-\alpha t}\left(1 + \frac{\alpha}{\lambda} - \frac{\alpha}{\lambda}\, e^{-\lambda t}\right)\right] \\ &= i_{G\,end}\left[1 - e^{-\alpha t}\left(1 + \frac{\alpha}{\lambda}\,(1 - e^{-\lambda t})\right)\right]. \end{aligned}$$

Der Ausdruck $\alpha \frac{1 - e^{-\lambda t}}{\lambda}$ wird unbestimmt $\left(\frac{0}{0}\right)$ für $\alpha_1 = \alpha_2$ oder $\lambda = 0$.

Nach der Regel von L'HOSPITAL läßt sich der Grenzwert dieser unbestimmten Form aus dem Grenzwert der Ableitungen von Zähler und Nenner ermitteln. Demnach ist anzusetzen:

$$\lim_{\lambda \to 0} \alpha \frac{1 - e^{-\lambda t}}{\lambda} = \lim_{\lambda \to 0} \alpha \frac{\frac{d}{d\lambda}(1 - e^{-\lambda t})}{\frac{d}{d\lambda}(\lambda)} = \lim_{\lambda \to 0} \alpha \frac{t\, e^{-\lambda t}}{1} = \alpha t\,;$$

wird nun $\alpha = \frac{1}{\tau}$ gesetzt, ergibt sich

$$i_G = i_{G\,end}\left[1 - e^{-\frac{t}{\tau}}\left(1 + \frac{t}{\tau}\right)\right] \tag{36a}$$

und in normierten Größen

$$\frac{i_G}{i_{G\,end}} = \frac{U}{U_{end}} = 1 - e^{-\frac{t}{\tau}}\left(1 + \frac{t}{\tau}\right). \tag{36b}$$

Die Übergangsfunktionen des Erregerstromes der Verstärkermaschine i_v liefert wiederum die Gl. (30a)

$$i_v = \frac{r_G}{c_v}\, i_{G\,end}\left[1 - e^{-\frac{t}{\tau}}\left(1 + \frac{t}{\tau}\right) + \frac{T_G}{\tau}\, e^{-\frac{t}{\tau}}\left(1 + \frac{t}{\tau}\right) - \frac{T_G}{\tau}\, e^{-\frac{t}{\tau}}\right],$$

$$\begin{aligned} \frac{i_v}{i_{v\,end}} &= 1 - e^{-\frac{t}{\tau}}\left[1 + \frac{t}{\tau} - \frac{T_G}{\tau}\left(1 + \frac{t}{\tau} - 1\right)\right] \\ &= 1 - e^{-\frac{t}{\tau}}\left[1 + \frac{t}{\tau}\left(1 - \frac{T_G}{\tau}\right)\right] = \frac{u}{u_{end}}\,. \end{aligned} \tag{37}$$

Für den aperiodischen Grenzfall sind die Übergangsfunktionen in Abb. 22 dargestellt. Es ist hier $T_G = 1000$ msek, $T_v = 47$ msek, $\varepsilon = 5{,}9$. Die Gleichungen lauten

$$\frac{i_G}{i_{G\,end}} = 1 - e^{-\frac{t}{90\,[\text{msek}]}}\left(1 + \frac{t}{90}\,\frac{1}{\text{msek}}\right),$$

$$\frac{i_v}{i_{v\,end}} = 1 - e^{-\frac{t}{90\,[\text{msek}]}}\left(1 - 0{,}1123\,\frac{1}{\text{msek}}\,t\right).$$

In drei verschiedenen Bewegungsformen, die wiederum den drei Wurzelformen der charakteristischen Gl. (31d) entsprechen, kann auch der Einstellvorgang beim Meßwerk verlaufen.

I. $\delta^2 - \omega^2 > 0$. Der Zeiger bewegt sich nur in der Richtung von der Anfangs- zur Endlage.
In der Mechanik spricht man in diesem Falle von einem *überaperiodischen* Schwingungsvorgang.

II. $\delta^2 - \omega^2 < 0$. Der Zeiger schwingt zunächst über die Endlage hinaus und kann unter Umständen noch einige gedämpfte Schwingungen um die Endlage herum ausführen.

III. Zwischen diesen beiden Bewegungsformen steht der *aperiodische Grenzfall* $\delta^2 - \omega^2 = 0$.

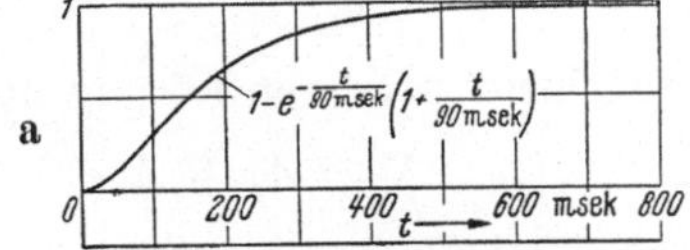

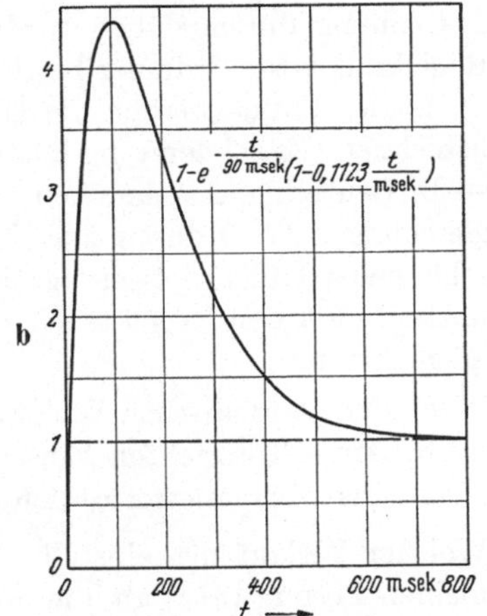

Abb. 22a u. b. Übergangsfunktionen im Regelkreis zweiter Ordnung: aperiodischer Grenzfall (Schaltung nach Abb. 5a). a) Übergangsfunktion der Generator-Ankerspannung $\frac{U}{U_{end}}$, b) Übergangsfunktion der Generator-Erregerspannung $\frac{u}{u_{end}}$

Eine aperiodische Übergangsfunktion ergibt sich also, solange $\delta^2 - \omega^2 \geqq 0$ ist. Das heißt, es muß sein

$$\left(\frac{T_G + T_v}{2\,T_G\,T_v}\right)^2 - \frac{\varepsilon}{T_G\,T_v} \geqq 0\,.$$

Daraus ist die Bedingung

$$\frac{(T_G + T_v)^2}{4\,T_G\,T_v} \cdot \frac{1}{\varepsilon} \geqq 1 \qquad (38\text{a})$$

abzuleiten. In den meisten Fällen wird nun $T_G \gg T_v$ sein; dann geht die Gl. (38a) in die einfachere Form

$$\frac{T_G}{4\,T_v\,\varepsilon} \geqq 1 \qquad (38\text{b})$$

über.

Aus der Gl. (38b) läßt sich ableiten, wie eine aperiodische Einstellung der Ausgangsgröße zu erreichen ist: Die eine der beiden Zeitkonstanten (naturgemäß die des Generators) muß möglichst groß gegenüber der anderen sein. Die Form der Übergangsfunktion hängt ferner von der Regelempfindlichkeit ε ab. Je empfindlicher ein Kreis ist, d. h. je größer ε ist, um so mehr neigt er zur Schwingung.

IV. Das Stabilitätsproblem

1. Allgemeines

Sind in einem Regelkreis n Glieder hintereinander angeordnet, bei denen die Ausgangsgröße der Eingangsgröße mit einer zeitlichen Verzögerung folgt (Regelkreis n-ter Ordnung), so ist für die Übergangsfunktion der Regelgröße X eine Differentialgleichung

$$a_{n+1}\frac{d^n X}{dt^n} + a_n\frac{d^{n-1}X}{dt^{n-1}} \quad \ldots \quad a_2\frac{dX}{dt} + a_1 X + a_0 = 0 \qquad (39\,a)$$

maßgebend, als deren Lösung sich

$$X = A_0 + A_1 e^{\alpha_1 t} + A_2 e^{\alpha_2 t} + \cdots + A_n e^{\alpha_n t} \qquad (39\,b)$$

ergibt. Man könnte nun, wie in Kap. B III für den P-Regelkreis 1. und 2. Ordnung durchgeführt wurde, die Übergangsfunktion auch für den Regelkreis n-ter Ordnung bestimmen.

In der Praxis werden die Übergangsfunktionen nur in Sonderfällen berechnet. Es sei denn, man kann mit einer Integriermaschine arbeiten. — In Deutschland stehen heute Maschinen zur Lösung von Differentialgleichungen 12. Ordnung zur Verfügung (Hoffmann[1]). — Es ist aber in sehr vielen Fällen notwendig, den Typus der Übergangsfunktion zu ermitteln. Für den Regelkreis 2. Ordnung in Kap. B III 2 gibt es folgende Möglichkeiten:

a) den aperiodischen Verlauf der Regelgröße,
b) den selbsterregten Einschwingvorgang mit Dämpfung,
c) (als Übergangsform) den sogenannten aperiodischen Grenzfall.

Welcher Verlauf sich einstellt, hängt von den Exponenten α der allgemeinen Lösung (31 c) ab, die man als Wurzeln der sogenannten *charakteristischen Gleichung* (31 d) erhält.

Bei Differentialgleichungen von höherer als 2. Ordnung kann, wie aus der allgemeinen Schwingungslehre bekannt ist als weiterer Typ der Übergangsfunktion die *selbsterregte Schwingung mit anwachsender Amplitude* auftreten. Physikalisch läßt sich die Entstehung der selbsterregten Schwingung in der folgenden Weise deuten (Barkhausen[2]): Gl. (35) zeigte, daß sich bei den 2 Verzögerungsgliedern Verstärkermaschine und Hauptgenerator als Übergangsfunktion eine Schwingung einstellen kann, bei der eine Phasenverschiebung ψ zwischen der Ankerspannung und Erregerspannung des Generators entsprechend einer Verschiebung zwischen Erregerstrom von Generator und Verstärkermaschine auftritt. Es ist leicht verständlich, daß bei mehr als zwei zeitverzögernden Gliedern zwischen Summierungs- und Verzweigungs-

[1] Hoffmann: Aufbau und Wirkungsweise neuzeitlicher Integrieranlagen, E.T.Z. A 77 (1956), S. 41 ff.

[2] Barkhausen, H.: Elektronenröhren Bd. III, Leipzig: Hirzel

punkt diese Phasenverschiebung 180° erreichen kann. Das bedeutet aber, daß die auf den Summierungspunkt geschaltete Regelgröße X oder ihr Abbild, nicht mehr im Sinne einer Gegenkopplung, sondern, da sie um 180° phasenverschoben ist, im Sinne einer Mitkopplung wirkt, so daß nach Art der bekannten Rückkopplungsschaltung selbsterregte Schwingungen angefacht werden.

VALLINI[1] hat die Erzeugung selbsterregter Schwingungen mit Verstärkermaschinen ausführlich behandelt.

Zwischen der gedämpften Schwingung und der Schwingung mit anwachsender Amplitude steht die selbsterregte Schwingung mit konstanter Amplitude. Mathematisch gesehen, stellt sie einen Grenzfall dar; in der Praxis ist sie der Normalfall der ungedämpften, selbsterregten Schwingung. Das Wachsen der Amplitude findet seine Grenze, sobald ein Glied des Regelkreises soweit ausgesteuert wird, daß bei einer Zunahme der Eingangsgröße die Ausgangsgröße nicht merklich zunimmt. Beispielsweise kann unter dem Einfluß der Sättigung bei einer Maschine die Ankerspannung bei Erhöhung der Erregerspannung nur geringfügig zunehmen. Die Schwingung hat unter diesen Umständen keine reine Sinusform mehr.

In Abb. 23a werden selbsterregte Schwingungen im Oszillogramm gezeigt. Es handelt sich um einen Modellregelkreis mit mehr als 2 Verzögerungsgliedern. Außer der eigentlichen Regelgröße wurden noch 3 weitere Kennwerte oszillografiert. Die Amplituden der zunächst sinusförmigen Schwingungen wachsen auf einen Grenzwert an, wobei sich mit wachsender Amplitude die Kurvenform verzerrt. In Abb. 23b wurde die Einstellung so geändert, daß sich eine schwach gedämpfte Schwingung ergibt; während bei 23c die Schwingung soweit gedämpft ist, daß man sich schon stark einem aperiodischen Übergang nähert.

Die Berechnung von Regelvorgängen an Kreisen mit nichtlinearen Gliedern ist so kompliziert, daß der Aufwand für die Berechnung in den seltensten Fällen gerechtfertigt ist.

Sind die Regelkreise von höherer als 2. Ordnung, so sind meist folgende Aufgaben gestellt:

Grundaufgaben C, D. Der Regelkreis muß im stationären Zustand bestimmte Bedingungen erfüllen.

Grundaufgabe F. Es dürfen weder selbsterregte, ungedämpfte Schwingungen noch aperiodische Selbsterregung auftreten, d. h. der Regelkreis muß *stabil* sein.

---

[1] VALLINI, A.: L'amplidinamo, come generatrice di corrente alternata a bassa frequenza. [L'Energia Elettrica Giugno (1953), p. 358—366]

Manchmal sind bei Regelkreisen von höherer als 2. Ordnung die Zeitverzögerungen in den Regelkreisgliedern so abgestimmt, daß gegenüber einer Verzögerung, die beispielsweise im Erregerkreis des Hauptgenerators auftritt, alle übrigen vernachlässigt werden können. Bei Spannungsregelungen und gewissen Folgeregelungen ist das häufig der Fall. In anderen Fällen erfaßt man das Verhalten genügend genau, wenn man den Regelkreis höherer Ordnung auf den Kreis 2. Ordnung zurückführt. Bei Strom-, Drehzahl- und Lageregelungen sind häufig derartige Vereinfachungen nicht möglich. Es gilt wohl für diese Kreise auch noch die

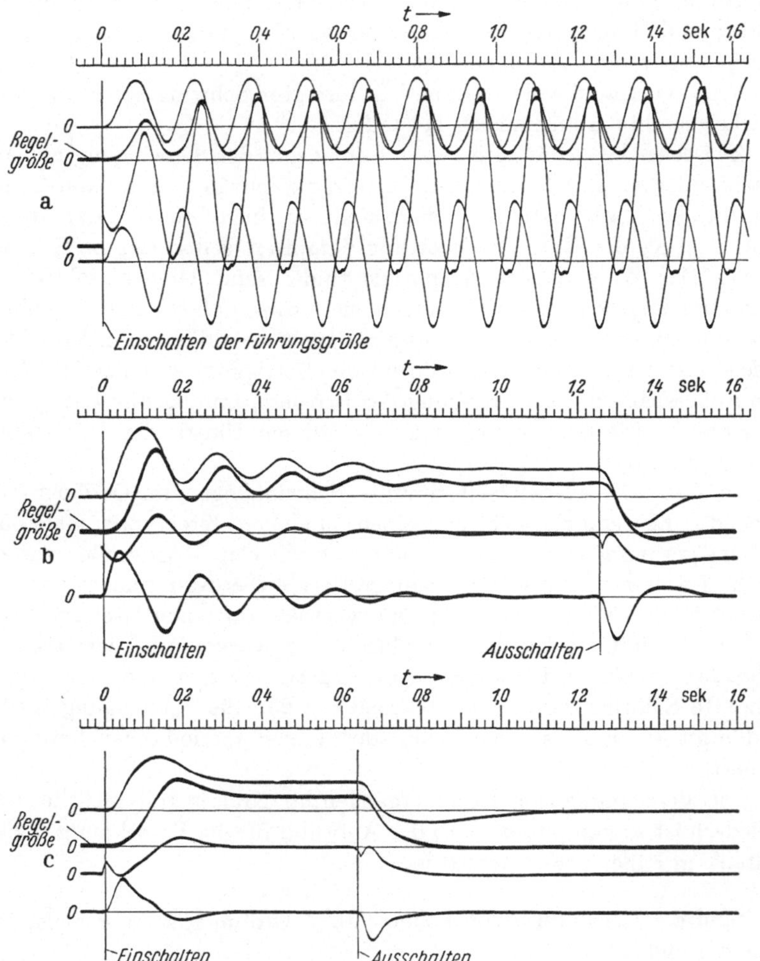

Abb. 23 a—c. Übergangsfunktionen im Regelkreis höherer Ordnung; Kenngrößen im Regelkreis oszillografisch aufgenommen unter verschiedenen Stabilitätsbedingungen

Faustregel, daß die Regelung stabil bleibt, wenn eine der Zeitverzögerungen genügend groß gegenüber den anderen ist, doch sind in vielen Fällen genauere Untersuchungen der Stabilität nötig. Die für die Regelung elektrischer Maschinen wichtigsten Verfahren werden im folgenden Kapitel behandelt.

2. Verfahren zur Bestimmung der Stabilität

a) Die Lösung der charakteristischen Gleichung. Ein Regelvorgang nach Gl. (39) verläuft stabil, wenn für $t \to \infty$ $X \to A_0$. Es müssen also für $t \to \infty$ alle Glieder außer A_0 verschwinden. Sind also die Wurzeln der charakteristischen Gleichung, die Exponenten $\alpha_{1 \div n}$ reell, so müssen sie negativ sein (keine aperiodische Selbsterregung). Sind die Wurzeln komplex, also $\alpha = \delta \pm j\,\omega_0$ so müssen die reellen Teile δ negativ sein (gedämpfte Schwingung).

Dieses Stabilitätskriterium wurde erstmalig von WYSCHNEGRADSKI[1] formuliert, der auch in numerischer und graphischer Form darstellte, wie die charakteristische Gleichung für die verschiedenen Typen der Übergangsfunktion von Regelkreisen 3. Ordnung beschaffen sein muß. Für die Gleichungen 4. Ordnung hat diese Bedingungen K. SCHMIDT[2] dargestellt. Die Wurzeln der Gleichungen höherer Ordnung sind nur mit umfangreichen Näherungsrechnungen zu bestimmen. Man beurteilt deshalb bei Regelkreisen höherer Ordnung die Stabilität nach diesem Verfahren nur dort, wo eine Rechenmaschine zur Verfügung steht.

Wenn sich nun herausstellt, daß ein Wurzelpaar einen positiven Realteil besitzt oder daß eine reelle Wurzel positiv ist, muß man, um das System zu stabilisieren, die Kennwerte der Bauelemente des Regelkreises, und damit die Koeffizienten der Gl. (39a), ändern. Da es aber nicht möglich ist, den Zusammenhang zwischen den Wurzeln der Gl. (39b) und den Konstanten des Systems in allgemeiner Form auszudrücken — bereits beim Regelkreis 2. Ordnung war der Zusammenhang zwischen α bzw. τ einerseits und T_G, T_v und ε andererseits nicht ohne weiteres zu übersehen —, so ist auch sehr schwer festzustellen, wie das System oder die Einstellung einzelner Bauelemente zu ändern sind, damit das System stabil wird. Das ist der entscheidende Nachteil dieser Untersuchungsmethode.

b) Das Hurwitz-Kriterium. HURWITZ[3] hat gezeigt, daß man das Auflösen der charakteristischen Gleichung umgehen kann. Er wies nach,

---

[1] WYSCHNEGRADSKI, J. A.: Über direkt wirkende Regulatoren, Civil Ing. 23 (1877) Sp. 95—131

[2] SCHMIDT, K.: Stabilität und Aperiodizität bei Bewegungsvorgängen 4. Ordnung, Arch. El. 37 (1943), S. 217—220

[3] HURWITZ, A.: Über die Bedingungen, unter welchen eine Gleichung nur Wurzeln mit negativ reellen Teilen besitzt. Mathematische Annalen 46 (1895) S. 273—84

daß ein System stabil ist, wenn die Koeffizienten der charakteristischen Gleichung bestimmte Bedingungen erfüllen. Sie müssen einer bestimmten Determinanten-Anordnung, der sogenannten HURWITZ-Determinante genügen.

Auch bei diesem Verfahren kann man aus den Koeffizienten eines instabilen Systems nicht ohne weiteres erkennen, wie die Daten des Regelkreises zu ändern sind, damit man zu einer stabilen Regelung kommt. Da die praktische Bedeutung des HURWITZ-Kriteriums heute nur noch gering ist, soll es im Rahmen dieses Buches nicht näher erläutert werden.

c) Das Amplituden-Phasen-Kriterium (Nyquist-Kriterium). Dieses Kriterium geht von der physikalischen Deutung des Selbsterregungsvorganges nach BARKHAUSEN aus. Man denkt sich den Regelkreis an einer Stelle aufgeschnitten (Abb. 24). Für die Untersuchung interessiert nur der eigentliche Regelkreisablauf. Die Führungsgröße kann unberücksichtigt bleiben, da sie auf das grundsätzliche Verhalten des Regelkreises keinen Einfluß hat. Auch bei der Bestimmung der Übergangsfunktion in B III 2 ergab sich ja, daß für den Grundtyp der Übergangsfunktion der homogene Teil der Differentialgleichung (31) maßgebend ist, der nur die Daten des eigentlichen Regelkreises enthält.

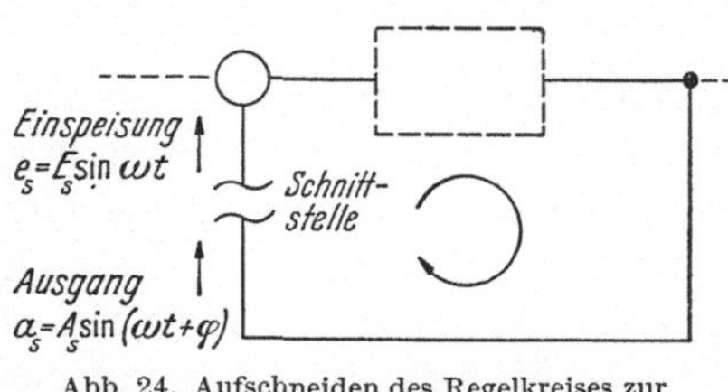

Abb. 24. Aufschneiden des Regelkreises zur Beurteilung der Stabilität nach NYQUIST

Am Eingang der Schnittstelle (in Wirkungsrichtung gesehen) wird eine Größe, die sich nach einer Sinusfunktion der Zeit ändert, eingespeist $e_S = E_S \sin \omega t$. Am Ausgang erhält man eine Schwingung gleicher Frequenz aber anderer Phasenlage und Amplitude $a_S = A_S \sin(\omega t + \varphi)$. Man läßt nun ω von 0 bis ∞ wachsen. Ist der Regelkreis von höherer als 2. Ordnung, so ergibt sich bei einer bestimmten Frequenz ω_x eine Phasenverschiebung φ von 180° bei einem endlichen Wert von A_S ($A_S > 0$). Aus der Gegenkopplung der Ausgangsgröße ist dann eine Mitkopplung geworden. Bei $\varphi = 180°$ und $a_S > e_S$ muß dies zur Selbsterregung führen, sobald an der Schnittstelle der Kreis geschlossen wird. Auf Grund dieser Überlegung kann man in einfacher Weise die Stabilität des geschlossenen Regelkreises aus dem Amplituden-Phasen-Verhalten des offenen Regelkreises beurteilen. Der offene Regelkreis muß dabei sowohl stationär als auch dynamisch stabil sein, d. h. bei keiner Frequenz, auch nicht bei Frequenz 0 (Gleichspg.) darf die Ausgangsgröße bei endlicher Eingangsgröße unendlich sein. (In einer Reihe neuerer Arbeiten wird die Möglichkeit gezeigt, dieses Kriterium auf einen Kreis anzuwenden, der im offenen Zustand instabil ist.)

Man kann dieses Kriterium sowohl bei der experimentellen Untersuchung bereits gebauter Regelkreise als auch bei der Vorausberechnung anwenden. Die experimentelle Untersuchung der Stabilität ist zurückzuführen auf einen Amplituden-Phasenvergleich von zwei eingeschwungenen Vorgängen mit sinusförmigem Zeitverlauf. Auch für die Vorausberechnung ist die Tatsache, daß man mit Größen rechnen kann, die sich nach einer Sinusfunktion der Zeit ändern, sehr vorteilhaft. Bei anderen Verfahren hat man es dagegen nicht mit periodischen Vorgängen zu tun, sondern muß Ausgleichvorgänge mit Hilfe von Differentialgleichungen, die unter Umständen höherer Ordnung sein können, erfassen.

Das Problem, die Stabilität eines Regelkreises vorauszuberechnen, ist damit auf gewöhnliche Stromspannungsuntersuchungen von Wechselstromkreisen zurückzuführen, die ohmschen Widerstand, Induktivitäten und Kapazitäten enthalten. Es können dazu Rechenverfahren benutzt werden, die der Mehrzahl der Elektrotechniker vertraut sind (z. B. OBERDORFER[1]). Für mechanische Glieder sind zweckmäßig elektrische Ersatzglieder einzuführen.

Größen, die sich nach einer Sinusfunktion der Zeit ändern, kann man bekanntlich durch Vektoren $q + j\,p$ in der GAUSSschen Zahlenebene darstellen, wobei die Abszisse den Realteil q und die Ordinate den Imaginär-Teil $j\,p$ angibt. Die so dargestellten Größen kennzeichnet man durch deutsche Buchstaben. Die Eingangsgröße $e_S = E_S \sin \omega t$ wird dann durch $\mathfrak{E}_S = E_S e^{j\omega t}$ ausgedrückt.

Die Vektordarstellung wird bevorzugt, wenn für Größen, die sich mit gleicher Frequenz ändern, nicht der zeitliche Momentanwert, sondern nur die relative Größe der Amplituden und die gegenseitige Phasenlage interessiert (OBERDORFER[1]). Die Phasenverschiebung zwischen zwei Größen bildet sich im Vektordiagramm als Winkel zwischen den beiden Vektoren ab; das Amplitudenverhältnis ist das Längenverhältnis der beiden Vektoren.

Nun interessiert für die Stabilität das Verhältnis der Ausgangsgröße $\mathfrak{A}_S$ an der Schnittstelle des offenen Regelkreises zur Eingangsgröße $\mathfrak{E}_S$, das sogenannte Übertragungsmaß

$$\frac{\mathfrak{A}_S}{\mathfrak{E}_S} = \mathfrak{k}\,. \tag{40a}$$

Hier besteht eine Analogie zur Betrachtung im stationären Zustand (B II 1). In Gl. (6) drückt der Abbildungsfaktor k aus, wie sich die vom Summierungspunkt ausgehende Differenzgröße in der am Summierungs-

[1] OBERDORFER, G.: Lehrbuch der Elektrotechnik, Bd. I u. II. München: Oldenbourg

punkt ankommenden Regelgröße abbildet. Wird die Schnittstelle für die Untersuchung nach NYQUIST an den Summierungspunkt gelegt, so ist unter den Verhältnissen von Abb. 24 der mit dem lateinischen Buchstaben k gekennzeichnete Abbildungsfaktor, der ein reines Zahlenverhältnis darstellt, identisch mit dem durch deutschen Buchstaben gekennzeichneten Übertragungsmaß $\mathfrak{k}$ für die Frequenz $\omega = 0$. Wird jedoch bei einem Regelkreis, der zeitverzögernde Glieder enthält, am Eingang mit Frequenzen $\omega \neq 0$ eingespeist, unterscheiden sich auch im eingeschwungenen Zustand Ausgangs- und Eingangsgröße des offenen Regelkreises nicht nur nach ihrer Größe, sondern auch nach ihrer Phasenlage (entsprechend einem Phasenwinkel zwischen den Vektoren $\mathfrak{A}_S$ und $\mathfrak{E}_S$). In der Vektor-Schreibweise:

$$\frac{\mathfrak{A}_S}{\mathfrak{E}_S}(\omega) = \mathfrak{k}(\omega) = k'(\omega)\, e^{j\varphi(\omega)}\,, \tag{40b}$$

wobei k' den Zahlenwert für das Amplitudenverhältnis und $e^{j\varphi}$ den Phasenwinkel ausdrückt. Sowohl k' als auch $e^{j\varphi}$ sind eine Funktion der Frequenz f, bzw. der Kreisfrequenz ω. Man bezeichnet den Zusammenhang

$\mathfrak{A}_S = f(\omega)$ als Frequenzgang der Ausgangsgröße an der Schnittstelle
$\mathfrak{k} = f(\omega)$ als Frequenzgang des Übertragungsmaßes.

An Hand dieses Frequenzganges des Übertragungsmaßes $\frac{\mathfrak{A}_S}{\mathfrak{E}_S} = \mathfrak{k} = f(\omega)$ beurteilt nun NYQUIST die Stabilität des Regelkreises.

Für die Darstellung des Frequenzganges sind zwei Arten gebräuchlich.

α) Die Ortskurvendarstellung. Sind zwei Größen im Vektordiagramm durch einen veränderlichen Parameter verknüpft (z. B. Eingangs- und Ausgangsgröße an der Schnittstelle des offenen Regelkreises über den Parameter Frequenz), so ergibt sich, wenn die eine Größe (Eingangsgröße) festgehalten wird, bei jeder Änderung des Parameters (Frequenzänderung) eine Änderung der zweiten Größe (Ausgangsgröße) nach Betrag und Phasenlage. Die Verbindung der Endpunkte aller Vektoren der Ausgangsgröße, die man bei festgehaltenem Wert für die Amplitude der Eingangsgröße durch Verändern des Parameters Frequenz erhält, liefert die sogenannte *Ortskurve* für $\mathfrak{A}_S(\omega)$. Die Ortskurve von $\mathfrak{k}(\omega)$ läßt sich in einfacher Weise aus der Ortskurve von $\mathfrak{A}_S$ ermitteln, wenn man $\mathfrak{E}_s = 1 + j\,0$ macht, denn dann entspricht $\mathfrak{A}_S(\omega) \triangleq \mathfrak{k}(\omega)$. In der GAUSSschen Ebene wird $\mathfrak{E}_S = 1 + j\,0$ dargestellt durch einen Vektor von der Länge 1 in der reellen Achse. Physikalisch bedeutet $\mathfrak{E}_S = 1 + j\,0$ das Einspeisen mit einer Sinusgröße von der Amplitude 1 und der Phasenlage 0.

NYQUIST hat nun nachgewiesen, daß die Selbsterregung des Regelkreises eintritt, wenn der Punkt $(1/j\,0)$ von der Ortskurve $\mathfrak{k}(\omega)$ des offenen

Regelkreises umfahren wird (NYQUIST[1], STRECKER[2], DZUNG[3]). Die Frequenz ω muß dabei in den Grenzen von $-\infty$ bis $+\infty$ geändert werden. ω ist als reine Rechengröße anzusehen, da negative Frequenzen keinen physikalischen Sinn haben. Für die im Rahmen dieses Kapitels diskutierten P-Regelkreise genügt das Aufzeichnen der Ortskurve für die Frequenzen von 0 bis ∞, da die Kurven $-\infty \to 0$; und $0 \to \infty$ zur reellen Achse symmetrisch (invers) sind.

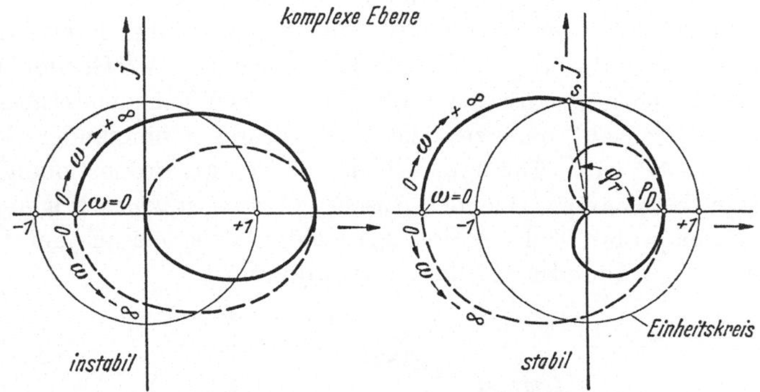

Abb. 25. NYQUIST-Diagramm: Ortskurven eines stabilen und eines instabilen Regelkreises

Abb. 25 zeigt die Ortskurve $\mathfrak{f}(\omega)$ eines stabilen und eines instabilen Kreises. Ein Maß für den Grad der Stabilität ist der Winkel φ_r, den die Gerade vom Ursprung zum Punkt S, dem Schnittpunkt der Ortskurve mit dem Einheitskreis mit der positiven reellen Achse bildet. φ_r, die sogenannte *Phasenreserve* muß mindestens 30° betragen, wenn der Einschwingvorgang gut gedämpft sein soll. Für den Grad der Stabilität ist ferner maßgebend, an welchem Punkt (in Abb. 25 mit P_D bezeichnet) die Ortskurve die positive reelle Achse durchstößt. Der Abstand von P_D zum Ursprung stellt das Übertragungsmaß k' für $\varphi = 180°$ also $k'\, e^{j\pi}$ dar. $k'\, e^{j\pi}$ soll möglichst $\leqq 0{,}5$ sein.

Zur experimentellen Untersuchung ist der Regelkreis an einer Stelle geeigneten Leistungsniveaus (in der Mehrzahl der Fälle am Summierungspunkt) aufzutrennen, an der mit dem sogenannten Sinusgeber, einem Generator variabler Frequenz eingespeist wird. Eingangs- und Ausgangsgröße an der Schnittstelle sind bei verschiedenen Frequenzen zu oszillographieren. k' ist aus dem Amplitudenverhältnis von Eingangs- und

[1] NYQUIST, H.: Regeneration Theory; Bell Syst. Techn. Journal 11 (1932) S. 126

[2] STRECKER, F.: Die elektrische Selbsterregung mit einer Theorie der aktiven Netzwerke, Stuttgart: Hirzel 1947, und Praktische Stabilitätsprüfung mittels Ortskurven und numerischer Verfahren. Berlin/Göttingen/Heidelberg: Springer 1950.

[3] DZUNG, L. S.: Das Stabilitäts-Kriterium nach NYQUIST, Regelungstechnik 1 (1953) S. 143—145

Ausgangsgröße zu errechnen. Die Phasenverschiebung zwischen Eingangs- und Ausgangsgröße ergibt den gesuchten Phasenwinkel φ. Jedes Oszillogramm liefert einen Punkt der Ortskurve. Trägt man nun die Vektoren mit der Länge k' und zugehörigem Winkel φ auf gewöhnlichem Millimeterpapier auf, erhält man durch Verbindung der Endpunkte die Ortskurve $\mathfrak{k}(\omega) = k'(\omega)\, e^{j\varphi(\omega)}$. Es ist zu untersuchen, ob der Nyquistpunkt $+1/j\,0$ umfahren wird. Es gibt auch Geräte, die k' und φ mit Hilfe einer Kompensationsschaltung direkt messen[1].

Die Berechnung der Ortskurven soll nun für einige Kreise durchgeführt werden, die außer Verzögerungsgliedern (VZ-Gliedern) nur solche Glieder enthalten, in denen wie z. B. in einer Tachometermaschine eine Größe (Drehzahl) ohne zeitliche Verzögerung in eine andere (Spannung) umgesetzt wird. Derartige Glieder werden als Proportionalglieder (P-Glieder) bezeichnet. Wie der Abschn. D *Anwendungen* zeigen wird, läßt sich der größte Teil der dort gebrachten Beispiele aus der Praxis auf Kreise mit VZ- und P-Gliedern zurückführen.

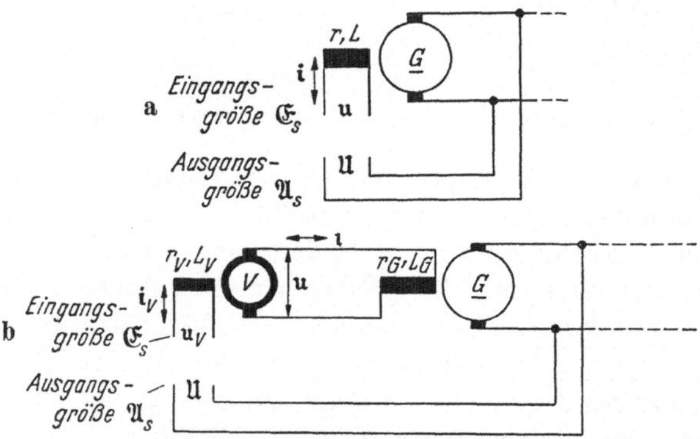

Abb. 26a u. b. a) *K*-13-Schaltung (Regelkreis 1. Ordnung) zur Stabilitätsuntersuchung nach Nyquist vorbereitet, b) Regelkreis 2. Ordnung zur Stabilitätsuntersuchung nach Nyquist vorbereitet

1. Beispiel. Der Generator in K-13-Schaltung (Der P-Regelkreis 1. Ordnung). Den aufgeschnittenen Regelkreis zeigt Abb. 26a (vgl. Abb. 3). Als Eingangsgröße $\mathfrak{E}_S$ werde eine Erregerspannung $\mathfrak{u}$ eingespeist. Sie hat einen Erregerstrom $\mathfrak{i} = \frac{\mathfrak{u}}{r + j\omega L}$ zur Folge. Unter der Voraussetzung, daß die Ankerspannung $\mathfrak{U}$, die am Ausgang des aufgeschnittenen Regelkreises als Ausgangsgröße $\mathfrak{A}_S$ auftritt, dem Erregerstrom $\mathfrak{i}$ proportional ist [Gl. (27)], erhält man

$$\mathfrak{U} = c\,\mathfrak{i} = \frac{c\,\mathfrak{u}}{r + j\omega L}$$

[1] US Patent 94 630 v. 31. 8. 54, Verfahren zur Bestimmung der Übertragungseigenschaften von Vierpolen in Abhängigkeit von der Frequenz und Anordnung zu seiner Durchführung

und daraus

$$\frac{\mathfrak{A}_S}{\mathfrak{E}_S} = \mathfrak{l}(\omega) = \frac{\mathfrak{U}}{\mathfrak{u}} = \frac{-c}{r + j\,\omega\,L}\,. \tag{41a}$$

Durch das Minuszeichen in Gl. (41a) soll zum Ausdruck kommen, daß bei Gleichstromeinspeisung ($\omega = 0$) an der Schnittstelle $\mathfrak{A}_S$ und $\mathfrak{E}_S$ entgegengesetzte Richtung haben.

2. Beispiel. Spannungsregelung eines von einer Verstärkermaschine erregten Generators (Der P-Regelkreis 2. Ordnung). Den aufgeschnittenen Regelkreis zeigt Abb. 26b (vgl. Abb. 5). Als Eingangsgröße $\mathfrak{E}_S$ wirkt hier die Erregerspannung der Verstärkermaschine $\mathfrak{u}_v$, die in der Feldwicklung der Verstärkermaschine den Erregerstrom $\mathfrak{i}_v = \frac{\mathfrak{u}_v}{r_v + j\,\omega\,L_v}$ zur Folge hat. Wenn die Ankerspannung der Verstärkermaschine $\mathfrak{u}$ dem Erregerstrom $\mathfrak{i}_v$ proportional ist, folgt

$$\mathfrak{u} = c_v\,\mathfrak{i}_v = \frac{c_v\,\mathfrak{u}_v}{r_v + j\,\omega\,L_v}$$

und daraus

$$\frac{\mathfrak{u}}{\mathfrak{u}_v} = \frac{c_v}{r_v + j\,\omega\,L_v}\,. \tag{42a}$$

Beim Hauptgenerator liegt wieder die durch Gl. (41) gegebene Beziehung zwischen Erreger- und Ankerspannung vor, also

$$\frac{\mathfrak{U}}{\mathfrak{u}} = \frac{c_G}{r_G + j\,\omega\,L_G}\,. \tag{42b}$$

Das Verhältnis $\frac{\mathfrak{A}_S}{\mathfrak{E}_S} = \mathfrak{k}$, also $\frac{\mathfrak{U}}{\mathfrak{u}_v}$ erhält man durch Multiplikation der Gln. (42a) und (42b)

$$\left.\begin{aligned} \frac{\mathfrak{U}}{\mathfrak{u}_v} &= \frac{\mathfrak{u}}{\mathfrak{u}_v}\cdot\frac{\mathfrak{U}}{\mathfrak{u}}\,, \\ \frac{\mathfrak{U}}{\mathfrak{u}_v} &= \frac{-c_v}{r_v + j\,\omega\,L_v}\cdot\frac{c_G}{r_G + j\,\omega\,L_G}\,. \end{aligned}\right\} \tag{43a}$$

Um den Frequenzgang des Übertragungsmaßes von zwei in Wirkungsrichtung hintereinander angeordneten Gliedern des Regelkreises zu bestimmen, muß man also den Frequenzgang der Glieder miteinander multiplizieren.

Nun ist die folgende Umrechnung empfehlenswert: Wenn bei der K-13-Schaltung der Erregerkreis mit einer Gleichspannung u ($\omega = 0$) gespeist wird, erhält man im stationären Zustand: $r = \frac{u}{i}$, $c = \frac{U}{i}$ und daraus nach Gl. (6) $\frac{c}{r} = \frac{U}{u} = k$, den Abbildungsfaktor bzw. das Übertragungsmaß für $\omega = 0$. Damit läßt sich Gl. (41a) umformen in

$$\frac{\mathfrak{A}_S}{\mathfrak{E}_S} = \mathfrak{l}(\omega) = \frac{-\frac{c}{r}}{\frac{r}{r} + j\,\omega\,\frac{L}{r}} = \frac{-k}{1 + j\,\omega\,T}\,. \tag{41b}$$

Beim P-Regelkreis 2. Ordnung ergibt die Einspeisung mit einer Gleichspannung u_v im Erregerkreis der Verstärkermaschine gemäß B III 2

$$r_v = \frac{u_v}{i_v}, \qquad c_v = \frac{u}{i_v}, \qquad r_G = \frac{u}{i_G}, \qquad c_G = \frac{U}{i_G},$$

$$\frac{c_v}{r_v} = \frac{u}{u_v}, \qquad \frac{c_G}{r_G} = \frac{U}{u},$$

$$\frac{c_v}{r_v} \cdot \frac{c_G}{r_G} = \frac{U}{u_v} = k. \tag{44}$$

Mit Hilfe von Gl. (44) läßt sich Gl. (43a) in folgender Form ausdrücken:

$$\left.\begin{aligned} \frac{\mathfrak{U}}{\mathfrak{U}_v} &= \frac{-\frac{c_v}{r_v}}{\frac{r_v}{r_v} + j\,\omega\,\frac{L_v}{r_v}} \cdot \frac{\frac{c_G}{r_G}}{\frac{r_G}{r_G} + j\,\omega\,\frac{L_G}{r_G}} \\ \text{oder} \qquad \frac{\mathfrak{A}_S}{\mathfrak{E}_S} &= \mathfrak{k} = \frac{\mathfrak{U}}{\mathfrak{U}_v} = \frac{-1}{1 + j\,\omega\,T_v} \cdot \frac{1}{1 + j\,\omega\,T_G}\,k. \end{aligned}\right\} \tag{43b}$$

Diese Umformung bringt einmal den Vorteil, daß man sich von den speziellen Daten r, c und L einer bestimmten Aufgabenstellung löst und diese Aufgabe auf ein verallgemeinertes Regelproblem, gekennzeichnet durch k (bzw. ε) und T zurückführen kann.

Ferner erleichtert diese Umformung das Aufzeichnen der Ortskurve. Es ist wohl grundsätzlich möglich, einen Frequenzgang, beispielsweise (41b) in Real- und Imaginär-Teil aufzulösen, indem man mit der konjugiert-komplexen Größe erweitert, z. B.

$$\frac{-k}{1 + j\,\omega\,T} = \frac{-k\,(1 - j\,\omega\,T)}{1 + \omega^2\,T^2} = \frac{-k}{1 + \omega^2\,T^2} + j\,\frac{k\,\omega\,T}{1 + \omega^2\,T^2}$$

und dann Punkt für Punkt der Ortskurve zu errechnen. Die Umformung (41b) bzw. (43b) ermöglicht jedoch noch einen einfacheren Weg. Mit Hilfe der allgemeinen Ortskurventheorie läßt sich nachweisen, daß die Ortskurve $\frac{-k}{1 + j\,\omega\,T}\,(\omega)$ ein Kreis mit dem Durchmesser k ist, dessen Kotierung mit der Frequenz durch T bestimmt wird. Man könnte grundsätzlich für alle gegebenen Fälle von k und T Ortskurven aufzeichnen. Es läßt sich jedoch der Frequenzgang $\frac{-k}{1 + j\,\omega\,T}$ für jeden beliebigen Wert von k und T mit einer einzigen Ortskurve darstellen.

Da der Frequenzgang von zwei hintereinander geschalteten Gliedern das Produkt aus den Frequenzgängen der einzelnen Glieder darstellt, kann man den Frequenzgang der K-13-Schaltung $\mathfrak{k}(\omega) = \frac{-k}{1 + j\,\omega\,T} = \frac{-1}{1 + j\,\omega\,T}\,k$ ansehen als den Frequenzgang eines VZ-Gliedes mit nachgeschaltetem P-Glied. Die Ortskurve des verallgemeinerten Verzögerungsgliedes $\frac{-1}{1 + j\,\omega\,T}$

ist ein Kreis mit dem Durchmesser 1, dessen Kotierung mit ωT sich, wie in Abb. 27 gezeigt wird, ergibt. Die Umrechnung der Kotierung mit ωT auf die Kotierung mit der Kreisfrequenz ω bzw. der Frequenz f und damit die Zurückführung auf eine spezielle Aufgabenstellung mit einem gegebenen T ist in einfacher Weise möglich. Die Zurückführung auf ein bestimmtes k kommt einer Multiplikation der q- und $j\,p$-Werte mit k, also einer linearen Vergrößerung der Ortskurve gleich. Einfacher als das Umzeichnen der Ortskurve ist jedoch, von der allgemeinen Darstellung $\frac{-1}{1+j\omega T}$ auszugehen d. h. den Kreis immer mit gleichem Durchmesser aufzuzeichnen und den Maßstab der Achsen wie in Abb. 27 im Verhältnis $\frac{1}{k}$ zu ändern. Demgemäß ist der NYQUIST-Punkt $+1/j\,0$ dann bei $+\frac{1}{k}/j\,0$ auf der Abszissenachse abzutragen. Der Einheitskreis mit dem Radius 1 erhält dementsprechend den Radius $\frac{1}{k}$.

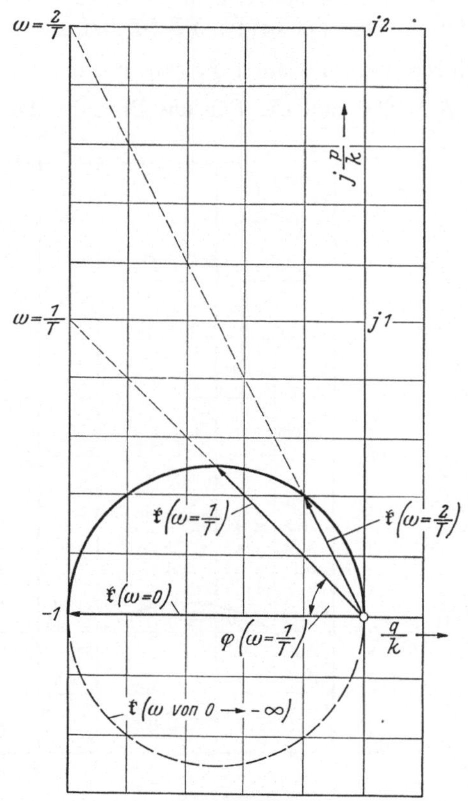

Abb. 27. NYQUIST-Diagramm: Ortskurve für das Übertragungsmaß des allgemeinen VZ-Gliedes $\mathfrak{f}(\omega) = \frac{-1}{1+j\omega T}k$

In Abb. 28 ist die Ortskurve für

$$\mathfrak{f}(\omega) = \frac{-2}{1+j\omega 1} \qquad \left[\omega \text{ in } \frac{1}{\text{sek}}\right]$$

dargestellt. Man kann aus der Ortskurve folgern, wie sich bereits aus den Berechnungen der Übergangsfunktionen in B III 1 ergab, daß der Regelkreis 1. Ordnung immer stabil arbeiten muß, da der Kreis nur im Bereich negativer reeller Werte verläuft, also den NYQUIST-Punkt nicht umschlingt.

Nach dem gleichen Gedanken kann die Ortskurve $\mathfrak{f}(\omega)$ des P-Regelkreises 2. Ordnung, wie sie Gl. (43b) angibt, aufgezeichnet werden. Den durch diese Gleichung gegebenen Frequenzgang

$$\mathfrak{f}(\omega) = \frac{-1}{1+j\omega T_v} \cdot \frac{1}{1+j\omega T_G} \cdot k$$

kann man ansehen als Frequenzgang von zwei nacheinander geschalteten verallgemeinerten VZ-Gliedern mit nachgeschaltetem P-Glied. Bei der Darstellung muß man wieder von der Ortskurve in Abb. 27, dem Halbkreis mit dem Durchmesser 1 und einer festliegenden Kotierung über $n = \omega T$ ausgehen, der für jedes der beiden VZ-Glieder Ortskurve ist. Die Ortskurven der beiden VZ-Glieder unterscheiden sich lediglich als Folge ihrer verschiedenen Zeitkonstanten in ihrer Kotierung über $\omega = \frac{n}{T}$ (Abb. 29a und b). Für das Produkt der beiden VZ-Glieder erhält man

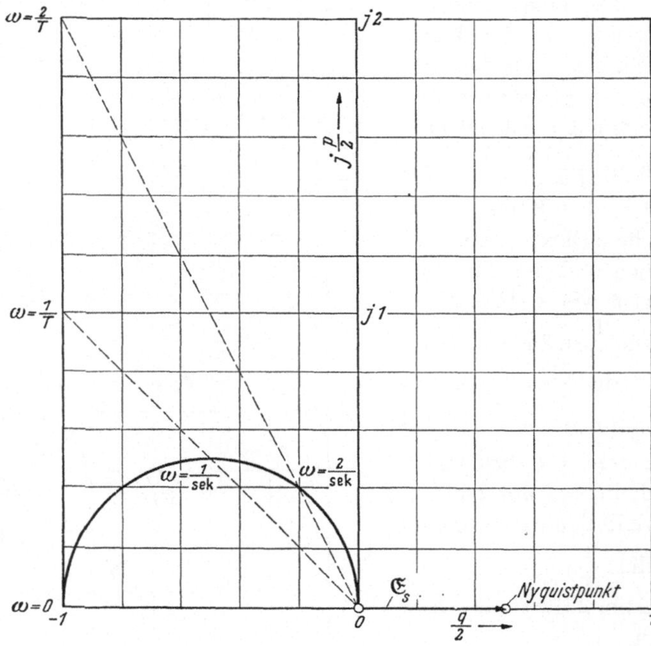

Abb. 28. Nyquist-Diagramm: Ortskurve für das Übertragungsmaß $\mathfrak{k}(\omega) = \frac{-2}{1 + j\omega 1}$ (Mit $\mathfrak{E}_s$ ist die Eingangsgröße $q = 1$; $p = j\,0$ bezeichnet)

die Ortskurve vom Typ in Abb. 29c. Nach den Gesetzen der Vektorrechnung ist die Länge der Zeiger auf der Produktkurve das Produkt der Zeigerlängen von $\frac{1}{1 + j\omega T_v}$ und $\frac{1}{1 + j\omega T_G}$; der Winkel eines Zeigers der Produktkurve ist die Summe der Einzelwinkel (die Multiplikation entspricht einer Drehstreckung des Vektors). Der k-Wert der Aufgabenstellung wird als Maßstabsänderung der Achsen q und $j\,p$ in $\frac{q}{k}$ und $j\,\frac{p}{k}$ berücksichtigt. Als Zahlenbeispiel ist in Abb. 29c die Ortskurve

$$\mathfrak{k}(\omega) = \frac{-9}{(1 + j\omega\,0{,}08)\;(1 + j\omega\,1)}$$

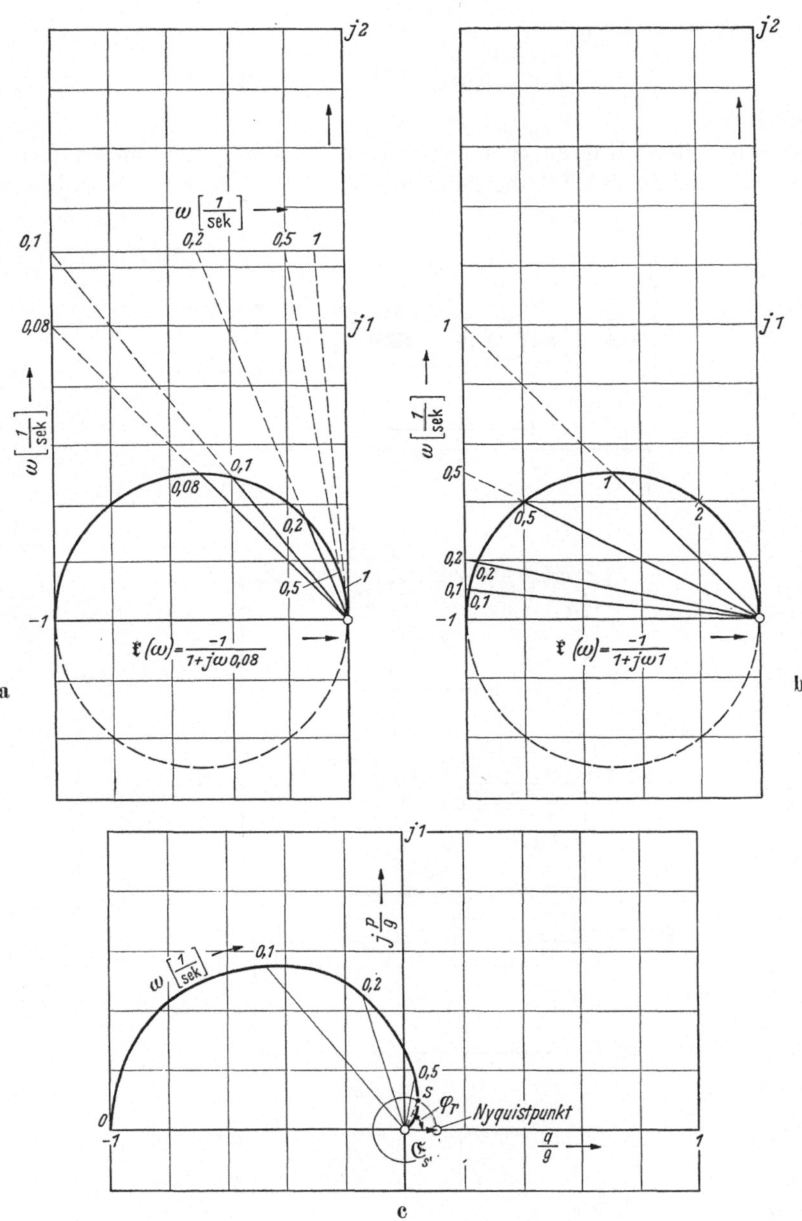

Abb. 29 a—c. Nyquist-Diagramm: Ortskurven a) für das Übertragungsmaß $\mathfrak{k}(\omega) = \frac{-1}{1 + j\,\omega\,0{,}08}$ b) für das Übertragungsmaß $\mathfrak{k}(\omega) = \frac{-1}{1 + j\,\omega\,1}$, c) für das Übertragungsmaß $\mathfrak{k}(\omega) = \frac{-9}{(1 + j\,\omega\,0{,}08)\,(1 + j\,\omega\,1)}$. (Mit $\mathfrak{E}_s$ ist die Eingangsgröße $q = 1$; $p = j\,0$ bezeichnet. Der Einheitskreis erscheint im Diagramm mit dem Radius $\frac{1}{9}$)

aus den Ortskurven

$$\frac{-1}{1 + j\omega\,0{,}08} \quad \text{und} \quad \frac{1}{1 + j\omega\,1}$$

entwickelt.

Auch dieser Kurventyp kann den Nyquist-Punkt nicht umschlingen. Wie in Abschn. B III 2 abgeleitet wurde, ist der Regelkreis 2. Ordnung

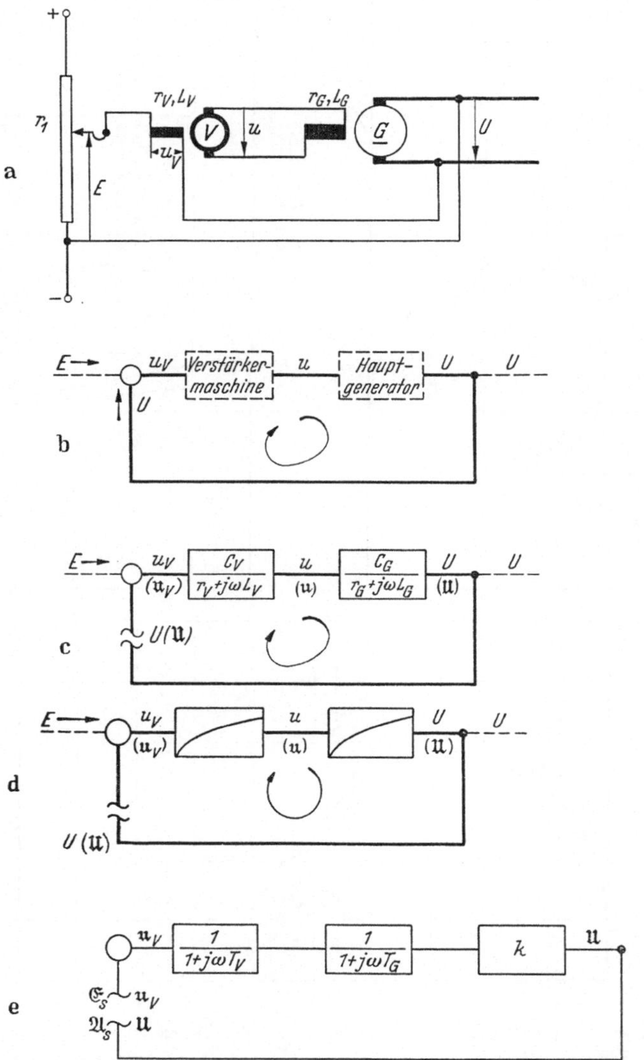

Abb. 30 a—e. Erweiterte K-13-Schaltung als Beispiel eines Regelkreises 2. Ordnung. a) Schaltbild (s. auch Abb. 5 a), b) Darstellung im Blockschaltbild 1. Art, c) Darstellung im Blockschaltbild 2. Art, d) Darstellung im Blockschaltbild 2. Art (Symbolik), e) Darstellung im Blockschaltbild 3. Art (Strukturbild)

immer stabil. Bezüglich der Phasenreserve φ_r kann man aber schon auf unerwünschte Werte kommen.

Mit der Auflösung des Schaltelementes K-13-Generator in VZ- und P-Glied bzw. der Auflösung der aus Verstärkermaschine und Generator bestehenden Kaskade in 2 VZ-Glieder und 1 P-Glied ist ein neuer entscheidender Schritt zur Untersuchung von Regelkreisen getan. Diese Auflösungsmethode muß vor allem für die mathematische Behandlung vielgliedriger Regelkreise angewandt werden. Dadurch kann eine Gliederung entstehen, deren Zusammenhang mit dem apparativen Aufbau nicht mehr ohne weiteres zu übersehen ist. Dieser mathematischen Behandlungsweise wird zweckmäßig die symbolische Darstellung des Regelkreises angepaßt.

Damit muß sich die Bedeutung des Blockschaltbildes wandeln. Im Einleitungskap. B I hatte das Blockschaltbild nur die Aufgabe, den schaltungsmäßigen Aufbau des Regelkreises so darzustellen, daß der Wirkungsablauf schneller zu übersehen ist. Dabei stellt jeder Block entweder ein Schaltelement oder den Teil eines Schaltelementes dar. Um auch das dynamische Verhalten eines Regelkreises im Blockbild übersehen zu können, muß man die Darstellung verfeinern. Aus dem Blocksymbol muß hervorgehen, wie sich ein Glied in stationärer und dynamischer Beziehung verhält. Diese Schaltbilder werden häufig als Blockschaltbilder 2. Art bezeichnet. Man kann in die Blocksymbole 2. Art die mathematischen Beziehungen zwischen Eingangs- und Ausgangsgröße einschreiben. Häufig genügt die Angabe, ob die im Blockbild dargestellten Glieder zeitabhängig oder zeitunabhängig sind. Dann kann man sich mit Symbolen begnügen. Den Vorschlag für das VZ-Glied zeigt Abb. 30d, für das P-Glied Abb. 31c.

Stellt man den mathematischen Zusammenhang der Gln. (41b) und (43b) im Blockbild so dar, daß jeder Block einer Rechenoperation entspricht, erhält man Blockschaltbilder 3. Art, für die in der sowjetischen Fachliteratur der Begriff *Strukturbilder* in Anlehnung an die Chemie vorgeschlagen wurde. Da diese Bilder als Hilfsmittel für die mathematische Behandlung gedacht sind, ist es empfehlenswert, in die Blöcke Angaben für die mathematische Operation einzuschreiben. Als Beispiel zeigt Abb. 30 den P-Regelkreis 2. Ordnung im Schaltbild und Blockbild 1., 2. und 3. Art.

3. Beispiel. Drehzahlregelung entsprechend Abb. 6c als Beispiel eines P-Regelkreises 3. Ordnung. Abb. 31a (vgl. Abb. 6c) zeigt den aufgeschnittenen Regelkreis. Als Eingangsgröße $\mathfrak{E}_S$ wird wieder eine mit der Zeit sinusförmig verlaufende Wechselspannung (Erregerspannung der Verstärkermaschine) $\mathfrak{u}_v$ eingespeist. Die beiden ersten Glieder — Verstärkermaschine und Generator — sind in gleicher Weise beim

P-Regelkreis 2. Ordnung vorhanden. Die Beziehung zwischen Ankerspannung des Hauptgenerators und Erregerspannung der Verstärkermaschine muß daher die gleiche wie beim P-Regelkreis 2. Ordnung sein, wird also von der Gl. (43a) geliefert. Wie nun aus dem Blockschaltbild 1. Art (Abb. 31b) hervorgeht, verwandelt im Sinne des Wirkungsablaufes der Regelung der Motor die Ausgangsgröße des Generators, die Spannung U in eine Drehzahl n. Der Zusammenhang zwischen Ankerspannung $U_{A\,Mot}$ und Drehzahl n eines Gleichstrommotors ergibt sich aus der Grundgleichung 1, die auch in der Form

$$U_{A\,Mot} = J\,R_{A\,Mot} + EMK_{Mot} = J\,R_{A\,Mot} + c\,\Phi\,n$$

geschrieben werden kann, wobei mit

J der Ankerstrom
$R_{A\,Mot}$ der Widerstand im Ankerkreis
$EMK_{Mot} = c\,\Phi\,n$ die unter dem Einfluß der Drehbewegung induzierte Spannung und mit
Φ der magnetische Fluß im Motor bezeichnet wird.

$U_{A\,Mot}$ ist aber mit der in den vorstehenden Beispielen mit U bezeichneten Generatorspannung, die gemäß Gl. (27a) mit $U = i_G\,c_G$ angegeben wurde, hier nicht identisch. Die Gl. (27) kann, auch wenn die Sättigung einer Maschine vernachlässigt wird, bei veränderlichem Ankerstrom J nur die Beziehung zwischen EMK_{Gen} und Erregerstrom i ausdrücken, wenn die Maschine nicht leerläuft oder mit einem ohmschen Widerstand belastet ist. Zwischen EMK_{Gen} und Ankerspannung $U_{A\,Gen}$ des Gleichstromgenerators gilt die Beziehung $U_{A\,Gen} = EMK_{Gen} - J\,R_{A\,Gen}$, wobei $R_{A\,Gen}$ den Widerstand im Ankerkreis des Generators darstellt. Da also der zweite, den Generator symbolisierende Block (Abb. 31b) nur den Zusammenhang zwischen einer Erregerspannung und einer EMK angeben kann, ist es aus Gründen einer einfachen mathematischen Behandlung zweckmäßig, die EMK_{Gen}, im Folgenden mit U ohne Index bezeichnet, auch als Eingangsgröße des Motorblockes anzusehen. Es wird dann aus

$$\left.\begin{aligned} EMK_{Gen} &= J\,(R_{A\,Gen} + R_{A\,Mot} + R_{Verb.}) + c\,\Phi\,n \\ U &= J\,R_{A\,Ges} + C_1\,n\,. \end{aligned}\right\} \qquad (45)$$

Die weitere mathematische Behandlung soll nun unter einigen vereinfachenden Voraussetzungen durchgeführt werden, die zwar für die Berechnung von Drehzahlregelungen nicht allgemein gültig sind, jedoch in vielen praktischen Fällen zutreffen. So gilt die Gl. (45) theoretisch nur im stationären Zustand. Für einen Ausgleichvorgang, wie ihn beispielsweise der Anlauf des Motors bei plötzlichem Zuschalten einer Ankerspannung darstellt, ist eigentlich noch zu berücksichtigen, daß der Ankerkreis des Leonard-Satzes auch Induktivitäten enthält, die eine sprunghafte Stromänderung nicht zulassen. Die sogenannte *Ankerkreis-Zeit-*

konstante, die den Zeitverlauf der Stromänderung bei plötzlichen Spannungsänderungen bestimmt, soll jedoch hier vernachlässigt werden. Die Ankerkreis-Zeitkonstante einer kompensierten Gleichstrommaschine

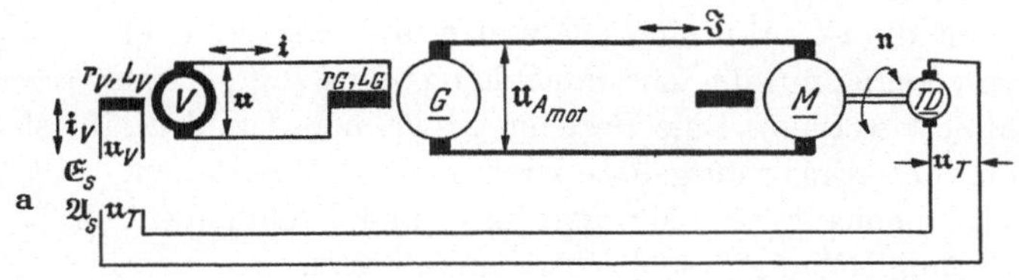

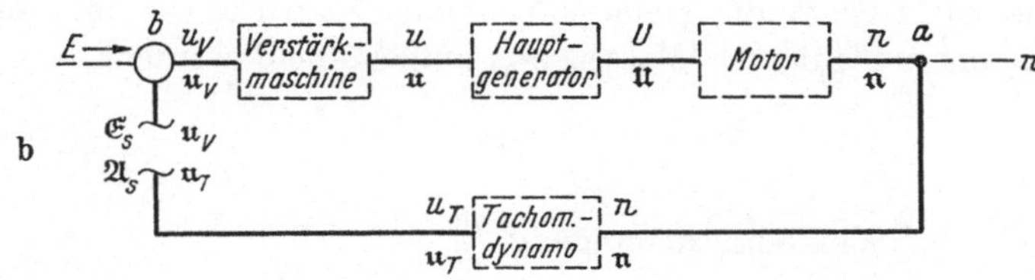

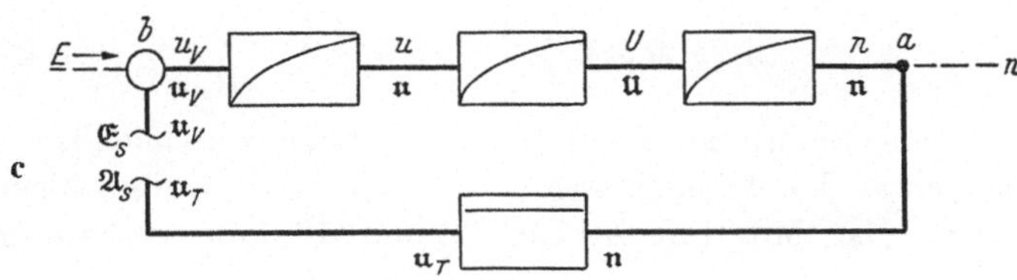

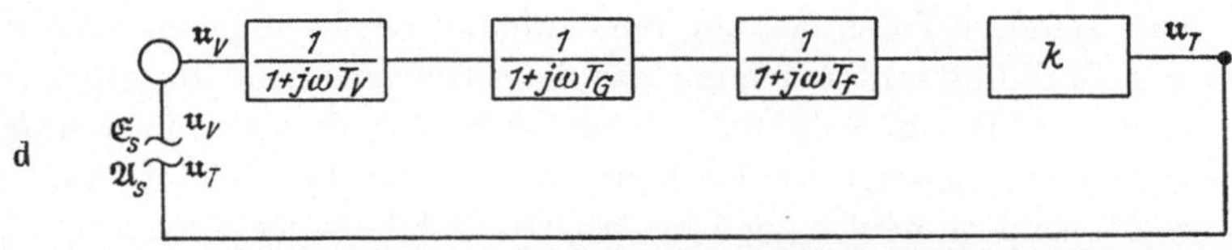

Abb. 31 a—d. Drehzahlregelung eines Gleichstrommotors in LEONARDschaltung (s. Schaltung 6c) als Beispiel eines Regelkreises 3. Ordnung. a) Regelkreis zur Stabilitätsuntersuchung nach NYQUIST vorbereitet, b) Darstellung im Blockschaltbild 1. Art, c) Darstellung im Blockschaltbild 2. Art (Symbolik), d) Darstellung im Blockschaltbild 3. Art (Strukturbild)

— bei Regelantrieben werden kompensierte Maschinen bevorzugt — liegt in der Größenordnung von 50 bis 100 msek. Sind Motor und Generator noch über lange Zuleitungen verbunden, sinkt die Ankerkreis-Zeitkonstante häufig auf einen Wert ab, der sogar gegenüber der Erregerzeitkonstante einer Verstärkermaschine vernachlässigt werden kann.

Zur Vereinfachung der Aufgabe soll ferner mit einem strom- und drehzahlunabhängigen Motorfluß Φ gerechnet werden. Auch diese Voraussetzung ist beim Anlaufvorgang kompensierter Gleichstrommotoren normalerweise erfüllt.

Nun enthält die Gl. (45) mit U, J und n drei variable Größen. Da für den Regelvorgang nur der Zusammenhang von U und n interessiert, muß J eliminiert werden. Eine Beziehung zwischen J und n läßt sich über das vom Motoranker ausgeübte Drehmoment M herleiten.

Den Zusammenhang von Motorstrom J und Drehmoment M gibt die zweite Grundgleichung des Gleichstrommotors an.

$$M = c\,\Phi\, J = C_2\, J\,. \tag{2}$$

M kann zur Überwindung eines Belastungsmomentes M_L und zur Beschleunigung umlaufender Massen m_{rot} aufgebraucht werden

$$M = M_L + m_{rot}\frac{d\omega}{dt}\,, \tag{46a}$$

$$\text{Winkelbeschleunigung } \frac{d\omega}{dt} = 2\,\pi\frac{dn}{dt}\,.$$

Nach den Gesetzen der technischen Mechanik kann ausgedrückt werden

$$M = M_L + \frac{GD^2}{4\,g_0}\,2\,\pi\frac{dn}{dt}\,, \tag{46b}$$

wobei für GD^2 das Schwungmoment des Motorankers einschließlich des Schwungmomentes der Arbeitsmaschine und für g_0 die Erdbeschleunigung einzusetzen ist. Mit Hilfe der Gln. (2) und (46) läßt sich (45) umformen

$$U = \left(M_L + \frac{GD^2}{4\,g_0}\,2\,\pi\frac{dn}{dt}\right)\frac{R_{A\,Ges}}{C_2} + C_1\, n\,. \tag{45b}$$

Zur weiteren Vereinfachung der Aufgabe werde angenommen, daß bei der Stabilitätsuntersuchung das Belastungsmoment M_L gegenüber dem für die Beschleunigung der umlaufenden Massen notwendigen Moment vernachlässigt werden kann, was in der Praxis nicht nur bei Leerlauf, sondern häufig auch bei belasteter Arbeitsmaschine erfüllt ist. Gl. (45b) geht damit in eine einfache Differentialgleichung 1. Ordnung für n über, die in der Schreibweise

$$\mathfrak{U} = U\,e^{j\,\omega\,t}\,,$$

$$\mathfrak{n} = n\,e^{j(\omega\,t + \varphi)}$$

folgende Form annimmt:

$$\mathfrak{U} = j\,\omega\,\mathfrak{n}\frac{R_{A\,Ges}}{C_2}\cdot\frac{GD^2}{4\,g_0}\,2\,\pi + C_1\,\mathfrak{n}\,. \tag{45c}$$

Für das Verhältnis von Motordrehzahl $\mathfrak{n}$ und Spannung $\mathfrak{U}$ ergibt sich aus Gl. (45c)

$$\frac{\mathfrak{n}}{\mathfrak{U}} = \frac{1}{C_1 + j\,\omega \dfrac{R_{A\,Ges}}{C_2} \cdot \dfrac{GD^2}{4\,g_0} 2\,\pi} . \tag{47a}$$

Die Tachometermaschine stellt ein einfaches Proportionalglied dar, in dem die Motordrehzahl n ohne zeitliche Verzögerung in eine Ankerspannung u_T umgesetzt wird, also

$$u_T = c_T\, n \qquad \text{oder} \qquad \mathfrak{u}_T = c_T\, \mathfrak{n} . \tag{48}$$

Die Drehzahlregelung kann damit durch das Blockschaltbild 2. Art von Abb. 31c dargestellt werden. Durch Division mit $\frac{1}{C_1}$ läßt sich Gl. (47a) auf die Form des allgemeinen Verzögerungsgliedes Gl. (41b) mit der fiktiven Zeitkonstante T_f bringen

$$\frac{\mathfrak{n}}{\mathfrak{U}} = \frac{\dfrac{1}{C_1}}{1 + j\,\omega \dfrac{R_{A\,Ges}}{C_2\,C_1} \cdot \dfrac{GD^2}{4\,g_0} 2\,\pi} = \frac{\dfrac{1}{C_1}}{1 + j\,\omega\, T_f} . \tag{47b}$$

Mit T_f kann dann wie mit einer Erregerzeitkonstanten gerechnet werden.

Die Berechnung der fiktiven Zeitkonstante T_f soll anhand eines praktischen Beispiels gezeigt werden. Die Leistung des LEONARD-Generators betrage 1000 kW bei 1500 U/min. Der aus diesem Generator gespeiste Gleichstrom-Nebenschlußmotor weise bei einer Ankerspannung von 800 V und einem Strom von 1250 A ein Drehmoment von 1,8 mt und eine Drehzahl von 500 U/min auf. Das Schwungmoment des Motorankers und der angetriebenen Arbeitsmaschine betrage 5 tm². Der Ankerkreis des LEONARD-Antriebes hat einen Widerstand von 0,058 Ohm. Es ist

$$C_1 = \frac{750}{500}\,\text{Vmin} = 1{,}5\,\text{Vmin} \quad \left(\text{entst. aus } \frac{800\,\text{V} - J R_{A\,Mot}}{500}\,\text{Vmin}\right),$$

$$C_2 = \frac{1800}{1250}\,\frac{\text{mkg}}{\text{A}} = 1{,}44\,\frac{\text{mkg}}{\text{A}} .$$

Physikalisch gesehen stellen sowohl C_1 als auch C_2 das Produkt des Maschinenflusses Φ mit der Maschinenkonstante c dar. Mit zwei verschiedenen Zahlenwerten für die gleiche physikalische Größe arbeitet man lediglich aus Gründen der einfachen mathematischen Behandlung, denn sowohl C_1, den Zusammenhang zwischen Spannung und Drehzahl, als auch C_2 den Zusammenhang zwischen Drehmoment und Ankerstrom kann man aus den Leistungschilddaten der Maschine sehr schnell berechnen, während die Berechnung über das Produkt von c und Φ eine genaue Kenntnis der Maschinenbemessung voraussetzen würde.

$$T_f = \frac{0{,}058 \cdot 5 \cdot 2\,\pi \cdot 10^3}{1{,}5 \cdot 1{,}44 \cdot 4 \cdot 9{,}81 \cdot 60} \cdot \left[\frac{\text{V} \cdot \text{tm}^2 \cdot \text{A} \cdot \text{sek}^2 \cdot \text{min} \cdot \text{kg}}{\text{A} \cdot \text{Vmin} \cdot \text{mkg} \cdot \text{m} \cdot \text{sek} \cdot \text{t}}\right] = 360\ m\text{sek} .$$

Für den Frequenzgang des gesamten Regelkreises mit der Eingangsgröße $\mathfrak{E}_S \triangleq u_v$ (Erregerspannung der Verstärkermaschine) und der Ausgangsgröße $\mathfrak{A}_S \triangleq u_T$ (Ankerspannung der Tachometerdynamo) gilt nun

$$\frac{\mathfrak{A}_S}{\mathfrak{E}_S} = \mathfrak{k}(\omega) = \frac{\mathfrak{u}_T}{\mathfrak{u}_v} = \frac{\mathfrak{u}}{\mathfrak{u}_v} \cdot \frac{\mathfrak{U}}{\mathfrak{u}} \cdot \frac{\mathfrak{n}}{\mathfrak{U}} \cdot \frac{\mathfrak{u}_T}{\mathfrak{n}}, \tag{49a}$$

$$\mathfrak{k}(\omega) = \frac{-\frac{c_v}{r_v}}{1 + j\omega T_v} \cdot \frac{\frac{c_G}{r_G}}{1 + j\omega T_G} \cdot \frac{\frac{1}{C_1}}{1 + j\omega T_f} c_T. \tag{49b}$$

Speist man mit Gleichstrom ein, erhält man im stationären Zustand wieder

$$\frac{c_v}{r_v} = \frac{u}{u_v} \quad \text{und} \quad \frac{c_G}{r_G} = \frac{U}{u}$$

[nach Gl. (44)]. Wenn das Belastungsmoment des Motors vernachlässigbar ist, ergibt sich $U = C_1 n$ also $\frac{n}{U} = C_1$.

Aus Gl. (49a) wird dann bei Einspeisung mit Gleichstrom im stationären Zustand

$$\frac{u_T}{u_v} = \frac{u}{u_v} \cdot \frac{U}{u} \cdot \frac{n}{U} \cdot \frac{u_T}{n} = \frac{c_v}{r_v} \cdot \frac{c_G}{r_G} C_1 c_T = k,$$

Abbildungsfaktor des stationären Zustandes, so daß die Gl. (49b) in die Form überführt werden kann,

$$\mathfrak{k}(\omega) = \frac{-1}{1 + j\omega T_v} \cdot \frac{1}{1 + j\omega T_G} \cdot \frac{1}{1 + j\omega T_f} k. \tag{49c}$$

Damit läßt sich der vorliegende Regelkreis 3. Ordnung auf ein Strukturschema mit den verallgemeinerten Zeitverzögerungsgliedern T_v, T_G und T_f und einem Proportionalglied k zurückführen (Abb. 31d). Als Ortskurve $\mathfrak{k}(\omega)$ aus der Gl. (49) erhält man den Typ von Abb. 32. Die Kurve geht durch 3 Quadranten der komplexen Ebene. Es besteht daher die Gefahr, daß sie den Nyquist-Punkt umschlingt und der Regelkreis instabil werden kann. In Abb. 32a ist die Ortskurve

$$\mathfrak{k}(\omega) = \frac{-1}{1 + j\omega\,0{,}08} \cdot \frac{1}{1 + j\omega\,1} \cdot \frac{1}{1 + j\omega\,0{,}36} \quad \text{für } k = 1$$

dargestellt. Die Ortskurve durchstößt die reelle Achse bei P_D $(0{,}05/j\,0)$.

Dieser Punkt würde zum Nyquist-Punkt $(1/j\,0)$ werden, wenn die Ortskurve mit dem Faktor $k = \frac{1}{0{,}05} = 20$ multipliziert wird, d. h. bei

$k = 20$ liegt theoretisch die Stabilitätsgrenze dieses Regelkreises. Erfahrungsgemäß soll bei einer Regelung mit guter Dämpfung die reelle Achse bei einem Wert $\leqq 0{,}5$ durchstoßen werden. Diesen Wert würde die vorliegende Ortskurve bei Multiplikation mit dem Faktor $k = 10$ erreichen. Die Ortskurve

$$\mathfrak{k}(\omega) = \frac{-10}{(1 + j\,\omega\,1)\,(1 + j\,\omega\,0{,}08)\,(1 + j\,\omega\,0{,}36)} \qquad [k = 10]$$

ist in Abb. 32b dargestellt. Sie schneidet den Einheitskreis unter einem Phasenwinkel $\varphi_r = 20°$. Um den für ein günstiges dynamisches Verhalten erforderlichen Phasenwinkel von $\varphi_r \geqq 30°$ zu erreichen, müßte k noch weiter herabgesetzt werden.

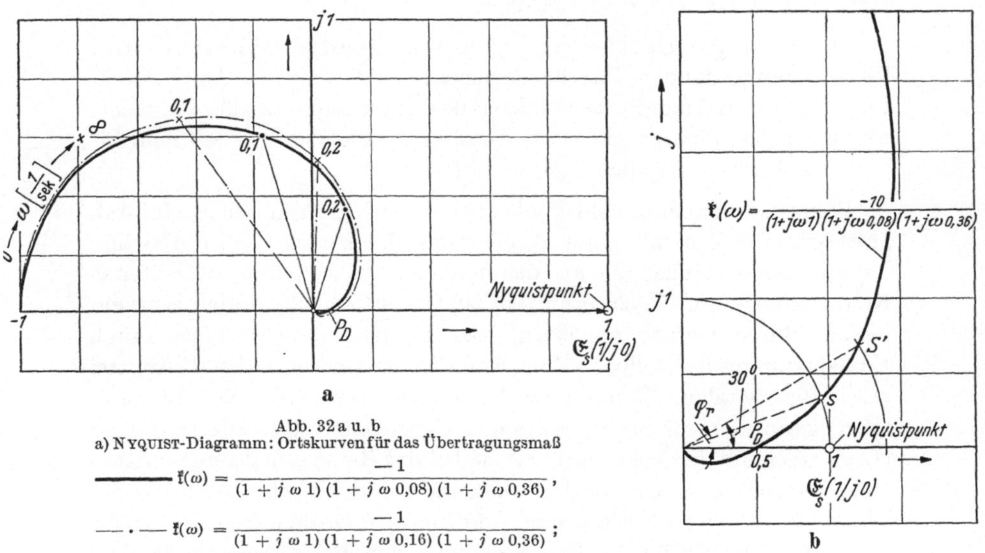

Abb. 32a u. b

a) Nyquist-Diagramm: Ortskurven für das Übertragungsmaß

——— $\mathfrak{k}(\omega) = \frac{-1}{(1 + j\,\omega\,1)\,(1 + j\,\omega\,0{,}08)\,(1 + j\,\omega\,0{,}36)}$,

—·— $\mathfrak{k}(\omega) = \frac{-1}{(1 + j\,\omega\,1)\,(1 + j\,\omega\,0{,}16)\,(1 + j\,\omega\,0{,}36)}$;

b) Nyquist-Diagramm: Ortskurvenabschnitt im Bereich des Punktes P_D für das Übertragungsmaß

$$\mathfrak{k}(\omega) = \frac{-10}{(1 + j\,\omega\,1)\,(1 + j\,\omega\,0{,}08)\,(1 + j\,\omega\,0{,}36)}$$

Wie Abb. 32b zeigt, schneidet die Ortskurve

$$\mathfrak{k}(\omega) = \frac{-10}{(1 + j\,\omega\,1)\,(1 + j\,\omega\,0{,}08)\,(1 + j\,\omega\,0{,}36)} \qquad [k = 10]$$

mit $\varphi_r = 30°$ einen Kreis mit einem Radius von 1,36. Der Einheitskreis würde also bei $\varphi_r = 30°$ von einer Ortskurve

$$\mathfrak{k}(\omega) = \frac{-10}{1{,}36\,(1 + j\,\omega\,1)\,(1 + j\,\omega\,0{,}08)\,(1 + j\,\omega\,0{,}36)}$$

durchstoßen werden. Das entspräche einem k-Wert des vorliegenden

Regelkreises von

$$k = \frac{10}{1{,}36} = 7{,}5 \quad \text{entspricht einem Wert } \varepsilon = 8{,}5\,.$$

Man kann mit dem NYQUIST-Verfahren verhältnismäßig schnell ermitteln, wie sich eine Änderung der beteiligten Zeitkonstanten T_v, T_G oder T_f auswirkt. Die —·—·— Ortskurve (ebenfalls für $k = 1$) in Abb. 32a gilt beispielsweise für gleiche T_G und T_f aber für ein $T_v = 160$ msek. Im Gegensatz zu den Verfahren, bei denen die Stabilität aus der charakteristischen Gleichung bestimmt wird, hat also NYQUIST ein Verfahren geschaffen, das schnell übersehen läßt, wie die für das Regelproblem maßgebenden Größen T_n und k geändert werden müssen, um einen instabilen Regelkreis stabil zu machen. Das ist *der entscheidende Vorteil des NYQUIST-Kriteriums.*

β) Getrennte Darstellung von Amplitudenverhältnis und Phase. BODE[1] hat den Vorschlag gemacht, den Betrag (das Amplitudenverhältnis) k' und den Phasenwinkel φ des Übertragungsmaßes $\mathfrak{k}$ in rechtwinkligen Koordinaten mit ω als Abszisse darzustellen, so daß man für $\mathfrak{k}(\omega)$ zwei Kurven, nämlich $k'(\omega)$ und $\varphi(\omega)$ erhält.

Wenn man dabei sowohl k' als auch ω im logarithmischen Maßstab aufträgt, läßt sich mit guter Annäherung die Kurve $k'(\omega)$ durch ihre Asymptoten darstellen, die aus den in der Aufgabenstellung enthaltenen Kennwerten k und T_n zu ermitteln sind; d. h. man kann den Kurvenverlauf durch Gerade annähern. Der Frequenzgang $\varphi(\omega)$ ist durch Einheitskurven darstellbar. Zum Aufzeichnen sind einfache Hilfsmittel geschaffen worden. Wenn man k' in logarithmischem Maßstab aufträgt, kann man die Multiplikation des Frequenzganges zweier Glieder (Drehstreckung der Vektoren), wie sie bei der Reihenschaltung von zwei Gliedern vorgenommen werden muß, nicht nur auf eine Addition der Winkel φ, sondern auch auf eine Addition der Ordinatenwerte für die Beträge k' zurückführen. Das Verfahren von BODE bietet außerdem die Möglichkeit, Dämpfung und Phasenverlauf eines geschlossenen Wirkungskreises aus dem offenen mit Hilfe der sogenannten NICHOLS-Diagramme zu bestimmen.

Das Verfahren von BODE und NICHOLS kann im Rahmen dieses Buches nicht ausführlich behandelt werden. Es soll lediglich die praktische Anwendung der BODE-Diagramme zur Stabilitätsuntersuchung an Hand

---

[1] BODE, H.: Network Analysis and Feedback Amplifier Design, New York: Van Nostrand, 1945. — JAMES, NICHOLS, PHILIPPS: Theory of Servomechanisms, New York: McGraw-Hill 1947. — BRUMBY: Der geregelte LEONARD-Antrieb, AEG-Mitteilungen 45 (1955) S. 131—137. — REINISCH: Beziehung zwischen Dämpfung und Phase eines Vierpols und ihre Anwendung auf die Analyse und Synthese von stetigen Regelkreisen. Wiss. Zeitschr. der TH Dresden 4 (1954/55) H. 6

der gleichen Beispiele gezeigt werden, die bereits unter α) Ortskurvendarstellung behandelt wurden.

Die unter α) Ortskurvendarstellung behandelten Regelkreise enthalten ausschließlich P- und VZ-Glieder. Es soll deshalb zunächst untersucht werden, wie sich das Amplituden- und Phasen-Verhalten dieser Glieder im BODE-Diagramm abbildet.

Das Übertragungsverhalten eines P-Gliedes ist frequenzunabhängig, d. h. $k'(\omega) =$ konst. Eine Phasenverschiebung zwischen Eingangs- und Ausgangsgröße gibt es nicht, d. h. $\varphi = 0$.

Beim VZ-Glied ermittelt man den Frequenzgang $k'(\omega)$ zweckmäßig aus seinen Asymptoten. Die Asymptoten des Frequenzganges $k'(\omega)$ des VZ-Gliedes $\left|\frac{C}{1 + j\,\omega\,T}\right|$ findet man, wenn man zwei Frequenzbereiche getrennt betrachtet.

a) $\omega < \frac{1}{T}$; d.h. $\omega\,T < 1$. In diesem Bereich kleiner Frequenzen tritt der Anteil des ω enthaltenden Summanden im Nenner gegenüber 1 zurück.

Für $\omega \to 0$ geht

$$k'(\omega) \text{ über in } \frac{C}{1}. \tag{50a}$$

Dieser Ausdruck bildet die Asymptote des Frequenzganges für den Bereich $\omega < \frac{1}{T}$. Dabei wird $\frac{C}{1}(\omega)$ durch eine Parallele zur Abszissenachse ω dargestellt.

b) $\omega > \frac{1}{T}$; d. h. $\omega\,T > 1$. In diesem Bereich größerer Frequenzen bestimmt praktisch der ω enthaltende Summand den Nenner. Für sehr große ω-Werte nähert sich

$$k'(\omega) \text{ einem Wert } \left|\frac{C}{j\,\omega\,T}\right|. \tag{50b}$$

Dieser Ausdruck bildet die Asymptote des Frequenzganges für den Bereich $\omega > \frac{1}{T}$. Wenn sowohl k' als auch ω in logarithmischem Maßstab aufgetragen sind, wird auch die Asymptote $\left|\frac{C}{j\,\omega\,T}\right|(\omega)$ durch eine Gerade abgebildet. Die Neigung dieser Geraden wird dadurch bestimmt, daß gemäß Gl. (50b) eine Frequenzerhöhung auf das 10-fache eine Abnahme der Ordinate auf $^1/_{10}$ ergibt.

Die beiden Asymptoten schneiden sich im Punkte $\omega\,T = 1$. Abb. 33a zeigt den Frequenzgang des verallgemeinerten VZ-Gliedes

$$k'(\omega) = \left|\frac{1}{1 + j\,\omega\,T}\right|.$$

Nach dem Vorschlag von BODE trägt man das Amplitudenverhältnis $k'(\omega)$ nicht im absoluten Wert auf, sondern drückt $k'(\omega)$ in Dezibel (db) aus. Für die Umrechnung gilt

$$k'\ [\text{db}] = 20 \cdot {}^{10}\!\log k'\ [\text{abs.}]$$

Es entspricht also ein

$k' = 100$	einem	$k' = 40$ db
10		20
1		0
0,1		—20
0,01		—40

Auf diese Weise kommt man zu einer linearen Teilung der Ordinatenachse für k' des Bode-Diagramms (s. Abb. 33b). Gemäß Gl. (50b) er-

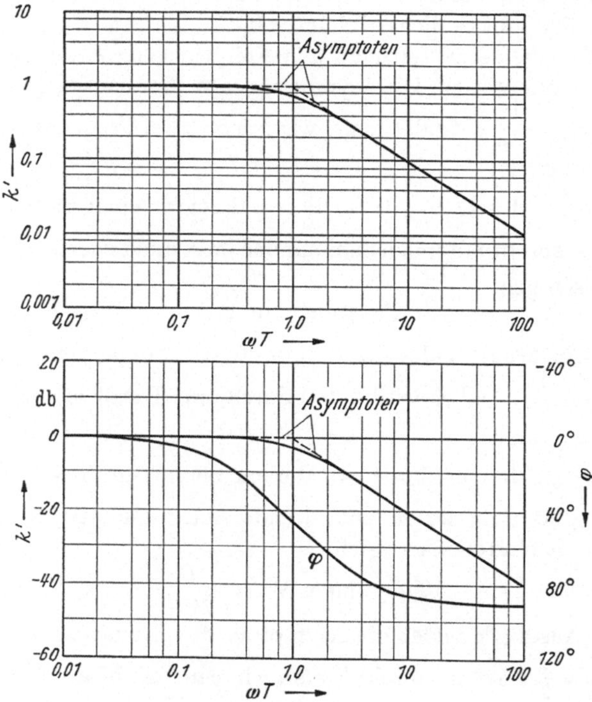

Abb. 33 a u. b. Bodediagramm: a) Betrag des Übertragungsmaßes $k'(\omega)$ für das allgemeine VZ-Glied $\frac{1}{1 + j\,\omega\,T}$. Dabei ist $k'(\omega)$ als Zahlenwert im logarithmischen Maßstab aufgetragen, b) Übertragungsmaß des allgemeinen VZ-Gliedes $\frac{1}{1 + j\,\omega\,T}$. Betrag $k'(\omega)$ und Phasenwinkel $\varphi(\omega)$ (entspricht Abb. 27 in der Ortskurvendarstellung). $k'(\omega)$ in db aufgetragen

gibt sich dabei für die Asymptote $k'(\omega)$ eine Neigung von 20 db pro Frequenzdekade.

Die Abweichung des wirklichen Kurven-Verlaufes $k'(\omega)$ von den Asymptoten ist gering. Das Maximum der Abweichung liegt bei $\omega\,T = 1$ und beträgt dort 3 db. Abb. 34 zeigt diese Abweichung aufgetragen in db in Abhängigkeit von der Frequenz.

Die lineare Teilung der Ordinatenachse bietet den Vorteil, daß man ohne besondere Schwierigkeiten in das gleiche Diagramm sowohl den

Verlauf des Betrages $k'(\omega)$ als auch den Verlauf des Phasenwinkels $\varphi(\omega)$ in Grad oder im Bogenmaß eintragen kann. Wie aus dem Kreisdiagramm in Abb. 27 zu ersehen ist, gilt für den Zusammenhang von φ und ω beim VZ-Glied

$$\operatorname{tg} \varphi = \frac{\omega T}{1}. \qquad (50\text{c})$$

und daraus

$$\varphi = \operatorname{arc} \operatorname{tg} \omega T. \qquad (50\text{d})$$

Der Verlauf der Arcustangensfunktion (s. Abbildung 33b) kann grundsätzlich jedem mathematischen und technischen Hilfsbuch entnommen werden. Für serienmäßige Stabilitätsuntersuchungen ist es zweckmäßig, sich zunächst $\varphi = f(\omega T)$ wie in Abb. 35 aufzutragen. Sinnvoll wählt man bei dieser Darstellung für Abszissen- und Ordinatenachse die gleiche Teilung wie in den BODE-Diagrammen. Die Kurve $\varphi(\omega)$ im BODE-Diagramm konstruiert man zweckmäßig mittels des Diagramms 35a. Für eine schnelle Übersicht genügt der Maßstab 35b.

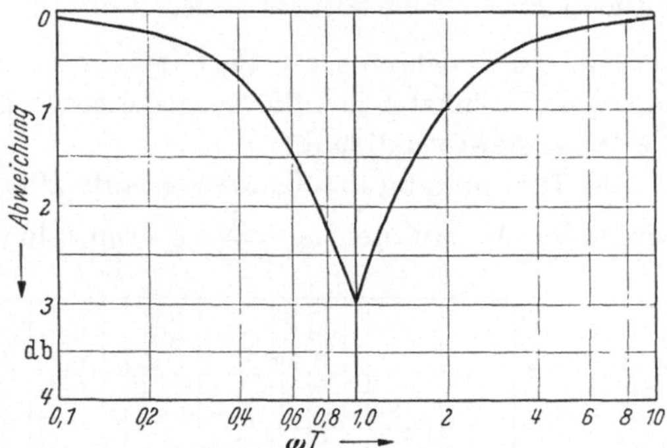

Abb. 34. Bodediagramm für das allgemeine VZ-Glied $\frac{1}{1 + j\,\omega\,T}$: Abweichung des tatsächlichen Verlaufs $k'(\omega)$ von den Asymptoten

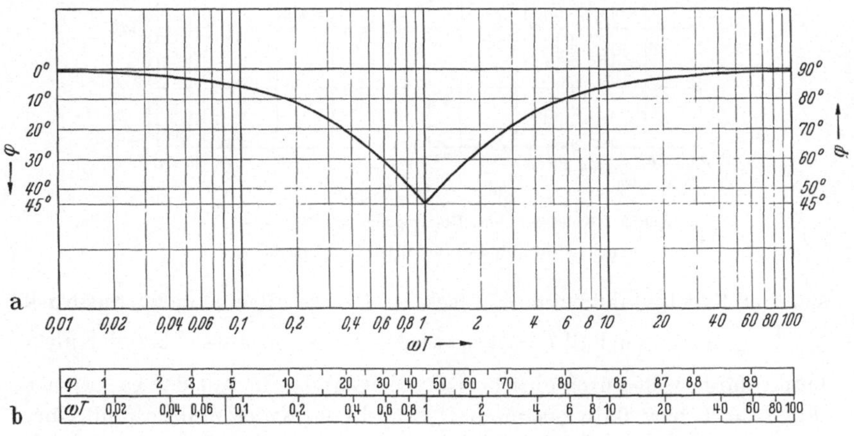

Abb. 35 a u. b. Bodediagramm für das allgemeine VZ-Glied $\frac{1}{1 + j\,\omega\,T}$: Hilfsdiagramm zur Bestimmung des Verlaufs $\varphi(\omega)$. a) Kurvenverlauf, b) Skala für überschlägige Berechnungen

1. Der Generator in K-13-Schaltung (P-Regelkreis 1. Ordnung). In Abb. 36 ist der Frequenzgang $\mathfrak{f}(\omega) = \frac{-2}{1 + j\,\omega\,1}$ getrennt in $k'(\omega)$ und

$\varphi(\omega)$ dargestellt. (Für die Kurve $k'(\omega)$ im BODE-Diagramm ist das für die Ortskurve wichtige Minuszeichen im Zähler — s. Erklärung zu Gl. (41 a) — ohne Bedeutung, da ja k' nur das Längenverhältnis der Amplituden $k' = \left|\frac{\mathfrak{A}_S}{\mathfrak{E}_S}\right|$ ausdrückt. Der Zählsinn für $\varphi(\omega)$ muß festgelegt werden. In Anlehnung an die Ortskurvendarstellung (Abb. 27) soll φ immer der Winkel gegen die negative reelle Achse sein, wobei positive Werte rechtsweisend sind.).

Zur Bestimmung des Kurvenverlaufs $k'(\omega)$ ist zunächst der Knickpunkt der Asymptoten $\omega = \frac{1}{T}$ zu ermitteln. Für $T = 1$ sek befindet

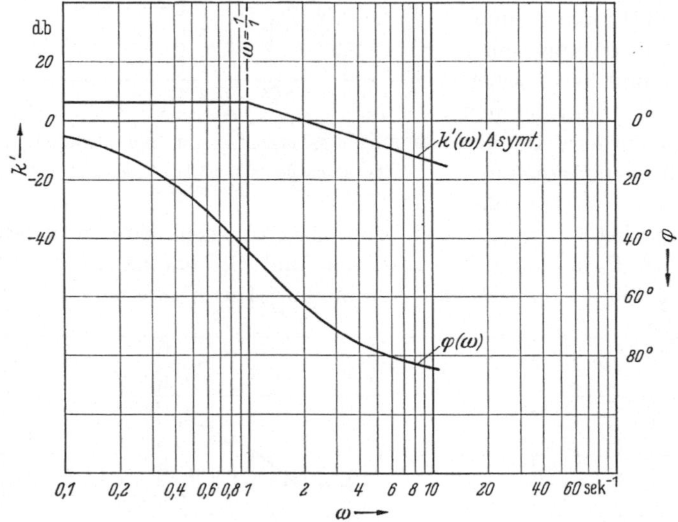

Abb. 36. Bodediagramm: Übertragungsmaß $\mathfrak{k}'(\omega) = \frac{2}{1 + j\,\omega\,1}$
(entspricht Abb. 28 in der Ortskurvendarstellung)

sich der Knickpunkt bei $\omega = 1$ [sek^{-1}]. Der verallgemeinerte Ausdruck $\frac{1}{1 + j\,\omega\,T}$ (in diesem Fall $T = 1$ sek) wird in den Asymptoten bis zum Knickpunkt dargestellt durch eine horizontale Gerade, die mit der Ursprungslinie $k' = 1$, bzw. 0 db zusammenfällt und vom Knickpunkt ab mit einer Neigung 20 db pro Frequenzdekade fällt (entspricht einer Abnahme k' von $^1/_{10}$ bei Erhöhung der Frequenz um eine Zehnerpotenz). Die Umrechnung auf ein gegebenes k (in diesem Fall $k = 2$) erfolgt bei der Ortskurve durch Multiplikation der reellen und imaginären Werte mit k und wurde praktisch in einer Maßstabsänderung der Achsen in $\frac{q}{k}$ und $j\frac{p}{k}$ berücksichtigt. In der logarithmischen Darstellung des BODE-Diagramms ist ein konstanter Betrag entsprechend $^{10}\log k$ zu addieren, entspricht in der Praxis einer Verschiebung der Null-db-Linie (in diesem Fall um den Betrag 6 db = 20 ^{10}log 2). Der Phasenverlauf $\varphi(\omega)$ kann mit Hilfe der Vorlage in Abb. 35 gezeichnet werden.

2. Spannungs-Regelung eines von einer Verstärkermaschine erregten Generators (Der P-Regelkreis 2. Ordnung). In Abb. 29c war der Verlauf des Frequenzganges

$$\mathfrak{k}(\omega) = \frac{-9}{(1 + j\,\omega\, 0{,}08)\,(1 + j\,\omega\, 1)}$$

als Ortskurve aufgetragen worden, der als *Produkt* des Frequenzganges von 3 Gliedern (2 VZ-Gliedern und 1 P-Glied) aufzufassen war. In der

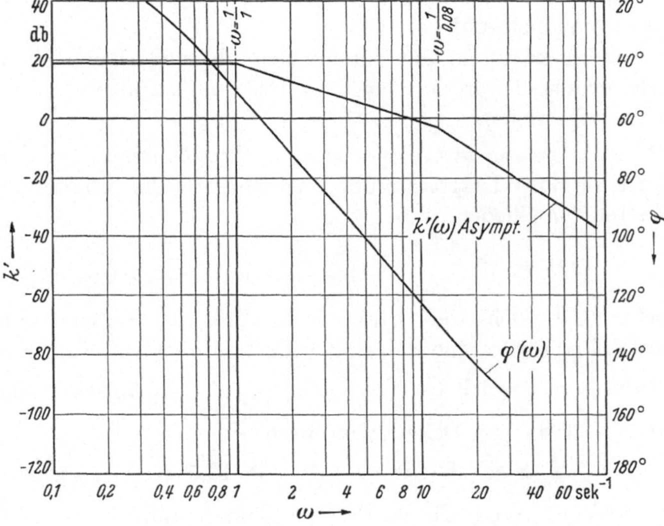

Abb. 37. Bodediagramm: Übertragungsmaß $\mathfrak{k}(\omega) = \frac{9}{(1 + j\,\omega\, 1)\,(1 + j\,\omega\, 0{,}08)}$ (entspricht Abb. 29c in der Ortskurvendarstellung)

logarithmischen Darstellung nach Bode läßt sich der Frequenzgang des aufgeschnittenen Regelkreises aus der *Summe* der 3 Kennlinien der einzelnen Glieder ermitteln: Denn es gilt

$$k' = k_1'\, k_2'\, k_3'$$

$$\log k' = \log k_1' + \log k_2' + \log k_3'$$

$$\varphi = \varphi_1 + \varphi_2 + \varphi_3 \,.$$

Der Asymptotenverlauf $k'(\omega)$ von $\left|\frac{1}{1 + j\,\omega\, 1}\right|$ wird im Bode-Diagramm wieder bis zum Knickpunkt $\omega = 1\ \text{sek}^{-1}$ durch eine horizontal verlaufende, mit der Null-db-Linie zusammenfallende Gerade gebildet; bei Frequenzen $\omega > 1$ fällt die Asymptote mit einer Neigung von 20 db pro

Frequenzdekade. Einen entsprechenden Asymptoten-Verlauf hat auch $\frac{1}{1+j\omega\,0{,}08}$. Nur liegt hier der Knickpunkt bei $\omega = \frac{1}{0{,}08\,\text{sek}} = 12{,}5\,\text{sek}^{-1}$. Das Übertragungsverhalten des P-Gliedes $k = 9$ bildet sich im BODE-Diagramm durch eine horizontale Gerade im Abstand 19,1 db $= 20\;{}^{10}\log 9$ von der Null-db-Linie ab.

Den auf diese Weise aus den Einzelgliedern ermittelten Frequenzgang $k'(\omega)$ des aufgeschnittenen P-Regelkreises 2. Ordnung zeigt Abb. 37. Die Asymptote $k'(\omega)$ verläuft bis zur Frequenz $\omega = 1\,\text{sek}^{-1}$ im Abstand von $+$ 19,1 db parallel zur Null-db-Linie. Bei Frequenzen $1\,\text{sek}^{-1} < \omega < 12{,}5\,\text{sek}^{-1}$ fällt sie mit einer Neigung von 20 db pro Frequenzdekade, bei Frequenzen $\omega > 12{,}5\,\text{sek}^{-1}$ mit einer Neigung von 40 db pro Frequenzdekade.

Der Phasenverlauf ist als Summe des Phasenverlaufs der beiden VZ-Glieder ermittelt worden. Die Kennlinie $\varphi(\omega)$ ist mit unterdrücktem Nullpunkt aufgetragen.

3. Drehzahlregelung als Muster eines P-Regelkreises 3. Ordnung. In Abb. 38 ist im BODE-Diagramm der Frequenzgang der 3 hintereinander angeordneten VZ-Glieder

$$\mathfrak{k}(\omega) = \frac{1}{1+j\omega\,1} \cdot \frac{1}{1+j\omega\,0{,}36} \cdot \frac{1}{1+j\omega\,0{,}08}$$

aufgetragen (entspricht der Ortskurve in Abb. 32). Dabei stimmt die Asymptote $k'(\omega)$ für Frequenzen $\omega < 1\,\text{sek}^{-1}$ mit der Null-db-Linie überein, fällt dann im Bereich $1\,\text{sek}^{-1} < \omega < \frac{1}{0{,}36\,\text{sek}} = 2{,}78\,\text{sek}^{-1}$ mit einer Neigung von 20 db pro Dekade; im Bereich

$$2{,}78\,\text{sek}^{-1} < \omega < \frac{1}{0{,}08\,\text{sek}} = 12{,}5\,\text{sek}^{-1}$$

mit einer Neigung von 40 db pro Frequenzdekade und für $\omega > 12{,}5\,\text{sek}^{-1}$ mit 60 db pro Frequenzdekade. Der Phasenverlauf $\varphi(\omega)$ ist als Summe des Phasenverlaufs der 3 VZ-Glieder ermittelt worden. Da bei der Stabilitätsbetrachtung nach NYQUIST nur der Phasenverlauf im Bereich $\varphi \sim 180^\circ$ interessiert, ist $\varphi(\omega)$ wieder mit unterdrücktem Nullpunkt aufgetragen worden.

Wie vorher anhand der Ortskurve soll nun anhand des BODE-Diagramms ermittelt werden, für welche k-Werte dieser einfache P-Regelkreis 3. Ordnung noch stabil arbeitet. Nach NYQUIST wird ein Regelkreis instabil, wenn die Ortskurve $\mathfrak{k}(\omega) = \frac{\mathfrak{A}_S(\omega)}{\mathfrak{E}_S(\omega)}$ den Punkt $(1/j\,0)$ umschlingt. Im BODE-Diagramm liegt der NYQUIST-Punkt auf der Linie 0 db bei dem ω-Wert, wo $\varphi = 180^\circ$ wird. Umschlingt die Ortskurve diesen Punkt, so ist im BODE-Diagramm an dieser Stelle $k'(\omega) > 1$; bzw. > 0 db.

Befindet man sich bei $\varphi = 180^\circ$ mit $k'(\omega)$ in der Nähe eines Asymptoten-Knickpunktes, ist es empfehlenswert, für diesen kritischen Bereich den wahren

Verlauf des Frequenzganges $k'(\omega)$ nachzutragen, der in Abb. 38 durch die stärker ausgezogene Linie angedeutet ist.

Der Grenzfall des stabilen Kreises (Ortskurve geht durch den NYQUIST Punkt) würde erreicht werden, wenn der Frequenzgang $k'(\omega)$ für $\varphi = 180°$ die 0 db-Linie durchstößt. Das ist bei dem vorliegenden Kreis der Fall, wenn die $k'(\omega)$-Kurve um 26 db gehoben würde (entspricht einem k-Wert von 20). Ein Einschwingvorgang mit guter Dämpfung verlangt,

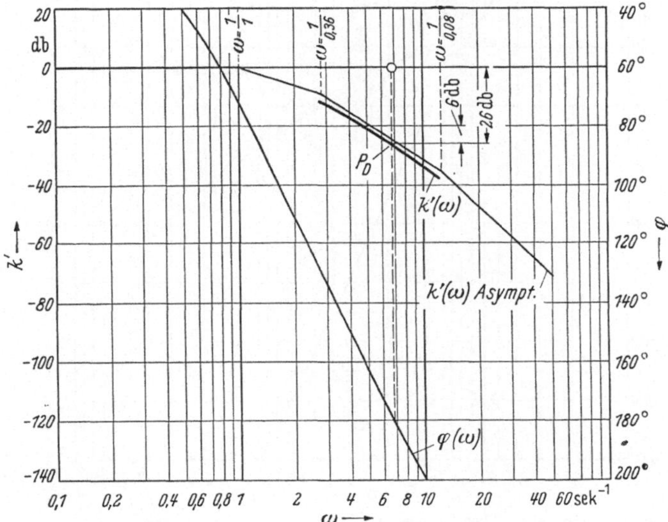

Abb. 38. Bodediagramm: Übertragungsmaß $\mathfrak{k}(\omega) = \dfrac{1}{1 + j\,\omega\, 1} \cdot \dfrac{1}{1 + j\,\omega\, 0{,}36} \cdot \dfrac{1}{1 + j\,\omega\, 0{,}08}$ (entspricht Abb. 32a in der Ortskurvendarstellung)

daß die Ortskurve $\mathfrak{k}(\omega)$ die positive reelle Achse bei $q \leqq 0{,}5$ durchstößt. Dementsprechend müßte also im BODE-Diagramm bei $\varphi = 180°$ auch $k'(\omega)$ den Wert von $\leqq 0{,}5$ (entsprechend — 6 db) annehmen. Das ist der Fall, wenn die Kurve $k'(\omega)$ in Abb. 38 um 20 db (entspricht $k = 10$) gehoben würde. Dieser Frequenzgang

$$\mathfrak{k}(\omega) = \frac{10}{(1 + j\,\omega\, 1)\,(1 + j\,\omega\, 0{,}36)\,(1 + j\,\omega\, 0{,}08)}$$

ist in Abb. 39 aufgetragen.

Ein weiteres Maß für den Grad der Stabilität ist die sogenannte Phasenreserve φ_r, d. h. der Winkel, den die Gerade vom Ursprung zum Punkt S, dem Schnittpunkt der Ortskurve mit dem Einheitskreis, mit der positiven reellen Achse bildet. Der Einheitskreis entspricht im BODE-Diagramm der 0 db-Linie. Bei S muß also $k'(\omega) = 0$ db sein. Wie Abb. 39 zeigt, schneidet der Frequenzgang $k'(\omega)$ die 0 db-Linie bei 160° Phasenwinkel. Die Phasenreserve beträgt also

$$180° - 160° = 20°\,.$$

Für einen gut gedämpften Einschwingvorgang reicht das nicht aus. Eine Phasenreserve von 30° würde erreicht, wenn die $k'(\omega)$ Kurve so weit abgesenkt wird, daß sie bei einem Phasenwinkel von

$$180° - 30° = 150°$$

die 0 db-Linie (Punkt S') durchtritt. Das ist der Fall für ein

$$k' = 17{,}5 \text{ db entspr. einem Wert } k = 7{,}5 .$$

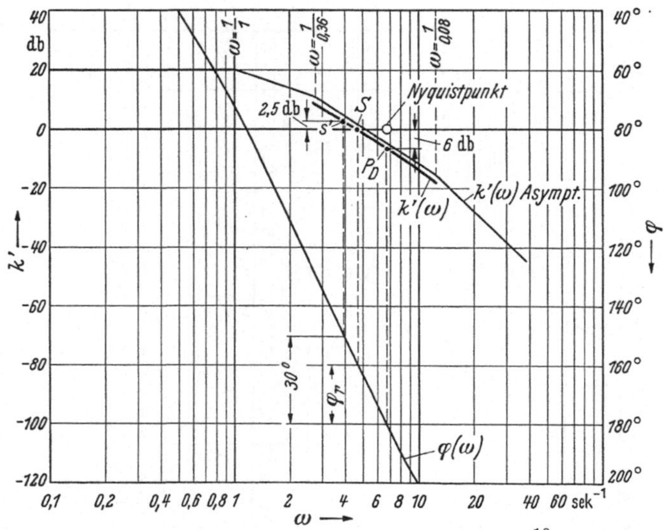

Abb. 39. Bodediagramm: Übertragungsmaß $\mathfrak{k}(\omega) = \dfrac{10}{(1 + j\,\omega\, 1)\,(1 + j\,\omega\, 0{,}36)\,(1 + j\,\omega\, 0{,}08)}$ (entspr. Abb. 32b in der Ortskurvendarstellung)

3. Stabilisierung und Optimierung

In B IV 2 S. 76ff. wurde anhand eines praktischen Beispiels gezeigt, mit welcher maximalen Regelempfindlichkeit ε ein spezieller Regelkreis dritter Ordnung noch stabil arbeiten kann. Wenn nun die Aufgabenstellung (Grundaufgabe D) eine höhere Regelempfindlichkeit verlangt, so ist der Regelkreis in seinem elementaren Aufbau instabil. Man muß daher Schaltungsmaßnahmen treffen, um den Regelkreis zu stabilisieren. Der Grundgedanke solcher Schaltungsmaßnahmen ist, das Zeitverhalten der einzelnen Bauelemente oder Abschnitte des Regelkreises so zu beeinflussen, daß der Kreis wieder stabil wird. In diesem stabilisierten Zustand muß der Kreis dem NYQUIST-Kriterium, das am elementaren Regelkreis nicht erfüllt ist, (z. B. bei $\varepsilon = 40$ im behandelten Beispiel) genügen.

Die bei der Regelung von elektrischen Maschinen benutzten Stabilisierungseinrichtungen wurden von MEJEROW[1] ausführlich behandelt.

[1] MEJEROW: Grundlagen der selbsttätigen Regelung elektrischer Maschinen, in deutscher Übersetzung erschienen im VEB Verlag Technik, Berlin

Die Theorie der Stabilisierungsglieder wird ferner in der schon erwähnten Veröffentlichung von JAMES, NICHOLS, PHILIPPS[1] gebracht. Im Rahmen dieses Buches soll auf eine Behandlung dieses Gebietes verzichtet werden.

In der Praxis ist das *Stabilisierungsproblem* meist mit dem sog. *Optimierungsproblem* gekoppelt. *Optimieren* könnte im Sinne *ein bestimmtes Regelproblem mit einem minimalen technischen Aufwand an Gerät und Leistung lösen* gedeutet werden (SARTORIUS[2]). Von diesem Gesichtspunkt aus ein Regelproblem zu behandeln ist jedoch wegen des großen mathematischen Aufwandes kaum gerechtfertigt. In der Mehrzahl der Fälle wird der Regelkreis auf Grund praktischer Erfahrungen entworfen. Dabei ist ein wichtiger Gesichtspunkt, daß man den Regelkreis aus möglichst wenigen einheitlichen Bausteinen zusammensetzen will, z. B. wird man versuchen, mit einer beschränkten Typenzahl von Verstärkermaschinen zu arbeiten. Da man infolgedessen an feste Modellgrößen der Verstärker gebunden ist und nicht für jeden Einzelfall eine besondere Verstärkermaschine entwickeln kann, würde schon aus diesem Grunde der Gesichtspunkt des minimalen Aufwandes zurücktreten müssen. Ja, der Praktiker scheut oft sogar davor zurück, eine Regelung mit geringstem Aufwand zu erstellen, um nicht zu sagen, der Einbau einer *Regelung mit minimalem technischen Aufwand ist wirtschaftlich nicht vertretbar.* Der Preis der Verstärker und der auf kleinem Leistungsniveau arbeitenden Bauelemente liegt nämlich im allgemeinen 1 bis 2 Größenordnungen unter dem der Stromerzeuger und Motoren. Trotzdem wirkt sich jedes Versagen der Regelung auf die gesamte Anlage aus. Durch eine reichlichere Bemessung der Verstärker und des Zubehörs wird also mit verhältnismäßig geringen Mehrkosten eine größere Sicherheit gewonnen.

Bei der Vorausberechnung der Regelkreise beschränkt man sich häufig auf eine Stabilitätsuntersuchung des elementaren Kreises, wie sie an Hand eines praktischen Beispiels in B IV 2 gezeigt wurde. Je nach den ermittelten Stabilitätsverhältnissen werden dann Stabilisierungsmaßnahmen auf Grund von Erfahrungen mit ähnlichen Kreisen getroffen. Auf eine mathematische Überprüfung des stabilisierten Kreises wird zumindest bei einfacheren Kreisen in vielen Fällen verzichtet.

Grundaufgabe G: Man muß sich nun bemühen, mit den vorhandenen Bauelementen ein Optimum an Wirkung zu erzielen. Unter Optimierung versteht daher der Praktiker, *einen Regelkreis so günstig wie möglich einstellen,* d. h. der Regelkreis muß stabilisiert und unter Einhaltung der Stabilität eine für das vorliegende Problem möglichst günstige Über-

[1] JAMES, NICHOLS, PHILIPPS: vgl. S. 78, Fußn. 1

[2] SARTORIUS: Das Optimierungsproblem in der Regelungstechnik; Regelungstechnik 1953, S. 74 ff.

gangsfunktion erzielt werden. In manchen Fällen bestehen spezielle Forderungen für den Verlauf der Übergangsfunktion, z. B. muß eine Regelung des Werkzeugvorschubs an einer Werkzeugmaschine mit aperiodischer Übergangsfunktion arbeiten, da ein Überschwingen des Werkzeuges unter Umständen zu einer unzulässigen Spanabnahme am Werkstück (z. B. das Werkstück wird zu weit abgedreht) führen kann. In der Mehrzahl der Fälle gilt die Übergangsfunktion als optimal, bei der sich der Endwert der Regelgröße, sei es beim Ausregeln einer Störung, sei es bei einer Änderung der Führungsgröße, so schnell wie möglich einstellt.

Auf eine ausführliche Behandlung des Optimierungsproblems soll im Rahmen dieses Buches ebenfalls verzichtet werden[1].

C. Aufbau, Arbeitsweise und Betriebsverhalten der elektrischen Maschinenverstärker

I. Allgemeine Grundlagen

1. Richtlinien für die Bemessung

Die in Abschn. B behandelten Eigenarten des Betriebes im Regelkreis bedingen, daß Gleichstrommaschinen für Regelzwecke nach anderen Gesichtspunkten gebaut werden müssen, als die üblichen ausschließlich für die Abgabe elektrischer Leistung bestimmten Gleichstrommaschinen. Beim Entwurf von üblichen Gleichstrommaschinen muß man vor allem die Gesichtspunkte Erwärmung und Kommutierung berücksichtigen. Bei Gleichstrommaschinen, die für Regelzwecke bestimmt sind, ist dagegen in erster Linie das dynamische und stationäre Verhalten im Regelkreis entscheidend. Das gilt nicht nur für die eigentlichen Verstärkermaschinen, sondern auch für die Haupterregermaschinen großer Drehstromgeneratoren, bei denen heute in der Regel eine bestimmte Erregergeschwindigkeit garantiert werden muß (s. D V 2) und in gewissem Sinne sogar für die Steuergeneratoren der Leonard- oder Ilgner-Schaltungen (Loocke[2]).

Für die Bemessung solcher Gleichstrommaschinen und insbesondere der Verstärkermaschinen sind aus Abschn. B folgende Forderungen abzuleiten:

1. Der Verstärkungsfaktor v, das Verhältnis von Ankerleistung zu Erregerleistung [Gl. (4)] muß groß sein, denn je größer die Verstärkung ist, auf um so kleinerem Leistungsniveau kann der Vergleich von Füh-

[1] Näheres s. S. 87, Fußn. 2

[2] Loocke, G.: Die Bemessung von Gleichstrommaschinen für Regelzwecke, Regelungstechnik Bd. 3 (1955) S. 84—90

rungsgröße und Regelgröße erfolgen; bzw. je kleiner die Eingangsleistung des Verstärkungsgliedes, um so empfindlicher kann man bei gegebenem Leistungsniveau der Führungsgröße die Regelung machen (s. Kap. B I, S. 8).

2. Die Erregerzeitkonstante des Maschinenverstärkers soll möglichst klein gegenüber der der Hauptmaschine, z. B. des LEONARD-Generators, sein. Wie in B III und IV gezeigt wurde, neigen Regelkreise zu Pendelungen, wenn diese Forderung nicht erfüllt ist.

3. Für die meisten Anwendungsgebiete soll der Zusammenhang zwischen Eingangs- und Ausgangsgröße dieser Maschinen (Erreger- und Ankerspannung) nach Möglichkeit linear und eindeutig sein. Eindeutig heißt: *Auf- und Aberregungskurve sollen sich decken.*

Diese Forderung ist vor allem für die Verhältnisse im stationären Zustand von Bedeutung. Aufgabe der Regelung ist es ja, Störeinflüsse soweit auszugleichen, daß im stationären Zustand nur noch ganz bestimmte zulässige Abweichungen der Regelgröße von ihrem Sollwert verbleiben. Der Eintritt von Störgrößen in den Regelkreis wirkt sich bekanntlich so aus, daß der im idealisierten (ungestörten) Zustand gegebene Zusammenhang zwischen der vom Summierungspunkt ausgehenden Differenzgröße und der Regelgröße am Verzweigungspunkt — kommt im Abbildungsfaktor k zum Ausdruck — nicht mehr besteht (s. Abb. 10). Es ist dabei grundsätzlich beliebig, ob es sich um *äußere Störeinflüsse* (Belastungs- oder Drehzahländerungen am Hauptgenerator) oder *innere Störungen* (Streuungen in der Kennlinie von Generator und Verstärkermaschine beispielsweise als Folge des Hysterese-Effekts) handelt.

Nun muß bei Verstärkermaschinen ein extrem großer Verstärkungsfaktor mit starker Streuung in der Kennlinie erkauft werden. Um unter diesen Umständen die vorgegebene bleibende Abweichung einzuhalten, muß wiederum ε erhöht werden. Es ist daher sinnlos, die Verstärkung bei gegebenem Leistungsniveau der Führungsgröße höher zu treiben, als mit Rücksicht auf die stationären und dynamischen Bedingungen unbedingt notwendig ist. Die mit der Verstärkung wachsende Regelempfindlichkeit kommt der Genauigkeit im stationären Zustand nicht in vollem Maße zugute, weil durch die mit der höheren Verstärkung verbundene Kennlinienstreuung zusätzliche innere Störgrößen auftreten, die durchaus in die Größenordnung der äußeren Störeinflüsse fallen können. Auf die Stabilität des Kreises kann sich dagegen eine sehr hohe Regelempfindlichkeit in ungünstigem Sinne auswirken.

Es soll nun untersucht werden, wie diese 3 Forderungen: Großer Verstärkungsfaktor, kleine Erregerzeitkonstante und möglichst lineare und eindeutige Kennlinie zu erfüllen sind und wie weit sie sich gegenseitig widersprechen:

Als Verstärkungsfaktor ist das Verhältnis von Ankerleistung zu Erregerleistung definiert, also

$$v = \frac{N_A}{N_E} = \frac{U\,I}{i^2\,r}\,. \tag{51}$$

In der Gleichung bedeuten:

v	= Verstärkungsfaktor	I	= Ankerstrom
N_A	= Ankerleistung	i	= Erregerstrom
N_E	= Erregerleistung	r	= Widerstand der Erregerwicklung.
U	= Ankerspannung		

Es soll zunächst der ohmsche Spannungsabfall im Ankerkreis vernachlässigt werden, also die Ankerspannung U mit der induzierten EMK gleichgesetzt werden. Aus den Grundgleichungen der elektrischen Maschine ergibt sich bekanntlich (als Größengleichung geschrieben)

$$N_A = EMK \cdot I = \frac{p}{a}\,z\,n\,\Phi\,I\,, \tag{52a}$$

wobei

Φ	der Fluß im Luftspalt,	p	die Polpaarzahl,
n	die Drehzahl,	z	die Zahl der Ankerleiter
		und a	die halbe Zahl der parallelen Ankerzweige ist.

Anstelle des Flusses im Luftspalt Φ sei die Luftspaltinduktion $\mathfrak{B}$ eingeführt, die ein *Maß für die Ausnutzung im magnetischen Kreis* ist.

$$\Phi = \frac{\pi\,D_A\,\gamma\,l_A}{2\,p}\,\mathfrak{B} \tag{53}$$

D_A = Ankerdurchmesser, l_A = Ankerlänge, γ = Polbedeckung.

Ein *Maß für die Ausnutzung des Ankers* ist der Ankerstrombelag

$$A = \frac{z\,I}{\pi\,D_A\,2a} \tag{54}$$

und daraus

$$\frac{z\,I}{a} = 2\,\pi\,D_A\,A\,.$$

Wenn man in Gl. (52a) den Fluß Φ durch die Luftspaltinduktion $\mathfrak{B}$ und den Strom I durch den Ankerstrombelag A ausdrückt, erhält man

$$N_A = EMK \cdot I = \pi^2\,D_A^2\,\gamma\,l_A\,n\,A\,\mathfrak{B}\,. \tag{52b}$$

Widerstand der Erregerwicklung

$$r = \frac{w\,m_p\,2\,p}{\varkappa\,q} \tag{55}$$

w = Zahl der Erregerwindungen pro Pol
m_p = mittlere Länge einer Erregerwindung pro Pol
$\varkappa$ = Leitfähigkeit der Erregerwicklung
q = Querschnitt der Erregerwicklung.

Für die Erregerleistung N_E ergibt sich damit

$$i^2 r = \Theta_{err} \frac{\mathfrak{i}\, m_p\, 2\, p}{\varkappa}, \tag{56}$$

wenn anstelle $i\,w = \Theta_{err}$, die Erregerdurchflutung pro Pol und anstelle $\frac{i}{q} = \mathfrak{i}$, die Stromdichte in der Erregerwicklung eingesetzt wird.

Für den Verstärkungsfaktor $v = \frac{N_A}{N_E}$ folgt daher

$$v = \pi^2 D_A^2\, \gamma\, l_A\, n\, A \frac{\mathfrak{B}}{\Theta_{err}} \cdot \frac{\varkappa}{\mathfrak{i}\, m_p\, 2\, p}. \tag{57a}$$

Dem ohmschen Gesetz des Stromkreises $I = \frac{U}{R}$ entspricht ein analoges Gesetz des magnetischen Kreises $\Phi = \frac{\Theta_{err}}{R_{magn}}$. Der magnetische Widerstand R_{magn} kann auch durch seinen Kehrwert, den Leitwert erfaßt werden: $\wedge = \frac{1}{R_{magn}} = \frac{\Phi}{\Theta_{err}}$.

Der Fluß im Luftspalt Φ ist der Luftspaltinduktion $\mathfrak{B}$ proportional [Gl. (53)]. Es besteht also auch ein Zusammenhang zwischen Luftspaltinduktion $\mathfrak{B}$ und Durchflutung Θ_{err}; d. h. $\lambda = \frac{\mathfrak{B}}{\Theta_{err}}$. Dabei ist λ ein flächenbezogener Leitwert, der im folgenden als *magnetische Leitfähigkeit* bezeichnet werden soll. Ebenso, wie die Ausnutzung einer Maschine nicht ohne weiteres aus dem im Luftspalt wirksamen Fluß Φ, aber sofort aus dem flächenbezogenen Fluß, der Luftspaltinduktion $\mathfrak{B}$ hervorgeht, so ist auch im magnetischen Kreis ein Vergleich verschiedener Maschinen nur über den flächenbezogenen Leitwert λ, aber nicht über den absoluten Leitwert $\wedge$ möglich. Bekanntlich wird ja die Verbraucherspannung eines magnetischen Kreises in erster Linie von den Induktionen und den zugehörigen Pfadlängen bestimmt. Pfadlängen und Induktionen können aus dem Querschnitt der Maschine entnommen oder berechnet werden. Der bei konstanter magnetomotorischer Kraft auftretende Fluß hängt dagegen außerdem von der Ankerlänge l_A ab. Der flächenbezogene Leitwert λ nimmt mit wachsender Sättigung im Eisen ab und ist um so größer, je kleiner die einzelnen Pfadlängen (z. B. Luftspalt, Polschaft) sind.

Führt man nun diese magnetische Leitfähigkeit λ in die Gl. (57a) ein, ergibt sich

$$v = \pi^2 D_A^2\, \gamma\, l_A\, n\, A\, \lambda \frac{\varkappa}{\mathfrak{i}\, m_p\, 2\, p}. \tag{57b}$$

Für den Entwurf einer Maschine, deren Verstärkungsfaktor bei gegebenen Abmessungen D_A, γ, l_A möglichst groß sein soll, gelten also folgende Bedingungen:

a) möglichst hohe Drehzahl n

b) großer Ankerstrombelag A

c) große magnetische Leitfähigkeit λ
d) kleine Stromdichte $\mathfrak{i}$ in der Erregerwicklung
(d. h. schwach ausgenutzte Erregerwicklung)
e) kleine Gesamtwindungslänge $m_p\, 2\, p$ bei der Erregerwicklung.
(Da m_p die mittlere Länge einer Erregerwindung pro Pol ist, kennzeichnet $m_p\, 2\, p$ die mittlere Länge einer Erregerwindung der ganzen Maschine.)

Die Erregerzeitkonstante wird bei elektrischen Maschinen im allgemeinen aus der Beziehung $T = \frac{L}{r} = \frac{w\,\Phi_p}{i\,r}$ [s. B III 1 Gl. (19)] errechnet. Φ_p ist der von der Erregerwicklung umfaßte Fluß. In Φ_p ist der im Luftspalt wirksame Fluß Φ, aber auch noch ein gewisser Streufluß enthalten, so daß $\Phi_p = (1 + \sigma)\,\Phi$ ist.

Ersetzt man nun wieder den Fluß im Luftspalt Φ durch die Luftspaltinduktion $\mathfrak{B}$ [Gl. (53)] und drückt den Widerstand r wie in Gl. (55) aus, so ergibt sich

$$T = \frac{w \cdot 2\,p\,\pi\,D_A\,\gamma\,l_A\,(1 + \sigma)\,\mathfrak{B}\,\varkappa\,q}{i \cdot 2\,p\,w\,m_p \cdot 2\,p} \tag{58a}$$

$$T = \frac{\pi\,D_A\,\gamma\,l_A\,(1 + \sigma)\,\mathfrak{B}\,\varkappa}{\mathfrak{i}\,m_p \cdot 2\,p}\,. \tag{58b}$$

Für den Entwurf einer Maschine, deren Erregerzeitkonstante bei gegebenen Abmessungen möglichst klein sein soll, gelten also die folgenden Bedingungen:

a) geringe Streuung σ der Erregerwicklung
b) kleine Luftspaltinduktion $\mathfrak{B}$,
d. h. schwache Ausnutzung im magnetischen Kreis
c) hohe Stromdichte $\mathfrak{i}$ in der Erregerwicklung
d) große Gesamtwindungslänge $m_p\, 2\, p$.

Die Forderungen: großer Verstärkungsfaktor und kleine Erregerzeitkonstante widersprechen sich in einzelnen Punkten. Z. B. muß die Stromdichte in der Erregerwicklung mit Rücksicht auf den Verstärkungsfaktor klein, mit Rücksicht auf die Erregerzeitkonstante groß sein. Im Regelkreis braucht man aber einerseits den großen Verstärkungsfaktor, andererseits die kleine Erregerzeitkonstante. Man kennzeichnet daher das dynamische Verhalten einer Maschine zweckmäßig durch den Quotienten $\frac{\text{Verstärkungsfaktor}}{\text{Zeitkonstante}}$, der ein Maximum werden soll. Für diesen Quotienten wurde von VALENTIN die Bezeichnung *Dynamische Verstärkung* vorgeschlagen[1].

$$\frac{v}{T} = \pi\,D_A \frac{A\,n\,\lambda}{(1 + \sigma)\,\mathfrak{B}}\,. \tag{59}$$

Auf Grund dieser Formel ergeben sich für den Entwurf einer Maschine mit günstiger dynamischer Verstärkung folgende Bedingungen:

[1] VALENTIN A.: L'Amplidyne et ses Applications; Revue de Electricité et de Mécanique Alsthom Nr. 74/1948.

a) hoher Ankerstrombelag A. Die Abb. 40 zeigt einen unter diesem Gesichtspunkt gebauten Anker. Gegenüber gewöhnlichen Gleichstrommaschinen fällt die tiefe Ankernutung auf. Diese tiefe Nutung ist nötig, weil man wegen des hohen Strombelages viel Kupfer unterbringen muß. Aus dem gleichen Grunde muß man auch erhöhte Kupferverluste im Ankerkreis in Kauf nehmen. Um eine unzulässige Erwärmung der Wicklungen zu vermeiden, empfiehlt es sich, Regelmaschinen sehr gut zu belüften. Der schlechte Wirkungsgrad, den für Regelzwecke gebaute Maschinen, insbesondere Verstärkermaschinen, aufweisen, hat seine Ursache einerseits in den erhöhten elektrischen Verlusten in den Wicklungen, andererseits in den mechanischen Verlusten im Lüfter.

Abb. 40. Läufer einer Gleichstrom-Schnellerregermaschine: Einlegen der Wicklung (Werkfoto Siemens)

b) möglichst hohe Drehzahl n,

c) große magnetische Leitfähigkeit λ, d. h. kleiner Luftspalt, große Eisenquerschnitte, kurze Pole,

d) kleine Induktion im Luftspalt $\mathfrak{B}$. Maschinen für Regelzwecke sind deshalb im Eisen schwach ausgenutzt und werden teurer als gewöhnliche Gleichstrommaschinen gleicher Leistung,

e) geringe Streuung σ an der Erregerwicklung.

Um zu verhindern, daß schnelle Auf- und Aberregungsvorgänge durch Wirbelströme gedämpft werden, blecht man zweckmäßig alle aktiven Eisenteile, also auch Pole und Joch. Abb. 41 zeigt das geblechte Joch einer Querfeldverstärkermaschine (hierzu auch Kap. C V 2).

Der Quotient $\frac{v}{T}$ ist unabhängig von der Bemessung des Erregerkreises. Das ist verständlich, denn die Bedingungen für eine Maschine mit möglichst großem Verstärkungsfaktor und eine Maschine mit kleiner Erregerzeitkonstante widersprechen sich bezüglich der Erregerwicklung, wie bereits aus den Gln. (57) und (58) hervorgeht. Man kann dies schon an Hand der Grundgleichungen erkennen:

$$v = \frac{U\,I}{i^2\,r} \qquad T = \frac{w\,\Phi_p}{i\,r} \qquad \frac{v}{T} = \frac{U\,I}{i\,w\,\Phi_p} = \frac{U\,I}{\Theta_{err}\,\Phi_p}\,.$$

Bei der Division $\frac{v}{T}$ hebt sich der Widerstand des Erregerkreises r heraus. Die *dynamische Verstärkung* einer Maschine läßt sich also *nicht* dadurch *beeinflussen*, daß man *zusätzlich ohmschen Widerstand* in den Erregerkreis schaltet; denn dadurch verkleinert man zwar die Zeitkonstante, aber in gleichem Maße auch den Verstärkungsfaktor.

Abb. 41. Joch einer Querfeldverstärkermaschine vor dem Einbau der Pole (Werkfoto Siemens)

Nun wurde bei den Gln. (52) bis (59) der ohmsche Spannungsabfall im Ankerkreis vernachlässigt. In Wirklichkeit setzt jedoch jeder Verlust im Ankerkreis den Verstärkungsfaktor herab, denn für die Verstärkung ist ja nicht die induzierte *EMK*, sondern die Klemmenspannung U maßgebend. Man muß daher Gleichstrommaschinen für Regelzwecke so bemessen, daß sie trotz großer dynamischer Verstärkung möglichst geringe Verluste im Läuferkreis haben.

Man betrachte die beiden Größen Ankerdurchmesser D_A und Drehzahl n, die in der Gl. (59) als gleichwertige Faktoren nebeneinanderstehen. Nach Aussage der Gl. (59) müßten also eine langsamlaufende Maschine mit großem Ankerdurchmesser und eine schnellaufende Maschine mit kleinem Ankerdurchmesser die gleiche dynamische Verstärkung erreichen, da es ja nur auf das Produkt aus Ankerdurchmesser und Drehzahl — ein Maß für die Ankerumfangsgeschwindigkeit — ankommt. Es liegt jedoch auf der Hand, daß bei gleichem Ankerstrombelag die langsamlaufende Maschine mit großem Ankerdurchmesser höhere Kupferverluste als die schnellaufende mit kleinem Durchmesser aufweist. Es ist von gewöhnlichen Gleichstrommaschinen her bekannt, daß bei gegebener Leistung und Drehzahl und sonst gleicher Ausnutzung die Maschine mit kleinstmöglichem Ankerdurchmesser die geringsten Kupferverluste im Ankerkreis hat. Man soll deshalb Regelmaschinen mit kleinem Ankerdurchmesser bauen und die Drehzahl möglichst so hoch wählen, daß der aus mechanischen Gründen zulässige Wert der Ankerumfangsgeschwindigkeit erreicht wird. Amerikanische Verstärkermaschinen, die während des zweiten Weltkrieges in Richtmaschinen für Maschinengewehre und Bordkanonen von Flugzeugen verwendet wurden, liefen beispielsweise nach Angaben der US Airforce mit 8300 U/min.

Die hier gestellten Bedingungen können nun nicht alle erfüllt werden, wenn die dritte Forderung der Regelungstechnik nach einem eindeutigen und möglichst linearen Zusammenhang zwischen steuernder und gesteuerter Größe erfüllt werden soll. Die folgenden Kapitel dieses Abschnitts werden diese Probleme ausführlich behandeln.

2. Die Gleichstrommaschine als Leistungs- und Vorverstärker

Eine gewöhnliche Gleichstrommaschine kann als Verstärker im Regelkreis arbeiten, wenn sie unter den in Abschn. C I 1 angegebenen Bedingungen gebaut ist, d. h.: hoher Ankerstrombelag, schwache Ausnutzung im magnetischen Kreis, große magnetische Leitfähigkeit (kleiner Luftspalt, große Querschnitte), hohe Drehzahl und Blätterung aller aktiven Eisenteile. Zu dieser einfachsten Art von Maschinenverstärkern gehören die *Schnellerregermaschine* (deutsche Bezeichnung), das *Single-Stage Rototrol* (Firmenbezeichnung der Westinghouse) und das *Single-Stage Magnavolt* (Firmenbezeichnung der English Electric Company). —

Theoretisch kann die dynamische Verstärkung nach Gl. (59)

$$\frac{v}{T} = \pi D_A \frac{\lambda n A}{(1 + \sigma) \mathfrak{B}}$$

bei einer Gleichstrommaschine beliebig groß gehalten werden. Praktisch bestehen Grenzen, da weder die Ankerumfangsgeschwindigkeit $u_A \sim D_A n$ mit Rücksicht auf die mechanische Ausführung, noch der Ankerstrombelag A mit Rücksicht auf die thermische Belastung beliebig groß werden darf. Außerdem hängt der Ohmsche Spannungsabfall im Ankerkreis von A ab. Ein hoher Ankerstrombelag führt also einerseits zu einer günstigen dynamischen Verstärkung [Gl. (59)], setzt aber andererseits die Verstärkung herab, weil er hohe Kupferverluste im Ankerkreis mit sich bringt. Es ist deshalb von Fall zu Fall an Hand der Betriebsbedingungen zu entscheiden, bis zu welchem Grenzwert des Ankerstrombelages man mit Rücksicht auf ohmschen Widerstand und Induktivität des Ankerkreises gehen kann.

Eine technische Grenze findet auch $\frac{\mathfrak{B}}{\lambda} = \Theta_{err}$. Man kann diese Grenze aus einem von SCHMUTZ[1] vorgeschlagenen Ausdruck für $\frac{v}{T}$ ableiten. SCHMUTZ führt anstelle des Ankerstrombelages A die Ankerdurchflutung pro Polteilung Θ_A ein. Es ist

$$\Theta_A = \frac{z}{2} \cdot \frac{J}{2a} \cdot \frac{1}{2p} = \pi D_A A \frac{1}{4p}. \qquad \text{[s. Gl. (54)]}.$$

Damit läßt sich Gl. (59) durch

$$\frac{v}{T} = \frac{\Theta_A}{\Theta_{err}} \cdot \frac{n\,4\,p}{(1+\sigma)}$$

ausdrücken, was wiederum auf die Form

$$\frac{v}{T} = \frac{4f}{1+\sigma} \cdot \frac{\Theta_A}{\Theta_{err}} \quad \text{d. h.} \quad \frac{v}{T} \sim \frac{\Theta_A}{\Theta_{err}} \tag{60}$$

zu bringen ist (f = Frequenz).

Dem Elektromaschinenbauer ist bekannt, daß das Verhältnis von Ankerdurchflutung Θ_A zur Erregerdurchflutung Θ_{err} nicht beliebig groß werden darf, da sonst die Rückwirkung der Ankerdurchflutung auf das Erregerfeld z. B. infolge nicht in der neutralen Zone stehender Bürsten größer als die Erregerdurchflutung werden kann, wodurch dann eine eindeutige Zuordnung von Erregung und Ankerspannung nicht mehr zu erreichen ist. Bei gewöhnlichen unkompensierten Maschinen arbeitet man etwa mit einem Verhältnis $\frac{\Theta_A}{\Theta_{err}} = \frac{1}{2}$ bis $\frac{1}{1}$. Bei modernen Verstärkermaschinen hat man Werte in der Größenordnung von 20 erreicht.

Außer der technischen kann es aber auch bei den sog. Leistungsverstärkern eine wirtschaftliche Grenze für $\frac{v}{T}$ geben. An Leistungsverstärker, die in der Starkstromtechnik nicht selten Leistungen in der Größenordnung von 10^1 bis 10^2 kW abgeben müssen — die Mehrzahl der Maschinenverstärker ist in modernen Anlagen als Leistungsverstärker mit Ausgangsleistungen bis zu 50 kW eingesetzt —, wird neben der Forderung nach einer hohen dynamischen Verstärkung auch die des wirtschaftlichen Aufwandes gestellt. Häufig dominiert sogar der letztere Gesichtspunkt. Große dynamische Verstärkung ist bei kleiner Luftspaltinduktion erreichbar. Kleine Luftspaltinduktion $\mathfrak{B}$ ist aber gleichbedeutend mit schwacher Aussteuerung im magnetischen Kreis, also mit schlechter Modellausnutzung. Wenn man grundsätzlich auch bereit sein muß, gegenüber gewöhnlichen Gleichstrommaschinen einen Mehraufwand mit Rücksicht auf die dynamischen Eigenschaften der Maschine in Kauf zu nehmen, so muß man doch bei Leistungsverstärkern in wirtschaftlichen

[1] SCHMUTZ, O.: Maschinenverstärkung mit Gleichstrommaschinen, Dissertation Karlsruhe 1953

Grenzen bleiben. Für schnellaufende LEONARDgeneratoren liegt die Wirtschaftlichkeitsgrenze $\frac{v}{T}$ etwa bei 200 s^{-1}. Bei Leistungsverstärkermaschinen kann $\frac{v}{T}$ bei wirtschaftlichem Aufwand etwa auf 400 s^{-1} gesteigert werden.

In der Praxis werden aber häufig höhere dynamische Verstärkungen verlangt. Man muß deshalb der Leistungsverstärkermaschine ein Verstärkungsglied (Vorverstärker) vorschalten. Der Vorverstärker, der in erster Linie unter dem Gesichtspunkt einer möglichst großen dynamischen Verstärkung zu bemessen ist, kann ein elektronischer oder magnetischer Verstärker oder wiederum ein Maschinenverstärker sein: *Kaskaden-Schaltung* von zwei Gleichstrommaschinen. Die Steuerleistung wird dem Feld der ersten Maschine (dem Vorverstärker) zugeführt. Mit der Ankerleistung dieser Maschine wird das Feld der zweiten Maschine (des Leistungsverstärkers) gespeist. Die zweistufige Verstärkung hat den Vorteil, daß der Verstärkungsfaktor der Kaskade das Produkt aus den Verstärkungsfaktoren der beiden Maschinen, die Erregerzeitkonstante der Kaskade dagegen in grober Näherung (s. C V 1) nur die Summe der beiden Maschinenzeitkonstanten ist.

Es ist nun gelungen, beide Verstärkerstufen in einer einzigen Maschine zu vereinigen: *Zweistufige Verstärkermaschine.* In der Maschine werden zwei Erreger- und Erzeugersysteme so überlagert, daß sie sich gegenseitig nicht stören. In der Praxis wird das Doppelfeld-, das Unsymmetrie- und am häufigsten das Querfeld-Prinzip verwendet. Bei den Unsymmetrie- und Querfeldverstärkermaschinen benutzen erste und zweite Verstärkermaschine nicht nur ein gemeinsames Magnetgestell, sondern auch eine gemeinsame Ankerwicklung (s. C II).

Sind solchen zweistufigen Spezialmaschinen nicht zwei einstufige Maschinen, in der bei Haupt- und Hilfserregermaschinen üblichen Bauart kombiniert, vorzuziehen? Um diese Frage beantworten zu können, muß man die Funktion der beiden Verstärkerstufen im Regelkreis genauer betrachten: Die Ausgangsstufe ist der Leistungsverstärker (Ausgangsleistung u. U. bis zu 100 kW), bei dessen Bemessung die Forderungen nach einer günstigen dynamischen Verstärkung und nach wirtschaftlichen Maschinenabmessungen abgestimmt werden müssen. Der Eingang des Leistungsverstärkers wird aus dem Vorverstärker gespeist, bei dem wegen des kleineren Leistungsniveaus der Gesichtspunkt einer optimalen dynamischen Verstärkung dominiert, der nach wirtschaftlicher Bemessung zurückstehen kann.

Die physikalische Eigenart der zweistufigen Verstärkermaschine bringt nun mit sich, daß man einer als Leistungsverstärker wirtschaftlich gebauten Ausgangsstufe ohne nennenswerten Mehraufwand eine Eingangsstufe überlagern kann, die in hervorragender Weise die Bedingungen des

Vorverstärkers erfüllt: Da nämlich eine Regelmaschine immer im ungesättigten Bereich der Magnetisierungs-Kennlinie arbeiten muß, kann man dem Hauptdurchflutungssystem der Ausgangsstufe ein zweites Durchflutungssystem für die Eingangsstufe überlagern, ohne daß sich beide Systeme gegenseitig stören. Das setzt voraus, daß auch die Teile des magnetischen Kreises, in denen sich die Wirkung beider Durchflutungen addiert, nicht bis ins Sättigungsgebiet ausgesteuert werden. Diese Bedingung ist sicher zu erfüllen, wenn die Erregerdurchflutung für die Eingangsstufe nur etwa $^1/_{10}$ bis $^1/_{20}$ der Durchflutung für die Ausgangsstufe beträgt. Das gleiche Verhältnis ergibt sich dann auch für die zugehörigen Luftspaltinduktionen. Nun ist aber die dynamische Verstärkung einer Gleichstrommaschine, wenn $u_A \sim D_A n$, A und λ festliegen, nur noch von der Aussteuerung im magnetischen Kreis, d. h. von der Luftspaltinduktion $\mathfrak{B}$, abhängig [Gl. (59)]. Durch die schwache Aussteuerung der Vorverstärkerstufe erhält man daher für die $\frac{v}{T}$-Werte des Vorverstärkers das 10 bis 20-fache des Leistungsverstärkers, ohne für die Vorverstärkerstufe bei der zweistufigen Maschine überhaupt einen nennenswerten zusätzlichen Aufwand treiben zu müssen.

Die gleichen Verhältnisse bezüglich Verstärkung und Zeitkonstante wie bei einer zweistufigen Maschine sind mit einer Kaskaden-Schaltung von zwei einstufigen Maschinen zu erreichen, wenn die beiden Stufen der Kaskade nach den gleichen Gesichtspunkten wie die beiden Stufen der zweistufigen Maschine bemessen werden. Dieser Vorschlag wurde erstmalig von O. Schmutz[1] gemacht. Er empfiehlt eine Kaskade aus zwei Gleichstrommaschinen mit etwa gleichem Läuferdurchmesser, gleicher Drehzahl und gleicher Läuferausnutzung, wobei aber der magnetische Kreis der als Leistungsverstärker arbeitenden Ausgangsstufe 10 bis 20 mal so hoch ausgesteuert wird, als in der Eingangsstufe. Eine Kombination von Maschinen normaler Bemessung in den Größenverhältnissen Haupt- und Hilfserregermaschine erreicht dagegen die Verhältnisse einer zweistufigen Maschine nicht.

Die Kaskaden-Anordnung hat den Vorteil, daß man weitgehend auf die Bauteile der normalen Gleichstrommaschinenfertigung zurückgreifen kann. Man muß jedoch bei der Zweimaschinen-Kaskade das nahezu doppelte Bohrungsvolumen und daher ein erhebliches Mehrgewicht und die nahezu doppelte Baulänge gegenüber der zweistufigen Maschine in Kauf nehmen.

Günstigere Verhältnisse erreicht man dadurch, daß man die beiden Anker auf einer Welle anordnet und die beiden Magnetgestelle in einem

[1] Schmutz, O.: Maschinenverstärkung mit Gleichstrommaschinen, Dissertation Karlsruhe 1953

Gehäuse unterbringt: *Rapidyne* der SSW (NECHLEBA[1]). Gegenüber der zweistufigen Maschine bedeutet auch diese Anordnung noch einen Mehraufwand an Gewicht und Baulänge; andererseits ist die Kaskaden-Schaltung frei von gewissen Störeinflüssen, die die Überlagerung der zwei Durchflutungssysteme in einem Magnetgestell mit sich bringt. Ob im Einzelfalle die Kaskade oder die zweistufige Verstärkermaschine anzuwenden ist, muß jeweils an Hand der Betriebsbedingungen entschieden werden.

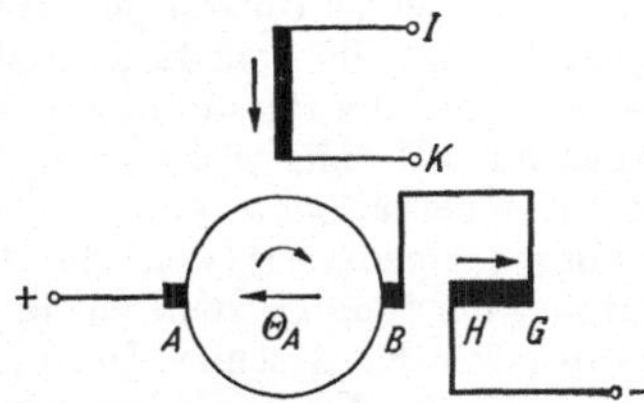

Abb. 42. Schaltbild eines Gleichstrom-Generators mit Klemmenbezeichnungen nach deutschen Normen

II. Arbeitsweise zweistufiger Maschinenverstärker

Vorbemerkung. Bei der Betrachtung der zweistufigen Maschinenverstärker kann man häufig nicht allein mit den symbolischen Schaltbildern arbeiten, sondern

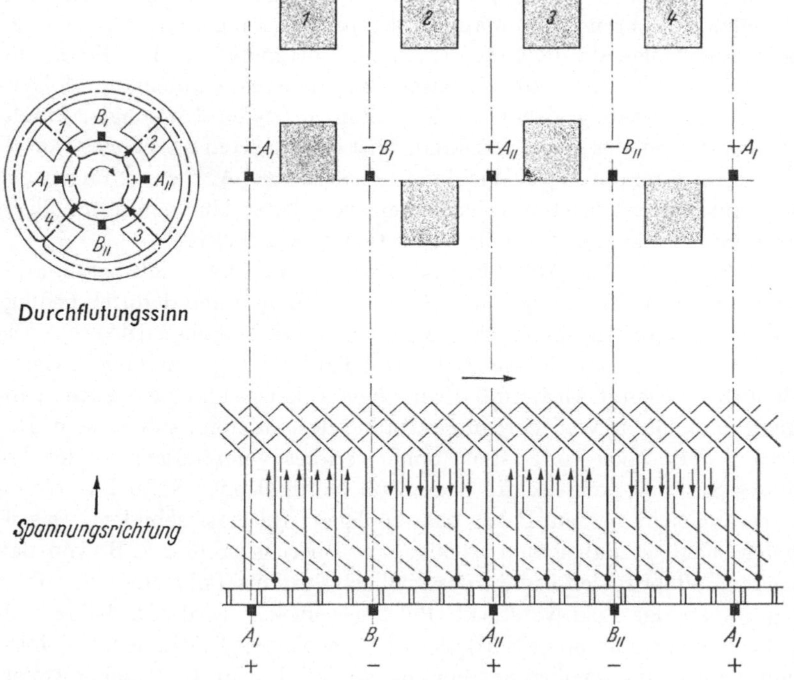

Abb. 43
Modellwicklung (der waagerechte Pfeil deutet die Bewegungsrichtung der Ankerleiter im Feld an)

[1] NECHLEBA, F.: Die Rapidyne, ein moderner Maschinenverstärker ETZ A Bd. 77 (1956) S. 326—29

muß Spannungs- und Stromverlauf in der Maschine selbst verfolgen. Nun besteht aber zwischen der Symbolik und der wirklichen Anordnung bei normalen Maschinen ein entscheidender Unterschied: Nach den Schaltungsnormen VDE 0570/I wird der Generator wie in Abb. 42 dargestellt. Bei Rechtslauf und Erregerdurchflutung $J+/K-$ wird die Bürste A zum positiven, die Bürste B zum negativen Pol. Die Ankerdurchflutung wirkt in der Achse B $\rightarrow$ A, die Durchflutung einer Wendepol- oder Kompensationswicklung ihr entgegen. Bei praktisch ausgeführten Gleichstrommaschinen liegt wohl die Ankerdurchflutung senkrecht zur Erregerdurchflutung, die Bürsten stehen jedoch bei den üblichen Ankerwicklungen unter den Hauptpolen der Maschine. Um nun sowohl der Symbolik als auch den wirklichen Vorgängen in der Maschine gerecht zu werden, soll immer von einer Wicklung wie in Abb. 43 ausgegangen werden, bei der zwangsläufig die Bürsten an der gleichen Stelle wie im symbolischen Schaltbild stehen. Derartige Wicklungen werden gelegentlich bei Bahnmotoren verwendet, um die Bürsten in einer durch die Bedienungsklappen bequemer erreichbaren Lage anordnen zu können.

1. Die Doppelfeldmaschine (Abb. 44)

Kennzeichnung: Eine gewöhnliche Gleichstrommaschine mit 4 𝔭-Polen (𝔭 immer ganzzahlig) ist mit zwei getrennten Erregerwicklungen versehen. Während die normale 4 𝔭-polige Erregerwicklung $J'—K'$ aufeinanderfolgende Pole ungleichnamig magnetisiert, ist die zweite Erregerwicklung $J—K$ so geschaltet, daß immer zwei aufeinanderfolgende Pole gleichnamig erregt werden. Zum normalen 4 𝔭-poligen Durchflutungssystem der $I'—K'$ Wicklung tritt also noch ein 2 𝔭-poliges Durchflutungssystem der $I—K$ Wicklung. Es sind zwei Ankerwicklungen mit getrennten Kommutatoren vorhanden, von denen eine dem 4 𝔭-poligen System und eine dem 2 𝔭-poligen System zugeordnet ist.

Arbeitsweise: Die Abb. 44a und b zeigen den Durchflutungssinn der beiden Hauptpolwicklungen $I'—K'$ und $I—K$ und den dadurch bedingten Feldverlauf in einem Magnetgestell mit 4 Teilpolen ($\mathfrak{p} = 1$). Die Felder überlagern sich wie Abb. 44c zeigt. Solange im ungesättigten Bereich gearbeitet wird, muß die in einer Ankerwicklung erzeugte Spannung unabhängig vom Erregungszustand des anderen Systems sein. Das ist bei dem 2poligen System ohne weiteres verständlich. Jeder Pol dieses Systems, unabhängig davon, ob Nordpol oder Südpol wird von zwei ungleichnamigen Polen des 4poligen Systems gebildet. Das 4-polige Feld ist dabei dem 2poligen so überlagert, daß z. B. von den beiden Teilnordpolen 1 und 2 des 2poligen Systems Pol 1 durch das überlagerte 4polige Feld verstärkt, Pol 2 geschwächt wird. Da beide Teilpole als ein gemeinsamer Nordpol wirken, heben sich Stärkung und Schwächung durch das 4polige System auf, so daß das für die 2polige Ankerwicklung maßgebende Feld nur von der 2poligen Durchflutung $I—K$ abhängt. Aber auch die in der 4poligen Ankerwicklung erzeugte Spannung ist von der Durchflutung im 2poligen System unabhängig, wenn die richtige 4 polige Ankerwicklung gewählt wird. Als gewöhnliche Schleifenwicklung ($a = 2$) kann die 4polige Ankerwicklung allerdings nicht ausgeführt werden. Es würde sich nämlich dann am Kommutator ein Potential einstellen, wie es Abb. 44 d zeigt: Bürstenbolzen gleicher Polarität (A_{I} und A_{II}) führen ungleiches Potential! Erzwingt man einen

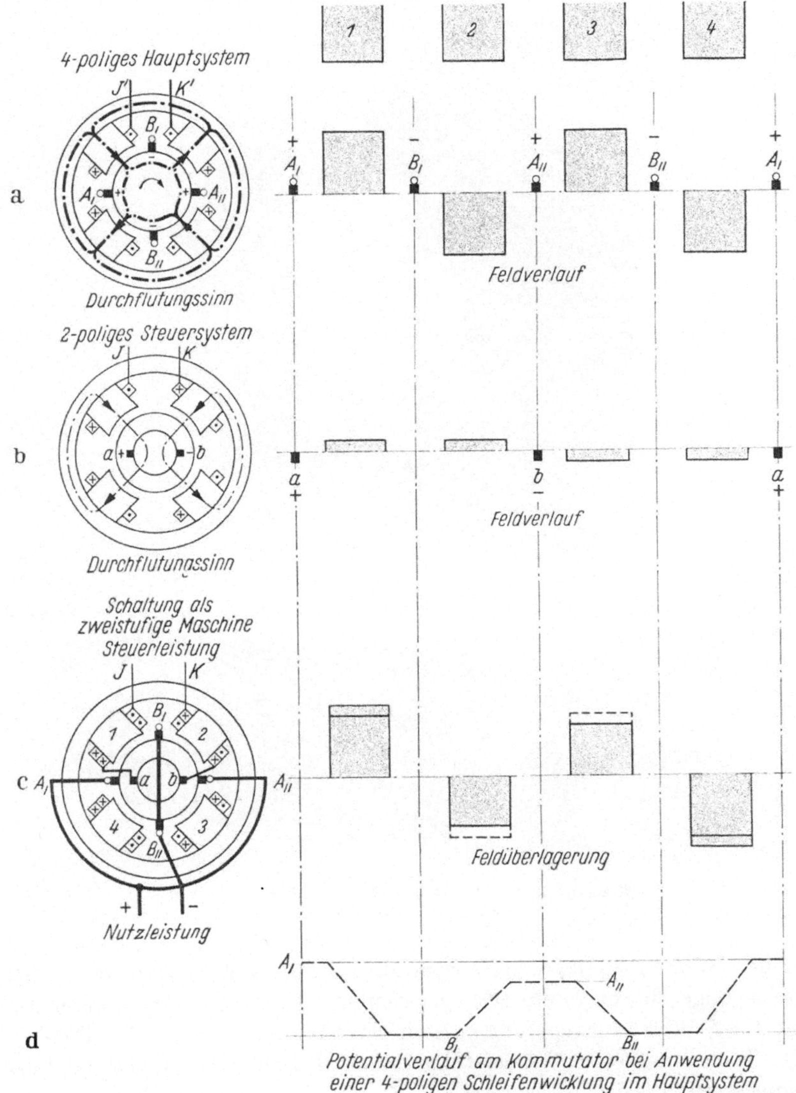

Abb. 44a—d. Zur Arbeitsweise der Doppelfeldmaschine. a) Durchflutungssinn, Feldverlauf und Bürstenpolarität des 4-poligen Hauptsystems; b) Durchflutungssinn, Feldverlauf und Bürstenpolarität des 2-poligen Steuersystems; c) Schaltung und Feldverlauf der zweistufigen Maschine; d) Potentialverlauf bei 4poliger Schleifenwicklung im Hauptsystem

Potentialausgleich durch Ausgleichleiter, wird das 2polige System gestört. Für das 4polige System muß daher eine Wellenwicklung $a = 1$ gewählt werden.

Die Schaltung als zweistufige Verstärkermaschine zeigt 44 c. Die unter dem Einfluß der 2poligen I—K Durchflutung (Steuerdurchflutung)

a

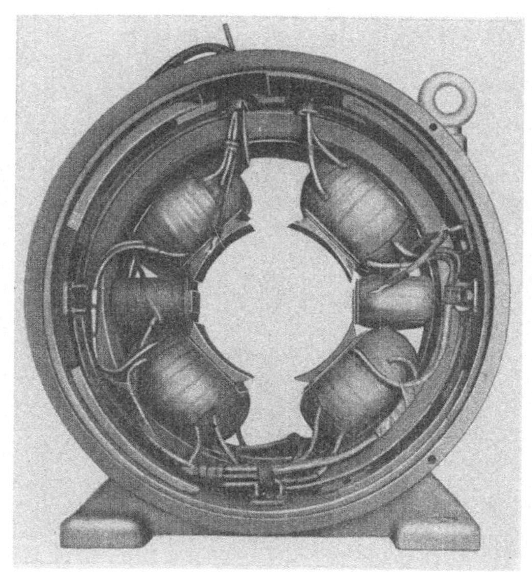

b

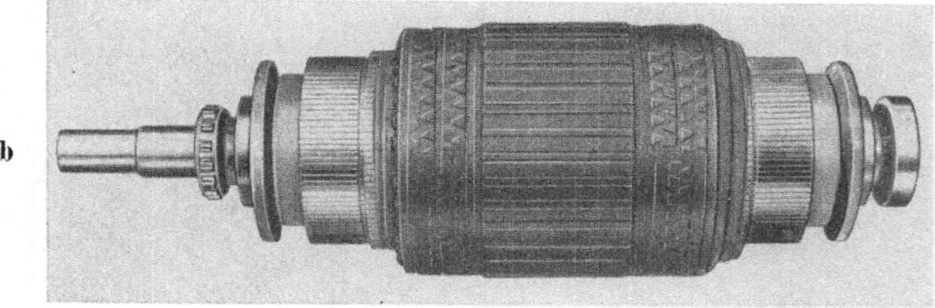

Abb. 45 a u. b. Doppelfeldverstärkermaschine. a) Ständer; b) Läufer (Werkfoto English-Electric)

an den Bürsten a—b erzeugte Spannung wird als Erregerspannung für das 4polige Hauptsystem (Erregerwicklung I'—K') benutzt. Von der der I—K Wicklung zugeführten Steuerleistung bis zu der an den Bürsten A—B entnommenen Nutzleistung findet also eine zweistufige Verstärkung statt.

Abb. 45 a u. b zeigt Ständer und Läufer einer Maschine der English Electric Company. Die Doppelfeldmaschine kann mit beliebigen Polzahlen 4 $\mathfrak{p}$ ausgeführt werden, ($\mathfrak{p}$ immer ganzzahlig). Für die Ankerwicklung der Ausgangsstufe gilt $a = \frac{\mathfrak{p}}{\nu}\left(\nu \text{ und } \frac{\mathfrak{p}}{\nu} \text{ ganzzahlig}\right)$.

Beurteilung. Für die Doppelfeldmaschinen lassen sich die Schnitte von gewöhnlichen unkompensierten Gleichstrommaschinen verwenden.

Die Tatsache, daß man zwei Ankerwicklungen und zwei Kommutatoren hat, ist einerseits für den Betrieb nachteilig. Man kann mit Rücksicht auf den erhöhten Wickelraumbedarf den Ankerstrombelag nicht so hoch treiben wie bei Maschinen mit nur einer Wicklung, denn da zwei Wicklungen gegeneinander zu isolieren sind, ist der Nutfüllfaktor schlecht. Zwei Kommutatoren sind ungünstig für die Luftführung in der Maschine, so daß auch auf Grund der schlechten Belüftung der Ankerstrombelag unter dem einer gewöhnlichen Gleichstrommaschine gehalten werden muß. Auf der anderen Seite haben getrennte Ankerwicklungen und Kommutatoren den Vorteil, daß, wie bei einer Maschinenkaskade, die Potentiale beider Stufen voneinander getrennt sind. Beim Entwurf ist man nicht wie bei anderen zweistufigen Maschinen an ein bestimmtes Spannungsverhältnis a—b zu A—B gebunden. Es ist deshalb möglich, jede der beiden Stufen nach wirtschaftlichen Gesichtspunkten auszuführen.

Geschichtliches: Ein Patent auf die Doppelfeldmaschine als zweistufige Gleichstrommaschine wurde ROSENBERG im Jahre 1910 erteilt. In der Patentschrift[1] gibt ROSENBERG eine Verwendung als Lichtmaschine für Eisenbahnwagen an. In seinem Buch „*Die Gleichstromquerfeldmaschine*[2]" erwähnt ROSENBERG, daß er die Anregung zu dieser Maschine DÉRI verdankt, der vorgeschlagen hatte, eine Doppelfeldmaschine für den kombinierten Gleich- und Wechselstrom-Bahnbetrieb zu verwenden.

Zwei in den letzten Jahren erteilte Patente[3] sind auf die besondere Verwendung der Doppelfeldmaschine als Verstärkermaschine in Regelkreisen abgestimmt. Die Doppelfeldverstärkermaschine wird von der English Electric Company unter der Firmenbezeichnung „Multistage Magnavolt Rapid Response" geliefert[4].

2. Die Unsymmetriemaschine (Abb. 46)

Kennzeichnung: Bei der Unsymmetriemaschine werden wie bei der Doppelfeldmaschine in einem Magnetgestell mit 4 $\mathfrak{p}$ Polen ein 4 $\mathfrak{p}$-poliges und ein 2 $\mathfrak{p}$-poliges Durchflutungssystem überlagert. Beide

[1] United States 954 468 v. 12. 4. 1910

[2] ROSENBERG: Die Gleichstrom-Querfeldmaschine, Berlin: Springer 1928

[3] British Patent Specification 579 570 v. 13. 2. 45; Deutsches Bundespatent 875 226 v. 30. 4. 53

[4] English Electric Publication MT/106; English Electric Journal 1950 Vol XI No. 3; BINNEY: The Magnavolt Exciter — A Rotating Amplifier; ASBURY: The Application of the Magnavolt

Systeme arbeiten jedoch auf die gleiche Ankerwicklung und den gleichen Kommutator.

Arbeitsweise: In Abb. 46 ist wieder die 4polige Maschine dargestellt, deren Hauptsystem J'—K' wie das einer gewöhnlichen 4poligen Gleich-

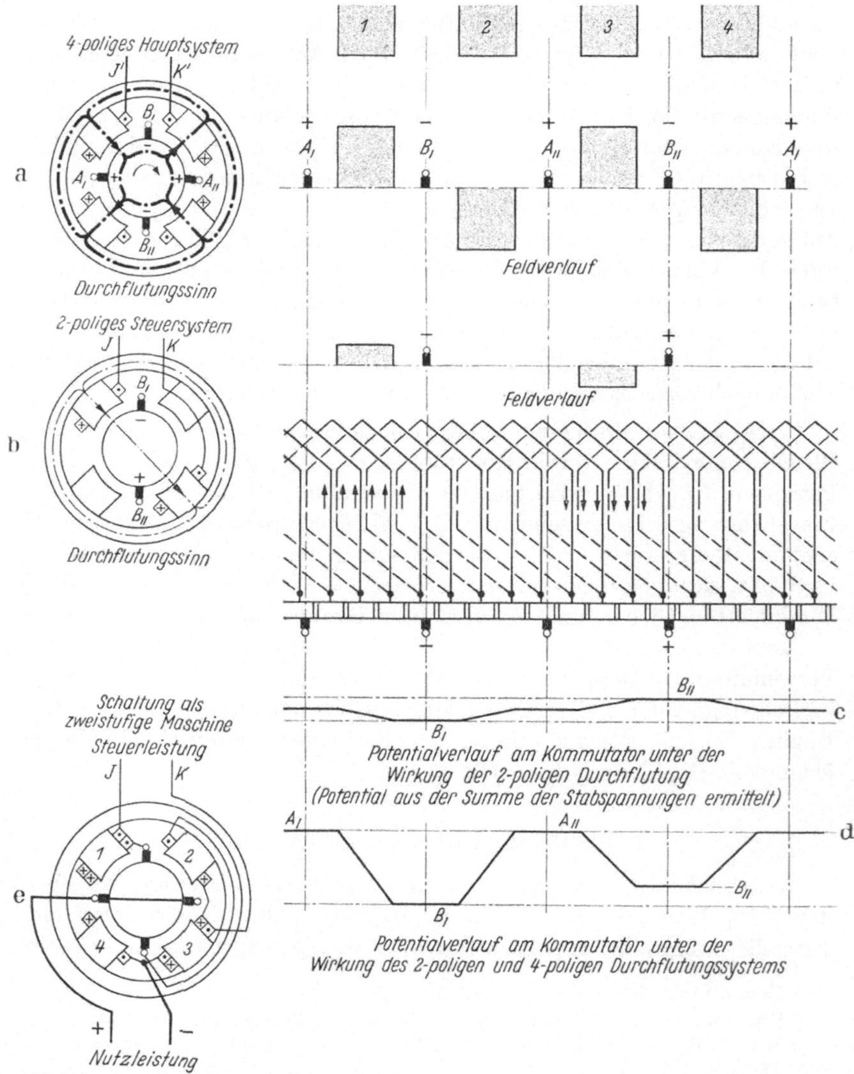

Abb. 46a—e. Zur Arbeitsweise der Unsymmetriemaschine. a) Durchflutungssinn, Feldverlauf und Bürstenpolarität des 4 poligen Hauptsystems; b) Durchflutungssinn, Feldverlauf und Bürstenpolarität des Steuersystems; c) Potentialverlauf am Kommutator unter der Wirkung der Steuerdurchflutung, ermittelt aus der Summe der Stabspannungen; d) Potentialverlauf am Kommutator unter der Wirkung der Steuer- und Hauptdurchflutung; e) Schaltung als zweistufige Maschine

strommaschine arbeitet. Außer der 4polig wirkenden Erregerwicklung J'—K' ist auf den diametralen Polen 1 und 3 eine Erregerwicklung J—K aufgebracht. Ihre Durchflutung macht Pol 1 zum Nordpol, Pol 3 zum Südpol (Abb. 46b). Die Ankerwicklung ist als 4polige Schleifenwicklung ohne Ausgleichverbinder ausgeführt.

Wenn nur die 2polige Durchflutung I—K wirkt, tritt am Kommutator ein Potentialverlauf auf, wie ihn Abb. 46c zeigt. Man kann diesen Potentialverlauf ermitteln, wenn man, wie in Abb. 46 c, die einzelnen Stabspannungen addiert. Die maximale Potentialdifferenz tritt zwischen den diametralen Bürsten $B_{\mathrm{I}} - B_{\mathrm{II}}$ auf, während die Bürsten A_{I} und A_{II} das gleiche Potential führen. Die Potentialdifferenz $A_{\mathrm{I}} - B_{\mathrm{I}}$ und $\mathrm{A}_{\mathrm{II}} - B_{\mathrm{I}}$ ergibt sich zu $\frac{B_{\mathrm{II}} - B_{\mathrm{I}}}{2}$. Wenn die Durchflutungssysteme J—K und J'—K' überlagert werden, so stellt sich ein Potential wie in Abb. 46d ein. Zwischen den Bürsten B_{I} und B_{II}, die gleiches Potential führen würden, wenn nur die 4polige I'—K' Durchflutung wirksam wäre, tritt eine Potentialdifferenz (Unsymmetrie) auf, wenn gleichzeitig die Steuerwicklung J—K erregt wird.

Die Unsymmetrie $\mathrm{B}_{\mathrm{I}} - B_{\mathrm{II}}$ benutzt man zu einer zweifachen Leistungsverstärkung. Wird nämlich das Ende I' der 4poligen Erregerwicklung mit der Bürste B_{I}, das Ende K' mit der Bürste B_{II} verbunden, so fließt ein Strom von B_{II} nach B_{I} über die I'—K' Wicklung und erregt damit das 4polige Hauptsystem. Es findet also von der Steuerleistung in der I—K Wicklung bis zur Nutzleistung an den Bürsten A—B eine zweistufige Verstärkung statt. Das einwandfreie Arbeiten der Maschine erfordert noch eine Reihe von kompensierenden Wicklungen, über die an anderer Stelle des Buches (C IV 5) berichtet werden soll.

Auch die Unsymmetrieverstärkermaschine kann grundsätzlich mit beliebigen Polzahlen 4 $\mathfrak{p}$ ausgeführt werden ($\mathfrak{p}$ immer ganzzahlig). Für die Ankerwicklung gilt $a = 2\,\frac{\mathfrak{p}}{\nu}\left(\nu \text{ und } \frac{\mathfrak{p}}{\nu} \text{ ganzzahlig}\right)$.

Beurteilung: Wie für die Doppelfeldmaschinen, so kann man auch für die Unsymmetriemaschinen die Schnitte von gewöhnlichen unkompensierten Gleichstrommaschinen verwenden. Da die erste und zweite Verstärkerstufe mit dem gleichen Ankerkupfer arbeiten, wird der Wickelraum in der Nut besser als bei der Doppelfeldmaschine ausgenutzt. Man kann deshalb den Anker erheblich höher belasten, wodurch wiederum eine günstigere dynamische Verstärkung $\frac{v}{T}$ erzielt wird.

Diesen Vorteilen steht der Nachteil gegenüber, daß man mit einer Schleifenwicklung $a > 1$ ohne Ausgleichverbinder arbeiten muß. Bei gegebener Leistung und Schleifenwicklung ist bekanntlich die Ankerspannung einer Maschine nicht mehr frei wählbar. Ferner muß man in Kauf nehmen, daß nicht nur die von der I—K Wicklung gesteuerten

Ausgleichströme zwischen Bürsten gleicher Polarität, sondern auch *ungewollte* Ausgleichströme auftreten, die auch bei gewöhnlichen vielpoligen Gleichstrommaschinen vorhanden sind, sobald in den einzelnen Polpaaren nicht die gleichen EMK erzeugt werden. Das ist beispielsweise der Fall, wenn nicht unter allen Hauptpolen der gleiche Luftspalt eingestellt ist. Man sieht deshalb bei gewöhnlichen vielpoligen Gleichstrommaschinen mit Schleifenwicklung Ausgleichverbinder vor und ermöglicht damit einen Potentialausgleich innerhalb der Ankerwicklung. Fehlen diese Verbinder, wie bei der Unsymmetrieverstärkermaschine grundsätzlich erforderlich, so fließen Ausgleichströme über die Bürsten gleicher Polarität, die sich den gesteuerten Ausgleichströmen überlagern. Dieser unerwünschte Ausgleichvorgang kann besonders bei den Modellen mit mehr als 4 Polen ($\mathfrak{p} > 1$) die Kennlinie stark verzerren. Nicht zuletzt wird aus diesem Grunde die Unsymmetrieverstärkermaschine im allgemeinen nur 4polig und für kleine Leistungen ausgeführt. WESTINGHOUSE gibt als Leistungsgrenze 2 kW an.

Geschichtliches: Die Unsymmetrieverstärkermaschine wurde in Deutschland 1943 von O. SCHMUTZ zum Patent angemeldet[1]. Unabhängig von dieser deutschen Anmeldung wurde 1947 in einer amerikanischen Veröffentlichung[2] eine Verstärkermaschine *two stage rototrol* beschrieben, die wie die von SCHMUTZ angegebene Maschine arbeitet. Das *two stage rototrol* ist vor allem von WESTINGHOUSE gebaut und für viele Aufgaben in der Regelungstechnik eingesetzt worden[3].

3. Die Querfeldmaschine (Abb. 47)

Kennzeichnung: Bei der Querfeldverstärkermaschine werden in einem Magnetgestell mit $4\mathfrak{p}$-Teilpolen zwei um 90 elektrische Grade versetzte $2\mathfrak{p}$-polige Durchflutungssysteme I—K und I'—K' überlagert. Die den Durchflutungen entsprechenden Ankerspannungen werden vom $2\mathfrak{p}$-polig gewickelten Anker an zwei um 90° versetzten Bürstenpaaren abgenommen. Das Hauptsystem wird in der Regel durch das Ankerquerfeld erregt, das durch eine Wicklung auf den Hauptpolen unterstützt werden kann. Bei der modernen Bauform der Querfeldmaschine bilden jeweils zwei aufeinanderfolgende Teilpole den Nord- oder Südpol eines Durchflutungssystemes. Zwei aufeinanderfolgende, aber von dem einen Durchflutungssystem ungleichnamig magnetisierte Teilpole bilden einen gemeinsamen Nord- oder Südpol des zweiten Durchflutungssystems.

Arbeitsweise: In Abb. 47 ist eine Maschine mit 4 Teilpolen dargestellt, in der zwei 2polige Durchflutungssysteme überlagert sind. Der Anker ist

---

[1] Anm. S. 6506/VIII d/21 d l v. 25.10. 43

[2] LIWSCHITZ, M.: The multistage rototrol S. 564—568; KIMBALL, H.: Two stage rototrol for Low-Energy Regulating S. 1507—1511. Beide Electrical Eng.

[3] Hierzu WESTINGHOUSE Veröffentlichung B-3649 Filing No. 4300

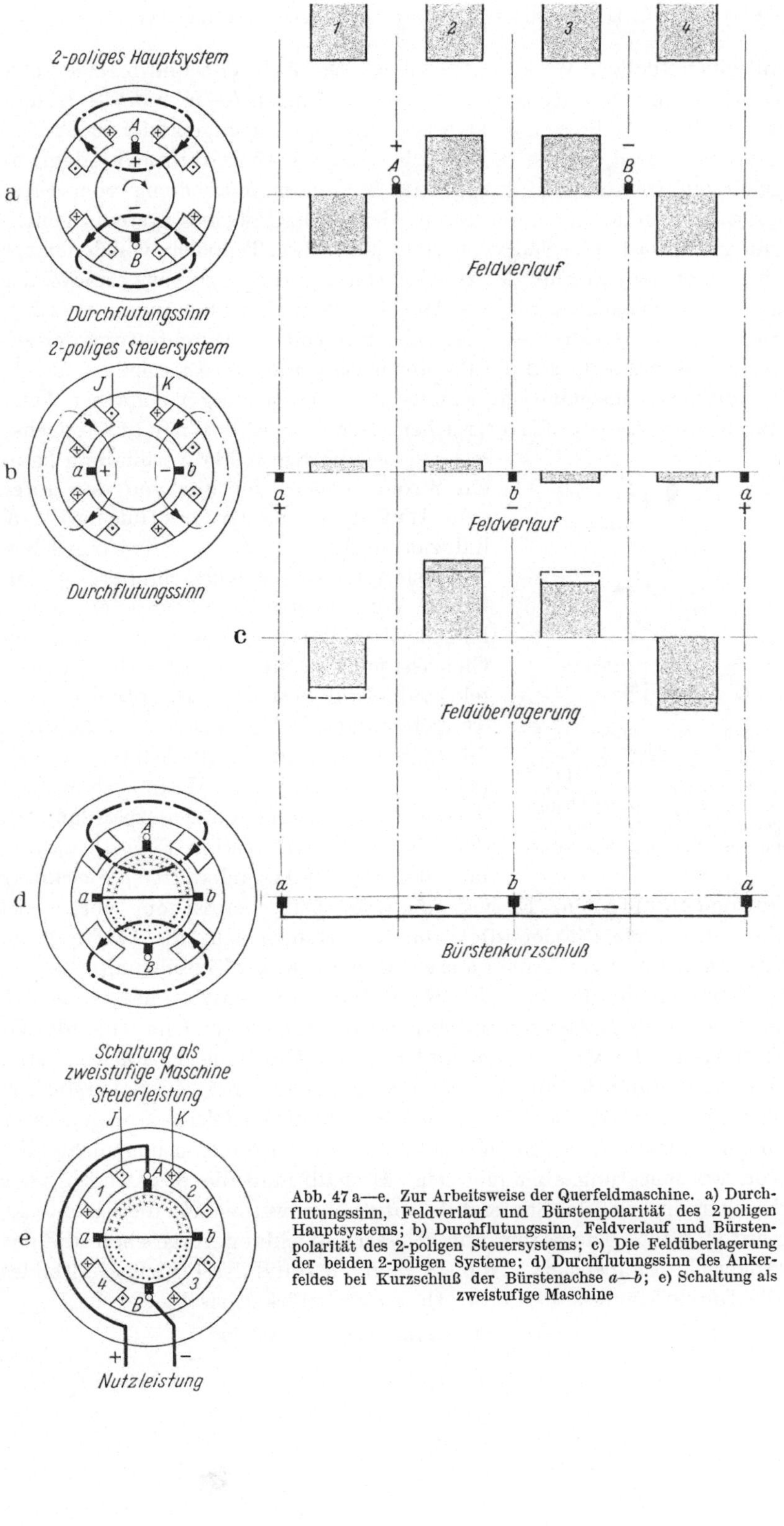

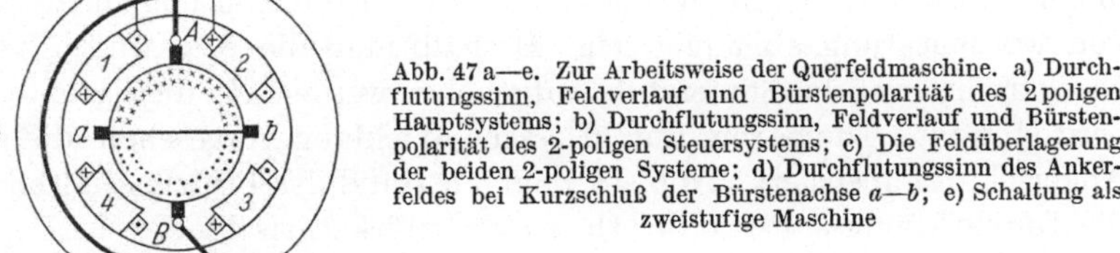

Abb. 47 a—e. Zur Arbeitsweise der Querfeldmaschine. a) Durchflutungssinn, Feldverlauf und Bürstenpolarität des 2 poligen Hauptsystems; b) Durchflutungssinn, Feldverlauf und Bürstenpolarität des 2-poligen Steuersystems; c) Die Feldüberlagerung der beiden 2-poligen Systeme; d) Durchflutungssinn des Ankerfeldes bei Kurzschluß der Bürstenachse a—b; e) Schaltung als zweistufige Maschine mit einer 2poligen Wicklung versehen. Die Abb. 47 a und b zeigen den Durchflutungssinn der beiden Erregerwicklungen $I—K$ und $I'—K'$ und den dadurch bedingten Feldverlauf. Solange im ungesättigten Bereich gearbeitet wird, ist die bei einer bestimmten Durchflutung an dem zugehörigen Bürstenpaar auftretende Spannung unabhängig vom Erregungszustand des anderen Systems, denn jeder Pol eines Systems, gleichgültig, ob Nord- oder Südpol, besteht ja aus zwei Teilpolen, von denen der eine unter dem Einfluß des zweiten Durchflutungssystems gestärkt, der andere geschwächt wird, wie Abb. 47c zeigt. Die Spannung zwischen zwei diametralen Bürsten hängt also nur von der Durchflutung des zugehörigen senkrecht auf die Bürstenachse wirkenden Erregersystems ab.

Mit dieser Maschine ist die zweistufige Verstärkung in einfacher Weise durch einen Kunstgriff zu erreichen: Den Kurzschluß[1] der Bürstenachse $a—b$. Über die Kurzschlußverbindung kann ein Strom fließen, der nur von der unter dem Einfluß der Steuerdurchflutung $J—K$ induzierten Anker-EMK und den ohmschen Widerständen dieses Kurzschlußkreises abhängt. Von den stromdurchflossenen Ankerleitern wird genau wie bei jeder gewöhnlichen Gleichstrommaschine ein Ankerfeld (Querfeld) aufgebaut. Da jeder Hauptpol in zwei Teilpole aufgeteilt ist, wirkt das Ankerquerfeld im Sinne der Erregerdurchflutung $I'—K'$ (47 d). Für das $J'—K'$-Hauptsystem, von dessen Durchflutung die Nutzspannung an den Bürsten $A—B$ bestimmt wird, braucht man daher keine besondere Erregerwicklung auf den Hauptpolen. Es liegt eine zweistufige Verstärkung vor, wobei die erste Stufe (Steuerstufe) von den Hauptpolen, die zweite Stufe (Ausgangsstufe) vom Anker aus erregt wird (Ankerfelderregung).

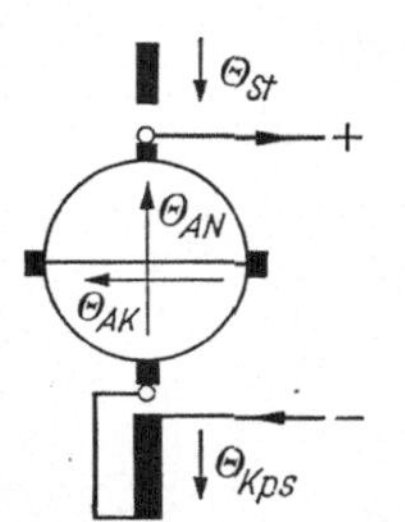

Abb. 48. Durchflutungen bei der Querfeldverstärkermaschine. Θ_{St} Steuerdurchflutung; Θ_{AK} Ankerdurchflutung des Kurzschlußstromes; Θ_{AN} Ankerdurchflutung des Nutzstromes; Θ_{Kps} Durchflutung der Kompensationswicklung

Wird an den Bürsten $A—B$ ein Nutzstrom entnommen, so bauen auch die vom Nutzstrom durchflossenen Ankerleiter eine Ankerdurchflutung auf, die, wie man sich an Hand von Abb. 47 leicht ableiten kann, der Steuerdurchflutung $I—K$ entgegenwirkt. Bei einer Verstärkermaschine soll aber wie bei jedem gewöhnlichen Gleichstromgenerator möglichst die Nutzspannung nur von der Steuerdurchflutung nicht aber von der Belastung abhängig sein. Deshalb muß die Rückwirkung des Nutzstromes auf die Steuerstufe aufgehoben werden. Zu diesem Zwecke wird eine vom Nutzstrom durchflossene Wicklung vorgesehen, die das Ankerfeld kompensiert. Abb. 48 zeigt an Hand des Prinzipschaltbildes die Durchflutungssysteme der Querfeldverstärkermaschine.

[1] GE-Werbung: The short circuit, that moves mountains

Die Querfeldverstärkermaschine kann auch mit mehr als 4 $\mathfrak{p}$-Teilpolen gebaut werden, z. B. 8 oder 12 Teilpolen. $\mathfrak{p}$ muß ganzzahlig sein. Solche Maschinen können sowohl mit Schleifenwicklungen als auch mit Wellenwicklungen wie gewöhnliche Gleichstrommaschinen ausgeführt werden.

a

b

Abb. 49 a u. b. Querfeldverstärkermaschine. a) Bauteile einer Querfeldverstärkermaschine älterer Bauart, 5 kW, 1500 U/min, 220 V; b) Moderne Querfeldverstärkermaschine, 600 W, 3000 U/min, 220 V, in Baueinheit mit dem Drehstrom-Antriebsmotor (Werkfoto AEG).

Abb. 49 a zeigt die Bauteile einer Querfeldverstärkermaschine. Häufig wird die Verstärkermaschine mit ihrem Antriebsmotor in einem Gehäuse zusammengebaut, wie Abb. 49 b zeigt.

Beurteilung: Die Querfeldverstärkermaschine hat bezüglich ihrer dynamischen Verstärkung $\frac{v}{T} = \pi D_A \frac{A\, n\, \lambda}{(1+\sigma)\, \mathfrak{B}}$ [vgl. Gl. (59), S. 92] gewisse

Vorteile gegenüber anderen zweistufigen Maschinen. Ein Vorteil liegt darin, daß bei reiner Ankerfelderregung die erregende Wicklung gleichzeitig erzeugende Wicklung ist, so daß nur eine geringe Streuung vorhanden ist ($\sigma \to 0$). Da man ferner auf den Hauptpolen nur Wickelraum für die I—K Wicklung benötigt, die für die kleine Steuerleistung zu bemessen ist, nicht aber für eine J'—K' Wicklung, kann man die Maschine mit kurzen Polschäften und gedrücktem Joch ausführen, was sich günstig auf die magnetische Leitfähigkeit λ auswirkt. Ein weiterer Vorteil ist, daß man bei Polzahlen ($\mathfrak{p} > 1$) Schleifenwicklungen mit Ausgleichverbindern oder beliebige Wellenwicklungen ausführen kann.

Für die Fertigung muß man aber auch einige Nachteile in Kauf nehmen. Wie Abb. 47 zeigt, teilt sich der Fluß durch Luftspalt und Pol bei der Querfeldmaschine mit 4 Teilpolen nicht wie bei der normalen 4poligen Gleichstrommaschine im Anker- und Jochrücken auf. Teile des Joches und Ankerrückens zwischen den Polen 1 und 2 und zwischen den Polen 3 und 4 sind deshalb nicht vom halben, sondern vom vollen Polfluß bzw. Luftspaltfluß durchsetzt. Die Maschine muß daher im Anker- und Jocheisen etwa mit dem doppelten Querschnitt einer normalen Gleichstrommaschine ausgeführt werden. Das entspricht bei einer Ausführung mit 4 Teilpolen in Anker- und Jochrücken nicht den Abmessungen einer 4-poligen, sondern einer 2poligen Maschine. Für Querfeldverstärkermaschinen braucht man daher andere Joch- und Ankerblechschnitte als für gewöhnliche Gleichstrommaschinen. Nachteilig sind bei der Querfeldverstärkermaschine ferner die langen Stirnverbindungen für eine bei 4 Teilpolen 2polige Ankerwicklung. Diese besonderen konstruktiven Bedingungen setzen dem Querfeldprinzip aus wirtschaftlichen Gründen eine obere Leistungsgrenze (ca. 50 kW).

Die Schnitte von gewöhnlichen Gleichstrommaschinen kann man bei der sogenannten Bauform T verwenden[1]. Eine solche T-Maschine besitzt 3 Hauptpole und 3 Bürstenbolzen. Der Wicklungsschritt im Anker beträgt 120°. Abb. 50 zeigt Aufbau und Wirkungsweise. Die Hauptpole 1 und 2 bilden den Nord- und Südpol der Eingangsstufe, unter deren Einfluß zwischen den Bürsten $B\,a$ und $B\,b$ eine Spannung auftritt. Die Potentialdifferenz $A - B\,a$ und $A - B\,b$ ergibt sich zu $\frac{B\,a - B\,b}{2}$. Man kann den Potentialverlauf am Kommutator bestimmen, indem man, wie in Abb. 50 b, die einzelnen Stabspannungen addiert. Die Bürsten $B\,a$ und $B\,b$ werden kurzgeschlossen. Der Kurzschlußstrom wird wie bei der gewöhnlichen Querfeldmaschine nur von der Anker-EMK und von den ohmschen Widerständen des Kurzschlußkreises bestimmt. Die von den kurzschlußstromdurchflossenen Ankerleitern ausgehende Durchflutung

[1] Valentin, A.: L'Amplidyne et ses Applications; Revue de Electricité et de Mécanique Alsthom Nr. 74/1948

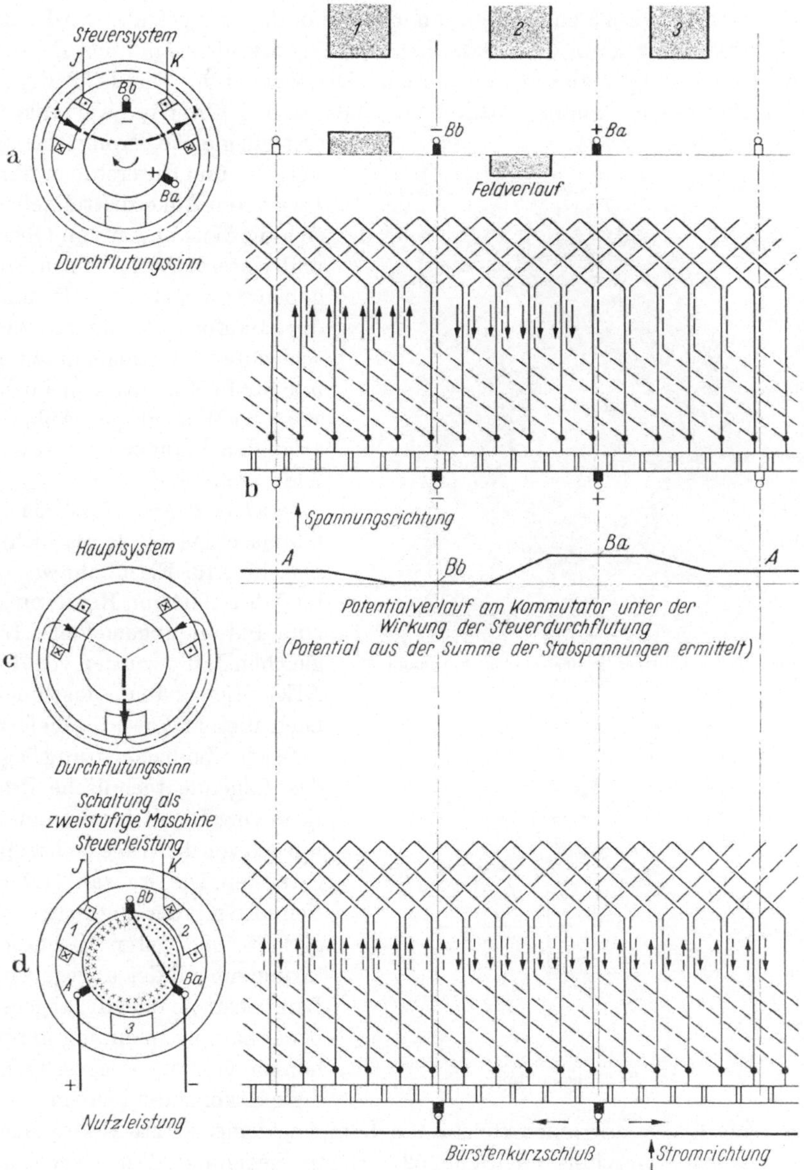

Abb. 50a—d. Zur Arbeitsweise der Querfeldmaschine, Bauform T. a) Durchflutungssinn, Feldverlauf und Bürstenpolarität des Steuersystems; b) Potentialverlauf am Kommutator unter der Wirkung der Steuerdurchflutung, ermittelt aus der Summe der Stabspannungen; c) Durchflutungssinn des Hauptsystems; d) Durchflutung des Kurzschlußstromes; Schaltung als zweistufige Maschine

(s. Abb. 50d und c) wirkt so, daß die beiden Steuerpole 1 und 2 zu gleichnamigen, der Pol 3 zum ungleichnamigen Pol des Hauptfeldes wird. Die Nutzspannung kann dann zwischen der Kurzschlußverbindung *B a—b* und der Bürste *A* abgegriffen werden. Der Verlauf der Durchflutung in der Hauptachse kommt dadurch zustande, daß sich nur in zwei Ankerdritteln gleiche Stromrichtung in Ober- und Unterstab ergibt. Im dritten Ankerdrittel heben sich die Wirkungen von Ober- und Unterstab auf. Nach Angaben von VALENTIN kommt die Bauform *T* wegen der schlechten Modellausnutzung nur für Leistungen von höchstens 2 kW in Frage. Abb. 51 zeigt den Ständer einer Querfeldmaschine *T*.

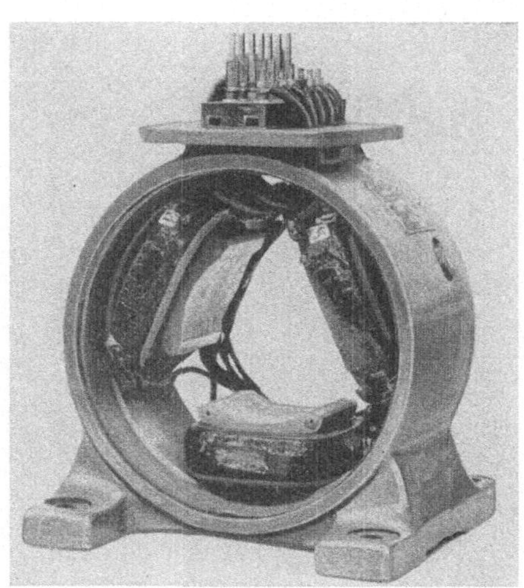

Abb. 51. Ständer einer Querfeldmaschine in Bauform *T* (Werkfoto Alsthom)

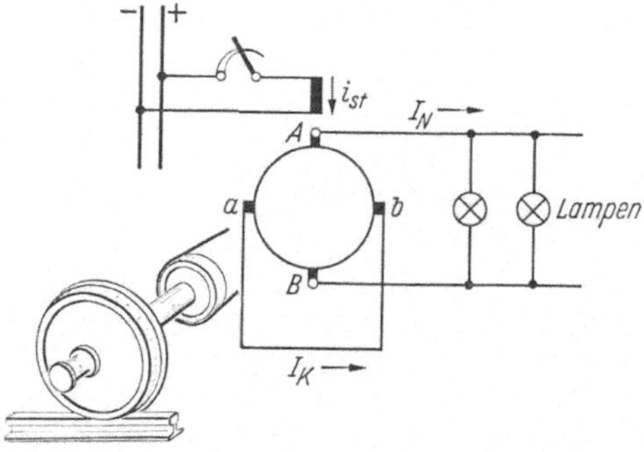

Abb. 52. Querfeldmaschine: Schaltung als Generator für die Zugbeleuchtung

Geschichtliches: Die Querfeldmaschine wurde als Lichtmaschine für Eisenbahnwagen im Jahre 1904 von ROSENBERG zum Patent angemeldet. Im gleichen Jahre wurden von der AEG die ersten Maschinen nach diesem Patent geliefert.

Bei der Zugbeleuchtung liegt das folgende technische Problem vor: Die Lichtmaschinen werden von der Wagenachse angetrieben. Die Drehzahl ändert sich also mit der Zuggeschwindigkeit in weiten Grenzen. Trotzdem soll der abgegebene Lampenstrom oder die abgegebene Lampenspannung unabhängig von der Zuggeschwindigkeit konstant bleiben.

Zur Erzeugung eines konstanten Lampenstromes setzte ROSENBERG die Querfeldmaschine ein (Abb. 52). Echte Regelung: Der *Führungsgröße* Steuerstrom i_{st} bzw. ihrem Abbild Steuerdurchflutung ist die *Regelgröße* Lampenstrom I_N bzw. ihr Abbild, die Ankerdurchflutung des Nutzstromes gegengekoppelt. Die klassische Querfeldmaschine besitzt keine Kompensationswicklung. Der Steuerdurchflutung wirkt daher die volle

Ankerdurchflutung des Lampenstromes entgegen. Da unter diesen Umständen die Ankerdurchflutung wesentlich größer als die in der Steuerachse wirksame Durchflutung ist, wurde diese klassische Stromregelung sehr empfindlich. Die an einer der ersten Querfeldmaschinen aufgenommenen Kennlinien $J_N = f(n)$ (Abb. 53) zeigen, daß der Lampenstrom J_N über einen weiten Drehzahlbereich konstant bleibt. Ein Nachteil der Schaltung ist, daß wegen der starken Gegendurchflutung des Lampenstromes eine sehr große Steuerdurchflutung und damit auch entsprechend große Steuerleistung bei wirtschaftlichem Kupferaufwand benötigt wird.

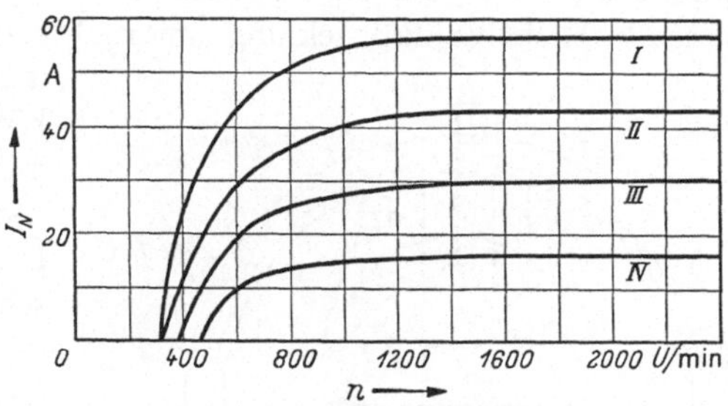

Abb. 53. Regelkennlinien einer Zugbeleuchtungsmaschine: Nutzstrom J_N in Abhängigkeit von der Drehzahl n (als Kurvenparameter I—IV vorgegeben: Steuerdurchflutung); entnommen aus Rosenberg, Die Gleichstrom-Querfeldmaschine. Springer 1928

Im Jahre 1910 führte Woodbridge in Amerika ein Zugbeleuchtungssystem ein, bei dem nicht mehr der Ausgangsstrom, sondern die Ausgangsspannung einer Querfeldmaschine geregelt wurde. Seine Maschine besaß bereits eine vom Lampenstrom erregte Reihenschlußwicklung, die der Ankerdurchflutung des Nutzstromes entgegenwirkte[1]. Das Woodbridgesystem benötigt deshalb eine wesentlich kleinere Steuerleistung als das Rosenbergsystem. Führungs- und Regelgröße verglich Woodbridge in einer Brücke außerhalb der Maschine. Die erste Querfeldmaschine mit Differenzerregung und kompensierender Reihenschlußwicklung beschreibt Raschkowsky[2]. Auch diese Maschine wurde für die Zugbeleuchtung verwendet.

Im Jahre 1928 veröffentlichte Rosenberg[3] ein Buch über die Entwicklung der Querfeldmaschine als Generator für die Zugbeleuchtung und Lichtbogenschweißung. Im gleichen Jahre meldete er eine *Einrichtung zur selbsttätigen Regelung großer elektrischer Maschinen mittels Kleinregler*[4] an, bei der eine mit der Reihenschlußwicklung von Woodbridge versehene Querfeldmaschine für die Erregung großer Gleich- und Wechselstromgeneratoren vorgesehen ist. Der Größenvergleich für die Regelung soll genau wie bei der von Raschkowsky angegebenen Schaltung in mechanischen Gliedern (Kontaktregler) vorgenommen werden. Durch die Zwischenschaltung der Querfeldmaschine soll erreicht werden, daß

[1] Electrical World Bd. 1 (1913) S. 916
[2] Nachrichten des sowjetischen Elektrotechnischen Trusts 1927, H. 4
[3] Rosenberg: vgl. Fußn. 2 auf S. 103
[4] Österr. Patentschrift 115 997 v. 16. 11. 1928

die Kontaktregler nicht für die hohe Erregerleistung der Hauptmaschinen, sondern nur für die kleine Erregerleistung der Querfeldmaschine zu bemessen sind.

Der konstruktive Aufbau der Querfeldmaschine war von der ersten Maschine bis in diese Zeit im wesentlichen unverändert geblieben. Es waren 2ν-polig wirkende Maschinen mit 2ν-Polen (Abb. 54). Auf den Hauptpolen war die Steuerwicklung und gegebenenfalls die kompensierende Reihenschlußwicklung untergebracht. Der in der Steuerachse wirksame Fluß erzeugte die EMK im Kurzschlußkreis. Das unter dem Einfluß der kurzschlußstromdurchflossenen Leiter aufgebaute Ankerfeld schloß sich direkt über die glockenförmig ausgebildeten Polschuhe. Diese Polanordnung hatte den Nachteil, daß die Stromwendung des Ausgangsstromes (abzunehmen an den Bürsten A und B) im Bereich des Steuerflusses stattfinden mußte. Wenn man auch durch Kommutierungsnuten die Stromwendungsverhältnisse verbessern konnte, worüber an anderer Stelle des Buches (C III 3) genauer berichtet wird, läßt diese Konstruktion jedoch den Bau leistungsfähiger Maschinen, wie sie die von Pestarini vorgeschlagene Metadyn-Bauart ermöglicht, niemals zu.

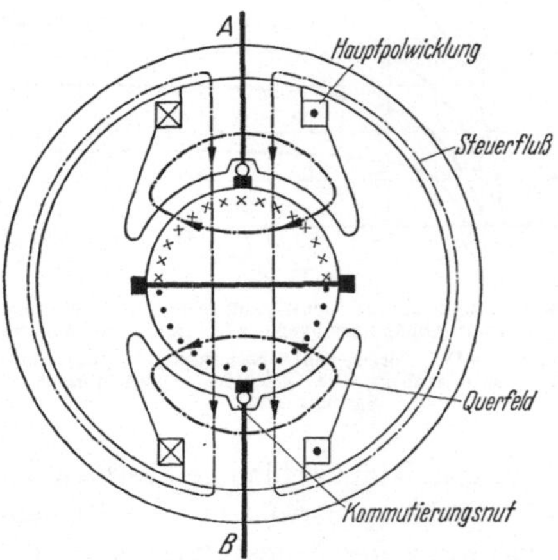

Abb. 54. Aufbau und Wirkungsweise der klassischen Querfeldmaschine

Pestarini kam auf dem Wege über den Gleichstrom-Gleichstrom-Bahnumformer zur Querfeldverstärkermaschine. Bei Gleichstrom-Fahrzeugen — beispielsweise ist in Italien (3 kV), Frankreich (1,5 kV) und der UdSSR (3 kV) für Vollbahnen das Gleichstromsystem eingeführt worden — sind wirtschaftliche Fahrstufen nur durch Reihen- und Parallel-Schaltung der Fahrmotoren sowie im oberen Geschwindigkeitsbereich durch die Feldschwächungsstufen gegeben. Beim Anfahren, sowie für andere Fahrstufen sind Widerstände vorzuschalten. Nun ist insbesondere bei den häufig anfahrenden Rangierlokomotiven und Stadtschnellbahnen ein Anfahrvorgang mit konstantem Strom erwünscht. (Maximale Beschleunigung bei Ausnutzung der Reibungsgrenze.) Das würde einen sehr feinstufigen, stromregelnden Anfahrwiderstand voraussetzen, der für häufig anfahrende Fahrzeuge eine erhebliche Größe haben müßte. Rangierlokomotiven erfordern einen thermisch besonders reichlichen Vorwiderstand, da sie u. U. längere Zeit auf Widerstandsstufen

(Geschwindigkeit liegt unterhalb der ersten wirtschaftlichen Fahrstufe) arbeiten müssen. Man hat Rangierlokomotiven gebaut, bei denen die Fahrmotoren nicht direkt vom Netz aus, sondern von Motorgeneratoren gespeist werden. Das bot die Möglichkeit einer feinstufigen Geschwindigkeitseinstellung, einer einfachen Nutzbremsung sowie einer Stromregelung über das Feld des Generators.

PESTARINI hat nun vorgeschlagen, den Motorgenerator durch einen *stromregelnden Einankerumformer* zu ersetzen, den er *Umformer-Metadyne* nannte. Prinzipschaltung und Wirkungsweise zeigt Abb. 55. Die Umformer-Metadyne wird durch einen Hilfsmotor, der bei richtiger Schaltung praktisch nur die Verluste in der Umformer-Metadyne aufzubringen hat, mit konstanter Drehzahl angetrieben. Die Bürsten A und B liegen

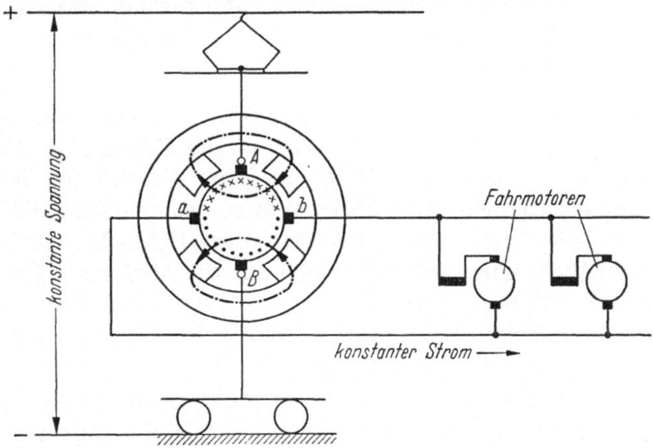

Abb. 55. Umformermetadyne: Prinzipschaltung für die Umformung konstanter Spannung in konstanten Strom, angewandt auf eine Gleichstrom-Vollbahn-Lokomotive

an der konstanten Fahrdrahtspannung. Bei der Grundform der Metadyne sind die Hauptpole unbewickelt. Eine Gegen-EMK zur konstanten, an den Bürsten A und B liegenden Spannung kann nur unter dem Einfluß einer Ankerdurchflutung erzeugt werden, die ein über die Bürsten a und b fließender Strom aufbaut. Konstante Spannung an A und B setzt in erster Näherung eine konstante Gegen-EMK und damit bei konstanter Drehzahl einen konstanten Fluß senkrecht zur Bürstenachse A und B voraus. Dieser konstante Fluß kann aber nur unter dem Einfluß eines konstanten Stromes über a und b aufgebaut werden. Die Umformer-Metadyne formt also eine konstante Spannung an A und B in einen konstanten Strom über a und b um. (PESTARINI[1], KÜBLER[2]). Als Variante

[1] PESTARINI, G. M.: Metadyne Statics, New York: Wiley 1952

[2] KÜBLER, E.: Konstantstrom, Verstärker und Regelmaschinen für Gleichstrom ETZ 1951, S. 623

(er dachte zunächst an Diesellokomotiven und Dieselschiffe) schlug PESTARINI ein Konstantstromsystem vor, bei dem der konstante Strom von einem Generator geliefert wird, der seine Energie von der Antriebsmaschine, z. B. von einem Dieselmotor, bezieht und den er Generator-Metadyne nannte; in seiner Wirkungsweise ist er mit der Querfeldmaschine von ROSENBERG identisch. PESTARINI beseitigte jedoch den entscheidenden Nachteil der ROSENBERGmaschine, die schlechte Kommutierung in der Hauptachse dadurch, daß er jeden Hauptpol in zwei getrennt zu bewickelnde Teilpole aufspaltete, so daß man an Stelle von 2ν-Polen 4ν-Teilpole erhält, und kam damit zu der in Abb. 47 dargestellten Bauform, bei der man in den Pollücken Wendepole vorsehen kann. Er gab erstmalig eine Querfeldmaschine an, die außer den getrennt bewickelten Teilpolen mehrere, zu einem Ampèrewindungsvergleich geeignete Steuerwicklungen auf den Hauptpolen sowie eine kompensierende Reihenschlußwicklung aufweist[1].

In den dreißiger Jahren beschäftigte sich, angeregt durch die Entwicklung auf dem Gebiete der Steuerungs- und Regelungstechnik, die Elektroindustrie in erhöhtem Maße mit der Entwicklung leistungsfähiger Verstärkermaschinen. Dabei wandten sich dem Querfeld-Prinzip unter anderen die General Electric in USA, die AEG in Deutschland, die Metropolitan Vickers in Groß-Britannien und die Alsthom in Frankreich zu. Im Jahre 1938 berichteten EDWARDS und ALEXANDERSON über eine von der GE entwickelte Maschine, bei der durch geeignete konstruktive und elektrische Ausbildung die Rückwirkung der Ankerdurchflutung des Nutzstromes auf die Steuerdurchflutung praktisch im ganzen Arbeitsbereich aufgehoben wurde. Man hatte damit eine echte Verstärkermaschine geschaffen, die praktisch lastunabhängig eine Nutzspannung erzeugte, die nur von der Steuerspannung abhängig war. Mit dieser Maschine, der die Erfinder später den Namen *Amplidyne* gaben, waren Verstärkungen in der Größenordnung von 10^3 zu erzielen.

In den folgenden Jahren meldete die GE auch die Grundschaltungen für Regelkreise mit Verstärkermaschinen, so den in Abb. 5 dargestellten galvanischen Vergleich und den in Abb. 7 dargestellten Ampèrewindungsvergleich von Führungs- und Regelgröße sowie die wichtigsten Stabilisierungsschaltungen an. Bereits während des zweiten Weltkrieges war die Querfeldverstärkermaschine in den USA und in Groß-Britannien zum unentbehrlichen Bauelement für Steuerketten und Regelkreise geworden. Nach Kriegsende schloß sich auch Deutschland dieser stürmischen Entwicklung an.

[1] DRP 728 777 vom 1. 3. 1935

4. Das Magnicon (Abb. 56)

Kennzeichnung: Wie bei der Querfeldverstärkermaschine wird auch beim Magnicon das Hauptfeld von der Ankerdurchflutung erregt. Die Eingangsstufe dieser Maschine arbeitet jedoch wie die einer Unsymmetrieverstärkermaschine, so daß die Maschine gern als das Bindeglied zwischen Querfeld- und Unsymmetrieverstärkermaschine bezeichnet wird. Im Magnetgestell des Magnicons, das mit 4 $\mathfrak{p}$-Teilpolen versehen ist, werden wie bei einer gewöhnlichen Querfeldmaschine zwei um 90 elektrische Grade versetzte 2 $\mathfrak{p}$-polige Durchflutungssysteme überlagert; mit Hilfe einer 4 $\mathfrak{p}$-poligen Ankerwicklung erreicht man jedoch, daß die den Durchflutungen entsprechenden Flüsse sich nicht in Polen, Luftspalt und Ankerzähnen, sondern in Joch- und Ankerrücken überlagern, so daß für Haupt- und Steuerfluß getrennte Polachsen vorhanden sind.

Arbeitsweise: Abb. 56 zeigt ein Magnetgestell mit 4 Teilpolen. Wie bei der Unsymmetrieverstärkermaschine ist auf zwei diametralen Polen (1 und 3) eine Erregerwicklung I—K angeordnet, die so wirkt, daß Pol 1 nord- und Pol 3 südmagnetisiert werden. Da die Maschine eine 4 polige Ankerwicklung ohne Ausgleichverbinder — der Erfinder bezeichnet sie als *half spaned armature winding* — besitzt, stellt sich unter dem Einfluß der 2 poligen I—K Durchflutung wieder der von der Unsymmetrieverstärkermaschine bekannte Potentialverlauf ein: Zwischen diametralen Bürsten (a und b) tritt das Maximum der Potentialdifferenz auf, während die Bürsten A und B gleiches Potential führen. Die Potentialdifferenz a—A und a—B ergibt sich zu $\frac{a-b}{2}$. Wie in Abb. 56c gezeigt wird, kann man den Potentialverlauf ermitteln, indem man die einzelnen Stabspannungen addiert.

Die Bürsten a—b werden nun nicht wie bei der Unsymmetrieverstärkermaschine über eine zusätzliche Hauptpolwicklung I'—K' verbunden, sondern wie bei der Querfeldverstärkermaschine kurzgeschlossen. Der Kurzschlußstrom hängt von der Anker-EMK und damit von der Steuerdurchflutung und den ohmschen Widerständen des Kurzschlußkreises ab. Die Ankerdurchflutung des Kurzschlußstroms wirkt jedoch nicht wie bei der gewöhnlichen Querfeldverstärkermaschine in Richtung der Bürstenachse a—b, sondern in Richtung der Polachse 2—4. Da der Anker 4 polig gewickelt ist, sind die Stromrichtungen in Ober- und Unterstab nur in zwei Quadranten des Ankers gleich. In den beiden anderen Quadranten heben sich die Durchflutungen der Ober- und Unterstäbe auf. Unter dem Einfluß dieser Ankerdurchflutung wird nun die Nutzspannung zwischen den Bürsten A—B erzeugt. Der Hauptfluß geht dabei nur über die Pole 2 und 4, nicht aber über die die Steuerwicklung tragenden Pole 1 und 3. Es findet auch hier eine zweistufige Verstärkung statt,

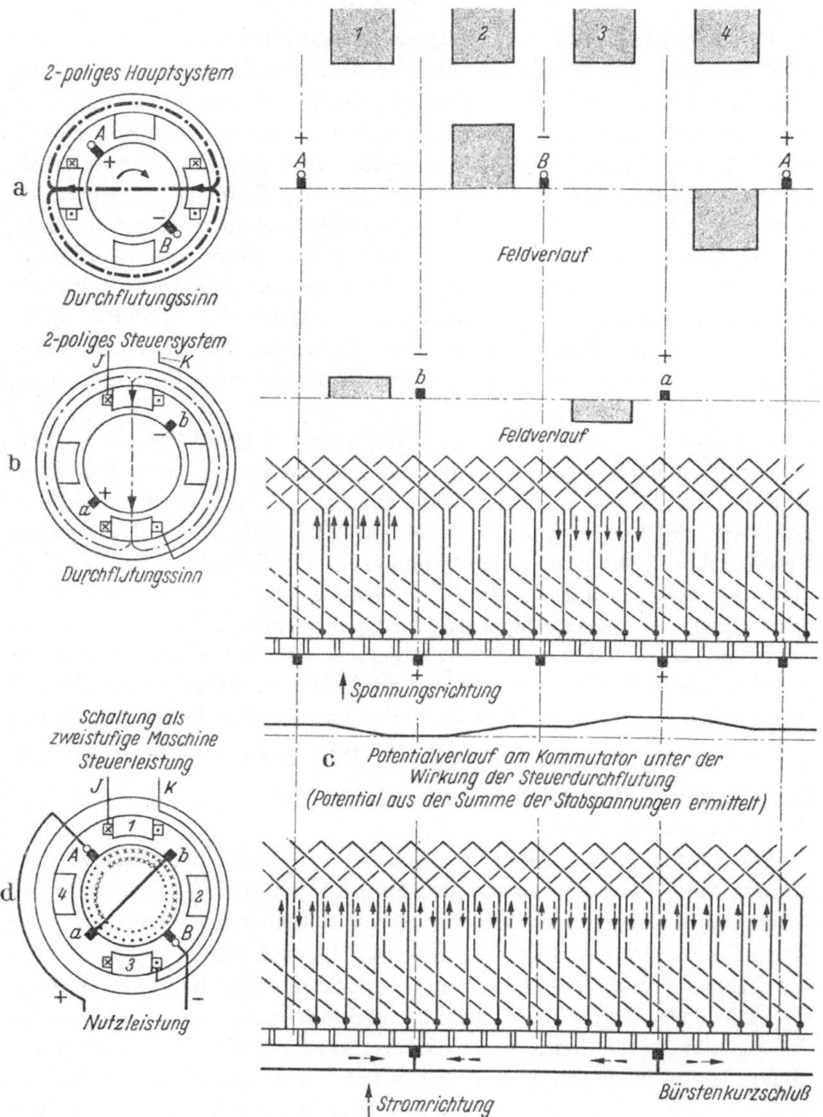

Abb. 56a—d. Zur Arbeitsweise des Magnicons. a) Durchflutungssinn, Feldverlauf und Bürstenpolarität des 2poligen Hauptsystems; b) Durchflutungssinn, Feldverlauf und Bürstenpolarität des 2poligen Steuersystems; c) Potentialverlauf am Kommutator unter der Wirkung der Steuerdurchführung, ermittelt aus der Summe der Stabspannungen; d) Verlauf des Stromes in der Ankerwicklung bei Kurzschluß der Bürstenachse a—b; Schaltung der zweistufigen Maschine

bei der die erste Stufe (Steuerstufe) von den Hauptpolen aus, die zweite Stufe (Ausgangsstufe) vom Anker aus erregt wird.

Wird nun der Ausgangskreis A—B belastet, so arbeitet die Ankerdurchflutung des Nutzstromes wie bei der gewöhnlichen Querfeldverstärkermaschine der Steuerdurchflutung I—K entgegen. Diese Ankerdurchflutung kann mit Hilfe einer Kompensationswicklung aufgehoben werden.

Beurteilung: Der Vorteil des Magnicons gegenüber den anderen zweistufigen Maschinen besteht darin, daß für Steuer- und Hauptfeld getrennte Polachsen vorgesehen sind. Das macht die Maschine nicht nur von gewissen unerwünschten Störeffekten frei, die die Überlagerung von zwei Flüssen in der gleichen Polachse mit sich bringt, — in C III wird darüber ausführlich berichtet werden — sondern bietet auch regelungstechnisch den Vorteil eines einfachen Größenvergleichs in der Maschine, wie in D V 1 am Beispiel eines selbstregelnden Generators gezeigt werden wird.

Der Anker eines Magnicons ist schlecht ausgenutzt. Der Polbedekkungsfaktor muß klein sein (ca. 0,3), denn von den vier Teilpolen stehen ja dem Hauptfluß nur zwei zur Verfügung. Auch die Ankerwicklung wird schlechter als bei der gewöhnlichen Querfeldverstärkermaschine ausgenutzt. Das gilt einmal für die erregende Wirkung. Während bei der gewöhnlichen Querfeldmaschine in Ober- und Unterstab einer Nut die Ströme gleiche Richtung haben, so gibt es beim Magnicon Zonen, in denen sich die Durchflutungen von Ober- und Unterstab aufheben, so daß diese Zonen keinen Beitrag zur Erregung der Hauptachse liefern. Es gilt in gleicher Weise für die erzeugende Wirkung; denn da sich eine 4polige Ankerwicklung im 2poligen Feld befindet, wird die Windungsspannung nur im Ober- oder Unterstab erzeugt wie Abb. 56 zeigt. Es wird also unter sonst gleichen Verhältnissen für die gleiche Ausgangsspannung doppelt so viel Nutkupfer wie bei der gewöhnlichen Querfeldmaschine benötigt. Der Erfinder behauptet jedoch, dies falle nicht ins Gewicht; denn durch den Übergang von der 2poligen Ankerwicklung der Querfeldmaschine zur 4poligen des Magnicons werde bei den Stirnverbindungen an totem Kupfer eingespart, was an Nutkupfer mehr benötigt wird, so daß unter sonst gleichen Verhältnissen Amplidyne und Magnicon etwa denselben Aufwand an Ankerkupfer erfordern. Trotzdem ist unter diesen Umständen mit dem Magnicon nicht die hohe dynamische Verstärkung wie bei der gewöhnlichen Querfeldmaschine zu erreichen. Die Maschine hat auf Grund dieser Sonderbedingungen ebenfalls ihren wirtschaftlichen Leistungsbereich. Der Hersteller gibt etwa 7 kW als wirtschaftliche Grenzleistung an.

Geschichtliches: Die Maschine wurde von Macfarlane Engineering, Glasgow entwickelt[1]. Die Firma verwendet sie vor allem als Erregermaschine für Notstromaggregate; ein Einsatzgebiet, für das das Magnicon besonders gut geeignet ist[2], hierzu D V 1.

III. Besonderheiten im stationären Betriebsverhalten von Maschinenverstärkern

1. Die Überlagerung im magnetischen Kreis

Bei den zweistufigen Maschinen sind Teile des magnetischen Kreises sowohl vom Hauptfluß als auch vom Steuerfluß durchsetzt. Wird in einem magnetischen Kreis, dessen Magnetisierungskennlinie durch den Zusammenhang Fluß $\Phi = f$ (Durchflutung Θ) gegeben ist, eine Durchflutung $\Delta\Theta$ aufgebracht, so steigt der Fluß um einen Betrag $\Delta\Phi$. Diese Flußänderung $\Delta\Phi$ ist aber vom Arbeitspunkt auf der Magnetisierungskennlinie abhängig, d. h. sie hängt davon ab, ob dieser magnetische Kreis bereits durch einen Fluß Φ' vorgesättigt ist (Abb. 57). Dieser Effekt tritt bei jeder gewöhnlichen Gleichstrom- oder Drehstrommaschine auf. Wie wirkt er sich auf zweistufige Verstärkermaschinen aus, bei denen zwei Durchflutungssysteme auf einem magnetischen Pfad überlagert sind?

Als Musterbeispiel sei die Auswirkung bei der Querfeldverstärkermaschine (Abb. 47) betrachtet. In den Teilen des magnetischen Kreises (Pole, Luftspalt und Ankerzähne), in denen Haupt- und Steuerfluß sich überlagern, bestimmt der Hauptfluß (im Sinne der Darstellung von Abb. 57 als Φ' wirkend) den Arbeitspunkt Φ'/Θ'. Eine zusätzliche Steuerdurchflutung (als $\Delta\Theta$ wirkend) ist erforderlich, um den Steuerfluß $\Delta\Phi$ dem Hauptfluß Φ' zu überlagern. Solange im ungesättigten Bereich ($\Phi \sim \Theta$) gearbeitet wird, ist die von $\Delta\Theta$ hervorgerufene Flußänderung unabhängig vom Arbeitspunkt Φ'/Θ' konstant. Daher beeinflussen sich $\Delta\Phi$ und Φ' gegenseitig nicht. Sobald man aber mit Φ' ins Sättigungsgebiet kommt, nimmt der von der gleichen Steuerdurchflutung $\Delta\Theta$ erzwungene Fluß $\Delta\Phi$ ab. Nun besteht andererseits eine Beziehung zwischen der Hauptdurchflutung Θ', die ja bei der Querfeldverstärkermaschine dem Strom in der Kurzschlußachse J_K proportional ist, und dem Steuerfluß $\Delta\Phi$: Bei konstantem Widerstand hängt J_K von der EMK im Kurzschlußkreis und damit vom Steuerfluß $\Delta\Phi$ ab. Tritt man ins Sättigungsgebiet ein, so steigt der Erregerbedarf sowohl im Hauptfeld (Θ') als auch im Steuerfeld ($\Delta\Theta$) mehr als proportional mit der Spannung bzw. dem Fluß. Aus diesem Grunde zeichnet sich in der

[1] Brit. Patent 566 168 v. 14. 4. 1943

[2] Self Regulating Alternators, British Engineering, Nov. 1950

Leerlaufkennlinie einer zweistufigen Maschine (Nutzspannung U_N in Abhängigkeit von der wirksamen Steuerdurchflutung Θ_{res}) der Übergang vom linearen zum gesättigten Bereich deutlicher ab als bei einer gewöhnlichen Gleichstrommaschine, wie z. B. die Leerlaufkennlinie der Querfeldverstärkermaschine in Abb. 59 zeigt.

Beim Eintritt ins Sättigungsgebiet wirkt die Überlagerung auch auf den Hauptfluß zurück, wie in Abb. 57b am Beispiel der Querfeldverstärkermaschine gezeigt wird. Φ'/Θ' sei der theoretische Arbeitspunkt des Hauptsystems. Um dem Hauptfluß Φ' den Steuerfluß $\Delta\Phi$ zu überlagern, wird eine zusätzliche Durchflutung $\Delta\Theta$ benötigt, die auf den Polen 2 und 4 (s. Abb. 47) im Sinne der Ankerdurchflutung Θ' und auf den Polen 1 und 3 der Ankerdurchflutung entgegenwirkt. Für die EMK im Kurzschlußkreis ist dann ein Fluß $\Delta\Phi$ maßgebend, der sich, wie Abb. 57b zeigt, als arithmetischer Mittelwert aus

$$\Delta\Phi = \frac{\Delta\Phi_a + \Delta\Phi_b}{2}$$

ergibt.

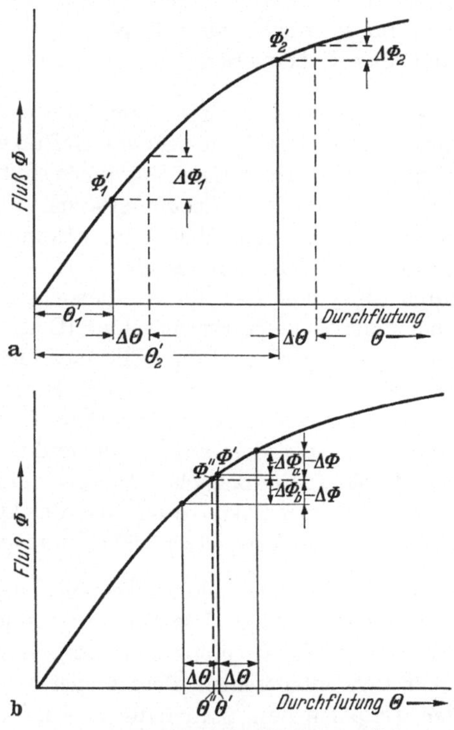

Abb. 57a u. b. Zweistufige Maschinenverstärker: Überlagerung im magnetischen Kreis

$\Delta\Phi_a$ = Flußänderung durch die im Sinne der Ankerdurchflutung Θ' wirkenden $\Delta\Theta$
$\Delta\Phi_b$ = Flußänderung durch die im Gegensinne der Ankerdurchflutung Θ' wirkenden $\Delta\Theta$

Wenn im gesättigten Bereich der Magnetisierungskennlinie gearbeitet wird, ist $\Delta\Phi_b > \Delta\Phi_a$. Wie Abb. 57b weiter zeigt, wird als Folge der Überlagerung von $\Delta\Phi$ auch der Arbeitspunkt für den Hauptfluß Φ'/Θ' auf den Wert Φ''/Θ'' verschoben.

An Hand dieser Überlegungen könnte man näherungsweise die Leerlaufkennlinie einer zweistufigen Maschine im Sättigungsbereich vorausberechnen. Ein genaueres Verfahren gibt Dobbeler[1] an. Der Probelauf im Prüffeld zeigt jedoch, daß gerechnete und gemessene Werte

[1] Dobbeler, C. v.: Magnetfelder und Kennlinien der Zwischenbürstenmaschinen (Metadyne und Amplidyne); E. u. M., 1953, S. 401—406.

der Größenordnung nach selten besser als 10% übereinstimmen, unabhängig davon, ob nach einem Näherungsverfahren oder der Methode von DOBBELER gerechnet wird. Denn bei zweistufigen Maschinen gibt es eine Reihe von Nebenwirkungen, die man bei der Berechnung nicht erfaßt. Die nachträgliche Einstellung der Kennlinien auf den gewünschten Wert im Prüffeld erfordert meist geringeren Aufwand als die Erfassung aller Nebenwirkungen bei der Vorausberechnung.

Zu diesen schwer erfaßbaren Nebenwirkungen gehört die Rückwirkung, die beide Stufen unter dem Einfluß von Unsymmetrien aufeinander ausüben. Alle zweistufigen Maschinen sind zwar so aufgebaut, daß theoretisch die beiden Durchflutungssysteme unabhängig voneinander arbeiten. In Wirklichkeit sind aber Rückwirkungen vorhanden, wie bereits am Einfluß der Sättigung gezeigt wurde. Die Rückwirkung kann auch durch Unsymmetrien im magnetischen Kreis bedingt sein. Bei der Unsymmetrie-Verstärkermaschine (C II) 3 wurde bereits erläutert, daß ein unsymmetrischer Hauptpolluftspalt bewirkt, daß sich den gesteuerten Ausgleichströmen, die zur J'—K' Erregung des Hauptfeldes benutzt werden, ungewollte Ausgleichströme überlagern, die die Bürsten überlasten und außerdem auf Haupt- und Steuerfeld zurückwirken können. Eine Rückwirkung zwischen Haupt- und Steuerfeld tritt unter dem Einfluß der Unsymmetrie auch bei der Querfeldverstärkermaschine auf (s. Abb. 58). Als Beispiel sei die Wirkung ungleicher Luftspalte betrachtet.

Wenn nicht bei allen 4 Teilpolen der gleiche Luftspalt eingestellt worden ist — und gewisse Toleranzen sind unvermeidlich —, so verläuft der Hauptfluß Φ' nicht symmetrisch zur Kurzschlußachse, sondern stellt sich entsprechend dem ungleichen magnetischen Widerstand an den Teilpolen ein. Man kann diesen Flußverlauf so auffassen, als ob einem zur Kurzschlußachse symmetrischen Fluß Φ' eine Komponente $\Phi'_\varkappa$ über die Teilpole 1 und 3 überlagert ist, die in der Achse des Steuerflusses wirkt. Sind $\Phi'_\varkappa$ und der Steuerfluß gleichgerichtet, so kann eine Selbsterregung der Maschine eintreten (Abb. 58a). Arbeiten $\Phi'_\varkappa$ und der Steuerfluß wie in Abb. 58 b einander entgegen, so verhält sich die Verstärkermaschine so, als ob eine vom Kurzschlußstrom erregte Wicklung gegen die Steuerdurchflutung arbeiten würde. Wenn diese Gegenwirkung aus Stabilitätsgründen erwünscht ist, kann man den Hauptpolluftspalt der Verstärkermaschine bewußt unsymmetrisch einstellen.

Die gleiche Wirkung wie beim unsymmetrischen Luftspalt tritt auf, wenn sich die Pole unter dem Einfluß der Überlagerung von Haupt- und Steuerfluß sättigen. Da der Steuerfluß auf den Polen 2 und 4 dem Hauptfluß gleichgerichtet ist, auf den Polen 1 und 3 ihm aber entgegenwirkt, sättigen sich 2 und 4 früher als 1 und 3. Durch die damit verbundene Vergrößerung des magnetischen Widerstandes im Eisen ergibt sich der gleiche Effekt, wie er in Abb. 58 b dargestellt wurde.

Die Überlagerung im magnetischen Kreis wirkt sich nur bei den zweistufigen Bauformen merklich aus, wo sich Haupt- und Steuerfluß in Polen, Luftspalt und Ankerzähnen überlagern, also bei der gewöhnlichen Querfeldverstärkermaschine, der Doppelfeldverstärkermaschine und der Unsymmetrieverstärkermaschine. Das Magnicon hat getrennte Polachsen, und nur Joch und Ankerrücken werden von Φ' und $\Delta\Phi$ gemeinsam benutzt. Die Magnetisierungskennlinie dieser Maschine ist nach Angabe der Erfinder praktisch frei von Überlagerungseffekten.

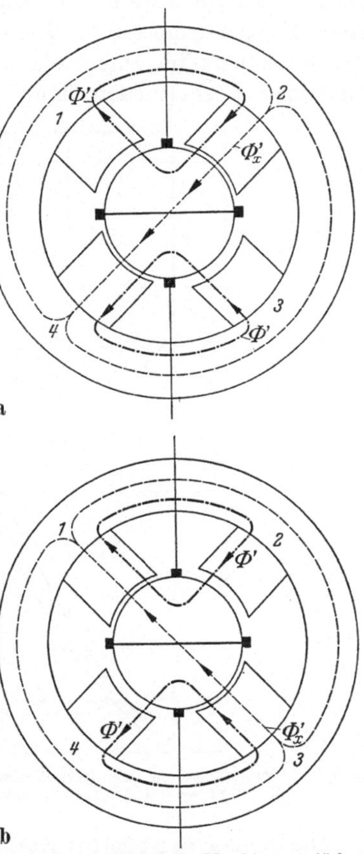

Abb. 58 a u. b. Zweistufige Maschinenverstärker: Einfluß eines ungleichen magnetischen Widerstandes bei der Querfeldverstärkermaschine. a) Magnetischer Widerstand in Polachse 1—3 > in Polachse 2—4; b) Magnetischer Widerstand in Polachse 2—4 > in Polachse 1—3

Um den Einfluß der Sättigung zu verkleinern, muß man den Bedarf der magnetischen Spannung am Eisen klein gegenüber dem des gesamten magnetischen Kreises machen. Der Luftspalt darf deshalb bei zweistufigen Maschinen nicht extrem klein gemacht werden, obwohl mit Rücksicht auf eine gute dynamische Verstärkung [(Gl. 59)] an sich ein möglichst kleiner Luftspalt (geht in die magnetische Leitfähigkeit λ ein) erwünscht wäre. Je kleiner der Luftspalt ist, um so schwieriger wird es auch der Werkstatt, unter allen Teilpolen das gleiche Maß einzuhalten.

2. Hysterese und Remanenz

Abb. 59 zeigt die Leerlaufkennlinie einer Querfeldverstärkermaschine von 20 kW und 1500 U/min. Bei dieser Kennlinie fällt nicht nur die Form, die durch die in C III 1 beschriebenen Effekte bedingt ist, sondern auch die starke Streuung zwischen dem auf- und absteigenden Kurvenast sowie die verhältnismäßig hohe Remanenz auf. Dafür ist in erster Linie die Hysterese verantwortlich, die sich naturgemäß bei einer zweistufigen

Verstärkung stärker als bei einer gewöhnlichen Gleichstrommaschine auswirkt. So ist die hohe Remanenz in der Nutzspannung dadurch zu erklären, daß ja nicht nur im Hauptfeld, sondern auch im Steuerfeld ein gewisser Restfluß bleibt. Die Remanenz im Steuerfeld kann bereits einen Erregerstrom für das Hauptfeld hervorrufen, dessen Wirkung von der Remanenz im Hauptfeld unterstützt wird. Unter besonders ungünstigen Verhältnissen kann das zu einer Selbsterregung[1] führen.

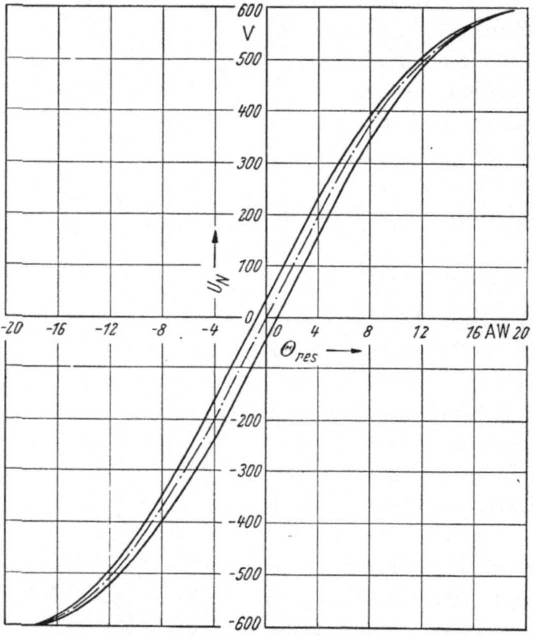

Abb. 59. Leerlaufkennlinie einer Querfeldverstärkermaschine 20 kW, 1500 U/min, 220 V; natürliche Kennlinie ——; Kennlinie bei Anwendung einer Hysterese-Korrektur —·—·—

Die Remanenz ist bei der Kaskadierung von zwei Ankern (Nechleba[2]) sowie bei der Doppelfeld-Maschine, bei der jede Verstärkungsstufe einen eigenen Kommutator besitzt, größer als bei den Maschinen, die mit einem gemeinsamen Kommutator für beide Stufen arbeiten (Querfeld- und Unsymmetrieverstärkermaschine). Letztere Maschinen müssen zwangsläufig mit kleiner Ankerspannung in der ersten Verstärkerstufe arbeiten. Dann muß am Bürstenübergangswiderstand ein nennenswerter Anteil der Spannung im Kurzschlußkreis (bei der Unsymmetriemaschine im J'—K' Erregerkreis) abfallen, eine Tatsache, die in anderer Beziehung

[1] Vallini, A.: Contributo allo studio dell' autoeccitazione nelle dinamo e nelle metadinamo a croce; l'elettrotecnica, settembre 1952, S. 358

[2] Nechleba, F.: Die Rapidyne, ein moderner Maschinenverstärker ETZ-A, Bd. 77 (1956) S. 326—329

das Betriebsverhalten ungünstig beeinflußt. (Näheres C III 5.) Nun nimmt der Bürstenübergangswiderstand mit zunehmender Belastung der Bürste ab. Bei so kleiner Belastung, wie sie der von der Remanenz der Steuerstufe verursachte Ankerstrom darstellt, ist er also verhältnismäßig groß und hält daher diesen Ankerstrom, den Erregerstrom für das Hauptfeld, klein. Bei der Kaskade und der Doppelfeldmaschine bemüht man sich, den Ankerkreis der ersten Verstärkungsstufe so zu bemessen, daß am Bürstenübergangswiderstand nur ein kleiner Anteil der Ankerspannung liegt. Wenn sich das auch in anderer Beziehung günstig auf das Betriebsverhalten der Maschine auswirkt, so muß man dafür einen der vollen Remanenz der ersten Stufe entsprechenden Ankerstrom in Kauf nehmen.

Die durch die Hysteresis hervorgerufene Streuung zwischen auf- und absteigendem Ast der Magnetisierungskennlinie sowie die hohe Remanenz widerspricht der unter C I 1 gestellten Forderung nach einem eindeutigen Zusammenhang zwischen Steuer- und Ausgangsgröße des Maschinenverstärkers. Man hat deshalb nach Möglichkeiten gesucht, den Hysteresis-Effekt zu verkleinern. Der sicherste Weg ist eine Vergrößerung des Hauptpol-Luftspaltes; je größer der Luftspalt, ein um so kleinerer Teil der magnetischen Spannung liegt am Eisen, von dem ja die Hysterese ausgeht. Vergrößerung des Luftspaltes bedeutet aber Verschlechterung des magnetischen Leitwertes λ und damit Verlust an Verstärkung $\frac{v}{T}$ [s. Gl. (59)].

Bei den Querfeldverstärkermaschinen kann man Remanenz und Hysterese durch Überlagerung eines Wechselfeldes von Netzfrequenz verkleinern. Dieses Wechselfeld muß bei einer 2poligen Querfeldverstärkermaschine mit vier Teilpolen 4polig wirken (Abb. 60), damit es weder auf das Steuerfeld noch auf das Hauptfeld — beide wirken 2polig — Einfluß hat. Zur Überlagerung des Wechselfeldes kann man auf den Hauptpolen eine zusätzliche Wechselstromwicklung aufbringen (Abb. 60a)[1] oder, wie in Abb. 60b gezeigt wird, eine Wechselspannung der Steuergleichspannung galvanisch überlagern[2].

Ein anderer Weg, einen eindeutigen Zusammenhang zwischen Steuergröße und Ausgangsgröße des Maschinenverstärkers zu erzielen, wurde zuerst von Valentin angegeben. Er sieht vor, in Abhängigkeit von der Steuergröße eine bestimmte Ausgangsgröße einzuregeln (im Sinne der Regelungstechnik eine Folgeregelung). Hierdurch entsteht ein kleiner Regelkreis, der sich nur vom Ausgang zum Eingang des Maschinenverstärkers schließt, innerhalb des eigentlichen Regelkreises. Valentin führt eine der Steuerdurchflutung und eine der Nutzspannung der Verstärkermaschine proportionale Größe den Steuerwicklungen eines magnetischen Verstärkers zu, dessen Ausgang auf das Steuerfeld der Ver-

[1] DBP 928 055

stärkermaschine zurückwirkt. Da ein Magnetverstärker nicht in zwei Stromrichtungen arbeiten kann, sind zwei Magnetverstärker und entsprechend auch zwei Wicklungen im Steuerfeld der Verstärkermaschine vorgesehen, von denen eine auf- und eine aberregend wirkt. Übersteigt die Nutzspannung den durch die Steuerdurchflutung vorgegebenen Sollwert, tritt die aberregende Steuerwicklung in Tätigkeit; unterschreitet die Ankerspannung den Sollwert, tritt die auferregende Wicklung in Tätigkeit. Wie Abb. 59 zeigt, erzielt man mit Hilfe dieses Zusatzgerätes, das VALENTIN als Hysterese-Korrekturapparat bezeichnet, einen eindeutigen Zusammenhang zwischen wirksamer Durchflutung und Ankerspannung. Die von VALENTIN vorgeschlagene Lösung kann bei allen Maschinenverstärkern angewandt werden.

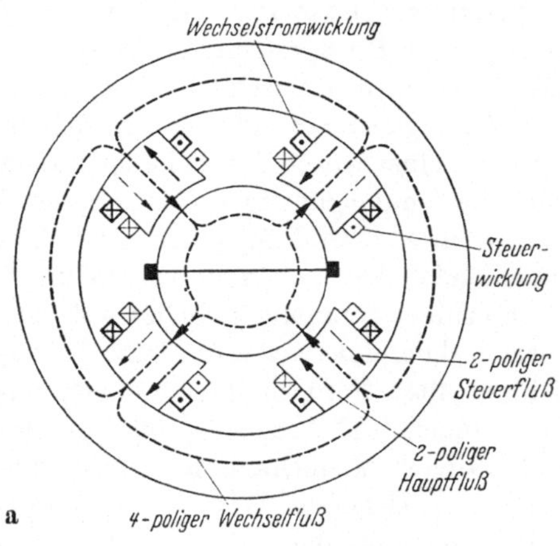

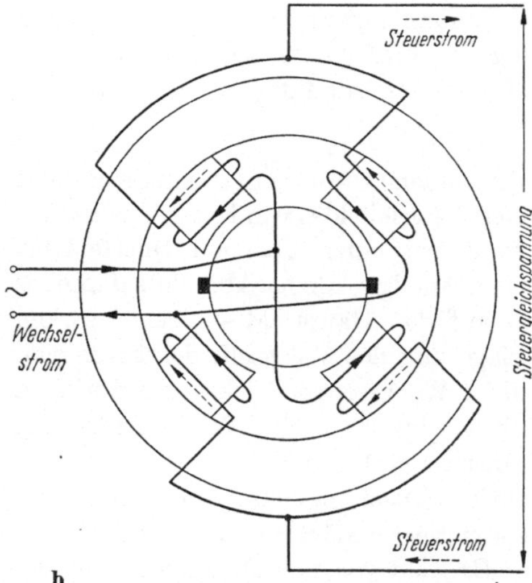

Abb. 60 a u. b. 2 polige Querfeldverstärkermaschine: Verminderung der Remanenz durch Überlagerung eines 4 poligen Wechselfeldes; a) 4 polig wirkende Zusatzwicklung zum Anschluß an Wechselspannung; b) Steuergleichstrom und Wechselstrom benutzen die gleichen Hauptpolwicklungen

3. Stromwendung

Bei allen Gleichstrommaschinen können Bürstenkurzschlußströme auf das Hauptfeld zurückwirken und den durch die Magnetisierungskennlinie gegebenen Zusammenhang zwischen Durchflutung und Anker-*EMK* stören, wie in Abb. 61 gezeigt ist[1]. Bürstenkurzschlußströme treten auf, wenn die Stromwendung nicht geradlinig (in Abb. 61 — — — gezeichnet) verläuft. Mit Rücksicht auf Bürstenfeuer wird bei normalen Gleichstrommaschinen eine Frühkommutierung eingestellt, d. h. der Strom in den

[1] LOOCKE, G.: Messung der Bürstenkurzschlußströme einer Gleichstrommaschine E. u. M., Bd. 72 (1955) S. 309—314

Ankerleitern kehrt seine Richtung nicht in der Mitte der Kommutierungszone um, wie bei der geradlinigen Stromwendung, sondern geht wesentlich früher durch Null (in Abb. 61 — gezeichnet). Die Durchflutung der Bürstenkurzschlußströme, im folgenden kurz mit AWZ bezeichnet, wirkt dann bei Generatoren feldverstärkend, bei Motoren feldschwächend. Das stört schon bei üblichen Gleichstrommaschinen den Betrieb. Motoren können pendeln, Generatoren sich selbst erregen. Bei Regelmaschinen ist die Rückwirkung auf das Hauptfeld noch wesentlich stärker, denn wenn man eine günstige dynamische Verstärkung erzielen will, müssen diese Maschinen schwächer erregt sein und ihr magnetischer Leitwert λ muß größer sein als bei gewöhnlichen Gleichstrommaschinen. Das gilt besonders für die Eingangsstufe der Maschinenverstärker, wo unter Umständen die Durchflutung der Bürstenkurzschlußströme in die Größenordnung der Steuerdurchflutung fällt oder gar noch größer als diese ist.

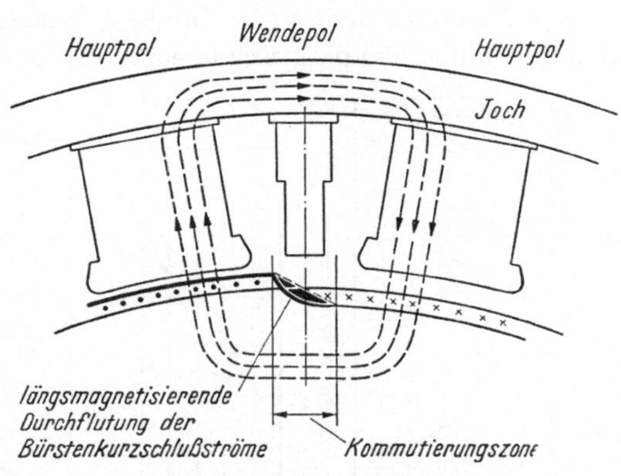

Abb. 61. Gleichstrommaschine: Längsmagnetisierende Wirkung der Bürstenkurzschlußströme

Abb. 62 zeigt den Einfluß der Stromwendung auf das Hauptfeld bei einer Querfeldverstärkermaschine. In dieser Abb. sind nebeneinandergestellt

a) die Funkengrenzkurven einer Querfeldverstärkermaschine, aufgenommen an den Bürsten im Kurzschlußkreis. Mit A ist eine bei Gleichstrommaschinen übliche Wendefeldeinstellung gekennzeichnet. Bei B wurde das Wendefeld durch einen Parallelwiderstand zur Wendepolwicklung um 10% gegenüber A geschwächt,

b) die bei den Wendefeldeinstellungen A und B gemessenen Bürstenpotentialkurven,

c) die Leerlauf-Kennlinien: Nutzspannung in Abhängigkeit von der wirksamen Steuerdurchflutung bei den Wendefeldeinstellungen A und B.

Die bei Gleichstrommaschinen übliche Einstellung A ergibt eine Frühkommutierung. In der Bürstenfläche sind dem Nutzstrom Bürstenkurzschlußströme überlagert. Die Stromdichte unter den Bürsten nimmt in Drehrichtung ab. Man kann dies aus der Tatsache schließen, daß an der anlaufenden Bürstenkante ein höheres Potential als an der ablaufenden gemessen wird. Wie stark die Bürstenkurzschlußströme in der schwach erregten Eingangsstufe auf das Hauptfeld zurückwirken, zeigt die Leerlauf-Kennlinie A. Bereits bei kleiner Aussteuerung erregt sich die Maschine selbst bis zur Sättigung. Die Maschine ist für die meisten Zwecke der Regelungstechnik unbrauchbar. Bei der Einstellung B kommutiert die Maschine etwa geradlinig. Die Bürstenkurzschlußströme sind daher gering. An der anlaufenden und ablaufenden Bürstenkante wird etwa gleiches Potential gemessen. Infolgedessen ergibt sich eine Leerlauf-Kennlinie mit einem praktisch linearen und eindeutigen Verlauf.

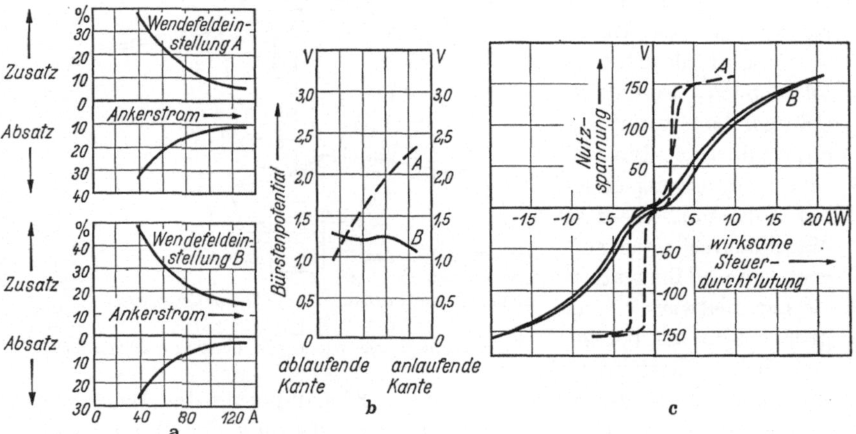

Abb. 62a—c. Querfeldverstärkermaschine 9 kW, 1500 U/min, 90 V. Einfluß der Wendefeldeinstellung auf die Leerlaufkennlinie. Aufgetragen sind für Wendefeldeinstellung A und B a) Funkengrenzen (aufgenommen an den Bürsten im Kurzschlußkreis); b) Bürstenpotentialkurven; c) Leerlaufkennlinien (Nutzspannung U_N in Abhängigkeit von der wirksamen Steuerdurchflutung)

Man könnte nun daran denken, die feldverstärkende Wirkung der Bürstenkurzschlußströme zu einer Erhöhung des Verstärkungsfaktors auszunutzen. Die Größe der AWZ ist jedoch nicht konstant, sondern wird, wie von der gewöhnlichen Gleichstrommaschine her bekannt ist, vom Bürstenübergangswiderstand bestimmt. Dieser Übergangswiderstand ist aber, außer von der Strombelastung auch vom Einlaufzustand der Bürstenfläche und von Umweltseinflüssen wie Luftfeuchtigkeit, Gasatmosphäre und ähnlichem abhängig. Er kann sich daher während des Betriebes stark ändern. Eine eindeutige Zuordnung von Ankerstrom und Bürstenkurzschlußströmen besteht also nicht. Man wird daher nach Möglichkeit auf eine zusätzliche Verstärkerwirkung durch die AWZ verzichten und eine geradlinige Kommutierung anstreben.

Man soll deshalb bei Regelmaschinen nicht, wie bei den üblichen Gleichstrommaschinen die Kommutierung lediglich an Hand der Funkengrenzkurven einstellen. Vielmehr muß untersucht werden, bei welchem Wendefeld die Bürstenkurzschlußströme nicht auf das Hauptfeld zurückwirken. Es gibt Fälle, wo eine solche Wendefeldeinstellung nicht mehr in die funkenfreie Zone fällt. Diese Gefahr besteht immer, wenn die Funkengrenzkurven eng sind. Dann muß man selbstverständlich Bürstenkurzschlußströme in Kauf nehmen, da die Maschine unter allen Umständen funkenfrei laufen soll. Die Breite zwischen den Funkengrenzen ist durch geeignete Bürsten zu beeinflussen. Auch eine gute mechanische Ausführung des Kommutators spielt eine Rolle. Die Kommutatoren sollen deshalb immer formiert werden.

Entscheidend sind jedoch Drehzahl und Ankerdurchmesser. In den USA hat man sich in der Mehrzahl der Fälle bei stationären Antrieben für eine Drehzahl von 1800 und nicht 3600 U/min entschieden (Speisefrequenz für die Antriebsmotoren 60 Hz), wie an sich aus Gründen einer günstigen dynamischen Verstärkung nahe läge (C I 1). Man hatte nämlich die Erfahrung gemacht, daß bei einer Drehzahl von 3600 U/min nicht immer das Wendefeld funkenfrei so eingestellt werden kann, wie es mit Rücksicht auf die AWZ erwünscht ist. Das ist darauf zurückzuführen, daß bei gegebener Leistung und Ankerumfangsgeschwindigkeit an einer Maschine mit kleinerem Ankerdurchmesser und höherer Drehzahl die Stromwendespannungen größer sind als an einer Maschine mit größerem Ankerdurchmesser und kleinerer Drehzahl. Auch der mechanische Lauf des Kommutators sowie die Laufruhe der Bürsten ist bei 3600 U/min schlechter als bei 1800 U/min.

In Deutschland lagen etwas günstigere Verhältnisse vor, da infolge der 50 Hz-Speisefrequenz für den Antriebsmotor nur eine Höchstdrehzahl von 3000 U/min möglich ist. Trotzdem hat auch die deutsche Technik zunächst mit 1500-tourigen Maschinenverstärkern angefangen. Die nunmehr 10jährige Entwicklung hat gezeigt, daß man auch bei 3000 U/min die gewünschten Betriebseigenschaften erzielen kann.

Als Hilfsmittel für die Kommutierung verwendet man bei Regelmaschinen wie bei den großen Gleichstrommaschinen Wendepole. Anfangs hat man Wendepole nur bei größeren Regelmaschinen vorgesehen. Die Auswirkung, die die Kommutierung auf die Kennlinie eines Maschinenverstärkers bringen kann, hat jedoch die Mehrzahl der Hersteller veranlaßt, auch kleine Verstärkermaschinen mit Wendepolen auszurüsten. Vorteilhaft wirkt sich auf die Kommutierung der Maschinenverstärker aus, daß in der Regel der magnetische Kreis voll geblecht ist, so daß das Wendefeld nicht durch Wirbelströme gedämpft wird.

Bei der Querfeldmaschine hat auch die Polanordnung entscheidenden Einfluß auf die Kommutierung. Bei der klassischen Ausführung (Abb. 54) muß die Kommutierung des Nutzstromes im Bereich des Steuerflusses stattfinden. Rosenberg hat versucht, durch das Einfräsen von Kommutierungsnuten die Kommutierungszone des Nutzstromes feldfrei zu machen. Bei den in Abb. 63a und 63b dargestellten Ständerblechen kleiner Amplidynen sind anstelle der Kommutierungsnuten Wendepole

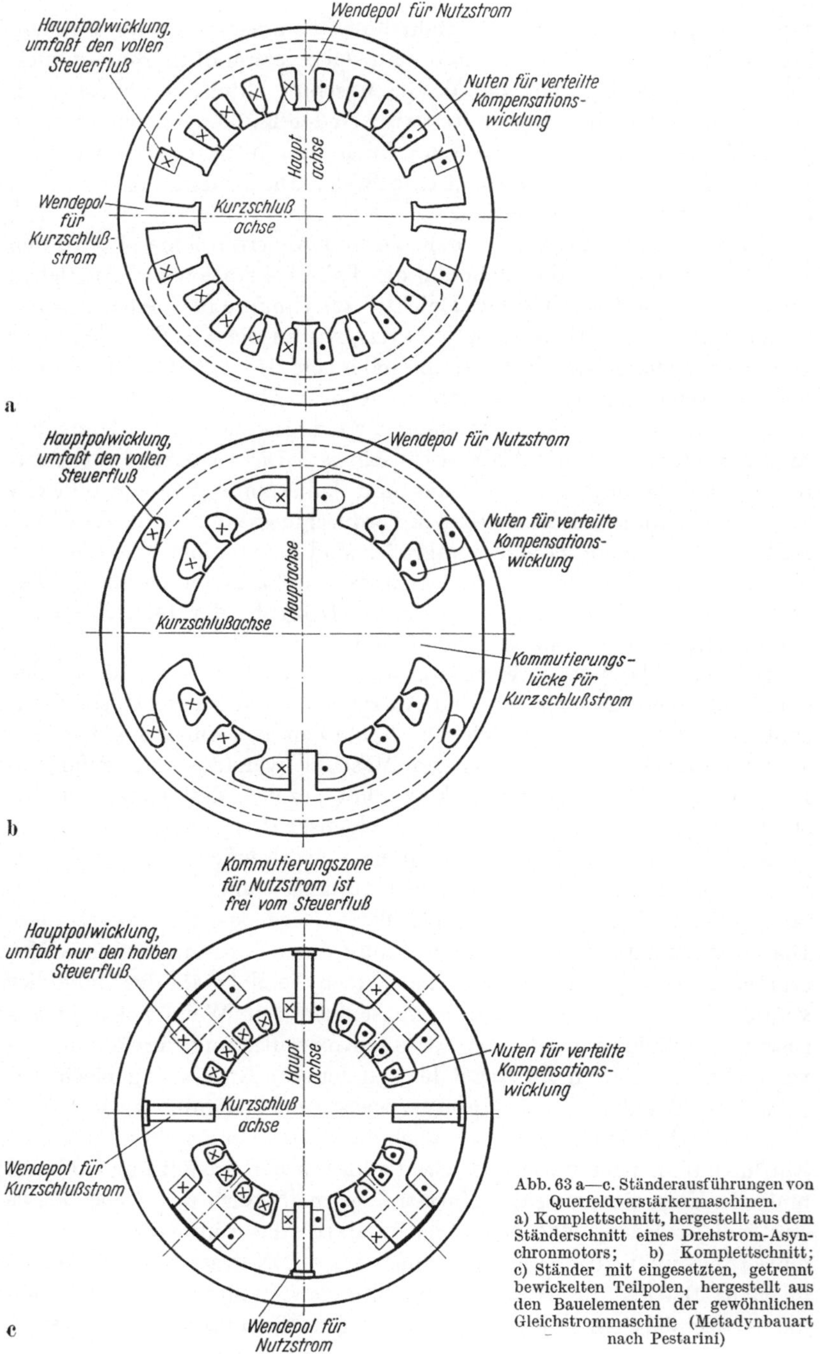

Abb. 63 a—c. Ständerausführungen von Querfeldverstärkermaschinen. a) Komplettschnitt, hergestellt aus dem Ständerschnitt eines Drehstrom-Asynchronmotors; b) Komplettschnitt; c) Ständer mit eingesetzten, getrennt bewickelten Teilpolen, hergestellt aus den Bauelementen der gewöhnlichen Gleichstrommaschine (Metadynbauart nach Pestarini)

vorgesehen, mit deren Hilfe man wesentlich günstigere Kommutierungsverhältnisse als bei der klassischen ROSENBERG-Maschine erhält. Die Hauptpole weisen Nuten zur Aufnahme der Kompensationswicklung auf. Zur Herstellung des Ständerbleches 63a wurde der Ständerschnitt einer Ds-Maschine benutzt. Die Nuten für die Aufnahme der Ständerwicklung sind mit Hilfe eines Zusatzstempels eingestanzt worden. Bei den Maschinen mit den Ständerblechen 63a und b wird von der Steuerwicklung, wie bei der ROSENBERG-Maschine, der gesamte Steuerfluß umfaßt, so daß auch hier die Stromwendung im Bereich des Steuerflusses stattfinden muß, da die Steuerwicklung ja den Wendepol für den Nutzstrom mit umfaßt. Querfeldverstärkermaschinen größerer Leistung baut man deshalb zweckmäßig in der von PESTARINI vorgeschlagenen Metadyneform, wie sie schematisch in Abb. 47 gezeigt wurde. In Abb. 63c ist der Ständerquerschnitt einer ausgeführten Maschine dargestellt. In dieser Ausführung ist jeder Hauptpol in zwei gleiche Teilpole aufgeteilt und jeder Teilpol getrennt bewickelt, so daß die Zone zwischen den beiden Teilpolen frei vom Steuerfluß gemacht wird. Dadurch erhält man Kommutierungsverhältnisse wie bei einer gewöhnlichen Gleichstrommaschine. Bei der von PESTARINI vorgeschlagenen Bauform kann man weitgehend auf Teile der normalen Fertigung von Gleichstrommaschinen zurückgreifen. Der Ständer wird nicht als Komplett-Schnitt, sondern mit getrennten Schnitten für Pole und Joch ausgeführt. Mit Rücksicht auf eine einfache Jochform verzichtet man darauf, die von Steuer- und Hauptfluß durchsetzten Jochteile mit unterschiedlichen Querschnitten auszuführen.

Wenn freier Wickelraum zur Verfügung steht, kann man eine vom Kurzschlußstrom durchflossene Wicklung auf den Hauptpolen unterbringen, die die Wirkung der Ankerdurchflutung unterstützt (im angelsächsischen Schrifttum als *Quadrature Winding* bezeichnet), und dadurch den Kurzschlußstrom herabsetzen. Das hat sich bei größeren Maschinen als zweckmäßig erwiesen, einmal weil mit dem Kurzschlußstrom auch die Rückwirkung der Kommutierung auf das Hauptfeld kleiner wird. Zum anderen, kann man damit unter gewissen Voraussetzungen eine höhere Modellausnutzung erreichen. (Näheres s. C IV).

Es liegt nahe, auch bei größeren Doppelfeldmaschinen die Teilpole getrennt zu bewickeln, damit die Kommutierung des Nutzstromes in einer vom Steuerfluß freien Zone stattfinden kann.

Die Wendefeldeinstellung wird bei der Doppelfeld- und Unsymmetrieverstärkermaschine dadurch erschwert, daß der gleiche Wendepol die Stromwendung der ersten und zweiten Verstärkerstufe beeinflussen muß. Bei der Kaskadenschaltung, der Querfeldverstärkermaschine und beim Magnicon besitzt dagegen jeder Ankerstromkreis seine eigenen Wendepole.

4. Verschiebung der Bürsten aus der neutralen Zone

Werden bei einer Gleichstrommaschine die Bürsten aus der neutralen Zone verschoben, so hat die von den stromdurchflossenen Ankerleitern ausgehende Durchflutung (Ankerquerfeld) bekanntlich eine Komponente in Richtung der Erregerdurchflutung (s. Abb. 64). Eine Bürstenverschiebung entgegen der Drehrichtung wirkt im Generator-Betrieb feld-

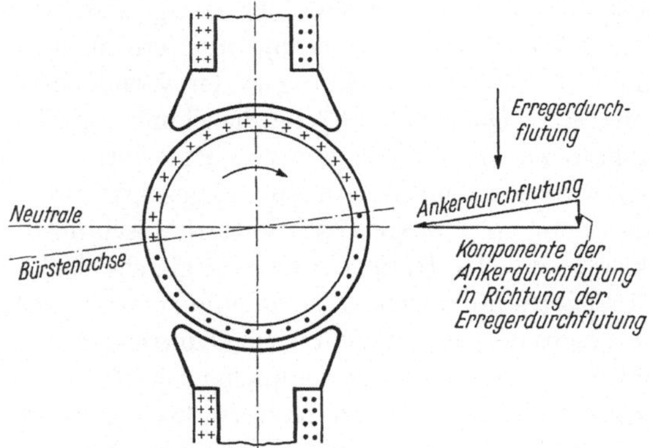

Abb. 64. Gleichstrommaschine: Rückwirkung der Ankerdurchflutung auf die Erregerdurchflutung, wenn Bürstenachse nicht mit der neutralen Zone übereinstimmt

verstärkend, im Motorbetrieb feldschwächend. Eine Bürstenverschiebung in Drehrichtung wirkt im Generator-Betrieb feldschwächend, im Motor-Betrieb feldverstärkend.

Nun macht sich bei Verstärkermaschinen eine Bürstenverschiebung stärker als bei gewöhnlichen Gleichstromgeneratoren bemerkbar, da mit Rücksicht auf eine günstige dynamische Verstärkung diese Maschinen nur schwach erregt sind, der Anker dagegen hoch ausgenutzt ist. So ist besonders in der Eingangsstufe (Vorverstärker) das Verhältnis von Ankerdurchflutung zu Erregerdurchflutung erheblich größer als bei gewöhnlichen Gleichstrommaschinen. Eine Verschiebung der Eingangsbürsten wirkt sich daher besonders stark aus — unabhängig davon, ob es sich um eine Kaskade von 2 Maschinen oder einen zweistufigen Maschinenverstärker handelt. Mehr als bei gewöhnlichen Gleichstrom-Maschinen kommt es daher auf eine genaue Einstellung der Neutralen an.

Bei den älteren Querfeldverstärkermaschinen stieß das auf Schwierigkeiten, da als Folge von Fertigungsungenauigkeiten die beiden neutralen Zonen oder die am gemeinsamen Joch starr befestigten Bürstenachsen nicht den erforderlichen Winkel von 90° elektrisch bildeten. Bei modernen Maschinen ist der Bürstenträger so ausgebildet, daß man die Bürstenachsen für die Eingangs- und Ausgangsstufe unabhängig voneinander verstellen kann. Diese Ausbildung des Bürstenträgers ermöglicht es außerdem, durch

Bürstenverschiebung einer Achse die Rückwirkung der Bürsten-Kurzschlußströme, die ja nach Abb. 61 ebenfalls als Verschiebung der Ankerdurchflutungsachse aus der Neutralen gedeutet werden kann, auf die Erregerdurchflutung aufzuheben. Dieser Ausgleich ist jedoch nur als Notbehelf anzusehen, da, wie bereits in C III 3 erläutert, die Durchflutung der Bürstenkurzschlußströme keine exakt erfaßbare Größe ist. Aber auch die Rückwirkung durch nicht in der Neutralen stehende Bürsten ist keine exakt erfaßbare Größe, da sich bei Einlaufen oder Abnutzung die Lage der Bürsten und damit die in der Achse der Erregerdurchflutung wirkende Komponente der Ankerdurchflutung ändern kann.

5. Der Einfluß der Bürstenübergangsspannung

Wie in Abschn. C III 3 gezeigt wurde, hat der Bürstenübergangswiderstand Einfluß auf die Bürstenkurzschlußströme und damit auch einen mittelbaren Einfluß auf die Magnetisierungskennlinie $U_N = f(\Theta_{res})$ der Verstärkermaschine. Nun liegt der Bürstenübergangswiderstand als Verbraucherwiderstand im Ankerkreis der ersten Verstärkerstufe und

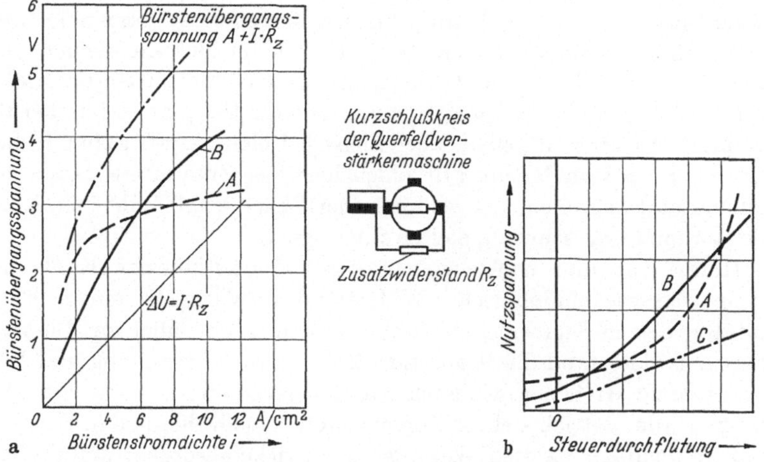

Abb. 65 a u. b. Querfeldverstärkermaschine 9 kW, 1500 U/min, 90 V. Einfluß der Bürstenübergangsspannung auf die Leerlaufkennlinie. Aufgetragen sind für die Bürstenqualität A und B sowie für die Bürstenqualität A mit Zusatzwiderstand im Kurzschlußkreis a) Bürstenspannungsabfall; b) Leerlaufkennlinie im Bereich kleiner Aussteuerung

übt dadurch auch einen unmittelbaren Einfluß auf die Magnetisierungskennlinie aus:

Da der Bürstenübergangswiderstand nicht konstant ist, besteht in einem Stromkreis, der einen rotierenden Kontakt Kohle–Kupfer enthält, also im Grunde in jedem Läuferkreis einer Maschine, keine lineare Beziehung zwischen Spannung und Strom. Das macht sich bemerkbar, wenn der Spannungsabfall an den übrigen Verbrauchern dieses Kreises in der Größenordnung des Bürstenspannungsabfalles liegt. In der Praxis kann sich das auswirken, wie in Abb. 65 am Beispiel einer Querfeldverstärkermaschine für 90 V Nennspannung an den Nutzbürsten gezeigt wird. Die im Kurzschlußkreis erzeugte EMK wird bei stationärem Betrieb über den ohmschen Widerständen von Anker- und Wendepolwicklung und an den Bürsten verbraucht. Bei kleiner Aussteuerung liegen Bürstenspannungsabfall und ohmscher Spannungsabfall in einer Größenordnung. Arbeitet man mit einer elektrografitierten Kohlebürste — Abb. 65a zeigt ihre Spannungskurve unter A — so ist die Leerlaufkennlinie im Bereich des Nullpunktes verzerrt, wie man in Abb. 65b sieht. Die Kurvenform erklärt sich daraus, daß der Bürstenübergangswiderstand, also auch der Widerstand im Kurzschlußkreis mit steigendem Strom abnimmt. Solange die Bürstenübergangsspannung gegenüber dem ohmschen Spannungsabfall nicht zu vernachlässigen ist, muß also die Nutzspannung mehr als proportional mit der Erregung steigen.

Beseitigen könnte man die Verzerrung der Kennlinie durch Bürsten, bei denen Übergangsspannung und Stromdichte einander proportional sind. Dies entspricht der Kurve B in Abb. 65a. Versuchsweise wurden solche Bürsten bei Verstärkermaschinen aufgesetzt und dann eine Leerlaufkennlinie B aufgenommen, bei der auch im Bereich kleiner Aussteuerung Durchflutung und Nutzspannung einander fast proportional sind. Dieses gewünschte Stromspannungsverhalten gibt es nur bei bestimmten Naturgrafitkohlen, aber nicht bei elektrografitierten Kohlebürsten. Da jedoch Naturgrafitkohlen in dieser Zusammensetzung den Kommutator angreifen, sind sie für Dauerbetrieb bei den üblichen Kommutatorumfangsgeschwindigkeiten ungeeignet.

Holm[1] hat nun nachgewiesen, daß ein Gleitkontakt Kohle auf Kohle sich wie ein ohmscher Widerstand verhält. Mit einem Kommutator, dessen Segmente aus Kohle bestehen, ist daher am Bürstenübergangswiderstand die Proportionalität zwischen Spannung und Bürstenstrom zu erreichen, wie auch durch Versuche im Laboratorium bestätigt wurde. Betriebssichere Kommutatoren aus Kohle sind in Deutschland während des zweiten Weltkrieges entwickelt worden, weil die Rüstungswirtschaft dadurch Kupfer einzusparen hoffte. Auf breiter Basis hat sich der Kohlekommutator damals nicht durchsetzen können, einmal weil er nicht die Festigkeit und Betriebssicherheit des Kupferkommutators aufweist, zum anderen weil die Verbindung des Kohlekommutators mit der Ankerwicklung schwer zu fertigen ist. Aus dem gleichen Grunde dürfte auch bei den Verstärkermaschinen der Einsatz

[1] Holm, R.: Electric Contacts. Almqvist & Wiksells Akademiska Handböcker. Stockholm: Hugo Gebers 1946. — Neuauflage: Electric Contacts Handbook. Berlin/Göttingen/Heidelberg: Springer 1958

eines Kohlekommutators vorerst auf Sonderfälle beschränkt bleiben, obwohl mit dem Kohlekommutator die unerwünschte Eigenschaft der Kennlinienverzerrung im Bereich kleiner Aussteuerung restlos beseitigt werden kann.

Man kann den verzerrten Bereich eingrenzen, indem man zusätzlich ohmschen Widerstand in den Kurzschlußkreis schaltet; dann wird schon bei kleiner Aussteuerung der ohmsche Spannungsabfall größer als der Bürstenspannungsabfall. Bei Kennlinie C ist Zusatzwiderstand in den Kurzschlußkreis geschaltet. Die Maschine ist mit Elektrografitkohlen A bestückt. Zur Bürstenübergangsspannung A tritt der Spannungsabfall über dem Zusatzwiderstand R_Z. Es genügen $J\,R_Z$ und der ohmsche Spannungsabfall in den Wicklungen, um auch im Bereich kleiner Aussteuerung den linearen Zusammenhang zwischen Durchflutung und Nutzspannung herzustellen. Allerdings wird in dem ohmschen Zusatzwiderstand Leistung vernichtet. Die Maßnahme geht also auf Kosten des Verstärkungsfaktors. Wenn man jedoch mit Bürsten geringen Übergangswiderstandes, also Metallbürsten, arbeitet, genügt mitunter schon ein kleiner Widerstand zur Begradigung der Kennlinie. Das Einschalten von Zusatzwiderstand ist immer dann zu empfehlen, wenn eine Maschine häufig mit Ankernutzspannungen $\ll$ Nennspannung arbeiten muß. Ein solcher Fall liegt beispielsweise bei verstärkermaschinengesteuerten Abraumlokomotiven (s. D VI 1) vor. Hier ist bei Langsamfahrt unter dem Bagger die Verstärkermaschine etwa nur mit 5% ihrer Nennspannung ausgesteuert.

Ist bei gegebener Leistung die Nutzspannung frei wählbar, so baut man die Verstärkermaschinen zweckmäßig für Nennspannungen von 200 bis 300 V. In diesem Falle ist der Einfluß des Bürstenübergangswiderstandes auf den Kennlinienbereich $\pm$ 5%, wie die Kennlinie in Abb. 59 zeigt, praktisch nicht mehr wahrnehmbar, denn der ohmsche Widerstand im Kurzschlußkreis ist so groß, daß auch ohne Zusatzwiderstand R_Z der Bürstenspannungsabfall nur noch bei sehr kleiner Erregung auf die Kennlinie Einfluß hat.

Bei Querfeldmaschinen für Nennspannungen unter 100 V tritt der Einfluß des Bürstenübergangswiderstandes auf die Kennlinie dagegen merklich hervor. Mit so kleinen Spannungen arbeiten vorzugsweise Querfeldmaschinen als Zusatzmaschinen in den Ankerkreisen größerer Gleichstrommaschinen (Booster-Maschinen). In der Praxis hat sich gezeigt, daß solche Maschinen nach längerem Einlauf einen Bürstenübergangswiderstand aufweisen, der bei kleiner Aussteuerung eine Ordnung größer als der ohmsche Widerstand des Kreises sein kann. Man erhält dann eine Leerlaufkennlinie vom Kurventyp A in Abb. 65b, die bis zu einer gewissen Steuerdurchflutung, dem sogenannten Schwellwert, praktisch parallel zur Abszissenachse verläuft. Die Nutzspannung der Verstärkermaschine ist also mittels der Steuerdurchflutung nur außerhalb dieses Schwellwertbereiches zu beeinflussen.

Ähnlich wie die Querfeldverstärkermaschine verhält sich in dieser Beziehung auch Unsymmetrieverstärkermaschine und Magnicon. Da auch hier Eingangs- und Ausgangsstufe die gleiche Ankerwicklung und den gleichen Kommutator benutzen, ist man ebenfalls an ein festes Verhältnis zwischen Nutzspannung und Anker-*EMK* in der ersten Stufe gebunden. Muß die Maschine für kleine Nutzspannung bemessen werden, ist zwangsläufig die EMK der Steuerstufe so klein, daß der Einfluß der Bürstenübergangsspannung groß ist.

Bei der Maschinenkaskade und der Doppelfeldmaschine kann der Einfluß der Bürstenübergangsspannung verringert werden. Man strebt dabei für die Ausgangsspannung der ersten Verstärkerstufe einen möglichst hohen Wert an, um den ohmschen Widerstand der Erregerwicklung für die zweite Verstärkerstufe eine Ordnung größer als den Bürstenübergangswiderstand machen zu können. Beliebig groß kann aber auch bei der Maschinenkaskade und bei der Doppelfeldmaschine diese Spannung nicht gemacht werden. Da man bei der Vorverstärkerstufe ja mit Rücksicht auf die günstige dynamische Verstärkung [Gl. (59)] mit schwachem Feld, aber mit hoher Ankerausnutzung arbeiten muß, ist hohe Ankerspannung gleichbedeutend mit hoher Windungszahl im Anker. Nun steigt aber bei der Gleichstrommaschine die Stromwendespannung quadratisch mit der Windungszahl pro Segment. Bezogen auf gleiche Bohrungsabmessungen und gleiche Ausnutzung steigt daher die Stromwendespannung etwa proportional mit der Ankerspannung (Pichelmeyersche Formel). Mit einer höheren Stromwendespannung gewinnt wiederum die Rückwirkung der Bürstenkurzschlußströme auf das schwach gesättigte Hauptfeld stärkeren Einfluß. Eine geradlinige Kommutierung (s. C III 3) kann unter Umständen nicht mehr eingestellt werden.

IV. Das Ankerfeld

1. Die Längsmagnetisierung bei der Spaltpolmaschine

Bei der gewöhnlichen Gleichstrommaschine verursacht die Ankerdurchflutung bekanntlich eine *Quermagnetisierung* im Bereich der Hauptpole. Bei Spaltpolmaschinen, bei denen ein Hauptpol in zwei Teilpole aufgespalten ist, tritt unter dem Einfluß der Ankerdurchflutung außer der Quermagnetisierung im Bereich der Polbedeckung auch noch eine magnetisierende Wirkung in dem Sinne auf, als ob auf dem einen der beiden an sich gleichnamigen Teilpole eine nordmagnetisierende und auf dem anderen eine südmagnetisierende Wicklung angeordnet wäre.

Es schließt sich daher ein Fluß über dem von beiden Teilpolen und dem dazwischen liegenden Joch- und Ankerabschnitt gebildeten magnetischen Kreis (s. Abb. 66b). Dieser Effekt sei im folgenden mit *Längsmagnetisierung* bezeichnet.

In Abb. 67 ist der Verlauf der Ankerdurchflutung über zwei Polteilungen bei gewöhnlichen Gleichstrommaschinen und bei Spaltpolmaschinen aufgetragen. Die magnetomotorische Kraft der Längsmagnetisierung pro Teilpol der Spaltpolmaschine beträgt

$$MMK = \frac{1}{2} \cdot \frac{J}{2\,a} \cdot \frac{Z_A/2}{\mathfrak{p}} \cdot X \tag{61}$$

wobei

I der Ankerstrom,
a die halbe Zahl der parallelen Ankerzweige,
Z_A die Zahl der Ankerleiter,
$4\,\mathfrak{p}$ die Zahl der Teilpole ist und der Faktor
X $= 0{,}5$ ausdrückt, welcher Anteil der Ankerdurchflutung längsmagnetisierend wirkt (Abb. 67 b)

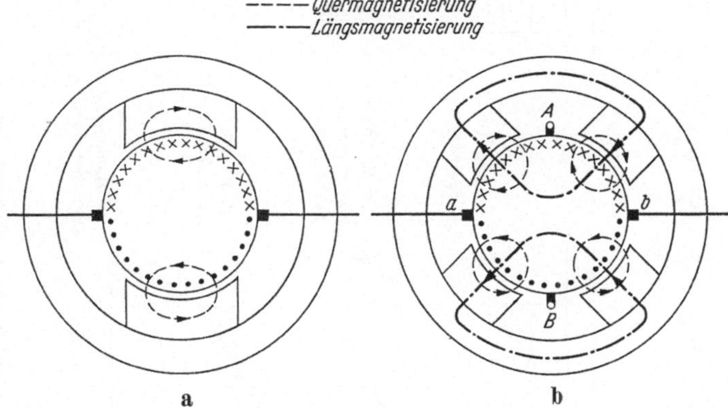

a b

Abb. 66 a u. b. Rückwirkung der Ankerdurchflutung auf die Hauptpole. a) bei gewöhnlichen Gleichstrommaschinen; b) bei Spaltpolmaschinen

Bei der Querfeldverstärkermaschine arbeitet die erste und zweite Verstärkerstufe mit Spaltpolen. Die längsmagnetisierende Wirkung der kurzschlußstromdurchflossenen Ankerleiter benutzt man, um das Hauptfeld zu erregen. Die Durchflutung der vom Nutzstrom durchflossenen Ankerleiter wirkt der Steuerdurchflutung entgegen, wie bereits C II 3 gezeigt wurde. Bei den Querfeld-*Konstantstrom-Generatoren* erzwingt man durch diese Gegenerregung (Gegenkopplung des Nutzstromes) die Regelung auf konstanten Nutzstrom J_N. Auch bei Querfeld-*Schweißgeneratoren* benutzt man die Gegenerregung des Ankerstromes, um die Stromspannungs-Kennlinie der Maschine der Lichtbogen-Kennlinie (fallende Spannung mit steigendem Strom) anzupassen. Bei der Querfeld-*Verstärkermaschine* dagegen muß das Ankerfeld in der Ausgangsstufe unterdrückt werden, da die Verstärkermaschine ja wie der LEONARD-generator in erster Näherung eine dem Steuerstrom proportionale Nutzspannung liefern soll. Der Durchflutungsausgleich erfolgt durch eine vom

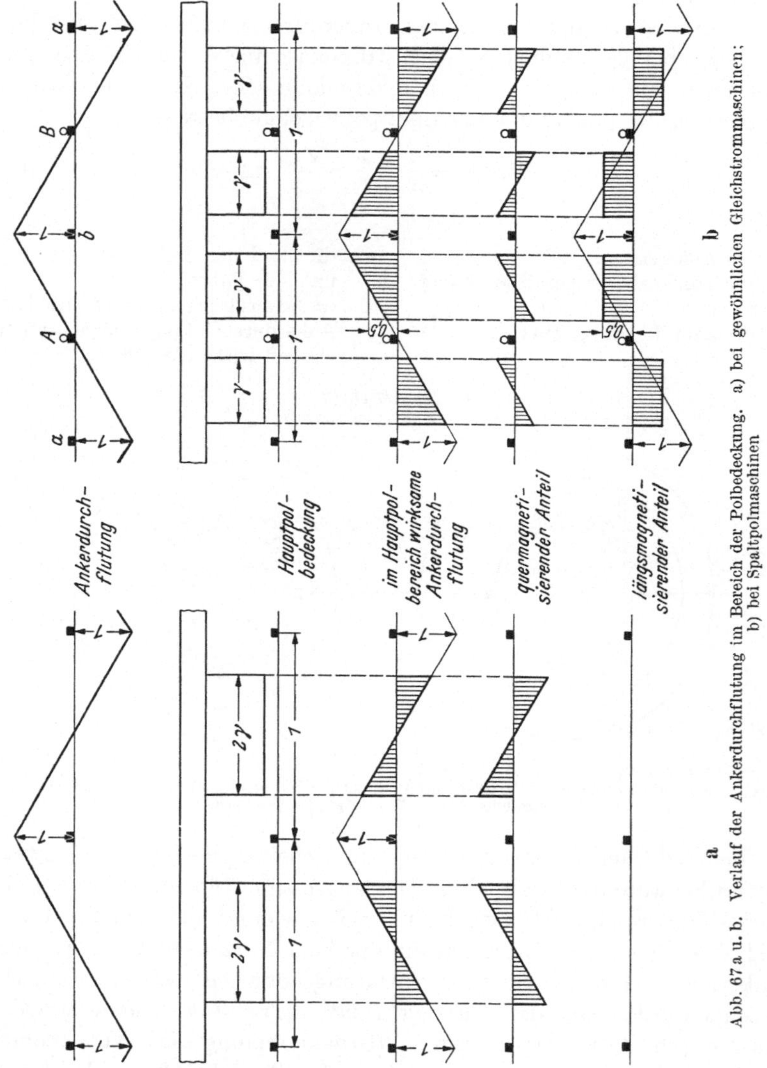

Abb. 67 a u. b. Verlauf der Ankerdurchflutung im Bereich der Polbedeckung. a) bei gewöhnlichen Gleichstrommaschinen; b) bei Spaltpolmaschinen

Nutzstrom durchflossene Ständerwicklung, deren Durchflutung der Ankerdurchflutung entgegenwirkt (Kompensationswicklung).

In der Regel wird die volle (100%ige) Kompensation der Ankerdurchflutung des Nutzstromes J_N angestrebt. Eine Maschine ist als voll

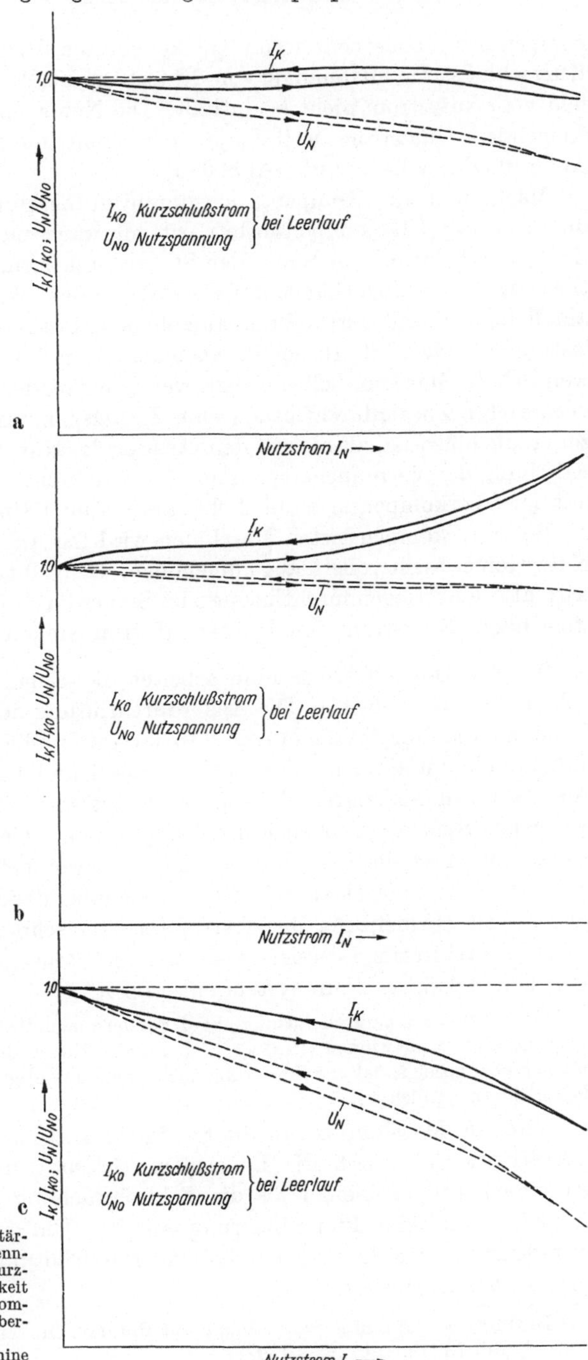

Abb. 68a—c. Querfeldverstärkermaschine: Belastungskennlinie; Nutzspannung und Kurzschlußstrom in Abhängigkeit vom Nutzstrom. a) voll kompensierte Maschine; b) überkompensierte Maschine; c) unterkompensierte Maschine

kompensiert anzusehen, wenn bei konstanter Steuerdurchflutung der Kurzschlußstrom unabhängig vom Nutzstrom ist. Dann wird das Steuerfeld vom Nutzstrom nicht beeinflußt. Die Nutzspannung U_N sinkt mit steigendem Nutzstrom, weil J_N ja einen ohmschen Spannungsabfall im Ankernutzkreis hervorruft (Abb. 68a).

Macht man die Kompensationsdurchflutung stärker als die Ankerdurchflutung (Überkompensation), tritt mit wachsendem Nutzstrom eine Zusatzdurchflutung im Sinne der Steuerdurchflutung auf. Es besteht theoretisch die Möglichkeit, auf diese Weise den ohmschen Spannungsabfall im Ankernutzstromkreis aufzuheben, so daß die Nutzspannung lastunabhängig wird. In der Praxis macht man davon selten Gebrauch, weil sich die Maschine selbst erregt, wenn die von der Überkompensation verursachte Zusatzdurchflutung eine Zusatzspannung im Nutzkreis erzeugt, die höher ist, als die mit dem Anstieg des Nutzstromes verbundene Erhöhung der Verbraucherspannung im Nutzkreis. Praktisch geht man mit der Überkompensation nie höher als in Abb. 68b.

Bei unterkompensierten Maschinen wird die Ankerdurchflutung des Nutzstromes nicht vollständig aufgehoben. Dem Nutzstrom proportional tritt also eine Gegendurchflutung zur Steuerdurchflutung auf, die mit steigendem Nutzstrom den Kurzschlußstrom sinken läßt (68c).

Bei der Doppelfeldmaschine arbeitet die Eingangsstufe als Spaltpolmaschine (s. Abb. 44). Die Ankerdurchflutung des Stromes über die Bürsten a und b ergibt die in Abb. 66b dargestellte Längsmagnetisierung, die die Pole 2 und 3 zum Nordpol, die Pole 1 und 4 zum Südpol macht. Solange im ungesättigten Bereich gearbeitet wird, stört diese Wirkung weder das Steuersystem noch das Hauptsystem. Gegen das zweipolige Steuersystem ist die Längsmagnetisierung entkoppelt, weil ihre Durchflutungsachse um 90 elektrische Grade gegenüber der Steuerdurchflutung versetzt ist (Prinzip der Querfeldverstärkermaschine C II 3). Als zweipoliges Durchflutungssystem ist sie wie die Steuerdurchflutung gegenüber dem 4poligen Hauptsystem entkoppelt.

Man hat versucht, durch Ausnutzung der Längsmagnetisierung eine dritte Verstärkungsstufe zu gewinnen (Binney[1]). Bei ausgeführten dreistufigen Maschinen hat sich aber gezeigt, daß die Forderung nach einer eindeutigen und linearen Kennlinie nicht zu erfüllen ist.

Wird die Maschine bis in die Sättigung ausgesteuert, ist die Feldverstärkung, die durch die Längsmagnetisierung hervorgerufen wird, bei einem Teilpol kleiner als die Feldschwächung an einem anderen Teilpol, so daß eine Flußminderung eintritt. Um eine bessere Modellausnutzung zu erreichen, wird deshalb die Durchflutung des Ankerstromes über a—b kompensiert.

---

[1] Binney, E.: A Three Stage *Magnavolt* Rotary Amplifier; The Engl. Electr. Journal, Bd. 13 (1953) p. 157—159

2. Kompensation der Ankerdurchflutung bei Spaltpolmaschinen

Die Kompensationswicklung kann wie bei gewöhnlichen Gleichstrommaschinen in den Polschuhen untergebracht werden (Abb. 69), im folgenden als *verteilte* Kompensationswicklung bezeichnet. Bei der gewöhnlichen voll kompensierten Gleichstrommaschine verläuft die Durchflutung der Kompensationswicklung spiegelbildlich zur Ankerdurchflutung; hebt also die quermagnetisierende Ankerdurchflutung im Bereich der Polbedeckung auf. Dabei gilt für das Durchflutungsgleichgewicht

$$2\,\gamma\,\Theta_A = \frac{1}{2}\cdot\frac{J}{2\,a}\cdot\frac{Z_A/2}{p}\,2\,\gamma = \Theta_K = J\,\frac{Z_K}{2} \qquad (62)$$

Θ_A = Ankerdurchflutung im Bereich einer Polteilung

J = Ankerstrom

a = halbe Zahl der parallelen Ankerzweige

Z_A = Zahl der Ankerleiter

p = Polpaarzahl

$2\,\gamma$ = Polbedeckung (Abb. 67 a)

Θ_K = Kompensationsdurchflutung pro Polbedeckung

Z_K = Zahl der Kompensationsleiter pro Pol der gewöhnlichen Gleichstrommaschine

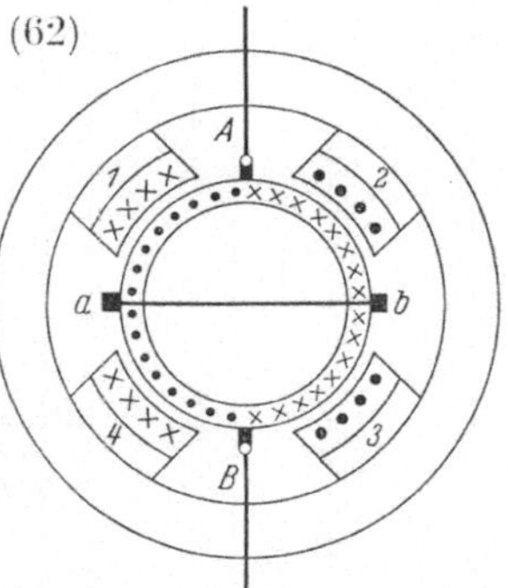

Abb. 69. Querfeldverstärkermaschine: Ankerdurchflutung des Nutzstromes durch verteilte Kompensationswicklung aufgehoben

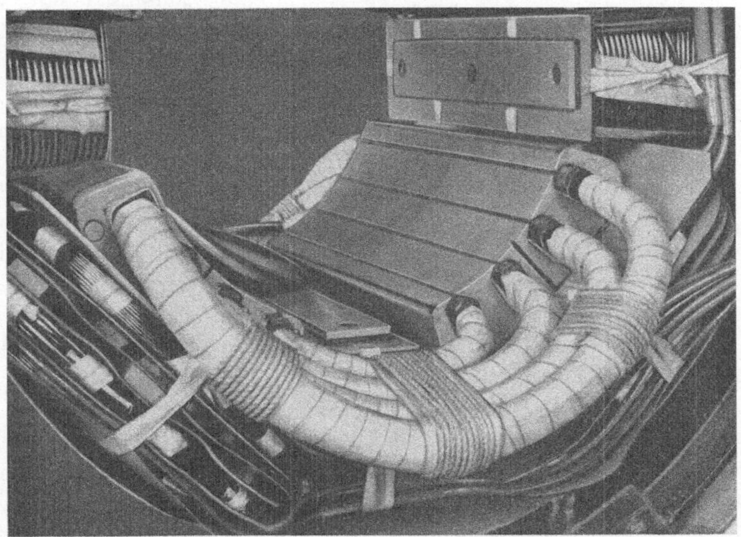

Abb. 70. Querfeldverstärkermaschine mit verteilter Kompensationswicklung in der Werkstatt vor dem Tränken. (Werkfoto AEG)

Bei der Spaltpolmaschine sind nun nicht nur die Ankerleiter im Bereich der Polbedeckung, sondern auch die Ankerleiter, die sich in der Lücke zwischen zwei Teilpolen befinden, an der Längsmagnetisierung beteiligt. Um die Rückwirkung der Ankerdurchflutung auf die Hauptpole aufzuheben, ist deshalb eine verteilte Kompensationswicklung für das Durchflutungsgleichgewicht wie folgt zu bemessen:

$$\frac{1}{2}\cdot\frac{J}{2\,a}\cdot\frac{Z_A/2}{\mathfrak{p}} = J\,Z_{KV}$$

und daraus

$$Z_{KV} = \frac{1}{2}\cdot\frac{1}{2\,a}\cdot\frac{Z_A}{2\,\mathfrak{p}} \qquad (63)$$

wobei mit Z_{KV} die Zahl der Kompensationsleiter pro Teilpol der Spaltpolmaschine bezeichnet wird. Dabei bilden jeweils ein Kompensationsleiter der Pole 1 und 2 bzw. 3 und 4 eine Kompensationswindung. Abb. 70 zeigt die Polteilung einer Maschine mit verteilter Kompensationswicklung vor dem Tränken.

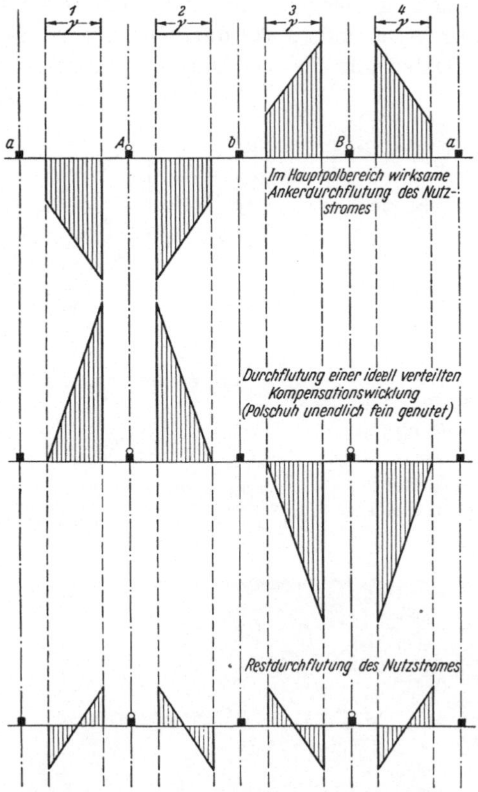

Abb. 71. Querfeldverstärkermaschine mit verteilter Kompensationswicklung: Gegenwirkung von Ankerdurchflutung des Nutzstromes und Durchflutung einer ideell verteilten Kompensationswicklung

Die Durchflutung der verteilten Kompensationswicklung gleicht nur im Mittel die Ankerdurchflutung des Nutzstromes aus, wie in Abb. 71 gezeigt wird. Auch wenn man, wie in Abb. 71 zunächst von der idealisierten Voraussetzung ausgeht, daß die Kompensationsleiter gleichmäßig über die Polbedeckung verteilt sind (Polschuh unendlich fein genutet — eine Voraussetzung, die in Wirklichkeit nicht zutrifft), liegt die Kompensationsdurchflutung nicht spiegelbildlich zur Ankerdurchflutung. Es verbleibt im Bereich der Polbedeckung eine Restdurchflutung, die zu einer Quermagnetisierung der Hauptpole führt und das Betriebsverhalten der Maschine entscheidend beeinflussen kann, wie sich anhand der resultierenden Durchflutungskurven nachweisen läßt.

In Abb. 72 ist die resultierende im Bereich der Polbedeckung wirkende Durchflutung als Summe folgender Durchflutungen ermittelt worden:

a) Steuerdurchflutung (hat Rechteckform);
b) Hauptdurchflutung, ausgehend von den kurzschlußstromdurchflossenen Ankerleitern (Verlauf gemäß Abb. 67 b);
c) Restdurchflutung des Nutzstromes (Verlauf gemäß Abbildung 71).

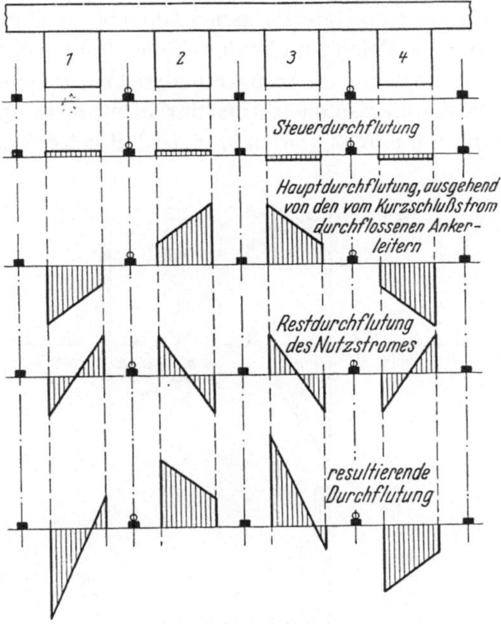

Abb. 72. Querfeldverstärkermaschine mit verteilter Kompensationswicklung: Im Bereich der Polbedeckung wirksame Durchflutung

Daß der Verlauf der resultierenden Durchflutung mit dem Verlauf der Luftspaltinduktion $\mathfrak{B}$ grundsätzlich übereinstimmt, zeigen die bei einer Querfeldverstärkermaschine älterer Bauart von 5 kW, 1450 U/min und 230 V Nennspannung oszillographisch aufgenommenen Feldkurven (Abb. 73), die bekanntlich den Verlauf der magnetischen Induktion $\mathfrak{B}$ längs des Ankerumfanges angeben (NÜRNBERG[1]). Trotz gleicher Steuerdurchflutung ergeben sich keine gleichen Luftspaltinduktionen unter den Polen 1 und 2 bzw. 3 und 4. Das ist darauf zurückzuführen, daß die auf den Polen 1 und 3 unter dem Einfluß des Haupt-

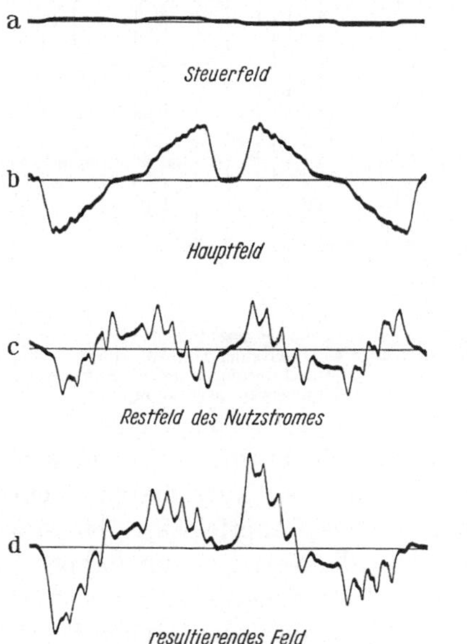

Abb. 73 a—d. Querfeldverstärkermaschine mit verteilter Kompensationswicklung: Feldkurvenoszillogramm

[1] NÜRNBERG, W.: Die Prüfung elektrischer Maschinen, 3. Aufl., S. 226. Berlin/Göttingen/Heidelberg: Springer 1955

flusses bleibende Remanenz dem Steuerfluß entgegenwirkt, während sie auf den Polen 2 und 4 den Steuerfluß unterstützt. Im Restfeld des Nutzstromes und im resultierenden Feld macht sich bemerkbar, daß in der Praxis die Kompensationsdurchflutung in einzelnen Nuten des Polschuhes untergebracht werden muß, so daß sich eine treppenförmig verteilte Kompensationsdurchflutung ergibt (Abb 74), die einen entsprechend unstetigen Verlauf der Feldkurven zur Folge haben muß.

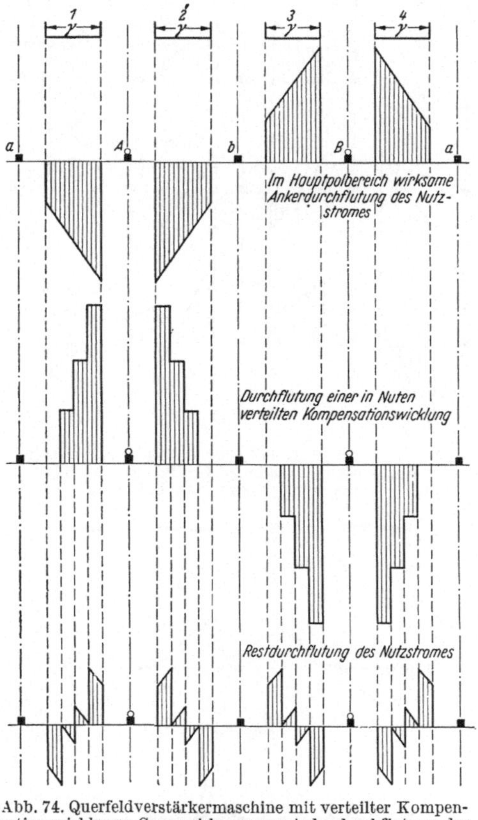

Abb. 74. Querfeldverstärkermaschine mit verteilter Kompensationswicklung: Gegenwirkung von Ankerdurchflutung des Nutzstromes und Durchflutung einer in Nuten verteilten Kompensationswicklung

Die höchste Induktion tritt wie Abb. 72 zeigt, an den Spitzen der Teilpole 1 und 3 auf. Wird nun die Querfeldverstärkermaschine in ihrer Spannung so weit ausgesteuert, daß wegen der Sättigung zwischen Durchflutung Θ und Induktion $\mathfrak{B}$ keine Proportionalität mehr besteht, wird der magnetische Widerstand im Bereich der Teilpole 1 und 3 größer als bei 2 und 4. Dadurch ergibt sich eine Unsymmetrie im magnetischen Kreis im Sinne von Abb. 58a. Diese Unsymmetrie hat zur Folge, daß das Hauptfeld feldverstärkend auf das Steuerfeld zurückwirkt (C III 1). Bei der als Leistungsverstärker wirkenden Ausgangsstufe der Querfeldverstärkermaschine wird im allgemeinen der magnetische Kreis soweit ausgesteuert, daß die Leerlaufspannung an den Nutzbürsten — entspricht der mittleren Luftspaltinduktion des Hauptfeldes — der wirksamen Steuerdurchflutung bis zu etwa 150% der Nennspannung proportional ist. Es ist wirtschaftlich nicht tragbar, den magnetischen Kreis so schwach auszunutzen, daß auch bei den Spitzeninduktionen an den Polen 1 und 3 noch im linearen Teil der Magnetisierungskennlinie gearbeitet wird. Bei Nennbetrieb ist also der in Abb. 58a dargestellte Verstimmungseffekt bereits merklich.

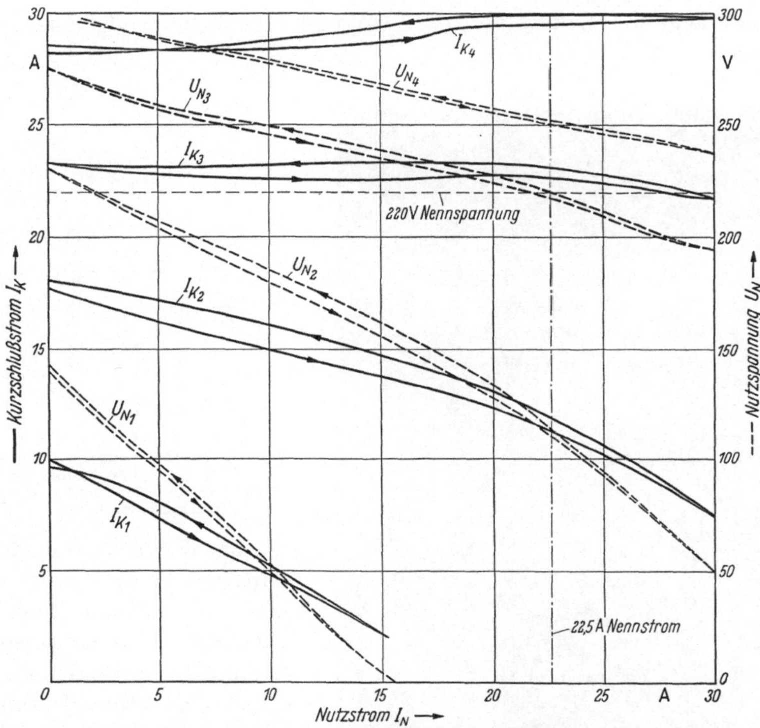

Abb. 75. Querfeldverstärkermaschine mit verteilter Kompensationswicklung: Belastungskennlinie einer Maschine 5 kW, 1500 U/min, 220 V; Nutzspannung und Kurzschlußstrom in Abhängigkeit vom Nutzstrom (als Kurvenparameter vorgegeben: Steuerdurchflutung)

Bei älteren Querfeldverstärkermaschinen hat man ihn in Kauf genommen. Er erschwert eine einwandfreie Vorausberechnung der Kompensationswicklung, da Gl. (63) nur für den ungesättigten Bereich gilt. Die im ungesättigten Bereich voll kompensierte Maschine würde aber im Sättigungsbereich das Betriebsverhalten einer überkompensierten Maschine annehmen: *Verstimmung der Kompensation.* Man verzichtete im allgemeinen auf die rechnerische Erfassung dieses Effektes, führte die Kompensationswicklung mit mehreren Anzapfungen aus (z. B. 100%, 97%, 94% der nach Gl. (63) errechneten Windungszahl und überließ die Bestimmung der richtigen Windungszahl dem Prüffeld. Gelegentlich wurde auch die Kompensationswicklung geshuntet. Üblich war die in Abb. 75 dargestellte Einstellung. Dabei ist die Kompensation so eingestellt, daß bei Nennlast (Kurven U_{N3} J_{K3}) die Maschine voll kompensiert erscheint. Bei kleineren Steuerdurchflutungen liegt das Betriebsverhalten einer unterkompensierten (Kurven U_{N1}, J_{K1} und U_{N2}, J_{K2}), bei größeren Steuerdurchflutungen das einer überkompensierten Maschine vor (Kurven U_{N4}, J_{K4}). Die Kennlinien sind an einer Verstärkermaschine älterer Bauart von ca. 5 kW und 1500 U/min aufgenommen worden.

Abb. 77. Ständer einer Querfeldverstärkermaschine mit konzentrierter Kompensationswicklung (Werkfoto Siemens)

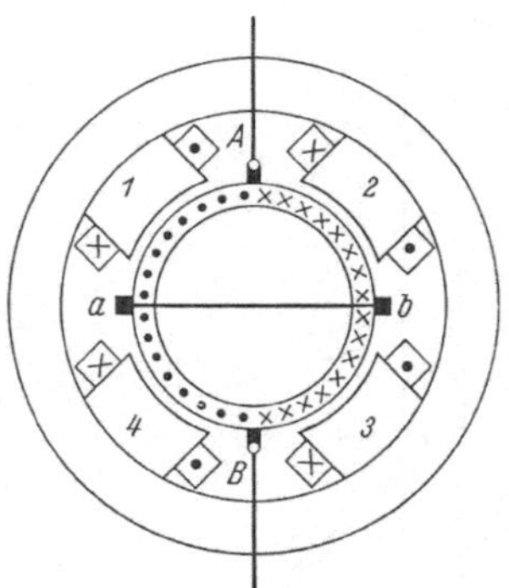

Abb. 76 Querfeldverstärkermaschine: Ankerdurchflutung des Nutzstromes durch konzentrierte Kompensationswicklung aufgehoben

Zur Kompensation der Längsmagnetisierung kann man auch auf den Hauptpolen eine vom Nutzstrom durchflossene Wicklung anordnen, deren Durchflutung den gleichen Sinn wie die Steuerdurchflutung hat (Abb. 76). Nach Gl. (61) ist zur Kompensation der Ankerdurchflutung pro Teilpol eine Windungszahl von

$$W_{KK} = \frac{1}{2} \cdot \frac{Z_A/2}{2a} \cdot \frac{1}{\mathfrak{p}} \cdot 0{,}5 \tag{64}$$

erforderlich.

Abb. 77 zeigt den Ständer einer so kompensierten Verstärkermaschine. Die kompensierende Reihenschlußwicklung, die als *konzentrierte Kompensationswicklung* bezeichnet wird, liegt unmittelbar am Polschuh. Auch hier erhält man natürlich keine Kompensationsdurchflutung, die spiegelbildlich zur Ankerdurchflutung des Nutzstromes liegt (Abb. 78). Die Restdurchflutung des Nutzstromes hat bei der konzentrierten Wicklung die gleiche Größe, aber die umgekehrte Polarität der Restdurchflutung bei ideell verteilter Kompensationswicklung (Abb. 71).

In Abb. 79 ist die resultierende Durchflutung einer Querfeldmaschine mit konzentrierter Kompensationswicklung durch Überlagerung der einzelnen Durchflutungen unter den gleichen Voraussetzungen wie in Abb. 72 ermittelt worden. Die oszillographisch bei einer Querfeldverstärkermaschine von 9 kW und 1500 U/min aufgenommenen Feldkurven in Abb. 80 zeigen wieder gute Übereinstimmung zwischen dem Verlauf von Durchflutung und Luftspaltinduktion.

Die maximalen Induktionen treten unter den Polen 2 und 4 auf. Besteht keine Proportionalität zwischen Durchflutung und magnetischer Induktion mehr, ergibt sich eine Unsymmetrie im magnetischen Kreis, wie sie in Abb. 58b dargestellt ist. Da der magnetische Widerstand bei den Polen 2 und 4 größer als bei 1 und 3 wird, wirkt das Hauptfeld schwächend auf das Steuerfeld zurück. Die im ungesättigten Bereich voll kompensierte Maschine nimmt dann im Sättigungsgebiet das Betriebsverhalten einer unterkompensierten Maschine an. Auch hier ist die Verstimmung der Kompensation rechnerisch schwer zu erfassen. Man führt deshalb auch hier die Kompensationswicklung mit Anzapfungen (z. B. 100%, 103%, 107% der nach Gl. 64 errechneten Windungszahl) aus und überläßt es dem Prüffeld, die richtige Windungszahl zu bestimmen.

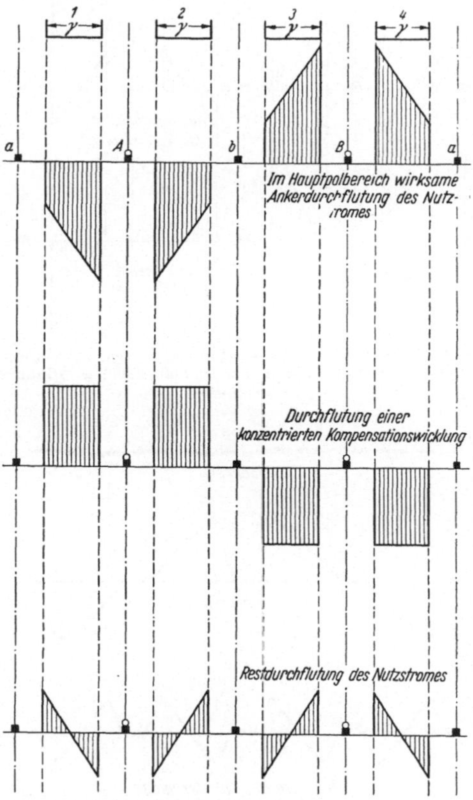

Abb. 78. Querfeldverstärkermaschine mit konzentrierter Kompensationswicklung: Gegenwirkung von Ankerdurchflutung des Nutzstromes und einer auf den Hauptpolen konzentrierten Kompensationswicklung

Die Kompensation des vom Nutzstrom aufgebauten Ankerfeldes erreicht man einwandfrei, wenn man die Durchflutung der Ankerleiter im Bereich der Polbedeckung durch eine verteilte Kompensationswicklung mit

$$Z_{Kv} = \frac{1}{2a} \cdot \frac{Z_A}{2} \cdot \frac{1}{\mathfrak{p}} \gamma \qquad (65\,\text{a})$$

Kompensationsleitern pro Teilpol und die Durchflutung der Ankerleiter in der Lücke zwischen zwei gleichnamigen Teilpolen durch eine konzentrierte Kompensationswicklung mit

$$W_{KK} = \frac{1}{2} \cdot \frac{1}{2a} \cdot \frac{Z_A}{2} \cdot \frac{1}{\mathfrak{p}} \left(\frac{1}{2} - \gamma\right) \qquad (65\,\text{b})$$

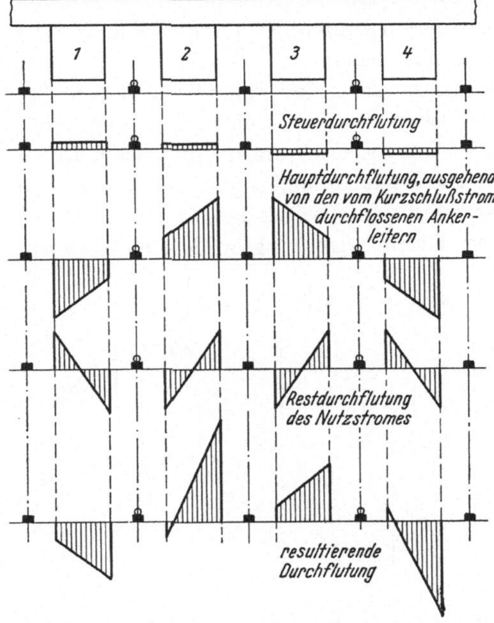

Abb. 79. Querfeldverstärkermaschine mit konzentrierter Kompensationswicklung: Im Bereich der Polbedeckung wirksame Durchflutung

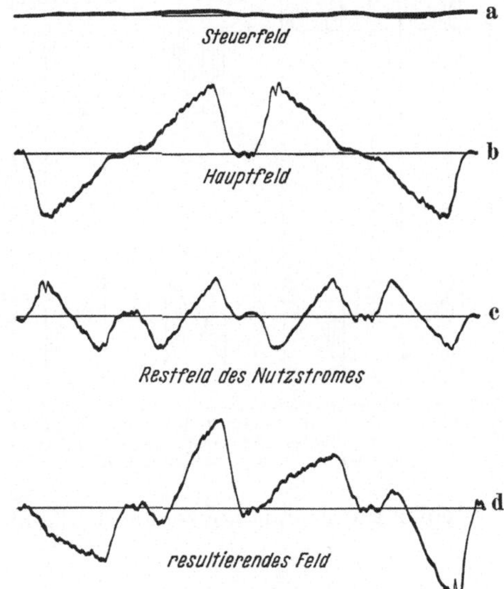

Abb. 80a—d. Querfeldverstärkermaschine mit konzentrierter Kompensationswicklung: Feldkurvenoszillogramm

Windungen pro Teilpol aufhebt (Abb. 81). Mit dieser Wicklungskombination sind moderne Querfeldmaschinen der AEG ausgeführt. Bei ideell verteilter Wicklung würde die Durchflutung der Kompensationswicklung spiegelbildlich zur Ankerdurchflutung liegen. Praktisch kommt eine geringe Restdurchflutung dadurch zustande, daß die Kompensationsleiter in Nuten untergebracht werden müssen (Abb. 82a). Im

Feldkurvenoszillogramm Abb. 82b sind beim Restfeld des Nutzstromes in der Tat nur die von der Nutung herrührenden Spitzen zu sehen. Der Vergleich entsprechender Feldkurven zeigt, daß sich die Form des Hauptfeldes unter dem Einfluß des Nutzstromes nur unmerklich ändert. Man kann bei der Maschine mit kombinierter Kompensationswicklung daher die Kompensationsdurchflutung so einstellen, daß die Maschine im ganzen Arbeitsbereich voll kompensiert ist.

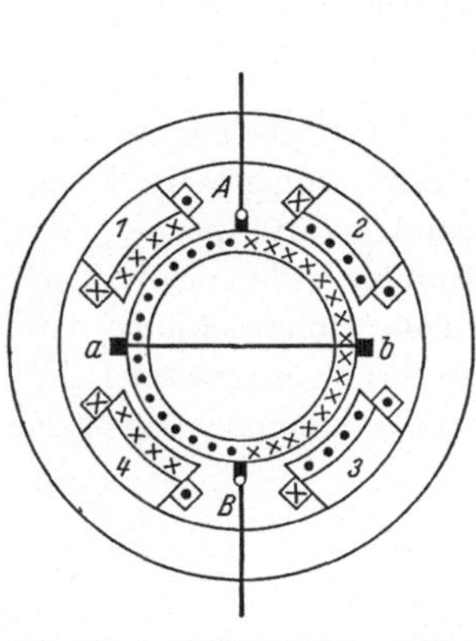

Abb. 81. Querfeldverstärkermaschine: Ankerdurchflutung des Nutzstromes durch kombinierte Kompensationswicklung aufgehoben

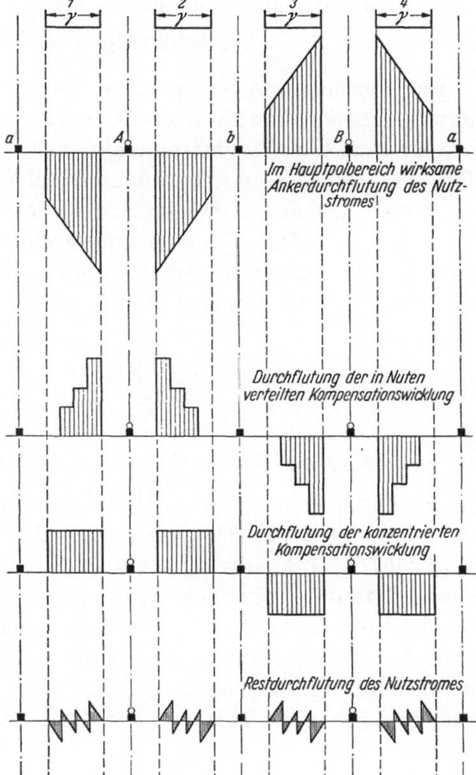

Abb. 82a. Querfeldverstärkermaschine mit kombinierter Kompensationswicklung: Gegenwirkung von Ankerdurchflutung des Nutzstromes und Durchflutung der kombinierten Kompensationswicklung, Anteil der verteilten Kompensationswicklung in Nuten untergebracht

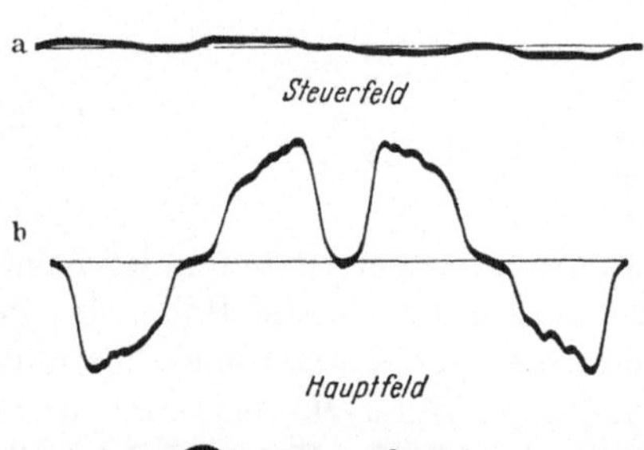

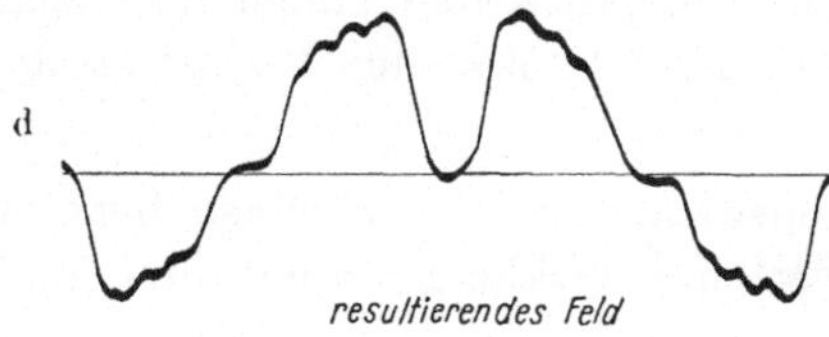

Abb. 82b. Querfeldverstärkermaschine mit kombinierter Kompensationswicklung: Feldkurvenoszillogramm

3. Gesichtspunkte für die Wahl der Kompensationswicklung bei Spaltpolmaschinen

Die konzentrierte Kompensationswicklung hat die geringsten Herstellungskosten. Man kann für die Hauptpole Schnitte von gewöhnlichen, unkompensierten Gleichstrommaschinen verwenden. Hauptpole oder Hauptpolspulen lassen sich, wenn dies bei Wicklungsschäden erforderlich ist, schnell ausbauen. Die konzentrierte Kompensationswicklung wird vor allem bei Querfeld-Konstantstrom-Generatoren eingesetzt. Die natürliche Regelempfindlichkeit eines Konstantstromgenerators der Metadyn-Bauart ergibt sich nach Gl. (61) zu

$$\varepsilon = \frac{\Theta_{St}}{\Theta_{res}} = \frac{\Theta_{St}}{\Theta_{St} - \Theta_{Geg}} = \frac{i_{St}\, w_{St}}{i_{St}\, w_{St} - \frac{J_N}{16} \cdot \frac{Z_A}{a} \cdot \frac{1}{\mathfrak{p}}} \tag{66a}$$

i_{St} = Steuerstrom
w_{St} = Windungszahl der Steuerwicklung pro Teilpol

Da die Gegenerregung durch die Ankerdurchflutung des Nutzstromes um mindestens eine Ordnung größer als die wirksame Steuerdurchflutung wird, ist die Regelung sehr empfindlich. Häufig werden so hohe Regelempfindlichkeiten aber gar nicht benötigt, während die hohe Erregerleistung, die im Steuerfeld mit Rücksicht auf die hohe Regelempfindlichkeit aufzubringen ist, unerwünscht ist. Man sieht deshalb bei den meisten Konstantstromgeneratoren eine konzentrierte Kompensationswicklung vor, die einen Teil der Ankerdurchflutung des Nutzstromes aufhebt.

Für die Regelempfindlichkeit der teilkompensierten Konstantstrommaschine ergibt sich dann

$$\varepsilon = \frac{i_{st}\, w_{st}}{i_{st}\, w_{st} - J_N \left(\frac{1}{16} \cdot \frac{Z_A}{a} \cdot \frac{1}{\mathfrak{p}} - Z_K \right)} \tag{66b}$$

Die Schwächung der Steuerdurchflutung durch Verstimmung der Kompensation spielt bei der Konstantstrommaschine keine Rolle, da die Schwächung durch die Gegendurchflutung des Nutzstromes um mindestens eine Ordnung größer ist. Bei einer Verstärkermaschine wirkt sich dagegen die Verstimmung merklich aus. In der Mehrzahl der Fälle wird man ihren Einfluß dadurch zurückdrängen müssen, daß man die Ankerdurchflutung des Nutzstromes (entspricht dem Ankerstrombelag A) herabsetzt. Das bedeutet aber gemäß Gl. (59) einen Verlust an dynamischer Verstärkung.

Die konzentrierte Kompensationswicklung verlangt einen höheren Aufwand an Wickelkupfer als die verteilte Wicklung. Da nur die Längsmagnetisierung über die Spaltpole aufgehoben wird, muß man wie bei der unkompensierten Gleichstrommaschine auf den Wendepolen eine Gegendurchflutung aufbringen, die größer als die des Ankers ist, also

$$\Theta_{WN} = \vartheta\, \Theta_{AN}; \; (\vartheta = 1{,}1 \text{ bis } 1{,}3)\,.$$

Auch bei verteilter Kompensationswicklung läßt sich der Verstimmungseffekt nur in erträglichen Grenzen halten, wenn man mit der Ankerdurchflutung des Nutzstromes und damit auch mit dem Ankerstrombelag A nicht bis an die thermisch vertretbare Grenze geht. Für die kombinierte Kompensationswicklung benötigt man etwas mehr Wickelkupfer als für die verteilte, da die auf den Hauptpolen konzentrierten Kompensationswindungen die Wendepoldurchflutung nicht entlasten. Trotzdem ist sie mit Rücksicht auf die optimale Kompensation der verteilten Wicklung vorzuziehen, zumal der Mehraufwand gegenüber der verteilten Wicklung sehr gering ist.

Bei der Doppelfeldmaschine hat man sich in der Regel für eine konzentrierte Kompensationswicklung entschieden, weil nur sie den Einsatz der Schnitte von gewöhnlichen unkompensierten Gleichstrommaschinen ermöglicht. Bei der Doppelfeldmaschine erzielt man die Wirkung einer Kompensationswicklung auch dadurch, daß man auf den Polen 1 und 2 die Windungszahl der J'—K' Wicklung um die nach Gl. (64) berechnete Windungszahl erhöht, auf den Polen 3 und 4 die Windungszahl um den gleichen Betrag herabsetzt.

4. Maßnahmen zur Erzielung einer günstigen Feldform

Es gibt Fälle, wo auch die Spitzen in der Feldkurve des Hauptfeldes unerwünscht sind, und zwar nicht nur aus Gründen der Übersättigung, sondern auch mit Rücksicht auf die Segmentspannung e_{St}. Bekanntlich ergibt sich für die Spannung zwischen 2 benachbarten Kommutatorsegmenten

$$e_{St} = 2\, \mathfrak{B}\, w_A\, l\, v = 2\, \mathfrak{B}\, w_A\, l\, \pi\, D_A\, n \tag{67}$$

(als Größengleichung geschrieben)

Es bedeuten

$\mathfrak{B}$ die Luftspaltinduktion
w_A die Windungszahl pro Segment
l die wirksame Länge des Ankerleiters im Feld
v die Geschwindigkeit des Ankerleiters im Feld
D_A den Ankerdurchmesser
n die Ankerdrehzahl

Bei der Bemessung einer gewöhnlichen Gleichstrommaschine geht man bekanntlich von einer mittleren Segmentspannung

$$e_{Stm} = \frac{U \cdot 2\,p}{K} \tag{68}$$

aus. In Gl. (68) bedeuten

U die Ankerspannung; $2\,p$ die Polzahl; K die Zahl der Kommutatorsegmente.

Üblich sind Werte von $e_{St\,m} = 12$ bis 16 V bei unkompensierten Maschinen und 16 bis 20 V bei kompensierten Maschinen. Bei diesen Mittelwerten wird eine maximale Segmentspannung $e_{St\,max}$ von 30 V nicht überschritten. Wird $e_{St\,max} > 30$ V, kann Rundfeuer auftreten, für dessen Einsatz ja nicht die mittlere, sondern die maximale Segmentspannung maßgebend ist. Die Richtwerte $e_{St\,m}$ sind jedoch nur brauchbar, wenn die Feldkurve wie bei der gewöhnlichen Gleichstrommaschine im Leerlauf annähernd trapezförmig ist. Da dies bei Querfeldmaschinen nicht der Fall ist, muß man bei der Bemessung von Querfeldverstärkermaschinen immer von der maximalen Segmentspannung ausgehen, die 30 V nicht überschreiten soll. $e_{St\,max}$ kann nach Gl. (67) berechnet werden. $\mathfrak{B}_{max}$ ist zweckmäßig aus der maximalen Durchflutung (entnehmbar aus Abb. 72 oder 79) und den Leitwerten des magnetischen Kreises zu ermitteln.

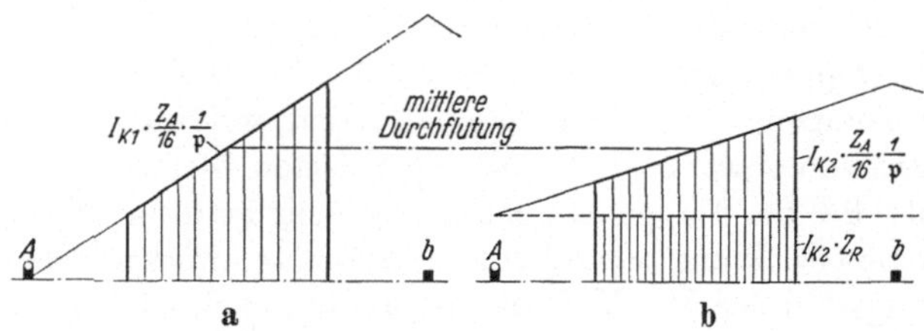

Abb. 83a u. b. Querfeldverstärkermaschine mit Wicklung $a = 1$: Durchflutungsverlauf des Nutzfeldes im Bereich einer Teilpolbedeckung a) nur Ankerdurchflutung wirksam; b) Ankerdurchflutung wird von der Durchflutung einer Reihenschlußwicklung auf den Hauptpolen unterstützt

Man erzielt eine Feldkurve, bei der das Verhältnis vom Spitzenwert zum Mittelwert der magnetischen Induktion günstiger als bei reiner Ankererregung des Hauptfeldes ist, wenn man die Ankerdurchflutung des Kurzschlußstromes durch eine kurzschlußstromdurchflossene Wicklung auf den Hauptpolen unterstützt. Bei dieser Anordnung wird die magnetomotorische Kraft des Hauptfeldes pro Teilpol

$$MMK = J_K\left(\frac{Z_A}{16\,a} \cdot \frac{1}{\mathfrak{p}} + Z_R\right) \tag{69}$$

wobei Z_R die Zahl der Reihenschlußwindungen pro Teilpol ist. Bei vorgegebener mittlerer Durchflutung kann man auf diese Weise den Kurzschlußstrom gegenüber der reinen Ankerfelderregung auf den

$$\frac{1}{1 + \dfrac{Z_R}{\dfrac{Z_A}{16\,a} \cdot \dfrac{1}{\mathfrak{p}}}}$$

fachen Wert herabsetzen. Die Auswirkung einer solchen Reihenschlußwicklung auf die Gestalt der Feldkurve zeigt Abb. 83.

Durch die Verkleinerung des Kurzschlußstromes hält man außerdem die Rückwirkung der Bürstenkurzschlußströme auf die schwach ausgesteuerte Eingangsstufe klein (C III 3). Ferner erreicht man eine höhere Modellausnutzung. Bei der Querfeldmaschine ist, wie an and von Abb. 84 abgeleitet werden kann, für die Ankererwärmung die folgende Verlustleistung maßgebend:

R_A = Ankerwiderstand)

$$N_V = R_A\left[\left(\frac{J_N + J_K}{2}\right)^2 + \left(\frac{J_N - J_K}{2}\right)^2 + \left(\frac{J_N + J_K}{2}\right)^2 + \left(\frac{J_N - J_K}{2}\right)^2\right]$$

$$= R_A\,(J_N^2 + J_K^2) = R_A\,J_{eff}^2$$

$$J_{eff} = \sqrt{J_N^2 + J_K^2} \tag{70}$$

Dieser Effektivstrom J_{eff}, über Kurzschluß- oder Nutzbürsten geschickt, bewirkt im Anker der Querfeldmaschine die gleiche Erwärmung, wie sie sich durch die Überlagerung der Ströme im Kurzschlußkreis J_K und Nutzkreis J_N ergibt.

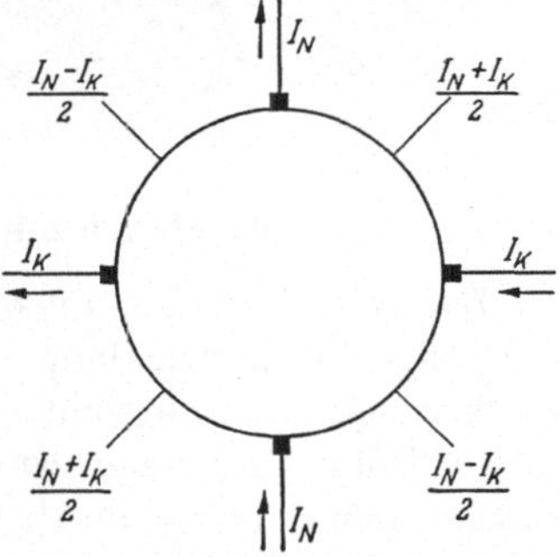

Abb. 84. Querfeldverstärkermaschine: Stromverteilung im Anker

Bei der Bemessung von Querfeldverstärkermaschinen ohne zusätzliche Reihenschlußwicklung ergibt sich, wenn alle in Abschn. C genannten Gesichtspunkte berücksichtigt werden, in der Regel ein Kurzschlußstrom von etwa 0,7 bis 1 J_N. Für die Ankererwärmung ergibt $J_K = J_N$ einen Effektivstrom $J_{eff} = J_N\sqrt{2}$. Entlastet man die vom Kurzschlußstrom durchflossenen Ankerleiter durch eine zusätzliche Reihenschlußwicklung, so kann man in der Regel den Kurzschlußstrom auf $J_K \leqq 0{,}5\,J_N$ drücken. Für den Effektivstrom gilt dann $J_{eff} = J_N\sqrt{1^2 + 0{,}5^2} = J_N\sqrt{1{,}25} \doteq J_N \cdot 1{,}11$.

Es darf aber nicht übersehen werden, daß diese Maßnahme sowohl für die Eingangsstufe als auch für die Ausgangsstufe einen Verlust an dynamischer Verstärkung bedeutet [Gl. (59)]: In der Eingangsstufe dadurch bedingt, daß mit dem Kurzschlußstrom ja der für die dynamische Verstärkung der Eingangsstufe maßgebende Ankerstrombelag A sinkt. Für die Ausgangsstufe ergibt sich die Verschlechterung dadurch, daß die zusätzliche Reihenschlußwicklung nicht streuungsfrei ($\sigma \neq 0$) wie die Ankerwicklung arbeitet.

Falls auch die Spitzen der Feldkurve nach Abb. 83 noch zu groß sind, kann man nach einem Vorschlag von VALENTIN[1] die Ankerdurchflutung des Kurzschlußstromes durch eine Kompensationswicklung aufheben und die Erregung des Hauptfeldes ausschließlich der Reihen-

[1] VALENTIN, A.: L'Amplidyne et ses Applications; Revue de Electricité et de mecanique Alsthom, Nr. 74 (1948)

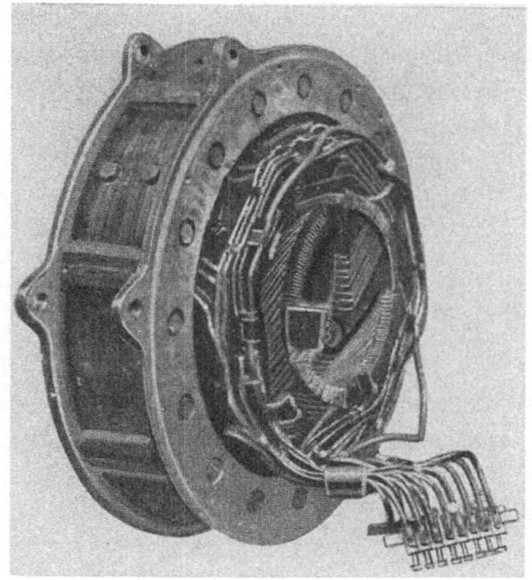

schlußwicklung im Kurzschlußkreis überlassen. Diese Maschine wird als doppelt kompensierte Amplidyne bezeichnet. Abb. 85 zeigt den Ständer dieser Maschine. Die doppelte Kompensations-Wicklung erfordert einen großen Aufwand an Kupfer und Wickelarbeit, so daß sich die doppelt kompensierte Amplidyne in der Breite nicht durchsetzen konnte.

Abb. 85. Ständer einer doppelt kompensierten Querfeldverstärkermaschine. (Werkfoto Alsthom)

5. Maschinen mit unsymmetrischer Steuererregung

Bei Maschinen, die mit einem 2 $\mathfrak{p}$-poligen Erregersystem, aber einer 4 $\mathfrak{p}$-poligen Ankerwicklung arbeiten (Magnicon und Unsymmetrieverstärkermaschine), entsteht, wie in Abb. 56 am Beispiel des Magnicons mit 4 Teilpolen gezeigt wurde, eine Potentialdifferenz zwischen den diametralen Bürsten a und b, während die anderen beiden Bürsten A und B gleiches Potential annehmen, wenn nur die 2polige Erregung in der Achse 1—3 wirksam ist. Fließt in der Ankerwicklung ein Strom von b nach a, so ergibt sich, wie in Abb. 56d gezeigt wurde, eine Ankerdurchflutung, die im Sinne der Pole 2 und 4 wirkt. Auf jeden der beiden Teilpole entfällt eine

$$MMK = \frac{1}{2} \cdot \frac{J}{a} \cdot \frac{Z_A}{4} \cdot \frac{1}{\mathfrak{p}} \tag{71}$$

Beim Magnicon werden die Bürsten a—b, meist über Wendepolwicklungen, kurzgeschlossen und die Ankerdurchflutung des Kurzschlußstromes zur Erregung des Hauptfeldes in der Polachse 2—4 benutzt. Die Nutzspannung wird am Bürstenpaar A—B abgegriffen. Die Durchflutung des über die Bürsten A—B fließenden Nutzstromes (in der Polachse 1—3) wirkt der Steuerdurchflutung entgegen. Die Maschine nimmt daher, wie die gewöhnliche Querfeldmaschine, das Verhalten einer Konstantstrommaschine mit der Regelempfindlichkeit

$$\varepsilon = \frac{\Theta_{st}}{\Theta_{res}} = \frac{i_{st}\, w_{st}}{i_{st}\, w_{st} - \frac{J_N}{a} \cdot \frac{Z_A}{8\,\mathfrak{p}}} \tag{72}$$

an.

Soll das Magnicon als Verstärkermaschine arbeiten, muß die Ankerdurchflutung des Nutzstromes kompensiert werden. Zu diesem Zwecke kann sowohl eine in den Polschuhen 2 und 4 verteilte (Abb. 86a) als auch eine auf den Polen 1 und 3 konzentrierte Kompensationswicklung (Abb. 86b) verwendet werden.

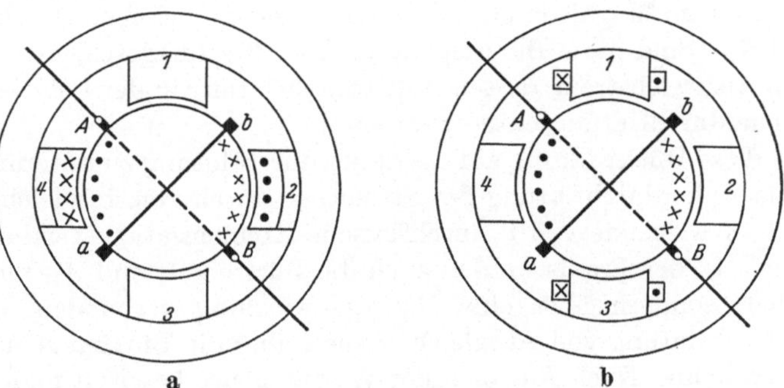

Abb. 86a u. b. Magnicon: Aufhebung der Ankerdurchflutung des Nutzstromes. a) durch verteilte Kompensationswicklung; b) durch konzentrierte Kompensationswicklung

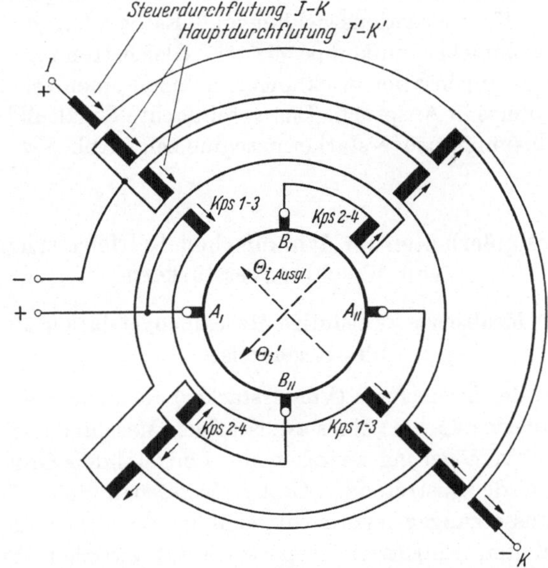

Abb. 87. 4-polige Unsymmetrie-Verstärkermaschine: Prinzipschaltbild der Hauptpolwicklungen.

J—K Steuerwicklung auf den Polen 1 und 3; durchflossen vom Steuerstrom i_{st}; bringt die Steuerdurchflutung Θ_{St} auf;

J'—K' Wicklung auf den Polen 1 bis 4; durchflossen vom Haupterregerstrom i'; bringt die Durchflutung zur Erzeugung der Nutzspannung auf; gespeist von der Potentialdifferenz zwischen den Bürsten B_I und B_{II};

Kps 2—4 Kompensationswicklung auf den Polen 2 und 4 durchflossen vom Haupterregerstrom i'; ihre Durchflutung wirkt der Ankerdurchflutung Θ_i entgegen;

Kps 1—3 Kompensationswicklung auf den Polen 1 und 3; durchflossen vom Ausgleichstrom i_{Ausgl} über die Bürsten A_I und A_{II}; ihre Durchflutung wirkt der Ankerdurchflutung $\Theta_{i\,Ausgl}$ entgegen

Auch bei der Unsymmetrieverstärkermaschine (Abb. 46) wird durch unsymmetrische Erregung eine Potentialdifferenz zwischen den diametralen Bürsten B_{I} und B_{II} erzeugt. Diese Potentialdifferenz treibt den Strom i' durch die 4polige J'—K' Haupterregerwicklung. Die Ankerdurchflutung Θ_i' des Stromes i' wirkt in der Polachse 2—4 und verursacht wie beim Magnicon eine Potentialdifferenz zwischen den Bürsten A_{I} und A_{II}. Sind diese Bürsten wie in Abb. 46e kurzgeschlossen, ergibt sich ein Ausgleichstrom, dessen Ankerdurchflutung in der Polachse 1—3 der Steuerdurchflutung entgegenarbeitet.

Um diese Rückwirkung auf die Steuerdurchflutung zu unterdrücken, wird die Ankerdurchflutung des Stromes i' durch eine in gleicher Polachse 2—4 wirkende von i' durchflossene Kompensationswicklung aufgehoben. In der Praxis werden auch die Bürsten A_{I} und A_{II} nicht unmittelbar, sondern über eine Hauptpolwicklung verbunden, die die Ankerdurchflutung von Ausgleichströmen über die Bürsten A_{I} und A_{II} aufheben kann. Nach Angaben der Westinghouse beseitigt man nur so die Ankerrückwirkung in Richtung der Polachsen 1—3 und 2—4.

Ausgeführte Unsymmetrie.erstärkermaschinen besitzen durchweg konzentrierte Kompensationswicklungen. Es werden die Hauptpolschnitte gewöhnlicher unkompensierter Gleichstrommaschinen verwendet. Die Kompensationswicklungen nehmen einen erheblichen Teil des Wickelraumes in Anspruch. Das vereinfachte Schaltbild einer kompensierten Unsymmetrieverstärkermaschine zeigt Abb. 87.

V. Besonderheiten im dynamischen Betriebsverhalten von Maschinenverstärkern

1. Der idealisierte zweistufige Maschinenverstärker als Teil des Regelkreises

Sowohl in der Steuerstufe (Vorverstärker) als auch in der Ausgangsstufe (Leistungsverstärker) eines zweistufigen Maschinenverstärkers besteht eine Zeitverzögerung zwischen der eintretenden Größe (Erregerspannung) und der austretenden Größe (Ankerspannung). Unter idealisierten Voraussetzungen (Vernachlässigung sämtlicher in C III und C IV behandelten Einflüsse; Proportionalität zwischen Erregerstrom und Ankerspannung in jedem Zeitpunkt des Einschwingvorganges) ergibt sich folgende Übergangsfunktion bei einer derartigen zweistufigen Verstärkung (Verlauf der Ankernutzspannung EMK_A bei plötzlichem Einschalten der Steuerspannung u_{st}).

Bei der folgenden Berechnung sind alle zur Steuerstufe gehörenden Größen mit dem Index St, die zur Ausgangsstufe gehörenden Größen mit dem Index A gekennzeichnet.

Für die Übergangsfunktion des Steuerstromes i_{st} folgt bei den Anfangs- und Endbedingungen

$$t = 0 \qquad i_{st} = 0 \qquad EMK_A = 0$$
$$t = \infty \qquad i_{st} = i_{st\,end} \qquad EMK_A = EMK_{A\,end}$$

nach Gl. (13)

$$i_{st} = i_{st\,end}\left(1 - e^{-\frac{t}{T_{st}}}\right) \tag{73a}$$

und unter den idealisierten Voraussetzungen für die in der Steuerstufe erzeugte Anker-*EMK*

$$EMK_{st} = EMK_{st\,end}\left(1 - e^{-\frac{t}{T_{st}}}\right). \tag{73b}$$

Für den Zeitverlauf des Erregerstromes der Ausgangsstufe i_A (bei der Querfeldverstärkermaschine der Kurzschlußstrom J_K) ist folgende Differentialgleichung maßgebend:

$$L_A \frac{di_A}{dt} + i_A r_A = EMK_{St} = EMK_{St\,end}\left(1 - e^{-\frac{t}{T_{st}}}\right) \tag{74}$$

wobei

L_A die Induktivität und
r_A der OHMsche Widerstand des Erregerkreises der Ausgangsstufe ist.

Eine Division von Gl. (74) mit r_A ergibt

$$T_A \frac{di_A}{dt} + i_A = \frac{EMK_{St\,end}}{r_A}\left(1 - e^{-\frac{t}{T_{st}}}\right) = i_{A\,end}\left(1 - e^{-\frac{t}{T_{st}}}\right). \tag{75}$$

Als Lösung für den homogenen Teil der Gl. (75)

$$T_A \frac{di_A}{dt} + i_A = 0$$

ergibt sich

$$i_A = C_1 e^{-\frac{t}{T_A}}. \tag{76a}$$

Den inhomogenen Teil $i_{A\,end}\left(1 - e^{-\frac{t}{T_{St}}}\right)$ befriedigt der Ansatz

$$i_A = C_2 + C_3 e^{-\frac{t}{T_{St}}}. \tag{76b}$$

Ein Koeffizientenvergleich ergibt

$$-\frac{T_A}{T_{St}} C_3 e^{-\frac{t}{T_{St}}} + C_2 + C_3 e^{-\frac{t}{T_{St}}} = i_{A\,end}\left(1 - e^{-\frac{t}{T_{St}}}\right)$$

$$C_2 = i_{A\,end}$$

$$-C_3\left(\frac{T_A}{T_{St}} - 1\right) = -i_{A\,end}$$

$$C_3 = i_{A\,end}\frac{T_{St}}{T_A - T_{St}}.$$

Für die vollständige Lösung muß zusammengezogen werden:

$$i_A = C_1 e^{-\frac{t}{T_A}} + i_{A\,end}\left(1 + \frac{T_{St}}{T_A - T_{St}} e^{-\frac{t}{T_{St}}}\right).$$

Die Integrationskonstante C_1 ergibt sich aus der Anfangsbedingung $t = 0$; $i_A = 0$

$$C_1 = -i_{A\,end}\left(1 + \frac{T_{St}}{T_A - T_{St}}\right) = -i_{A\,end}\left(\frac{T_A}{T_A - T_{St}}\right).$$

Damit ergibt sich die Übergangsfunktion des Erregerstromes der Ausgangsstufe i_A und der Anker-EMK der Ausgangsstufe zu

$$i_A = i_{A\,end}\left(1 - \frac{T_A}{T_A - T_{St}} e^{-\frac{t}{T_A}} + \frac{T_{St}}{T_A - T_{St}} e^{-\frac{t}{T_{St}}}\right) \tag{77a}$$

bzw. in normierten Größen

$$\frac{i_A}{i_{A\,end}} = \frac{EMK_A}{EMK_{A\,end}} = 1 - \frac{T_A}{T_A - T_{St}} e^{-\frac{t}{T_A}} + \frac{T_{St}}{T_A - T_{St}} e^{-\frac{t}{T_{St}}} \tag{77b}$$

Für $T_{St} > T_A$ geht Gl. (77b) über in

$$\frac{i_A}{i_{A\,end}} = 1 + \frac{T_A}{T_{St} - T_A} e^{-\frac{t}{T_A}} - \frac{T_{St}}{T_{St} - T_A} e^{-\frac{t}{T_{St}}} \tag{78}$$

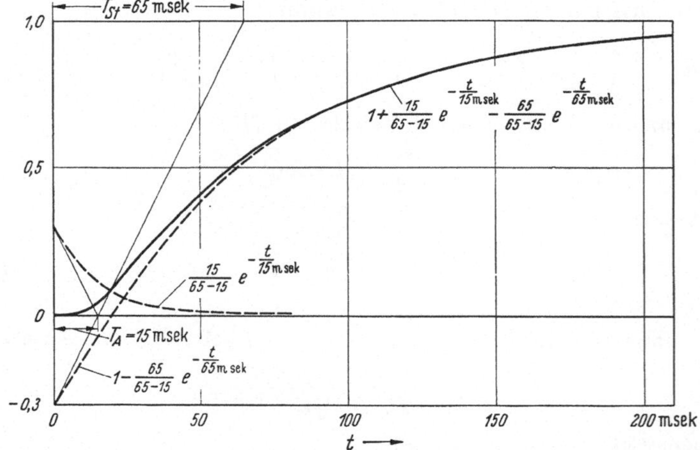

Abb. 88. Idealisierter zweistufiger Maschinenverstärker mit den Erregerzeitkonstanten T_{St} und T_A: Übergangsfunktion der Ausgangsspannung bei plötzlichem Zuschalten einer konstanten Steuerspannung

Die Gln. (77) und (78) stellen eine Übergangsfunktion zweiter Ordnung dar. Das ist der Kurventyp für die Übergangsfunktion der Regelgröße im Regelkreis zweiter Ordnung mit aperiodischem Verhalten [Gl. (32)]. Demgemäß läßt sich die Übergangsfunktion nach Gl. (78) auch nach dem Schema von Abb. 20a aufzeichnen, wie in Abb. 88 für die Übergangsfunktion eines idealisierten zweistufigen Maschinenverstärkers mit den Zeitkonstanten

$$T_{St} = 65 \text{ msek} \qquad T_A = 15 \text{ msek}$$

ausgeführt wurde.

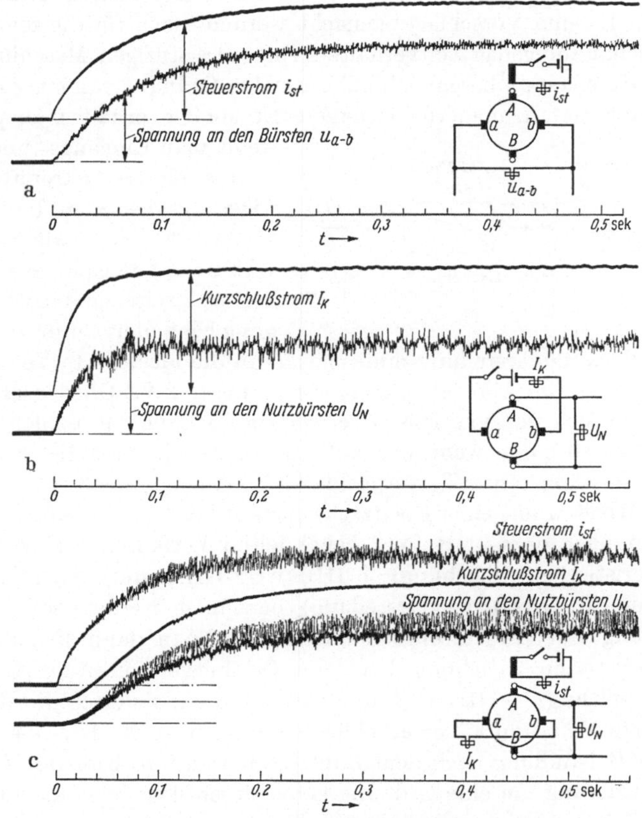

Abb. 89 a—c. Querfeldverstärkermaschine: Übergangsfunktionen im Oszillogramm.
a) Steuerstrom i_{st} und Spannung u_{a-b} an den im Normalbetrieb kurzgeschlossenen Bürsten a und b bei plötzlichem Zuschalten einer konstanten Steuerspannung;
b) Strom J_K über die im Normalbetrieb kurzgeschlossenen Bürsten a und b und Spannung U_N an den Nutzbürsten A und B bei plötzlichem Zuschalten einer konstanten Spannung an den im Normalbetrieb kurzgeschlossenen Kreis;
c) Steuerstrom i_{st}, Kurzschlußstrom J_K und Nutzspannung U_N bei plötzlichem Zuschalten einer Steuerspannung (Bürsten a—b kurzgeschlossen)

Die Übergangsfunktionen bei einer ausgeführten Querfeldverstärkermaschine von 3 kW, 3000 U/min, zeigt Bild 89 im Oszillogramm. Aufgenommen wurden die Übergangsfunktionen für die Steuerstufe (a), die Ausgangsstufe (b) und für die zweistufige Maschine (c) bei plötzlichem Zuschalten der Erregerspannung. Der Effekt der Übergangsfunktion zweiter Ordnung prägt sich in den Übergangsfunktionen von Kurzschlußstrom und Nutzspannung im Oszillogramme c deutlich aus.

Für grundsätzliche Betrachtungen führt man nun eine Ersatzzeitkonstante T_V anstelle von T_{St} und T_A ein. Auch im Rahmen dieses Buches wird, soweit möglich, immer mit einer Ersatzzeitkonstante gearbeitet. Es sind Vorschläge gemacht worden, auch für die mathematische Behandlung das Zeitverhalten eines *zwei*stufigen Maschinenverstärkers durch eine Übergangsfunktion erster Ordnung mit *einer* Ersatzzeitkonstanten anzunähern. Genauere Ergebnisse erhält man jedoch, wenn man Eingangs- und Ausgangsstufe als getrennte Verzögerungsglieder in die Stabilitätsberechnung, wie sie in B IV 2c am Beispiel des Regelkreises zweiter und dritter Ordnung behandelt wurde, einführt.

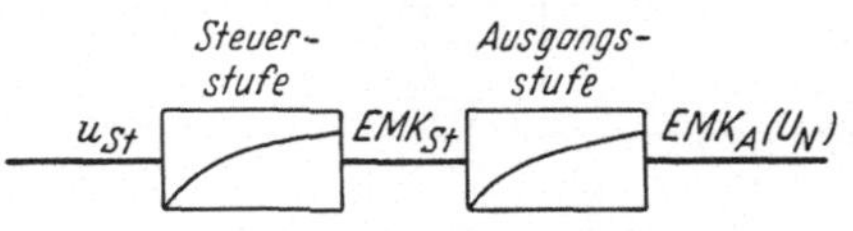

Abb. 90. Idealisierter zweistufiger Maschinenverstärker; im Blockschaltbild durch 2 nacheinandergeschaltete *VZ*-Glieder dargestellt

In der Blockbilddarstellung muß man dann die idealisierte Verstärkermaschine, wie in Abb. 90 gezeigt wird, durch 2 VZ-Glieder erfassen. Handelt es sich um eine Maschine, wie die für Abb. 89 oszillografierte ($T_A \ll T_{St}$), so kann, wenn der Aufbau des Regelkreises dies sonst zuläßt, die Zeitkonstante T_A vernachlässigt werden.

Das Arbeiten mit einer Ersatzzeitkonstanten ist vorteilhaft, wenn die Stabilität nach dem in B IV 2 behandelten Verfahren *a* (Lösung der charakteristischen Gleichung), *b* (HURWITZ-Kriterium), *cα* (NYQUIST-Kriterium in Ortskurvendarstellung) berechnet werden soll. Durch Einführung einer Ersatzzeitkonstanten kann man dann die natürliche charakteristische Gleichung bzw. die Ortskurve von n-ter Ordnung auf eine solche $(n-1)$ter Ordnung zurückführen, wodurch die Rechenarbeit in den meisten Fällen erheblich vereinfacht wird. Für eine mathematische Behandlung nach dem BODE-Verfahren ($c\beta$) bedeutet dagegen die Reduzierung um eine Ordnung keine wesentliche Vereinfachung.

2. Die gegenseitige induktive Beeinflussung mehrerer Wicklungen

In der Mehrzahl der Fälle sind im Steuerfeld der Verstärkermaschinen mehrere Wicklungen vorgesehen. Eine gegenseitige induktive Verkettung dieser Wicklungen muß sich auf die Übergangsfunktion des Steuerstromes, des -flusses und der dadurch erzeugten Anker-*EMK* auswirken.

Nach RÜDENBERG[1] liefert bei magnetisch verketteten Stromkreisen mit den Eigenzeitkonstanten T_1 und T_2 und der gegenseitigen Streuung

[1] RÜDENBERG, R.: Elektrische Schaltvorgänge in geschlossenen Stromkreisen von Starkstromanlagen. 4. Aufl. S. 58—68. Berlin/Göttingen/Heidelberg: Springer 1953

$\sigma_{1/2}$ die Lösung der für den Schaltvorgang maßgebenden Differentialgleichungen die folgende Bedingung für eine gemeinsame Zeitkonstante T, die den Zeitablauf der Ausgleichvorgänge bestimmt:

$$T^2 - T\,(T_1 + T_2) + \sigma_{1/2}\, T_1\, T_2 = 0 \tag{79}$$

(Voraussetzung für diesen Ansatz ist, daß, wie bei der Mehrzahl der in Abschn. B behandelten Übergangsfunktionen die Erregerdurchflutung und der magnetische Fluß der Maschine einander sowohl im stationären Zustand, als auch in jedem Zeitpunkt des Einschwingvorganges proportional sind.) Für die beiden Wurzeln der Gl. (79) führt RÜDENBERG die Begriffe

T_h = Zeitkonstante des mit den beiden Wicklungen verketteten Hauptfeldes
T_s = Zeitkonstante des gegenseitigen Streufeldes

ein.

$$T_{h/s} = \frac{1}{2}\,(T_1 + T_2) \pm \sqrt{\frac{1}{4}\,(T_1 + T_2)^2 - \sigma_{1/2}\, T_1\, T_2}\,. \tag{80}$$

Für kleine Streuungen $\sigma_{1/2}$ kann gesetzt werden

$$T_h = T_1 + T_2 \tag{80a}$$

$\left(\text{ergibt sich nach Gl. (80), wenn } \sigma_{1/2}\, T_1\, T_2 \ll \frac{1}{4}\,(T_1 + T_2)^2\right)$

$$T_s = \frac{\sigma_{1/2}}{\frac{1}{T_1} + \frac{1}{T_2}} \tag{80b}$$

(ergibt sich nach Gl. (79), wenn $T^2 \ll T$)

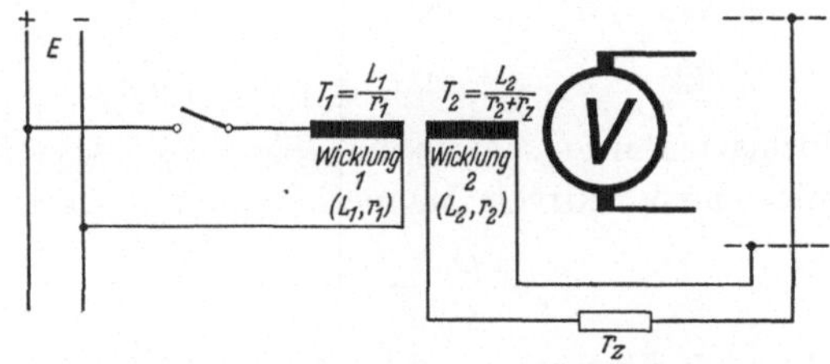

Abb. 91. Maschinenverstärker mit 2 induktiv verketteten Steuerwicklungen

Wird nun bei einer Schaltung, wie sie in Abb. 91 dargestellt ist, an die Wicklung 1 im Zeitpunkt $t = 0$ die konstante Spannung E gelegt, hat der Strom in Wicklung 1 folgenden Zeitablauf:

$$i_1 = \frac{E}{r_1}\left[1 - \frac{1}{T_h}\left(T_1\, e^{-\frac{t}{T_h}} + T_2\, e^{-\frac{t}{T_s}}\right)\right]. \tag{81a}$$

Nun ist aber $\frac{E}{r_1} = i_{1\,end}$. In normierten Größen erhält man also

$$\frac{i_1}{i_{1\,end}} = 1 - \frac{1}{T_h}\left(T_1\, e^{-\frac{t}{T_h}} + T_2\, e^{-\frac{t}{T_s}}\right). \tag{81b}$$

In der Wicklung 2 fließt während des Erregungsvorganges ein Ausgleichstrom i_2. Um die Darstellung und Berechnung der Ausgleichvorgänge zu vereinfachen, empfiehlt es sich, nicht mit dem Absolutwert von i_2, sondern mit dem fiktiven Wert i_2' zu arbeiten, der sich einstellen würde. wenn die Wicklung 2 mit der gleichen Windungszahl wie die Wicklung 1 ausgeführt wäre. Für die Umrechnung gilt

$$i_2' w_1 = i_2 w_2$$

$$i_2' = i_2 \frac{w_2}{w_1} . \tag{82}$$

Für den fiktiven Ausgleichstrom i_2' erhält man

$$i_2' = -\frac{E}{r_1 T_h}\left(T_2 e^{-\frac{t}{T_h}} - T_2 e^{-\frac{t}{T_s}}\right) . \tag{83a}$$

Um die Ströme in beiden Wicklungen in einem gemeinsamen Diagramm mit bezogenen Größen darstellen zu können, wählt man zweckmäßig die Normierung

$$\frac{i_2'}{i_{1\,end}} = -\frac{T_2}{T_h}\left(e^{-\frac{t}{T_h}} - e^{-\frac{t}{T_s}}\right) \tag{83b}$$

Bei Vernachlässigung aller weiteren induktiven Verkettungen und unter der idealisierten Voraussetzung der Proportionalität aller beteiligten Größen im stationären Zustand und in jedem Zeitpunkt des Ausgleichvorganges wird der magnetische Fluß der Maschine Φ von der Summe der Durchflutungen bestimmt.

$$\Theta_\mu = w_1 i_1 + w_2 i_2$$

$$\Theta_\mu = w_1 i_1 + w_1 i_2' = w_1 (i_1 + i_2') .$$

Die Transformation auf i_2' schafft die Möglichkeit, anstelle der Durchflutung Θ_μ mit einem fiktiven Magnetisierungsstrom i_μ zu arbeiten.

$$i_\mu = \frac{\Theta_\mu}{w_1} = i_1 + i_2'$$

i_μ ergibt sich dann als Summe der Gln. (81a) und (83a) zu

$$\begin{aligned} i_\mu &= i_1 + i_2' \\ &= \frac{E}{r_1}\left[1 - \frac{1}{T_h}\left(T_1 e^{-\frac{t}{T_h}} + T_2 e^{-\frac{t}{T_s}}\right) - \frac{1}{T_h}\left(T_2 e^{-\frac{t}{T_h}} - T_2 e^{-\frac{t}{T_s}}\right)\right] \\ &= \frac{E}{r_1}\left[1 - \frac{T_1 + T_2}{T_h} e^{-\frac{t}{T_h}}\right] . \end{aligned}$$

Nun ist aber $T_1 + T_2 = T_h$ und $\frac{E}{r_1} = i_{1\,end}$, so daß gesetzt werden kann

$$i_\mu = i_{1\,end}\left(1 - e^{-\frac{t}{T_h}}\right) \tag{84a}$$

bzw.

$$\frac{i_\mu}{i_{1\,end}} = 1 - e^{-\frac{t}{T_h}} \tag{84b}$$

in normierten Größen.

Unter der Voraussetzung der Proportionalität zwischen i_μ und Φ im stationären Zustand und in jedem Zeitpunkt des Ausgleichvorganges gilt auch

$$\frac{\Phi}{\Phi_{end}} = \frac{EMK}{EMK_{end}} = 1 - e^{-\frac{t}{T_h}}. \tag{84c}$$

Unter diesen idealisierten Voraussetzungen sind als Zahlenbeispiel in Abb. 92a die Übergangsfunktionen

$$\frac{i_1}{i_{1\,end}}; \quad \frac{i_2'}{i_{1\,end}} \quad \text{und} \quad \frac{i_\mu}{i_{1\,end}}$$

der Anordnung nach Abb. 91 aufgetragen, wie sie sich bei plötzlichem Anlegen einer Gleichspannung E an die Wicklung w_1 einstellen würden. Dabei ist

$$T_1 = 250 \text{ msek}; \quad T_2 = 120 \text{ msek}; \quad \sigma_{1/2} = 0{,}25\,.$$

In vielen praktischen Fällen kann die gegenseitige Streuung $\sigma_{1/2}$ vernachlässigt werden, insbesondere bei Verstärkermaschinen, wo nicht, wie in Abb. 77, die Wicklungen am Polschaft übereinander angeordnet, sondern konzentrisch ineinander gewickelt sind.

Es vereinfachen sich dann die Gln. (80) bis (84) wie folgt:
Die Zeitkonstante der Ausgleichvorgänge wird

$$T_{h/s} \to \frac{1}{2}(T_1 + T_2) \pm \frac{1}{2}(T_1 + T_2)$$

$$T_h = T_1 + T_2 \qquad T_s = 0\,. \tag{80c}$$

Für die Ströme in den Wicklungen erhält man

$$i_1 \to \frac{E}{r_1}\left(1 - \frac{T_1}{T_h} e^{-\frac{t}{T_h}}\right) \tag{81c}$$

bzw. in normierten Größen

$$\frac{i_1}{i_{1\,end}} \to 1 - \frac{T_1}{T_h} e^{-\frac{t}{T_h}} \tag{81d}$$

$$i_2' \to -\frac{E}{r_1} \cdot \frac{T_2}{T_h} e^{-\frac{t}{T_h}} \tag{83c}$$

bzw. in normierten Größen

$$\frac{i_2'}{i_{1\,end}} \to -\frac{T_2}{T_h} e^{-\frac{t}{T_h}}. \tag{83d}$$

Auf die Übergangsfunktion des fiktiven Magnetisierungsstromes i_μ und damit auch des Flusses hat T_s, also auch eine Änderung von T_s, keinen Einfluß. Unter sonst gleichen Voraussetzungen wie in Abb. 92a, jedoch für $\sigma_{1/2} = 0$, sind die Übergangsfunktionen in Abb. 92b aufgetragen.

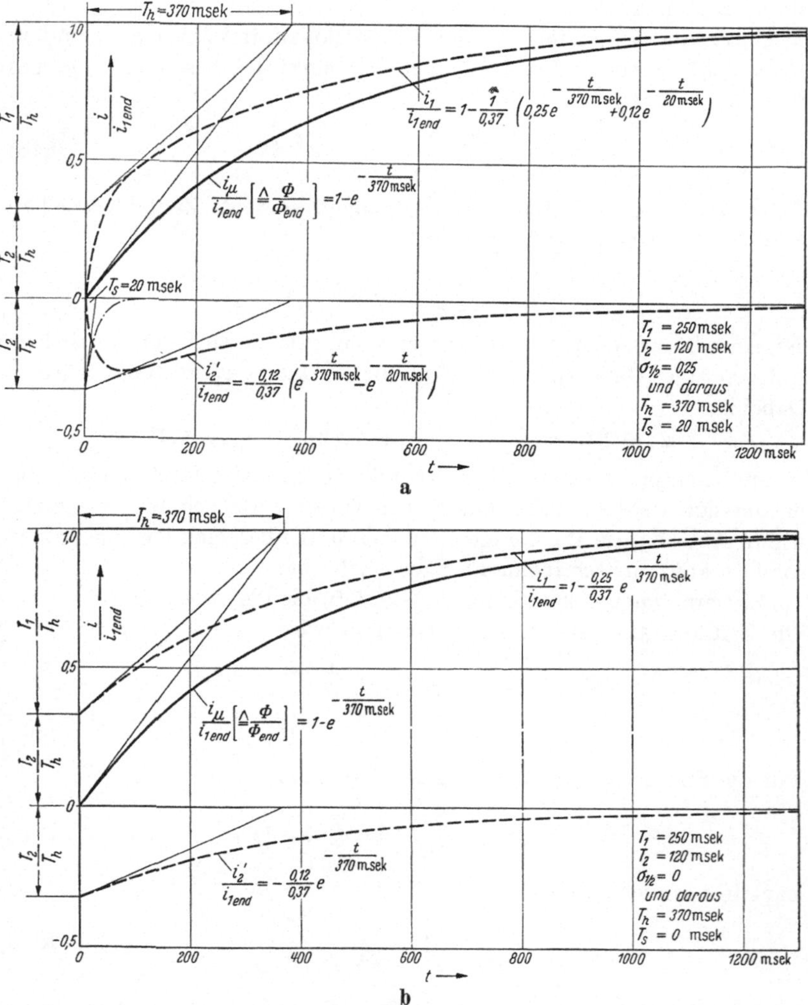

Abb. 92a u. b. Übergangsfunktionen der Ströme in den induktiv verketteten Wicklungen und des magnetischen Flusses bei plötzlichem Zuschalten einer konstanten Gleichspannung an eine der Wicklungen. a) Streuung zwischen beiden Wicklungen berücksichtigt; b) Streuung zwischen den beiden Wicklungen nicht berücksichtigt

Für den Einsatz einer Gleichstrommaschine mit mehreren induktiv verketteten Wicklungen als Glied des Regelkreises interessiert nun in erster Linie der Verlauf der Anker-*EMK* bei plötzlichem Zuschalten der Erregerspannung. Nach Gl. (84) ist diese Übergangsfunktion vom gleichen Typ und von der gleichen Ordnung, wie die einer Gleichstrommaschine mit nur einer Erregerwicklung (VZ-Glied). Die Zeitkonstante der Übergangsfunktion ist jedoch die Summe der Zeitkonstanten der einzelnen Wicklungen. Alle übrigen Ausgleichvorgänge spielen sich nur zwischen den Stromkreisen der verketteten Wicklungen ab und haben auf die Übergangsfunktion der Ankerspannung keinen Einfluß.

Nun wird in der Mehrzahl der Fälle die Zeitkonstante der Steuerwicklung (w_1) mit Rücksicht auf das Leistungsniveau von Eingang und Ausgang der Maschine gegeben sein. Um eine möglichst kleine Gesamtzeitkonstante der Maschine zu erreichen, ist es empfehlenswert, die Zeitkonstanten der übrigen Wicklungen möglichst klein zu machen, indem man diese durch Vorschalten Ohmschen Widerstandes entkoppelt. Handelt es sich um Gegenwicklungen, die aus größerem Leistungsniveau gespeist werden, ist die Entkopplung ohne besondere Schwierigkeiten durchzuführen. Ein Vorschalten von Zusatzwiderstand ist häufig nicht möglich, wenn Gegenwicklungen aus Meßwertumformern kleiner Ausgangsleistung gespeist werden.

Bei modernen Schaltungen liegt häufig der Summierungspunkt des Regelkreises nicht mehr im Steuerfeld der Verstärkermaschine, sondern im Eingang von elektronischen oder magnetischen Vorverstärkern. Bedingt durch die Wirkungsweise der Vorverstärker werden in der Regel im Steuerfeld der nachgeschalteten Verstärkermaschine zwei Steuerwicklungen — für jeden Durchflutungssinn der Verstärkermaschine eine Wicklung, wobei wahlweise die eine oder andere beaufschlagt wird — vorgesehen. Bei Röhrenverstärkern entfällt eine gegenseitige induktive Verkettung dieser beiden Steuerwicklungen, weil, wenn die eine Wicklung durchflutet wird, die die zweite Wicklung aussteuernde Röhre außer Betrieb ist und infolgedessen einen hohen Innenwiderstand hat (s. auch C VI 3). Sind den beiden Steuerwicklungen magnetische Verstärker vorgeschaltet, ist dagegen die induktive Verkettung voll wirksam, weil die nicht erregte Wicklung dann immer über den zugehörigen Trockengleichrichter kurzgeschlossen ist (hierzu siehe Abb. 2). Die Zeitkonstante des Steuerkreises der Verstärkermaschine ist dann doppelt so groß wie die der einzelnen Wicklung.

Die gleiche Wirkung wie induktiv verkettete Wicklungen üben Kurzschlußringe im magnetischen Kreis, gebildet durch nicht isolierte Nieten im Blechpaket und metallisch geschlossene Spulenrahmen, auf den Verlauf der Übergangsfunktion aus. Die Konstruktion der Verstärkermaschinen muß diese Gesichtspunkte berücksichtigen. Bei gewöhnlichen Gleichstrommaschinen dämpfen außerdem Wirbelströme im massiven Joch den Anstieg des Flusses. Um diese Dämpfung zu vermeiden, werden, zumindest in Europa, die Maschinenverstärker mit voll geblechtem magnetischem Kreis, also auch mit geblechtem Joch, ausgeführt. Um

Wirbelströme in den Unterlegblechen der Hauptpole zu vermeiden, ist es empfehlenswert, diese weitgehend zu unterteilen, z. B. durch Schlitzen.

3. Der dynamische Einfluß einer unvollständigen Kompensation

Eine Vergrößerung der Zeitkonstante als Folge der induktiven Verkettung mehrerer Wicklungen kann auch bei zweistufigen Verstärkermaschinen mit nur einer Wicklung im Steuerfeld auftreten, wenn die Maschinen unvollständig kompensiert sind. Für die Querfeld-Verstärkermaschine wurde die mathematische Untersuchung dieses Einflusses von HAIER[1] durchgeführt. Die Betrachtungen gelten analog für andere zweistufige Maschinenverstärker.

Eine induktive Verkettung zwischen dem Steuerkreis und dem Ausgangskreis der nicht voll kompensierten Querfeldverstärkermaschine tritt auf, weil Anker und Kompensationsdurchflutung des Nutzstromes sich nicht aufheben. Für die induktive Verkettung ist die Differenz der ausgeführten Kompensationswindungen Z_K und der zur Aufhebung des Ankerfeldes notwendigen Kompensationswindungen Z_{KA}, (für die verteilte Kompensationswicklung nach Gl. (63), für die konzentrierte Wicklung nach Gl. (64) zu berechnen), also

$$Z_{K\,verk} = |\,Z_{KA} - Z_K\,| \tag{85}$$

maßgebend.

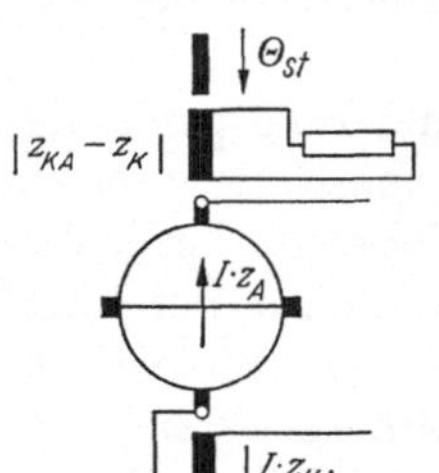

Abb. 93. Querfeldverstärkermaschine: Ersatzschaltbild für die induktive Verkettung zwischen Steuer- und Nutzkreis bei einer nicht vollkompensierten Maschine

Das Ersatzschaltbild für die mathematische Behandlung zeigt Abb. 93. Man kann den Einfluß der induktiven Verkettung von Steuer- und Ausgangskreis theoretisch so behandeln, als ob eine 100%ig kompensierte Verstärkermaschine vorliege, bei der Anker- und Kompensationsdurchflutung sich aufheben, aber eine zusätzliche Wicklung mit der Windungszahl $Z_{K\,verk}$, die über den Belastungswiderstand kurzgeschlossen ist, im Steuerfeld angekoppelt sei. Für die Übergangsfunktionen von Fluß und Strömen in den verketteten Wicklungen ergibt sich als Folge der induktiven Verkettung der in den Abb. 92a und 92b dargestellte Verlauf.

Die Ausgangsstufe einer unvollständig kompensierten Maschine wirkt auch noch in physikalisch anderer Form auf den Steuerkreis zurück. In C II und C IV wurde bereits darauf hingewiesen, daß bei unterkompensierten Querfeldverstärkermaschinen — das gleiche gilt analog für Magnicon und Unsymmetrieverstärkermaschine — die Ankerdurchflutung des Nutzstromes im Sinne einer Gegenkopplung auf die

[1] HAIER, U.: Die Dynamik der Querfeldmaschine; Archiv für Elektrotechnik 1953, S. 127—135

Steuerdurchflutung zurückwirkt. Infolgedessen wird bei der unterkompensierten Querfeldverstärkermaschine (Konstantstrommaschine) der Nutzstrom der Maschine im Sinne einer P-Regelung unabhängig von der Nutzspannung geregelt. Die erreichbare Regelempfindlichkeit ε gibt Gl. (66a) für die unkompensierte und Gl. (66b) für die teilkompensierte Maschine an. ε kann allgemeiner durch

$$\varepsilon = \frac{i_{st}\, w_{st}}{i_{st}\, w_{st} - J_A\,(Z_{KA} - Z_K)} \tag{86}$$

ausgedrückt werden.

Bei ohmscher Belastung der Nutzbürsten hat das Blockbild dieses Regelkreises grundsätzlich den Aufbau von Abb. 30. Da sowohl die erste, als auch die zweite Verstärkerstufe der Maschine VZ-Glieder mit den Zeitkonstanten T_{St} und T_A (s. C V 1) sind, liegt der in B III 2 und B IV 2c mathematisch behandelte Regelkreis zweiter Ordnung vor, bei dem sich 3 Typen der Übergangsfunktion einstellen können:

a) ein aperiodischer Verlauf,
b) ein selbsterregter Einschwingvorgang mit Dämpfung,
c) als Übergangsform zwischen a und b der sogenannte aperiodische Grenzfall.

Ein Kriterium, welcher Typ der Übergangsfunktion sich einstellt, gibt Gl. (38) für den allgemeinen Regelkreis zweiter Ordnung. Für den speziellen Fall der Konstantstrommaschine geht Gl. (38a) über in

$$\frac{(T_{st} + T_A)^2}{4\, T_{st}\, T_A} \cdot \underbrace{\frac{i_{st}\, w_{st} - J_A\,(Z_{KA} - Z_K)}{i_{st}\, w_{st}}}_{\frac{1}{\varepsilon}} \geq 1 \tag{87a}$$

Für den in der Praxis häufigen Fall $T_{st} \gg T_A$ läßt sich (87a) in die einfachere Form

$$\frac{T_{st}}{4\, T_A} \cdot \underbrace{\frac{i_{st}\, w_{st} - J_A\,(Z_{KA} - Z_K)}{i_{st}\, w_{st}}}_{\frac{1}{\varepsilon}} \geq 1 \tag{87b}$$

überführen.

Durch die Überlagerung des Effekts der induktiven Verkettung, die auch als transformatorische Verkettung bezeichnet wird, und der Stromgegenkopplung ergeben sich Übergangsfunktionen, wie sie die Oszillogramme in Abb. 94a und b zeigen. Die Oszillogramme wurden bei einer Amplidyne von 5 kW, 1500 U/min und einer Nennspannung von 230 V mit verschiedenen Kompensationsgraden aufgenommen. Sie zeigen die Übergangsfunktionen von Steuerstrom i_{st}, Kurzschlußstrom J_K und Nutzstrom J_N bei plötzlichem Übergang vom Leerlauf zum Kurzschluß der Nutzbürsten. Für beide Oszillogramme wurde die Maschine nur so schwach erregt, daß der über die kurzgeschlossenen Nutzbürsten fließende Strom etwa gleich dem Nennstrom (ca. 21 A) ist.

Bei Abb. 94a — Maschine stark unterkompensiert — wird ε gemäß Gl. (86) groß. Der Steuerstrom i_{st}, der im Kurzschluß der Nutzbürsten zur Aufrechterhaltung des Nennwertes von J_N benötigt wird, beträgt 0,24 A; die unter dem Einfluß seiner Durchflutung an den Nutzbürsten im Leerlauf hervorgerufene Spannung U_2 230 V (Nennspannung der Maschine). Wie das Oszillogramm zeigt, ergibt sich bei dieser Einstellung der Kompensation als Übergangsfunktion des Nutzstromes der Typ der gedämpften Schwingung. Zu Beginn des Ausgleichvorganges tritt die induktive Verkettung von Steuer- und Nutzkreis stark in Erscheinung, wie aus der plötzlichen starken Erhöhung des Steuerstromes zu schließen ist. Die Übergangsfunktion des Kurzschlußstroms läuft in Form einer gedämpften Schwingung in den Endzustand ein.

Bei Abb. 94b — Maschine nur schwach unterkompensiert — ist ε gemäß Gl. (86) klein. Der Steuerstrom i_{st}, der bei Kurzschluß der Nutzbürsten zur Aufrechterhaltung des Nennstromes benötigt wird, beträgt nur 0,04 A; die durch diese Durchflutung an den Nutzbürsten im Leerlauf hervorgerufene Spannung U_2 81 V. Die Übergangsfunktionen von J_K und J_N sind aperiodisch. Bei Oszillogramm Abb. 94b ist zu beachten, daß, um die Rückwirkung der induktiven Verkettung von Steuerkreis und Ankerkreis überhaupt noch sichtbar zu machen, die Empfindlichkeit der zur Aufnahme des Steuerstromes dienenden Schleife gegenüber Abb. 94a wesentlich erhöht wurde (von 14,2 cm/A bei Abb. 94a auf 105 cm/A bei Abb. 94b). Diese empfindliche Einstellung läßt die Rückwirkung der Nutpulsationen auf das Steuerfeld stark hervortreten.

Bei einer überkompensierten Maschine kann sich der Endzustand nicht in Form gedämpfter Schwingungen einstellen, da dann nicht mehr eine Gegenkopplung der Ausgangsgröße, sondern eine Mitkopplung vorliegt. Diese Mitkopplung kann zu einer aperiodischen Selbsterregung der Maschine führen, wenn die von der Überkompensation verursachte Zusatzdurchflutung $J_N\,(Z_K - Z_{KA})$ eine Zusatzspannung erzeugt, die höher ist, als die mit einem Anstieg des Nutzstromes verbundene Erhöhung der Verbraucherspannung im Nutzkreis.

Als Überlagerung einer induktiven Verkettung und einer Stromgegenkopplung bzw. Mitkopplung kann auch die Rückwirkung des Ankerkreises auf das zugeordnete Erregerfeld angesehen werden, wie sie durch nichtlineare Kommutierung und durch nicht in der neutralen Zone stehende Bürsten verursacht wird. Wie in C III 3 und 4 gezeigt wurde, kann dieser Einfluß sich besonders bei der mit hoher dynamischer Verstärkung arbeitenden Eingangsstufe, unabhängig davon, ob es sich um

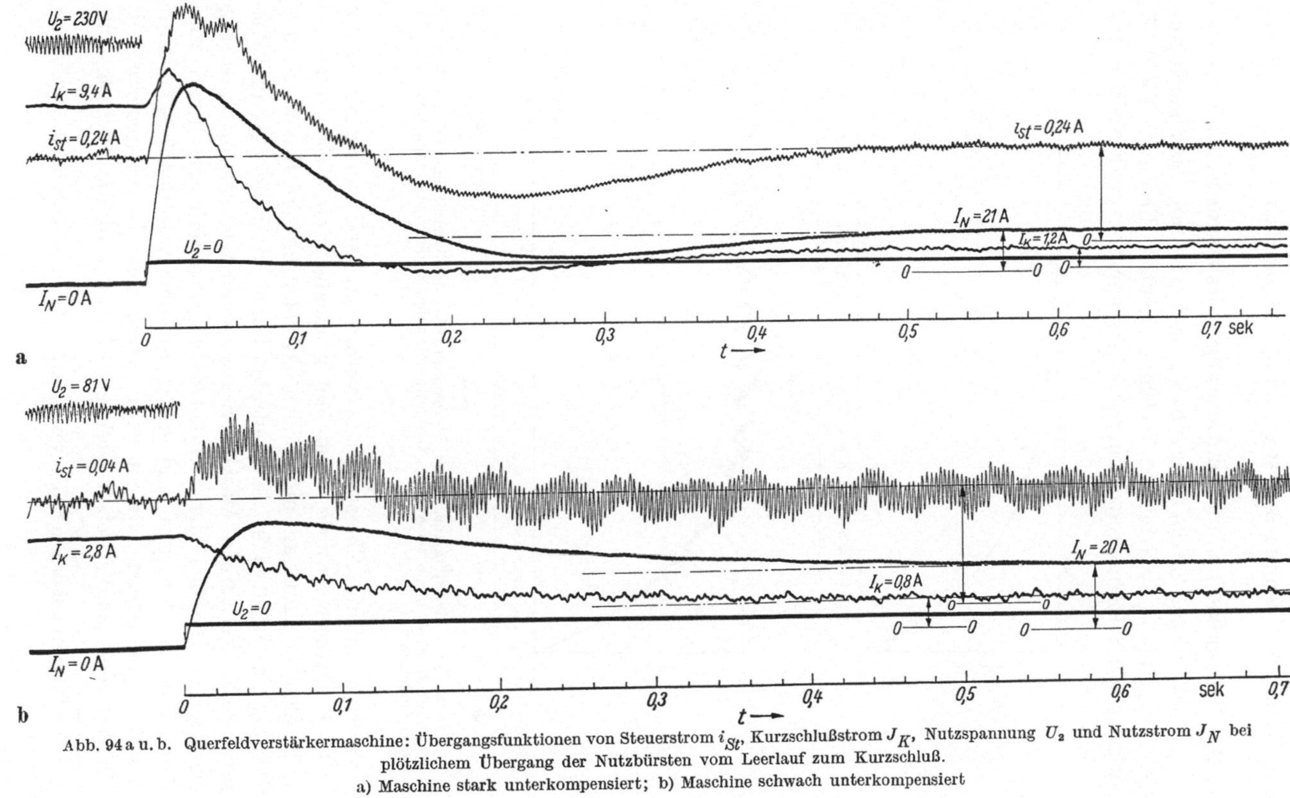

Abb. 94a u. b. Querfeldverstärkermaschine: Übergangsfunktionen von Steuerstrom i_{St}, Kurzschlußstrom J_K, Nutzspannung U_2 und Nutzstrom J_N bei plötzlichem Übergang der Nutzbürsten vom Leerlauf zum Kurzschluß.
a) Maschine stark unterkompensiert; b) Maschine schwach unterkompensiert

eine Kaskade einstufiger Maschinen oder um eine mehrstufige Maschine handelt, bemerkbar machen. Die mathematische Behandlung nach der in C V 2 und 3 gezeigten Art ist grundsätzlich möglich.

4. Der dynamische Einfluß von Änderungen des magnetischen Leitwertes

Als sekundärer Effekt einer induktiven Verkettung lassen sich Ausgleichvorgänge in zweistufigen Maschinen deuten, die durch die Rückwirkung von Sättigungserscheinungen im magnetischen Kreis der Aus-

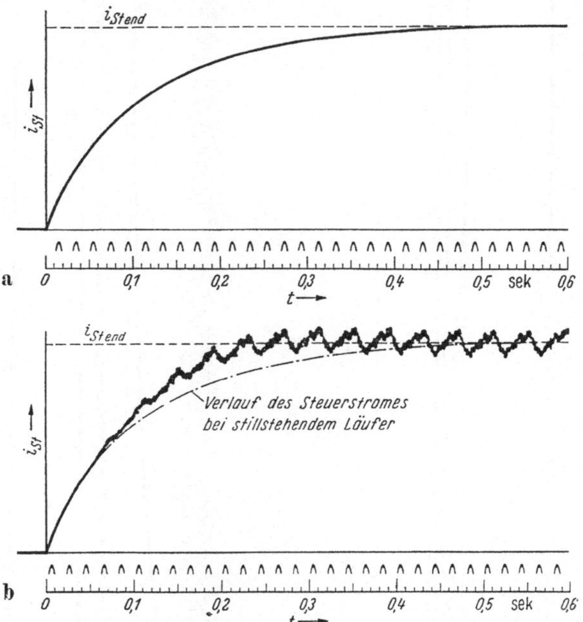

Abb. 95 a u. b. Querfeldverstärkermaschine: Übergangsfunktion des Steuerstromes bei plötzlichem Zuschalten einer konstanten Steuerspannung; Oszillogramme aufgenommen: a) bei stillstehendem Anker; b) bei laufendem Anker

gangsstufe auf die Eingangsstufe verursacht sind[1]. Wie bereits in C III 1 erläutert wurde, sind unter idealisierten Voraussetzungen (z. B. gleicher Luftspalt unter allen Teilpolen, lineare Kommutierung, Stellung der Bürsten in der neutralen Zone) die Eingangs- und Ausgangsstufe zweistufiger Maschinen gegeneinander entkoppelt, solange im linearen Bereich der Magnetisierungskennlinie gearbeitet wird. Wenn nun aber bei genügend großer Aussteuerung der Ausgangsstufe das Sättigungsgebiet erreicht wird, wirkt sich die verringerte Leitfähigkeit des magnetischen Kreises nicht nur auf die Ausgangsstufe,

[1] Den Hinweis auf diesen Effekt verdanke ich Herrn Dr.-Ing. habil. KROCHMANN, Berlin

sondern auch auf die Eingangsstufe aus. Wie in Abb. 57 gezeigt wurde, nimmt dadurch, stationäre Verhältnisse vorausgesetzt, der von einer konstanten Steuerdurchflutung erzwungene Steuerfluß mit zunehmender Sättigung durch den Fluß der Ausgangsstufe ab.

Dynamisch hat diese Änderung des magnetischen Leitwertes zur Folge, daß in der Steuerwicklung eine Spannung induziert wird, die nach dem Gesetz der Selbstinduktion versucht, den alten Zustand aufrechtzuerhalten.

Diese Selbstinduktion beeinflußt die Übergangsfunktion des Steuerstromes i_{st}, wie an Hand der Oszillogramme Abb. 95 gezeigt wird, die bei einer Querfeldverstärkermaschine aufgenommen wurden. Abb. 95a stellt die Übergangsfunktion des Steuerstromes bei plötzlichem Zuschalten der Steuerspannung für stillstehenden Läufer dar: Magnetischer Kreis ist ungesättigt, da kein Fluß in der Ausgangsstufe vorhanden. Abb. 95b zeigt die Übergangsfunktion des Steuerstromes auf gleichen Endwert und unter sonst gleichen Bedingungen bei laufender Maschine (Leerlauf der Nutzbürsten). Die Ausgangsstufe wird dabei bis ins Sättigungsgebiet ausgesteuert. Mit der Sättigung nimmt der magnetische Leitwert ab. Diese Abnahme des Leitwertes, verbunden mit einer Abnahme des Steuerflusses $-\frac{d\Phi_{St}}{dt}$, induziert in der Steuerwicklung w eine Spannung $e = w\,\frac{d\Phi_{St}}{dt}$, die im Sinne der angelegten Steuerspannung wirkt und deshalb einen schnelleren Anstieg des Steuerstromes erzwingt wie ein Vergleich der Oszillogramme Abb. 95a und b zeigt.

Der starke Oberwellengehalt des Oszillogramms Abb. 95b ist auf Nut- und Lamellenpulsationen zurückzuführen.

VI. Die Beanspruchungen der Maschinenverstärker bei raschen Stellvorgängen

Beim Entwurf von Maschinenverstärkern und bei der Auswahl der Type für eine bestimmte Regelaufgabe muß immer berücksichtigt werden, welchen Beanspruchungen die Maschinen bei raschen Stellvorgängen ausgesetzt sind. Die auftretenden Beanspruchungen sind je nach der gewählten Schaltung und der vorgesehenen Regelempfindlichkeit ε sehr unterschiedlich. Auf einige der wichtigsten Gesichtspunkte soll im Folgenden hingewiesen werden.

1. Die Stoßbeanspruchung der Maschinenverstärker bei plötzlichem Zuschalten der Führungsgröße

In B III 1 (S. 38) wurde der Stoßerregungsvorgang der Schaltung 5 unter der idealisierten Voraussetzung behandelt, daß die Zeitkonstante der Verstärkermaschine T_V gegenüber der des Leonardgenerators T_G zu vernachlässigen ist. Es wurde dabei gezeigt, daß bei plötzlichem Zuschalten der Führungsgröße E im Einschaltmoment ($t = 0$; $U = 0$) in der Erregerwicklung der Verstärkermaschine ein Strom

$$\dot{i}_{v\,stoß} \approx \frac{E}{r_v} = \varepsilon\,\dot{i}_{v\,end} = \varepsilon\,\frac{E - U_{end}}{r_v} \tag{88a}$$

fließt, der unter der idealisierten Voraussetzung der Proportionalität von Durchflutung $\Theta_v \sim i_v$ und Ankerspannung der Verstärkermaschine u eine Ankerspannung $\varepsilon\,u_{end}$ zur Folge hat. Hohe Spitzenwerte von i_v und u treten in der Praxis tatsächlich auf, denn die Zeitkonstante der Verstärkermaschine — unabhängig davon, ob in einer oder 2 Stufen verstärkt wird — ist im allgemeinen klein gegenüber der des LEONARD-Generators. Die Führungsgröße E ist daher im Erregerkreis der Verstärkermaschine als treibende Spannung voll wirksam, solange eine Gegenspannung U vom Anker des LEONARD-Generators noch nicht erzeugt wird.

Noch höhere Spitzenwerte für i_v und u können bei Umkehrantrieben auftreten. Wird vom eingeschwungenen Zustand ($t = 0$; $U = U_{end}$) aus die Führungsgröße E plötzlich umgepolt, so ergibt sich in erster Näherung im Einschaltmoment sogar ein Strom

$$\dot{i}_{v\,Stoß} = \frac{E + U_{end}}{r_v} = (2\,\varepsilon - 1)\,\dot{i}_{v\,end} \tag{88b}$$

Bei hoher Regelempfindlichkeit ε und großer Zeitkonstante des nachgeschalteten Leonardgenerators kann die Stromspitze $i_{v\,Stoß}$ die Erregerwicklung der Verstärkermaschine thermisch hoch beanspruchen, denn durch den ε- bzw. $(2\varepsilon - 1)$-fachen Nennerregerstrom wird, wenn auch nur kurzzeitig, in der Erregerwicklung der Verstärkermaschine das ε^2- bzw. $(2\,\varepsilon - 1)^2$-fache der Verlustwärme im Dauerbetrieb erzeugt.

Unter dem Einfluß der hohen Durchflutung wird nun auch eine hohe Ankerspannung erzeugt. Der Berechner muß daher zunächst überprüfen, ob die ausgewählte Verstärkermaschine mit der der hohen Durchflutung entsprechenden Spannung kurzzeitig arbeiten kann, ohne daß es zum Überschlag am Kommutator kommt. Entsprechende Spitzenwerte im Ausgangsstrom der Verstärkermaschine (dem Erregerstrom des LEONARD-Generators) treten bei der Schaltung 5 nicht auf.

Dieser Stromverlauf ergibt sich jedoch nur im Ankerkreis der Ausgangsstufe. Arbeitet man mit 2 Verstärkerstufen (Kaskadierung von 2 Maschinen oder zweistufige Verstärkermaschine), so hat die hohe Anker-*EMK* in der ersten Verstärkerstufe, die unter dem Einfluß der hohen Steuerdurchflutung erzeugt wird, eine entsprechende Spitze im Erregerstrom für die zweite Verstärkerstufe (bei der Querfeldmaschine der Kurzschlußstrom J_K) zur Folge. Es besteht daher für den Ankerkreis der ersten Verstärkerstufe außer der Möglichkeit einer thermischen Überlastung auch noch die Gefahr, daß die Stromspitzen nicht mehr einwandfrei kommutiert und Kommutator und Bürstenapparat angegriffen werden. Die praktische Erfahrung hat gelehrt, daß man im Ankerkreis der ersten Verstärkerstufe den 4-fachen Nennstrom auch kurzzeitig nicht überschreiten soll. Zeigt die Vorausberechnung, daß dieser Richtwert im Betrieb nicht eingehalten wird, ist ein größeres Verstärkermaschinenmodell zu wählen oder es sind Schaltungsmaßnahmen zu treffen, die das Durchflutungsmaximum der Steuerstufe $\Theta_{St\,Stoß}$ begrenzen. Eine Schaltungsmöglichkeit wird in D III Abb. 117 gezeigt.

2. Stoßweise Belastung von Maschinenverstärkern in Regelkreisen mit mehr als 2 VZ-Gliedern (Abb. 96)

Auch im Ankernutzkreis von Maschinenverstärkern können hohe Stromspitzen auftreten, wenn die Maschinen in Regelkreisen eingesetzt

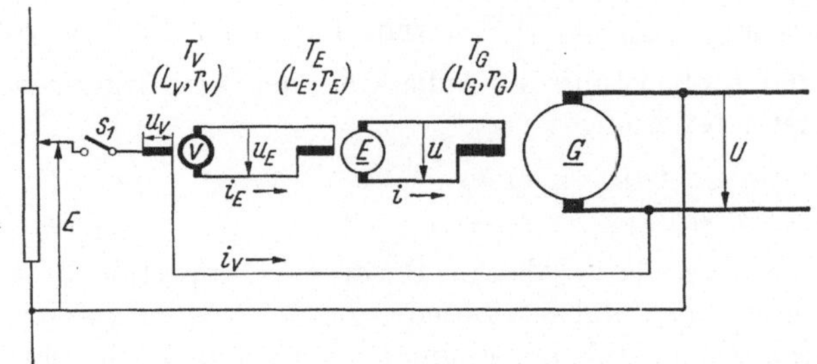

Abb. 96. Regelkreis mit 3 nacheinandergeschalteten VZ-Gliedern (Maschinenverstärker, Erregermaschine und Leonardgenerator)

sind, in denen der Verstärkermaschine mindestens 2 VZ-Glieder nachgeschaltet sind. Solche Stromspitzen, die gleichzeitig mit Spannungsspitzen (Leistungsspitzen) auftreten, erhält man, wenn, wie in dem in Abb. 96 dargestellten Regelkreis die Zeitkonstanten der vom Summierungs- zum Verzweigungspunkt gestaffelten VZ-Glieder in Wirkungsrichtung zunehmen.

In Abb. 96 erregt die Verstärkermaschine V nicht den LEONARD-Generator G, sondern seine Erregermaschine E (mit den Indizes V, E, G werden im Folgenden die zu den einzelnen Maschinen gehörenden Kenngrößen bezeichnet). Für die Ankerleistung der Maschinen gilt $N_V \ll N_E \ll N_G$. Nun nimmt die natürliche Erregerzeitkonstante elektrischer Maschinen unter sonst gleichen Umständen mit der Maschinengröße zu. Die Größe der Maschinen ist aber vom Drehmoment und damit — auf gleiche Drehzahl bezogen — von der Leistung abhängig. Aus dieser Überlegung läßt sich ableiten $T_V \ll T_E \ll T_G$.

Wird bei der Schaltung in Abb. 96 durch Schließen des Schalters S_1 die Führungsgröße zugeschaltet (Anfangsbedingung $t = 0$, $U = 0$), so stellt sich im Erregerkreis der Verstärkermaschine ein Strom $i_{v\,Stoß} \approx \frac{E}{r_v} \gg i_{v\,end} = \frac{E - U_{end}}{r_v}$ ein, denn die Spannung E ist als treibende Spannung im Erregerkreis der Verstärkermaschine voll wirksam, solange eine Gegenspannung vom Anker des LEONARD-Generators nicht erzeugt wird. Unter dem Einfluß des Stroms $i_{v\,Stoß}$ steigt auch die Ankerspannung der Verstärkermaschine (Erregerspannung der Erregermaschine) u_E auf einen hohen Wert $u_{E\,Stoß}$ an. Der Anstieg von i_v bzw. u_E wird durch die sehr kleine Zeitkonstante der Verstärkermaschine T_v bestimmt.

Nun ist die Zeitkonstante der Erregermaschine T_E wesentlich kleiner als die des Hauptgenerators T_G. Daher erreicht auch der Erregerstrom der Erregermaschine i_E — Ankerstrom der Verstärkermaschine — kurzzeitig noch einen sehr viel größeren Wert $i_{E\,Stoß}$ als er sich im eingeschwungenen Zustand ($U = U_{end}$, $i_E = i_{E\,end}$) einstellt. Man kann in erster Näherung $i_{E\,Stoß} = \frac{u_{E\,Stoß}}{r_E}$ setzen. Für das Verhältnis von Dauerleistung und Stoßleistung im Ankerkreis der Verstärkermaschine gilt dann in erster Näherung

$$\frac{N_{v\,stoß}}{N_{v\,end}} = \frac{u_{E\,stoß} \cdot i_{E\,stoß}}{u_{E\,end} \cdot i_{E\,end}} = \frac{u_{E\,stoß}}{u_{E\,end}} \cdot \frac{r_E}{u_{E\,end}} \cdot \frac{u_{E\,stoß}}{r_E} = \left(\frac{u_{E\,stoß}}{u_{E\,end}}\right)^2. \qquad (89\,\text{a})$$

Geht man wieder wie in Abschn. B von der Proportionalität aller beteiligten Größen aus und setzt wieder gleiche Übergangsfunktionen für Erregerstrom i_v und Ankerspannung u_E der Verstärkermaschine voraus, so ist zu erweitern

$$\frac{N_{v\,stoß}}{N_{v\,end}} = \left(\frac{u_{E\,stoß}}{u_{E\,end}}\right)^2 = \left(\frac{i_{v\,stoß}}{i_{v\,end}}\right)^2 = \left(\frac{r_v}{u_{v\,end}} \cdot \frac{u_{v\,stoß}}{r_v}\right)^2 = \left(\frac{E}{E - U}\right)^2 = \varepsilon^2 \quad (89\,\text{b})$$

Man kann unter dieser Voraussetzung in erster Näherung das Verhältnis von Dauer- und Stoßleistung der Verstärkermaschine mit Hilfe der Regelempfindlichkeit abschätzen. Auch hier erhält man bei einer Polaritätsänderung der Führungsgröße noch höhere Stoßbeanspruchungen als beim Zuschalten der Führungsgröße.

Die Übergangsfunktionen u_E, u, U bei einer ausgeführten Erregeranordnung für den LEONARD-Generator eines Walzmotors zeigt das Oszillogramm Abb. 97. Die Ankerspannung der Verstärkermaschine u_E erreicht nach 70 msec, die Ankerspannung der Erregermaschine u nach 340 msec ihren Höchstwert, während die Ankerspannung des Hauptgenerators U erst nach 1,24 sec ihren Sollwert annimmt. Da sowohl der Höchstwert von u_E als auch der Höchstwert von u (ein Maß für den Ankerstrom der Verstärkermaschine i_E) ein Vielfaches des Endwertes betragen, tritt ein großer Leistungsstoß an der Verstärkermaschine auf.

Diese hohe Stoßbelastung ist nicht nur für die konstruktive Ausführung, sondern auch für die Auswahl des Antriebsmotors maßgebend.

Gerade dieser Punkt wird bei der Projektierung oft übersehen. Der Antriebsmotor, in der Mehrzahl der Fälle ein Asynchronmotor, sollte nur nach Kippmoment und -schlupf ausgewählt werden. Dem Verfasser sind Fälle bekannt, wo ein zu kleines Motormodell vorgesehen wurde und die Stoßlast das Kippmoment des Motors weit überschritten hat, so daß für den Betrieb ein größerer Motor beschafft werden mußte. Bei der Auswahl des Motors muß auch der schlechte Wirkungsgrad der Verstärkermaschine (Größenordnung 0,5 bis 0,8) berücksichtigt werden, d. h. die von der Antriebsseite her mechanisch zugeführte Leistung beträgt unter Umständen das Doppelte der dem Anker entnommenen elektrischen Leistung.

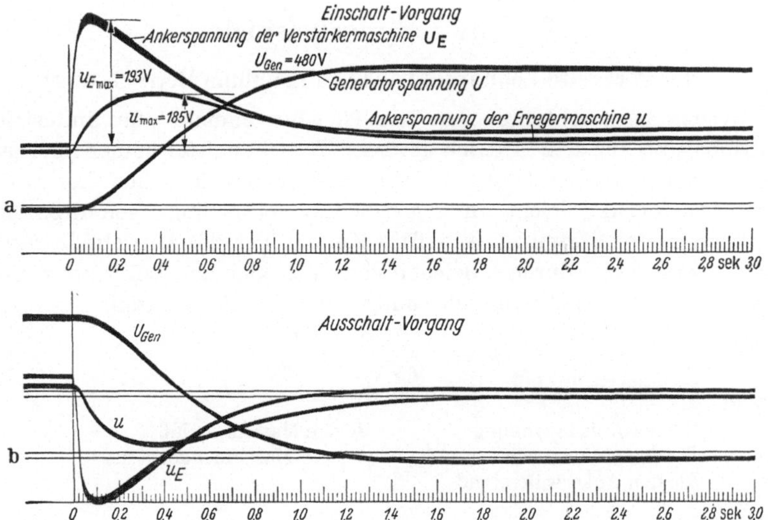

Abb. 97 a u. b. Übergangsfunktionen des Regelkreises mit 3 nacheinandergeschalteten *VZ*-Gliedern (Schaltung nach Abb. 96) im Oszillogramm. a) bei plötzlichem Zuschalten einer konstanten Steuerspannung; b) bei plötzlichem Abschalten der Steuerspannung

3. Überspannungen an der Steuerwicklung

Die moderne Technik wendet oft Schaltungen an, bei denen den Verstärkermaschinen Glieder vorgeschaltet werden, die der Steuerwicklung nicht eine bestimmte Erregerspannung, sondern einen bestimmten Strom i_{st} vorgeben, z. B. bei der Speisung der Steuerwicklungen aus Pentodenröhren.

Eine plötzliche Stromänderung $\frac{di_{st}}{dt}$ in der Steuerwicklung ist nun mit einer Selbstinduktionsspannung $e = -L\,\frac{di_{st}}{dt}$ verbunden. Bei größeren Stromänderungen überschreitet diese Spannung häufig die Durchschlagsspannung der Röhre, gelegentlich aber auch die mit Rücksicht auf die Isolation zulässige Windungsspannung. Es ist deshalb notwendig, die Spannung an der Erregerwicklung zu begrenzen. Eine Möglichkeit hierzu bietet die in D III (Abb. 117) gezeigte Anordnung. Ferner werden als Schutzmittel gern Halbleiterelemente verwendet, deren Widerstand mit wachsender Spannung stark abnimmt (hierzu auch D IV 1) und die unter Firmenbezeichnungen wie VDR-Widerstand, Metrosil, Thyrit und Silit angeboten werden. Sie werden der Wicklung parallelgeschaltet und schließen sie bei hohen Spitzenwerten in der Selbstinduktionsspannung kurz.

D. Anwendungsbeispiele

I. Der geregelte Leonardantrieb[1] (allgemeine Betrachtung)

In den letzten Jahren hat der Gleichstrommotor für Industrieantriebe und für den Antrieb gewisser Verkehrsmittel immer mehr an Bedeutung gewonnen (s. A). Einmal läßt er sich in seiner konstruktiven Ausführung leicht an gegebene Antriebsbedingungen anpassen. Sein besonderer Vorteil ist es, daß die Kenngrößen des Antriebs *Drehzahl und Drehmoment* durch Gleichgrößen auf kleinem Leistungsniveau stellbar sind. Gemäß Grundgleichung 1 gilt für die Drehzahl

$$n = \frac{U - J\,R_A}{c\,\Phi} \approx \frac{U}{c\,\Phi} \tag{1}$$

wobei

U	die Ankerspannung	Φ	den Maschinenfluß
J	den Ankerstrom	c	eine Maschinenkonstante
R_A	den Ankerwiderstand		

bedeuten.

Für das Drehmoment gilt:

$$M = c\,J\,\Phi - M_{verl} \approx c\,J\,\Phi \tag{2}$$

M_{verl} Verlustmoment durch Eisen- und Reibungsverluste

Die Drehzahl läßt sich also durch die elektrischen Größen Ankerspannung U und Erregerstrom i (maßgebend für den magnetischen Fluß Φ), das Drehmoment durch die elektrischen Größen Ankerstrom J und Erregerstrom i (wiederum maßgebend für Φ) einstellen. Wird bei konstantem Fluß Φ und konstantem Ankerstrom J die Ankerspannung U geändert, erfolgt die Drehzahlstellung bei konstantem Drehmoment. Wird bei konstanter Ankerspannung U und konstantem Ankerstrom J der Fluß Φ geändert, erfolgt die Drehzahlstellung bei konstanter Leistung.

[1] Hierzu auch BRUMBY, G.: Der geregelte LEONARD-Antrieb. AEG-Mitt., Bd. 45 (1955), S. 131—137

In den USA stehen in den meisten Industriebetrieben ausgedehnte Gleichstrom-Mehrleiternetze zur Verfügung, deren Spannungsstufung eine Drehzahlstellung der Gleichstrommotoren in Grobstufen ermöglicht. Zwischenstufen lassen sich über den Erregerstrom der Motoren einstellen. In den deutschen Betrieben sind fast ausschließlich nur Drehstromnetze vorhanden. Für die Gleichstrommotoren müssen deshalb besondere Stromquellen geschaffen werden.

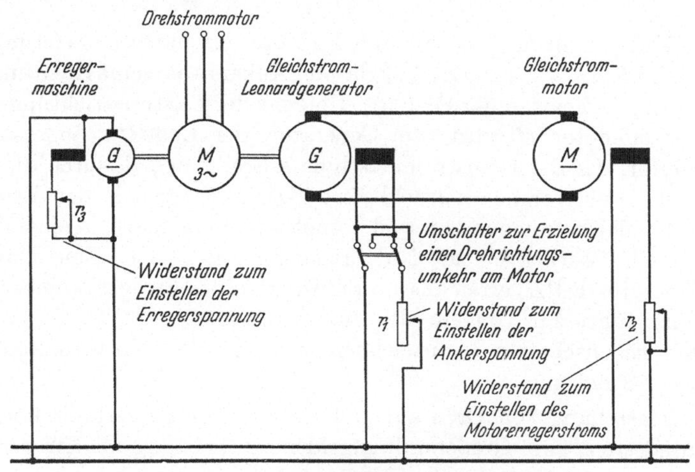

Abb. 98. Die klassische LEONARD-Schaltung

In der Mehrzahl der Fälle wird zu diesem Zwecke ein Gleichstromgenerator vorgesehen, der von einem Drehstrommotor (Synchron- oder Asynchronmotor) angetrieben wird. Der Generatoranker wird mit dem Anker des Gleichstrommotors verbunden (Abb. 98). Die mit dem Umformersatz gekuppelte Erregermaschine liefert die Erregerleistung für Gleichstromgenerator und Gleichstrommotor. Die Spannung im Ankerkreis des Motors wird mit Hilfe des Generator-Erregerstromes eingestellt (Widerstand r_1). Die der max. erreichbaren Spannung entsprechende max. Motordrehzahl bei vollem Motorfeld wird als Grunddrehzahl bezeichnet; höhere Drehzahlen können durch Schwächung des Motorfeldes (über den Widerstand r_2) erreicht werden. Diese Schaltung wurde erstmalig von LEONARD angegeben: LEONARD-Schaltung[1].

Für das Spannungsgleichgewicht im Ankerkreis gilt

$$EMK_{Gen} = EMK_{Mot} \pm J\,(R_{A\,Gen} + R_{A\,Mot} + R_{A\,Kreis}) \qquad (90)$$

wobei im stationären Betrieb und bei Nennspannung $EMK_{Gen} \approx EMK_{Mot}$ ist.

[1] LEONARD, HARRY W.: New York, USA, Verfahren zur Regelung elektrischer Treibmaschinen mit gesondertem Anker- und Schenkelstromkreis DRP 77 266 vom 25. 11. 1891

Es bedeuten

EMK_{Gen}	die EMK des LEONARD-Generators	$R_{A\,Mot}$	den Widerstand im Ankerkreis des Motors
EMK_{Mot}	die EMK des Gleichstrommotors	$R_{A\,Kreis}$	sonstige Widerstände zwischen den Ankerklemmen des LEONARD-Generators u. LEONARD-Motors, z. B. Verbindungskabel, Meßshunte usw.
J	den Ankerstrom		
$R_{A\,Gen}$	den Widerstand im Ankerkreis des Generators		

Das + Zeichen gilt für den Fall, daß der Motor mechanische Leistung abgibt. Wird $EMK_{Mot} > EMK_{Gen}$, kehrt der Ankerstrom seine Richtung um (es gilt das — Zeichen der Gl. (90)). Umkehr der Leistungsrichtung: Der Gleichstrommotor M wird zum Generator, der LEONARD-Generator G zum Motor, der die Drehstrommaschine antreibt und dadurch die Leistung ins Drehstromnetz zurückliefert. Durch Eingriff in den Erregerkreis von Gleichstromgenerator oder -motor kann man also in einfachster Weise vom Fahrbetrieb zur Nutzbremsung übergehen. Eine Umkehr der Generator-EMK, erreichbar durch Umkehr des Erregerstromes (Umschalter), führt zur Umkehr des Motordrehsinns.

Drei Eigenschaften kennzeichnen also das Betriebsverhalten der LEONARD-Schaltung:

a) Einstellung von Drehzahl und Leistung im Ankerkreis über die um mindestens eine Größenordnung kleinere Leistung im Erregerkreis des LEONARD-Generators oder -Motors.

b) Einfache Umkehr der Motordrehrichtung.

c) Einfache Umkehr der Leistungsrichtung, d. h. Übergang zur Nutzbremsung.

Da die Betriebseigenschaften der LEONARD-Schaltung beim Betrieb vom Netz konstanter Gleichspannung nicht ohne weiteres zu erreichen sind, werden hochwertige Regelantriebe auch dann mit LEONARD-Umformern ausgerüstet, wenn im Betrieb ein Gleichspannungsnetz vorhanden ist.

Die deutsche Technik wendet neben dem LEONARD-Generator in steigendem Maße den Stromrichter an, der nur mit ruhenden Bauteilen arbeitet und daher weniger Wartung als der LEONARD-Umformer verlangt. Der Wirkungsgrad ist besser, da die hohen durch die Reibung bedingten Leerlaufverluste des LEONARD-Umformers entfallen. Diese Ersparnis an Betriebskosten gleicht häufig den höheren Anschaffungspreis der Stromrichteranlage aus.

Wird bei Stromrichterantrieben eine Nutzbremsung oder Umkehr der Drehrichtung notwendig, so müssen Umschalter im Ankerkreis des Motors vorgesehen oder für jede Drehrichtung bzw. Leistungsrichtung getrennte Stromrichtereinheiten aufgestellt werden. Bei anderen Schaltungen wird mit Umkehr des Motorfeldes gearbeitet.

Ein weiterer Nachteil der Stromrichterantriebe gegenüber dem LEONARD-Antrieb ist der hohe Blindstromverbrauch beim Anfahren des Motors: Der mit hohem Strom anfahrende Motor entwickelt ein hohes Drehmoment, aber nur geringe Leistung. Der Anfahrstrom tritt daher im Drehstromnetz als Blindstrom in Erscheinung. Stromrichterantriebe erfordern deshalb starke Netze. Da bei Stromrichterantrieben Verstärkermaschinen nicht verwendet werden, soll auf diese Antriebe hier nicht näher eingegangen werden.

Sowohl bei den Betrieben, wo sich der LEONARD-Antrieb seit langem bewährt hatte, wie z. B. bei den schweren Umkehrantrieben (Fördermaschinen, Blockstraßenantrieben), als auch dort, wo man mit Rücksicht auf die steigenden Forderungen der Antriebstechnik zum Gleichstromantrieb übergehen mußte, z. B. bei Werkzeugmaschinen und Antrieben von Fahrzeugen, zwang die Entwicklung der Antriebstechnik zu einer Automatisierung des LEONARD-Antriebes, gekennzeichnet durch 3 Gesichtspunkte:

1. Strombegrenzung. Aus der Gl. (90) ergibt sich, daß große Stromstöße J auftreten können, wenn $EMK_{Gen} \gtrless EMK_{Mot}$. Sie sind in der Regel mit Drehmomentstößen verbunden und führen daher zu einer raschen Beschleunigung oder Verzögerung des Motorankers und dauern solange an, bis der stationäre Zustand $EMK_{Gen} \approx EMK_{Mot}$ wieder erreicht ist. Mit Rücksicht auf Kommutierung und Erwärmung, aber auch mit Rücksicht auf die mechanische Beanspruchung der Anlage dürfen gewisse Grenzwerte des Stromes im Ankerkreis nicht überschritten werden.

In älteren Anlagen hat man Überstromauslöser eingebaut, die bei Überschreitung des zulässigen Stromes den Ankerkreis auftrennen. Jedes Auslösen und Wiedereinschalten bedeutet eine unerwünschte Betriebsunterbrechung, die für die Automatisierung in der Verfahrenstechnik untragbar ist. Der automatisierte LEONARD-Antrieb muß daher bei schnellen Änderungen von Generator-Erregerstrom (entspricht der Generator-EMK) oder Motor-Erregerstrom (entspricht der Motor-EMK) den zulässigen Grenzwert des Ankerstromes selbsttätig einhalten.

2. Kürzung der Stellzeiten. Der Erregerstrom und der magnetische Fluß des LEONARD-Generators und des Gleichstrommotors folgen einer Änderung der Erregerspannung nicht trägheitslos. Bei großen Antrieben liegen die Erregerzeitkonstanten in der Größenordnung von Sekunden. Die Antriebstechnik fordert dagegen erheblich kürzere Stellzeiten für Ankerspannung und Motordrehzahl, insbesondere in den Fällen, wo Drehzahl und Drehmoment nicht willkürlich vom Bedienungspersonal vorgegeben werden, sondern sich auf Grund der Arbeitsbedingungen selbsttätig auf einen vorgegebenen Wert einstellen müssen.

Die Forderung nach kürzeren Stellzeiten verschärft die Forderung nach einer wirksamen Strombegrenzung, da gerade schnelle Erregungsvorgänge hohe Ausgleichstromspitzen im Ankerkreis verursachen.

Kurze Erregungszeiten zu erzielen, ist ferner das Kernproblem bei der Stoßerregung großer Drehstrom-Generatoren.

3. Eindeutige Zuordnung von Führungs- und Regelgröße des Antriebs. Diese eindeutige Zuordnung wird bei den meisten automatisierten Antrieben verlangt. Als Führungsgröße kommt in den meisten Fällen die Erregerspannung des LEONARD-Generators, als Regelgröße die Ankerspannung des LEONARD-Generators, die Drehzahl, der Strom oder das Drehmoment des Gleichstrommotors in Frage. Beim gewöhnlichen LEONARD-Generator besteht bereits zwischen Erreger- und Ankerspannung keine eindeutige Zuordnung, bedingt durch die Hysterese, durch Drehzahlschwankung des Drehstrommotors, durch Änderung des Spannungsabfalls im Ankerkreis als Folge schwankender Belastung, durch Widerstandsänderung im Anker- und Erregerkreis unter dem Einfluß der Wicklungserwärmung. Bezüglich der Zuordnung von Generatorerregerspannung und Motordrehzahl oder -drehmoment sind die Verhältnisse noch ungünstiger.

Bei vielen Antriebsproblemen ist es erforderlich, daß der Generatorerregerspannung 0 auch wirklich die Ankerspannung und damit die Motordrehzahl 0 entspricht, da ein Auftrennen des Ankerkreises auch in der 0-Stellung im Betrieb unzulässig ist. Bei der gewöhnlichen LEONARD-Schaltung tritt aber häufig eine so große Remanenzspannung am Generator auf, daß sich unter ihrem Einfluß der Motor langsam weiterdreht (schleicht).

Die eindeutige Zuordnung von Führungs- und Regelgröße wird erreicht, wenn man vom einfachen Stellantrieb zum geregelten Antrieb übergeht, wie in B I erläutert wurde. Bei der Regelung muß die Regelgröße oder ihr Abbild der Führungsgröße gegengeschaltet werden. (Grundform K-13-Schaltung, Abb. 3). Dieser Regelkreis hat P-Verhalten (s. B II). Er erfüllt auch die zweite Forderung des automatisierten LEONARD-Kreises nach Kürzung der Erregungszeiten (s. B III). Bei älteren Anlagen hatte man zu diesem Zwecke der Erregerwicklung zusätzlich ohmschen Widerstand vorgeschaltet; eine Maßnahme die mit großen Leistungsverlusten verbunden war und erheblichen Aufwand an Schaltgeräten erforderte.

Eine empfindliche Regelung ist bei wirtschaftlichem Aufwand nur zu erreichen, wenn man die Gegenschaltung auf ein Leistungsniveau verlegt, das um mindestens eine Größenordnung kleiner ist als das des Erregerkreises von LEONARD-Generator oder -Motor. Es darf dann mit der Vergleichsgröße, die aus der Differenz von Führungs- und Ausgangsgröße der Regelung gewonnen wird, nicht wie bei der K-13-Schaltung direkt in die Erregung von Generator oder Motor eingespeist werden, sondern man muß der Erregerwicklung der LEONARD-Maschinen Verstärkungsglieder vorschalten (Abb. 5).

Als Verstärker hatte sich in der Fernmeldetechnik die Elektronenröhre gut bewährt. Bekanntlich ändert sich der Innenwiderstand der

Elektronenröhre unter dem Einfluß der Gitterspannung, wobei die Steuerleistung im Gitterkreis um zwei Zehner-Potenzen kleiner als die im Ausgangskreis ist. Nun kann aber bei wirtschaftlichem Aufwand die Ausgangsleistung von Elektronenröhren nur bis in die Größenordnung von 10^1 bis 10^2 W gesteigert werden. Die Elektronenröhre (elektronischer Verstärker) kommt daher nur als Vorverstärker, nicht aber für eine direkte Einspeisung auf die Feldwicklung großer Maschinen in Frage.

In den Maschinenverstärkern standen der Starkstromtechnik erstmals Verstärker zur Verfügung, mit denen die erweiterte K-13-Schaltung (der erste Schritt zum geregelten LEONARD-Antrieb, Abb. 5) mit wirtschaftlichem Aufwand verwirklicht werden konnte. Die Maschinenverstärker können für alle in Frage kommenden Ausgangsleistungen als Leistungsverstärker wirtschaftlich gebaut werden, sind im Aufbau einfach und betriebssicher. Sie finden nicht nur als Erregermaschinen für große Maschinen, sondern ebenso auch als Generatoren für die direkte Speisung von Gleichstrommotoren Verwendung. Dieses neue Verstärkungselement schloß nicht nur eine Lücke in der Technik, sondern gab auch von sich aus den Anstoß zur Vervollkommnung technischer Steuer- und Regelvorgänge, ja sogar den Anstoß zur Verbesserung vieler technologischer Prozesse, und zwar sowohl nach der quantitativen wie auch nach der qualitativen Seite hin.

Ferner werden als Leistungsverstärker in der Starkstromtechnik neuerdings das Gasentladungsgefäß — meist in der Literatur unter dem Sammelbegriff *elektronischer Verstärker* miterfaßt — und die gleichstromvormagnetisierte Drossel — der sog. *magnetische Verstärker* — möglicherweise in Zukunft auch der auf der Basis gesteuerter Halbleiter arbeitende sog. Transistorverstärker verwendet.

Bei den Gasentladungsgefäßen steuert man, wie bei den Elektronenröhren die Ausgangsleistung mit der sehr kleinen Eingangsleistung am Gitter. Der physikalische Vorgang unterscheidet sich jedoch von dem in der Elektronenröhre. Es findet hier eine Entladung nach Art des Lichtbogens statt, wobei nur der Einsatz der Entladung vom Gitter aus beeinflußt werden kann. Danach wird das Gitter wirkungslos. Das Gasentladungsgefäß eignet sich daher nur zum Betrieb als Gleichrichter eines ein- oder mehrphasigen Wechselstromes, da nur beim Nulldurchgang eines Wechselstroms der Lichtbogen löschen kann, so daß das Gefäß wieder unter die Kontrolle des Gitters kommt.

Bei der Grundform des magnetischen Verstärkers wird der induktive Widerstand einer Drossel durch eine Gleichstrom-Vormagnetisierung geändert. Wird ein Stromkreis, der eine solche Drossel enthält, an eine konstante Wechselspannung gelegt, kann der Wechselstrom mit Hilfe der Gleichstrom-Vormagnetisierung eingestellt werden. Dieser

Wechselstrom kann nach Gleichrichtung zur Erregung einer elektrischen Maschine, zur Speisung eines Motors und für ähnliche Zwecke benützt werden.

Vom Regelungstechniker wird häufig ein Urteil verlangt, welches von den drei Bauelementen *das beste* sei. Abgesehen davon, daß bei keinem der drei Bauelemente die Entwicklung abgeschlossen ist, wird man sich wohl auch in Zukunft eines so generellen Urteils enthalten müssen. Denn die drei Elemente beruhen ja auf ganz unterschiedlichen physikalischen Grundlagen, die mit den folgenden Stichworten zu kennzeichnen sind:

1. Die Grundform des Maschinenverstärkers ist die Erregermaschine bzw. der LEONARD-Generator.

2. Das Gasentladungsgefäß hat die Wirkung eines Ein- und Ausschalters.

3. Der magnetische Verstärker ist in seiner Grundform ein veränderlicher Blindwiderstand.

Daraus ergeben sich bestimmte Grenzen für die zweckmäßigen Einsatzgebiete. Das heißt nicht etwa, daß für jedes Regelproblem nur eines der drei in Frage käme, aber unter gegebenen Bedingungen zeigt sich doch häufig, daß rein auf Grund seiner physikalischen Eigenschaften eines der drei zu bevorzugen ist.

Der Hauptvorteil des Maschinenverstärkers, der häufig eindeutig für seinen Einsatz spricht, ist die Tatsache, daß nicht nur eine Umkehr in der Richtung der erzeugten Spannung — wichtig bei allen Umkehrantrieben — sondern auch ohne jedes Zusatzgerät eine Umkehr der Strom- und Leistungsrichtung möglich ist, d. h. die Maschine kann nicht nur als Generator Leistung abgeben, sondern auch als Motor elektrische Leistung aufnehmen. Das ist von besonderer Bedeutung, wenn aus der Verstärkermaschine ein Gleichstrommotor direkt gespeist wird oder wenn das Feld einer großen Maschine schnell abzubauen ist, die im magnetischen Feld gespeicherte Energie also schnell abgeführt werden muß.

Gasentladungsverstärker dagegen können nur mit einer Stromrichtung arbeiten. Bei Umkehrantrieben müssen deshalb grundsätzlich zwei dieser Bauelemente aufgestellt oder Umschalter vorgesehen werden. Auch eine Umkehr der Leistungsrichtung kompliziert die Schaltung, die ja dann nicht nur als Gleich-, sondern auch als Wechselrichter arbeiten muß. Der große Vorteil der elektronischen Verstärker einschließlich der Gasentladungsverstärker liegt in der hohen Verstärkung, die unter sonst gleichen Bedingungen eine Größenordnung über der der Maschinen- und magnetischen Verstärker liegt.

Bezüglich einer Richtungsumkehr ist der magnetische Verstärker besonders benachteiligt. Eine Umkehr in der Richtung der Ausgangsspannung ist nur mit einem ganz erheblichen Mehraufwand, eine Umkehr in der Leistungsrichtung dagegen überhaupt nicht möglich.

Gegenüber der Maschine besitzen magnetischer und elektronischer Verstärker den Vorteil, nur mit ruhenden Teilen zu arbeiten, wobei der magnetische Verstärker darüber hinaus auch noch auf Vakuumteile, die mancher Betriebsmann nicht gern sieht, verzichtet. Die Verstärkermaschine weist dagegen, wie dies bei umlaufenden Maschinen nun einmal der Fall ist, Teile auf (Lager, Bürsten, Kollektor), die einer regelmäßigen Wartung bedürfen. Es stehen sich also gegenüber:

Die *einfache Schaltung* des Maschinenverstärkers, der den Nachteil *umlaufender Bauteile* hat; die aufwendigere *Schaltung* des elektronischen und magnetischen Verstärkers, der dafür den Vorzug hat, ausschließlich mit *ruhenden Bauteilen* zu arbeiten.

Daß die Verstärkermaschine umlaufende Teile besitzt, also die zur Verstärkung nötige Hilfsenergie aus der Drehbewegung beziehen muß, ist in manchen Betriebsfällen auch ein Vorteil. Beim Gasentladungsgefäß und beim magnetischen Verstärker muß man die Hilfsenergie immer in Form eines ein- oder dreiphasigen Wechselstromes zuführen. Die Drehbewegung kann dagegen auf verschiedenem Wege wirtschaftlich erzeugt werden. Steht ein Drehstromnetz zur Verfügung, wird selbstverständlich für den Antrieb der Verstärkermaschine der einfachste und billigste aller Motoren, der Asynchronmotor mit Käfigläufer angewendet werden. In vielen Anlagen ist aber häufig nur ein Gleichspannungsnetz vorhanden (Bordnetz von Flugzeugen und Schiffen). Hier kann die Verstärkermaschine von einem Gleichstrommotor angetrieben werden, während für die anderen beiden Bauelemente zusätzlich ein Gleichstrom-Drehstrom-Umformer vorgesehen werden muß, womit ihr entscheidender Vorteil, nur mit ruhenden Bauteilen zu arbeiten wieder hinfällig wird. Schließlich gibt es Fälle, wo überhaupt kein Hilfsnetz vorhanden ist, dafür aber die Möglichkeit besteht, die Verstärkermaschine mit einer Kraftmaschine direkt zu kuppeln, z. B. bei Dieselaggregaten. Auch dann ist die Verstärkermaschine die zu bevorzugende Lösung. Bei den elektronischen und magnetischen Verstärkern müßte zusätzlich ein Drehstromerzeuger vorgesehen werden.

Maschinenverstärker haben sich bei geregelten LEONARD-Antrieben hervorragend bewährt. In den modernen Anlagen werden ihnen häufig magnetische, elektronische oder Transistorverstärker vorgeschaltet, da die gewünschte Regelempfindlichkeit oft mit dem einfachen, in Abb. 5 gezeigten Regelkreis nicht zu erreichen ist. Die Vorverstärker sind dann nur für das niedrige Leistungsniveau des Eingangskreises der Verstärkermaschine zu bemessen.

Die Vorverstärker wurden in den meisten Schaltbildern des Abschnittes *D* fortgelassen oder symbolisiert um die Schaltbilder möglichst einfach zu gestalten.

Das Prinzipschaltbild des geregelten LEONARD-Antriebes zeigt Abb. 99 (wird auch als LEONARD-Schaltung 2. Ordnung bezeichnet). Es ist ein Maschinenverstärker vorgesehen. Als Führungsgröße wirkt die am Spannungsteiler r_1 vorgegebene Erregerspannung der Verstärkermaschine E bzw. ihr Abbild, die Steuerdurchflutung Θ_{st}. Ihr wirkt eine Durchflutung Θ_{Geg} entgegen, die der Ausgangsspannung U des LEONARD-Generators proportional ist.

Das geringe Leistungsniveau, auf dem der Vergleich von Führungs- und Ausgangsgröße der Regelung erfolgt, ermöglicht auch eine wirksame Strombegrenzung: Über dem Widerstand R wird eine dem Ankerstrom proportionale Spannung $J\ R$ abgegriffen. Sie kann jedoch nur dann einen

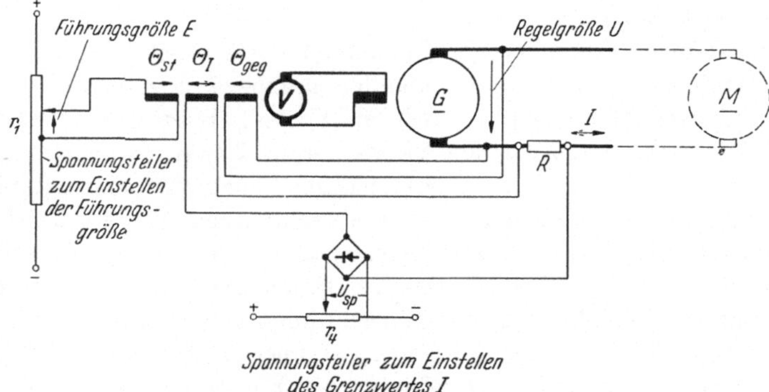

Abb. 99. Prinzipschaltbild eines geregelten LEONARD-Antriebes.
Regelproblem: Regelung der Ankerspannung mit zusätzlicher Ankerstrombegrenzung

Ausgleichstrom durch die dritte Wicklung der Verstärkermaschine treiben, wenn sie größer als die am Spannungsteiler r_4 abgegriffene Spannung U_{sp} ist, d. h. wenn $J\ R$ und damit der Ankerstrom J einen bestimmten Grenzwert überschreiten. Die Ausgleichdurchflutung Θ_J wirkt im normalen Fahrbetrieb aberregend, bei Nutzbremsung auferregend auf die Verstärkermaschine, in jedem Falle also im Sinne einer Minderung des Ankerstroms. Damit die Begrenzung bei beiden Stromrichtungen wirksam wird, ist im Vergleichskreis von $J\ R$ und U_{sp} eine Graetzbrücke angeordnet. Die dem Ankerstrom proportionale Spannung $J\ R$ greift man häufig über der Wendepol- und Kompensationswicklung von Motor oder Generator ab. Wenn an die Genauigkeit der Strombegrenzung hohe Anforderungen gestellt werden, muß die Temperaturabhängigkeit des Wicklungswiderstandes durch eine Zusatzeinrichtung kompensiert werden.

Weist dieser geregelte LEONARD-Antrieb bei Steuerdurchflutung $\Theta_{St} = 0$ noch eine Restspannung U_{rest} im Ankerkreis des LEONARD-Generators auf, ist im Verstärkermaschinenfeld eine Gegendurchflutung $\Theta_{Geg\,rest}$ wirksam. Sie erregt die Verstärkermaschine im Gegensinne der Restspannung und setzt dadurch die Restspannung herab (indirekte Selbstmordschaltung). Bei der gewöhnlichen LEONARD-Schaltung läßt sich die Restspannung nur durch konstruktive Maßnahmen am Generator (z. B. besonders großer Luftspalt) oder durch einen Umschalter im Erregerkreis (direkte Selbstmordschaltung) verkleinern.

Der LEONARD-Generator mit vorgeschaltetem Verstärkungsglied hat einen weiteren Vorteil: Die Schalthandlungen werden aus dem Erregerkreis des LEONARD-Generators auf das kleine Leistungsniveau der Ver-

Abb. 100. Steuerschalter zum Einstellen der Führungsgröße, Kontaktbahn kollektorartig ausgebildet (Werkfoto AEG)

stärkermaschinenerregung verlegt. Abgesehen davon, daß man dann die einzelnen Widerstände und die zugehörigen Schaltgeräte für wesentlich kleinere Leistungen bemessen kann, ermöglicht das kleine Leistungsniveau in der Mehrzahl der Fälle die Führungsgröße von einem Kontaktbahnschalter (Meisterschalter = Kontroller) aus unmittelbar vorzugeben, während so große Leistungen, wie sie im Erregerkreis des LEONARD-Generators auftreten, mit Schützen geschaltet werden müssen, die über einen Kontroller zu betätigen sind. Ein Kontaktbahnschalter, an dessen Walze die den Teiler r_1 bildenden Widerstandselemente angebaut sind, läßt eine wesentlich feinere Stufung der Führungsgröße zu, als dies mit wirtschaftlichem Aufwand bei Schützenanordnungen möglich ist. Abb. 100 zeigt einen solchen Spannungsteiler für Fußbetätigung.

Die Kontaktbahn ist kollektorartig ausgebildet. Die Widerstandselemente sind mit den Segmenten verbunden.

Neuerdings tritt neben den Kontaktbahnschalter der induktive Geber, ein Bauelement, das ohne Schaltkontakte arbeitet und eine stufenlose Einstellung der Führungsgröße ermöglicht. Der einfache Geber (Abb. 101 a) besitzt eine einphasige Wechselstromwicklung im Ständer und Läufer. Die Läuferwicklung wird mit einer 50 *Hz*-Wechselspannung gespeist. Die in die Ständerwicklung transformierte Spannung ist dem Cosinus des Winkels α, um den die beiden Wicklungsachsen gegeneinander verdreht sind, proportional. Der einfache Geber wird normalerweise nur im Bereich $90° \to \alpha \to 60°$ ausgesteuert, da in diesem Bereich mit guter Annäherung $\triangle\alpha \approx \triangle\cos\alpha$. Die in den Ständer transformierte Spannung wird mittels einer nachgeschalteten Graetzbrücke gleichgerichtet.

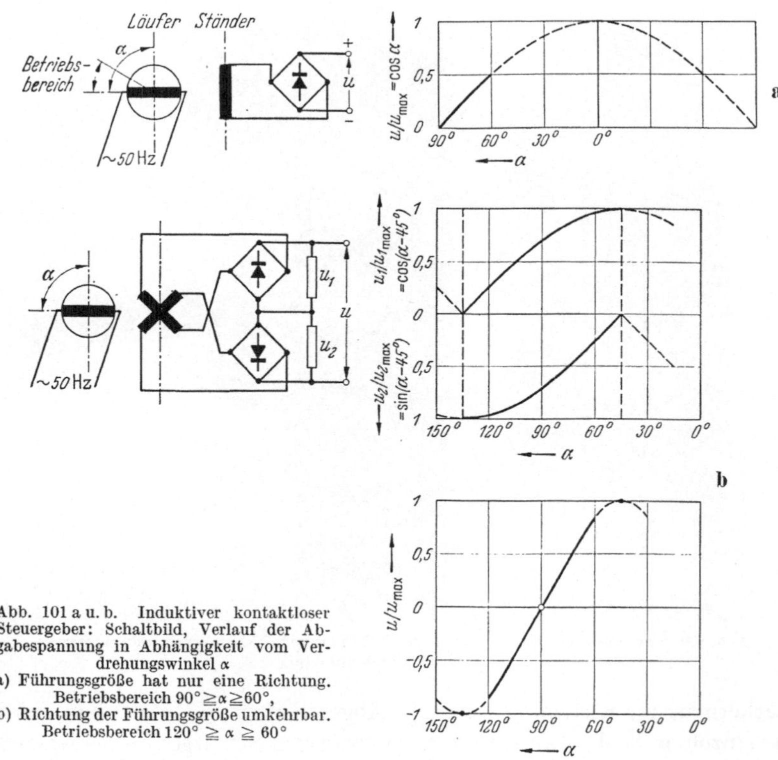

Abb. 101 a u. b. Induktiver kontaktloser Steuergeber: Schaltbild, Verlauf der Abgabespannung in Abhängigkeit vom Verdrehungswinkel α
a) Führungsgröße hat nur eine Richtung. Betriebsbereich $90° \geqq \alpha \geqq 60°$,
b) Richtung der Führungsgröße umkehrbar. Betriebsbereich $120° \geqq \alpha \geqq 60°$

Soll der induktive Geber wie ein Spannungsteiler (Potentiometer) mit Mittelabgriff Spannung in zwei Richtungen abgeben, was bei Reversierantrieben erforderlich ist, wird der Ständer mit zwei um 90°

versetzten Wicklungen versehen (Abb. 101b). Die gleichgerichtete Ausgangsspannung des Stators u ist der Differenz der in die Wicklung transformierten Spannungen proportional. Im Bereich $120^\circ \geq \alpha \geq 60^\circ$ ist die Spannung u mit guter Näherung dem Verdrehungswinkel α proportional.

In den folgenden Kapite'n werden einige spezielle Regelantriebe, die mit Verstärkermaschinen arbeiten, beschrieben. Entsprechend dem jeweils vorliegenden Regelproblem werden die zu regelnden Größen (Ankerstrom, Drehzahl) der Führungsgröße gegengeschaltet, wie bereits in den Prizipschaltbildern 6 gezeigt wurde. Es können auch, wie bei den Fahrzeugantrieben, mehrere Größen gegengeschaltet sein. Mit Verstärkermaschinen sind auch Lageregelungen ausgeführt worden, insbesondere für militärische Zwecke. Die Ausgangsgrößen der Lageregelung sind Stellungen (z. B. Neigungswinkel eines Geschützrohres), die durch Widerstandsgeber oder induktive Geber in elektrische Größen umgesetzt werden. Als Beispiel wird die Verstellanordnung eines Schiffsruders behandelt.

II. Hütten- und Walzwerke

In den Hütten- und Walzwerken ist der Regelungstechnik eine doppelte Aufgabe gestellt. Sie soll nicht nur die Menge, sondern auch die Güte und Genauigkeit der Erzeugung steigern. Die Fortschritte, die in der Technik der Walz- und Hüttenwerke in den letzten Jahren erzielt worden sind, verdankt man weitgehend den modernen Bauelementen der Regelungstechnik, insbesondere den Verstärkermaschinen. Aus der Vielzahl der Anwendungsfälle seien die folgenden herausgegriffen:

1. Umkehrblockstraßen

Nachdem die in Kokillen gegossenen Blöcke und Brammen in Tieföfen erwärmt worden sind, werden sie dem Verformungsprozeß unterworfen. Als Ausgangsmaterial für die Walzenstraßen, auf denen die handelsüblichen Erzeugnisse für die metallverarbeitende Industrie, wie Feinbleche, Drähte, Flachstahl und kleinen Profile, gewalzt werden, eignen sich Blöcke und Brammen nicht. Vielmehr muß diesen Straßen bereits vorgearbeitetes Material in Form von Grobblechen oder Knüppeln zugeführt werden. Die Herstellung von Grobblechen oder Knüppeln aus den Blöcken erfordert bei entsprechender Querschnittsverringerung eine etwa 15 bis 20-fache Längenänderung. Die Blöcke durchlaufen nun zunächst in ständigem Vor- und Rückwärtsgang das Walzgerüst der sogenannten „Umkehrstraße", deren Oberwalze nach jedem Durchgang (Stich) verstellt (angestellt) wird.

Der Antrieb einer Umkehrstraße muß die folgenden Forderungen erfüllen:

1. Die Drehzahl muß in weitem Bereich stellbar sein, damit man die Walzgeschwindigkeit der jeweiligen Form des Walzgutes anpassen kann: Der lange Knüppel erfordert höhere Geschwindigkeiten als der kurze Block. Außerdem muß man auf einer Straße verschiedene Walzprogramme fahren können.

2. Die Drehzahl des Antriebs muß mit geringer Verzögerung den vorgegebenen Wert annehmen. Dabei ist folgendes Programm zu fahren:

a) Kleine Walzgeschwindigkeit am Anfang des Stiches, da sonst der Block von den Walzen nicht gefaßt wird,

b) Beschleunigung des Blockes auf eine möglichst hohe Walzgeschwindigkeit. Hohe Walzgeschwindigkeit bedeutet für die Straße großen Durchsatz und muß außerdem bei kleinen Querschnitten und großer Oberfläche angestrebt werden, damit sich das Walzgut während des Walzens nicht abkühlen kann. Die zu erreichende Endgeschwindigkeit hängt von der jeweiligen Formänderung des Blockes ab,

c) Verzögerung des Blockes am Ende des Stiches, da der Block sonst mit großer Geschwindigkeit aus den Walzen geschleudert wird.

3. Mit Rücksicht auf die Kommutierung, aber auch mit Rücksicht auf die mechanische Beanspruchung der Anlage dürfen maximale Ströme bzw. entsprechende Stromwendespannungen oder Drehmomente nicht überschritten werden.

Die erste Forderung ist mit der klassischen LEONARD-Schaltung (Abb. 98) ohne weiteres zu erfüllen. Der Drehzahlbereich zwischen Stillstand und der sog. Grunddrehzahl wird mit Hilfe der Ankerspannung eingestellt. Der Walzmotor hat dabei sein volles Feld. In diesem Bereich treten die größten Drehmomente auf. Eine Drehzahlsteigerung über die Grunddrehzahl hinaus wird durch Feldschwächung am Walzmotor erzielt. Im Feldschwächbereich geht mit steigender Drehzahl das Drehmoment zurück. Beim gewöhnlichen LEONARD-Antrieb werden die Widerstandsstufen in den Erregerkreisen von Motor und Generator durch Schütze ein- oder abgeschaltet, die von einem Steuerschalter (Kontroller) auf der Steuerbühne aus zu betätigen sind.

Bei den großen Umkehrstraßen wird der Umformersatz meistens mit einem Schwungrad gekuppelt (ILGNER-Umformer). Man kann dann Leistungsspitzen, die auf der Gleichstromseite auftreten, durch die Entladung der umlaufenden Massen des Schwungrades decken. Während der Arbeitspausen des Gleichstromwalzmotors hat der Drehstrommotor des Umformers — Schleifringläufer — Gelegenheit, das Schwungrad wieder auf volle Drehzahl zu laden.

Um die zweite Forderung mit Hilfe der LEONARD-Schaltung zu erfüllen, bedarf es gewisser Sondermaßnahmen. Die Zeitverzögerung zwischen der Vorgabe einer Fahrstufe am Steuerschalter und dem Einstellen der entsprechenden Motordrehzahl, die beim einfachen LEONARD-Antrieb (Abb. 98) auftritt, ist einmal elektrisch bedingt, denn die Erregungszeiten liegen sowohl beim Generator als auch beim Motor einer größeren Umkehrstraße in der Größenordnung von Sekunden. Man hat früher im Erregerkreis das Zeitverhalten der Gleichstrommaschinen durch die sog. Widerstands-Schnellerregung verbessert (s. B III 1), d. h. man schaltete der Erregerwicklung zusätzlich ohmschen Widerstand vor und setzte so die natürliche Zeitkonstante der Wicklungen herab. Die verkleinerte Zeitkonstante mußte man dann mit einer erhöhten Leistung im Erregerkreis von Walzmotor und Generator erkaufen. Das Schalten der großen Erregerleistungen bedingte außerdem schwere Schütze.

Die zweite Ursache der Zeitverzögerung zwischen Vorgabe und Einstellen einer Walzmotordrehzahl sind die großen umlaufenden Massen des Motorankers. Zur Beschleunigung umlaufender Massen m_{rot} muß bekanntlich ein Drehmoment $M = m_{rot} \frac{d\omega}{dt}$ [Gl. (46a)] aufgebracht werden. (ω = Winkelgeschwindigkeit, es gilt $\omega = 2\pi n$). Das Moment eines Gleichstrommotors ist aber dem Ankerstrom proportional [Gl. (2)]. Da ein Grenzwert des Ankerstromes nicht überschritten werden darf, sind die für die Beschleunigung und Verzögerung des Motorankers verfügbaren Grenzmomente vorgegeben. Zur Begrenzung des Ankerstromes werden in den Ankerkreis des Walzmotors Überstromauslöser eingebaut. Bei der einfachen Schaltung Abb. 98 besteht dann die Gefahr, daß der Maschinist in dem Bestreben, den Motor-Anker möglichst schnell zu beschleunigen oder zu verzögern, den zulässigen Ankerstrom überschreitet und die Überstromauslösung wirksam wird. Abgesehen davon, daß jede Auslösung eine Betriebsunterbrechung bedeutet, ist das besonders unangenehm, wenn sich gerade ein Block zwischen den Walzen befindet; denn da immer eine gewisse Zeit vergeht, bis der Schalter wieder eingelegt ist, kann der Block inzwischen abkühlen. Außerdem zeigt die praktische Erfahrung, daß die Überstromauslöser auch oft bei kurzen, an sich ungefährlichen Stromspitzen ansprechen.

Durch den Einsatz moderner elektrischer Regeleinrichtungen, insbesondere von Maschinenverstärkern, wurde der elektrische Blockstraßen-Antrieb vervollkommnet. Abb. 102 zeigt eine der ersten in Deutschland ausgeführten Verstärkermaschinensteuerungen (v. KISSLING[1]).

Beibehalten wurden die Grundelemente der LEONARD-Schaltung: Walzmotor und Steuergenerator. Beibehalten hat man auch die Art

[1] KISSLING, C. v.: Neuzeitliche Steuerungen und Antriebe von Walzenstraßen; Stahl u. Eisen (1952) S. 165—174

der Drehzahlstellung am Walzmotor: Bis zur Grunddrehzahl mit Hilfe der Ankerspannung und darüber hinaus mit Hilfe des Erregerstromes am Walzmotor. Motor- und Generatorfeld werden von Erregermaschinen E gespeist, die durch Verstärkermaschinen V erregt werden.

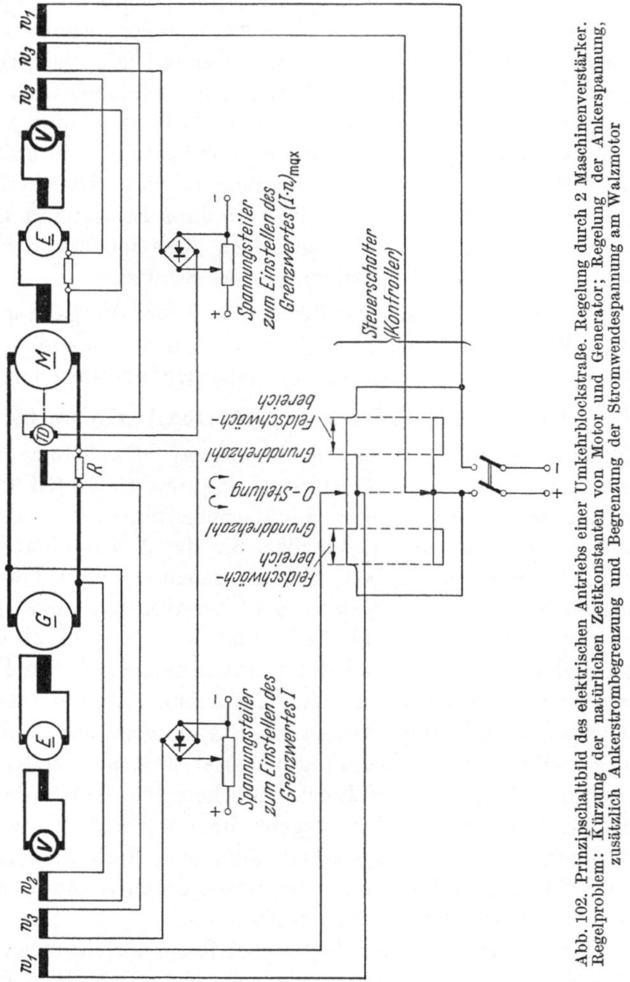

Abb. 102. Prinzipschaltbild des elektrischen Antriebs einer Umkehrblockstraße. Regelung durch 2 Maschinenverstärker. Regelproblem: Kürzung der natürlichen Zeitkonstanten von Motor und Generator; Regelung der Ankerspannung, zusätzlich Ankerstrombegrenzung und Begrenzung der Stromwendespannung am Walzmotor

Vom Steuerschalter aus werden die Führungsgrößen (die Erregerspannungen bzw. ihr Abbild, die Durchflutungen der Steuerwicklungen w_1 der Verstärkermaschinen: $i_{st}\, w_1 = \Theta_{st}$) vorgegeben. Den Steuerdurchflutungen Θ_{st} wirken Durchflutungen entgegen, die den Regelgrößen proportional sind (Wicklung w_2). Durch die Gegeneinanderschaltung von Führungs- und Regelgröße erzwingt man die Regelung.

Der Regelkreis für den LEONARD-Generator regelt auf vorgegebene Ankerspannung, unabhängig von Drehzahlschwankungen des Umformers; der Regelkreis für den Walzmotor auf einen vorgegebenen Motorerregerstrom, unabhängig vom Wicklungswiderstand der Erregerwicklung, ein. Entscheidend ist, daß man durch die Gegenwirkung von Führungs- und Regelgröße in diesem Falle eine erhebliche Kürzung der Erregungszeiten erreichen kann, ohne diese Kürzung mit Leistungsverlusten an zusätzlichen Widerständen erkaufen zu müssen (s. B III).

Bei der vorliegenden Schaltung wird der Steuerschalter mit den Stellwiderständen so klein, daß er auf der Steuerbühne untergebracht werden kann und der Maschinist ihn mit der Hand oder mit dem Fuß unmittelbar bedienen kann. In der Nullage des Steuerschalters liegt an der Steuerwicklung der Generator-Verstärkermaschine keine Spannung. Damit wird auch $\Theta_{st} = 0$. Als Führungsgröße für den Motorerregerstrom wird in der Nullstellung der Größtwert vorgegeben (volles Motorfeld). Tritt im Ankerkreis des LEONARD-Generators eine Restspannung auf, so hat sie eine Gegendurchflutung in der Wicklung w_2 der Generator-Verstärkermaschine zur Folge, die eine Gegenwirkung auslöst (s. D I, Indirekte Selbstmordschaltung). Mit zunehmender Auslage des Steuerhebels wird die Erregerspannung der Generator-Verstärkermaschine (Führungsgröße für die Ankerspannung des LEONARD-Generators) bis auf ihren Höchstwert (entspricht der Grunddrehzahl) gesteigert. Auf den folgenden Steuerschalter-Stufen wird die Erregerspannung der Motor-Verstärkermaschine geschwächt, wodurch eine weitere Drehzahlerhöhung am Walzmotor durch Schwächung des Motorfeldes erzielt wird.

Die Wicklung w_3 der Generator-Verstärkermaschine übernimmt die Begrenzung des Ankerstromes in der in D I beschriebenen Weise. Die Motor-Verstärkermaschine übernimmt zusätzlich die Begrenzung der Stromwendespannung des Walzmotors. Gewisse maximale Stromwendespannungen (in der Größenordnung von 10 bis 20 V) dürfen nämlich — auch kurzzeitig — nicht überschritten werden, wenn man Wert auf eine funkenfreie Kommutierung legt, durch die weder der Kommutator noch der Bürstenapparat im Betrieb angegriffen werden. Unter sonst gleichen Umständen ist die Stromwendespannung eines Gleichstrommotors etwa dem Produkt aus Ankerstrom J und Drehzahl n proportional. Der Motor erreicht die zulässige Stromwendespannung bei maximalem Ankerstrom mit der Drehzahl n_k, die als Kommutierungsknick bezeichnet wird. Mit Rücksicht auf die Kommutierung ist eine Drehzahl $n > n_k$ nur zulässig, wenn gleichzeitig der Ankerstrom soweit herabgesetzt wird, daß $J\,n = J_{max}\,n_k$ nicht überschritten wird.

Man kann das Produkt aus Strom und Drehzahl dadurch nachbilden, daß man eine mit dem Walzmotor gekuppelte kleine Gleichstrommaschine (Tachometerdynamo TD in Abb. 102) abhängig von seinem

Ankerstrom erregt. Die Ankerspannung der Tachometermaschine wird dann $u_{TD} = c\, J\, n$. Mit dieser Spannung wurde in alten Anlagen ein Relais gespeist, das bei $(J\, n)_{max}$ anzog und dem Maschinisten auf der Steuerbühne ein optisches oder akustisches Signal gab. Eine Automatisierung des Blockstraßenantriebes verlangt, daß man auch die Überwachung des Grenzwertes $(J\, n)_{max}$ dem Maschinisten abnimmt. Bei der Schaltung in Abb. 102 wird das in einer ähnlichen Weise wie die Strombegrenzung betätigt. Die Spannung der Tachometermaschine kann einen Ausgleichstrom durch die Wicklung w_3 der Motor-Verstärkermaschine treiben, wenn u_{TD} den $J_{max}\, n_K$ entsprechenden Grenzwert überschreitet. Die dem Grenzwert entsprechende Spannung wird an einem Spannungsteiler abgegriffen. Die Ausgleichdurchflutung in w_3 wirkt im Fahrbetrieb auferregend, bei Nutzbremsung aberregend auf die Motor-Verstärkermaschine und damit auch auf die Motorerregung ein; in beiden Leistungsrichtungen also im Sinne einer Minderung des Motorankerstromes. Damit die Begrenzung der Stromwendespannung bei beiden Richtungen der Spannung u_{TD} wirksam ist, wird im Vergleichskreis eine Graetzbrücke wie bei der Strombegrenzung angeordnet.

Die Schaltung Abb. 102 erfüllt mithin die an den Antrieb einer Umkehrblockstraße gestellten Forderungen. Gegenüber der einfachen LEONARD-Schaltung (Abb. 98) ist eine erhebliche Verbesserung im stationären und dynamischen Verhalten eingetreten. Die Führungsgrößen für Ankerspannung und Motorerregerstrom, also die Führungsgrößen für die Motordrehzahl, können von der Steuerbühne aus ohne Zwischenschaltung von Schützen vorgegeben werden. Die Motordrehzahl paßt sich den vorgegebenen Werten in der kürzestmöglichen Zeit an, ohne daß die zulässigen Werte von Ankerstrom oder Stromwendespannung überschritten werden. Ein besonderer Vorteil ist, daß der Maschinist während der Verstellung des Kontrollers nicht wie bei der einfachen Schaltung Instrumente oder Warnsignale beobachten muß, sondern den Hebel sofort auf den Wert stellen kann, der der gewünschten Enddrehzahl entspricht; die Überwachung nimmt ihm die Regelung ab (erste Stufe einer Automatisierung).

Es ist heute möglich, den Zeitplan der einzelnen Kontrollerstellungen während des Auswalzens eines Blockes nicht mehr von Hand, sondern durch einen automatischen Programmgeber festzulegen, der bei Betätigung eines Hand- oder Fußdruckknopfes selbsttätig abläuft. Derartige vollautomatische Umkehrstraßen laufen bereits in den USA und der UdSSR.

Abb. 103 zeigt den Zeitverlauf von Ankerstrom, Ankerspannung, Erregerstrom und Drehzahl eines Walzmotors beim Auswalzen eines 5 t-Blockes im Oszillogramm. Bei den ersten Stichen wird mit vollem Motorfeld gefahren. Bei den folgenden Stichen werden durch Schwächung des Motorerregerstromes höhere Drehzahlen erreicht. Die Stiche werden

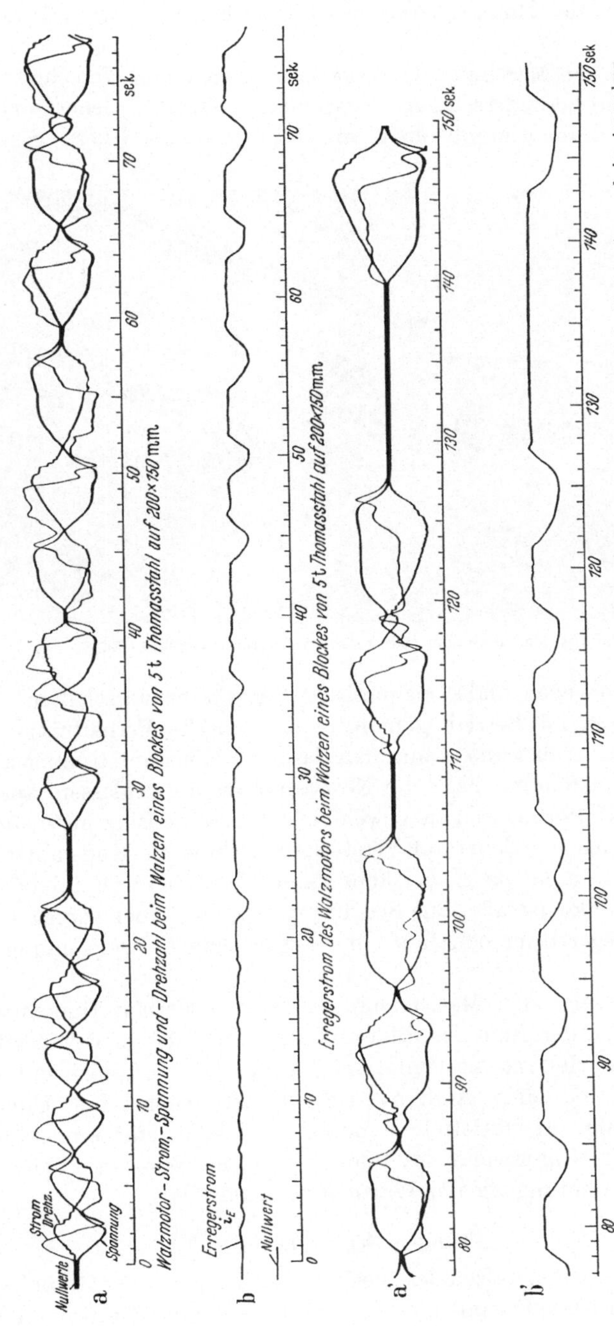

Abb. 103. Umkehrwalzmotor: a und a') Verlauf von Ankerstrom, Ankerspannung und Drehzahl; b und b') Verlauf des Erregerstromes beim Auswalzen eines 5 t-Blockes im Oszillogramm

immer länger; der Motorankerstrom wird bei hohen Drehzahlen herabgesetzt.

Bei modernen Maschinenverstärkersteuerungen von Umkehrstraßen wird meist auf besondere Erregermaschinen verzichtet. Generator- und Motorfelder werden unmittelbar von Maschinenverstärkern gespeist,

Abb. 104. Maschinenraum eines Umkehrwalzwerkes (Werkfoto AEG)

denen man gegebenenfalls magnetische Verstärker vorschaltet. Man erzielt dadurch im Betrieb günstigere dynamische Verhältnisse. Die Motor-Verstärkermaschine kann man dann als Konstantstrommaschine (Metadyne) ausführen. Falls die Netzverhältnisse es zulassen, anstelle des ILGNER-Umformers einen gewöhnlichen LEONARDsatz aufzustellen, kann man auch die Generator-Verstärkermaschine als Konstantstrommaschine ausführen, da es bei konstanter Umformerdrehzahl für den Betrieb der Umkehrstraße ohne Bedeutung ist, ob auf einen vorgegebenen Generatorerregerstrom oder auf eine vorgegebene Ankerspannung eingeregelt wird.

Abb. 104 zeigt den Maschinenraum eines modernen Umkehrwalzwerkes. Im Vordergrund des Bildes ist links der Flüssigkeitswiderstand für den Motor des ILGNER-Umformers, rechts der Umformer mit dem Schwungrad und einer Andrehvorrichtung zu sehen. Der Umkehrwalzmotor ruht auf vertieftem Fundament. Die Verstärkermaschinenaggregate (im Hintergrund des Bildes neben der Schalttafel) sind mit gleicher Achsrichtung wie der Walzmotor aufgestellt.

2. Tandem-Kaltwalzwerke

Während das Auswalzen des Blockes zum Knüppel oder Grobblech in der Regel auf Umkehrstraßen erfolgt, wird die weitere Verformung meistens auf durchlaufenden Walzenstraßen vorgenommen. Bei den an die Umkehrblockstraßen unmittelbar anschließenden durchlaufenden Straßen handelt es sich wiederum um Warmstraßen, auf denen beispielsweise die Grobbleche erst zu Warmvorbändern und schließlich zu Warmbändern von etwa 2 mm Dicke ausgewalzt werden. Das weitere Auswalzen von Bändern auf eine Dicke von 0,5 mm und darunter, erfolgt am wirtschaftlichsten durch einen Kaltverformungsprozeß. Zuvor muß das Band in einer Beizanlage entzundert werden. Ein kalt gewalztes Blech weist außerdem bessere technologische Eigenschaften als ein warm gewalztes auf.

Kaltwalzwerke können als Umkehrstraßen mit einem Walzgerüst und Zughaspeln zu beiden Seiten des Gerüstes gebaut sein. Dabei durchläuft das Band in mehreren Durchgängen mit ständig wechselnder Richtung die Walzen, die nach jedem Durchgang angestellt werden, bis die gewünschte Blechdicke erreicht ist. Bei Kaltwalzwerken mit hoher Ausstoßleistung wird die Tandembauart bevorzugt. Dabei durchläuft das Band wie bei den kontinuierlichen Warmstraßen nacheinander mehrere Walzgerüste. Das aus dem letzten Gerüst austretende Band wird auf einer Haspel zum Bund aufgewickelt.

Für die Entwicklung der Kaltwalzwerke bedeutete die Einführung moderner Regelungen einen Wendepunkt, wie die folgenden amerikanischen Zahlenangaben zeigen: Im Jahre 1933 lagen die maximalen Bandgeschwindigkeiten bei etwa 4 m/sek., heute sind Geschwindigkeiten von über 30 m/sek erreicht worden[1]. Mit Hilfe moderner Regelungen konnte auch die Güte der Produktion gesteigert werden.

Das erste deutsche Tandem-Kaltwalzwerk mit hoher Bandgeschwindigkeit und großer Ausstoßleistung, das Kaltwalzwerk Andernach, ging Ende 1953 in Betrieb[2]. Abb. 105 zeigt drei Gerüste dieser Straße, die im Endausbau mit 5 Gerüsten arbeiten wird. Dabei kann je nach Programm eine Bandgeschwindigkeit von über 20 m/sek erreicht und in einem Durchgang ein Band von 1050 mm Breite von 2 mm auf 0,2 mm Dicke herunter gewalzt werden. Die elektrische Ausrüstung wurde von der AEG geliefert.

Die Technologie des Kaltwalzens stellt die folgenden Forderungen an die Regelung einer Tandemstraße:

Wie bei durchlaufenden Warmstraßen muß ein konstantes Drehzahlverhältnis zwischen den einzelnen Gerüstantrieben möglichst genau eingehalten werden. Die Walzgeschwindigkeit der einzelnen Gerüste

[1] Miller, W. E.: Electric Equipment For Cold Strip Reduction Mills, AIEE Proceedings, 1948, Section T 822 und Electric Equipment For Rolling Cold Strip at 70 Miles Per Hour, GE-Werbung IE—1043 GeR—175

[2] Schoele, B.: Die elektrische Ausrüstung des Tandem- und Dressier-Kaltwalzwerkes Andernach. AEG-Mitteilungen 44 (1954) S. 316

muß sich in gewissen Grenzen willkürlich ändern lassen, damit man auf der gleichen Straße verschiedene Programme walzen kann. Während nun mehrgerüstige kontinuierliche Warmstraßen in der Regel einmal hochgefahren werden und dann mit gleichbleibender Geschwindigkeit möglicherweise das ganze Fertigungsprogramm durchlaufen, muß bei den Kaltstraßen das Einfädeln jedes neuen Bandes mit einer Geschwindigkeit erfolgen, die etwa nur $^1/_{10}$ von der beim Walzvorgang beträgt. Die Drehzahl der Antriebsmotoren einer Kaltbandstraße muß daher in einem sehr weiten Bereich stellbar sein.

Auch beim Walzvorgang liegen in mancher Beziehung andere Betriebsverhältnisse als bei kontinuierlichen Warmstraßen vor, bei denen es

Abb. 105. Tandem-Kaltwalzwerk Andernach; Walzenstraße im ersten Ausbau mit 3 Gerüsten (Werkfoto AEG)

sich im wesentlichen darum handelt, einen gleichmäßigen Durchlauf des Warmbandes durch die Gerüste sicherzustellen, wobei weder ein Zerren noch eine Schlingenbildung eintreten darf. (Problem des relativen Gleichlaufes, ähnlich wie bei dem in D IV behandelten Naßteil des Papiermaschinen-Antriebs.) Wird beim Kaltwalzwerk das Band in die Tandemstraße eingeführt und auf Zug gebracht, sind sämtliche Walzgerüste der Straße durch das Kaltband, das im Gegensatz zum Warmband unter Zug gewalzt werden muß, mechanisch miteinander gekuppelt und arbeiten parallel. Die Belastung eines Walzmotors hängt damit nicht mehr allein von der im eigenen Gerüst zu bewältigenden Walzarbeit ab, sondern wird von der Belastung der anderen Antriebsmotoren mitbestimmt. Es hängt weitgehend von der richtigen Zusammenarbeit der einzelnen Gerüstantriebe ab, ob die gleichmäßige Enddicke des Bandes mit der gewünschten Genauigkeit erreicht werden kann.

Der Bandzug zwischen den einzelnen Gerüsten muß von der elektrischen Regelung so beeinflußt werden, daß Ungleichheiten in der Dicke des eintretenden Bandes ausgeglichen werden. Dabei darf aber der Bandzug weder so groß werden, daß das Band reißt, noch so klein werden daß das Band flattert, kippt und sich im Walzspalt doppelt. Eine Regelung auf konstanten Bandzug zwischen den Gerüsten verhindert zwar das Reißen oder Kippen, führt aber, wie zuerst amerikanische Erfahrungen zeigten, dazu, daß Ungleichmäßigkeiten im Rohband nicht ausgeglichen, sondern im Gegenteil prozentual verstärkt werden. Die Regelung muß daher so arbeiten, daß bei dickeren Stellen im Band, die zu einer stärkeren Belastung eines Walzmotors führen, der Bandzug hinter diesem Walzgerüst vergrößert wird. Man sucht den Erfolg dieser Maßnahme darin, daß der größere Zug es den folgenden Gerüsten ermöglicht, die Ungleichmäßigkeit auszuwalzen, da die Dickenabnahme des Walzgutes unter sonst gleichen Bedingungen vom Bandzug abhängig ist.

Die Anforderungen an die Regelung werden noch dadurch erschwert, daß ein derartiges Zusammenarbeiten der einzelnen Gerüstantriebe auch beim schnellen Hochfahren und Abbremsen der Straße eingehalten werden muß. Das unterschiedliche Schwungmoment der einzelnen Gerüstantriebe muß dabei in der Planung berücksichtigt werden. Die Straße muß nach dem Einfädeln des Bandes deshalb schnell beschleunigt werden, weil in der Regel nur das bei konstanter Geschwindigkeit gewalzte Band den gestellten Genauigkeitsanforderungen entspricht. Das gilt analog auch für das Abbremsen. Wenn hohe Genauigkeit beim Endprodukt gefordert wird, muß das während der Hochlauf- und Abbremsperiode gewalzte Blech aussortiert werden.

Die Forderung nach einem weiten Stellbereich der Drehzahl wird erfüllt, wenn zum Antrieb Gleichstrommotoren verwendet werden, deren Ankerspannung beispielsweise in LEONARD-Schaltung stellbar ist.

Bei den älteren Tandem-Kaltwalzwerken wurden alle Motoranker von einer gemeinsamen Sammelschiene gespeist. Die Spannung wurde von einem LEONARD-Generator geliefert, dessen Erregung die Sammelschienenspannung bestimmte. Das Drehzahlverhältnis der Antriebsmotoren für die einzelnen Gerüste wurde mit Hilfe der Motorerregerströme eingestellt. Die Straßen konnten mit der Ankerspannung des LEONARD-Generators hochgefahren und abgebremst werden.

Das für den Kaltwalzprozeß notwendige Zusammenarbeiten der einzelnen Gerüstantriebe erreicht man am besten dadurch, daß man das Drehzahlverhalten der Gerüstmotoren $\frac{n}{n_{nenn}} = f\left(\frac{M}{M_{nenn}}\right)$ so abstuft, daß die mit einem bestimmten Drehzahlabfall Δn verbundene Mehrbelastung ΔM von Gerüst zu Gerüst zunimmt, wie Abb. 106 zeigt. Die vom Kaltband nacheinander durchlaufenen Gerüste müssen also in ihrer

Antriebscharakteristik immer härter werden. Läuft ein dickerer Bandteil in das erste Gerüst ein, tritt eine Zusatzbelastung ΔM_I auf und der Antriebsmotor versucht, in seiner Drehzahl abzufallen. Da alle Gerüste durch das Band starr gekuppelt sind, überträgt sich der Drehzahlabfall eines Gerüstes auf die dahinter liegenden Gerüste, wo er wegen der härteren Motor-Charakteristiken die Motoren zur Abgabe von Zusatzmomenten $\Delta M_{III} > \Delta M_{II} > \Delta M_I$ zwingt. Da trotz der Drehmomenterhöhung diesen Gerüsten keine größere Walzarbeit zufällt, wirkt sich die Drehmomenterhöhung wie gewünscht als Vergrößerung des Bandzuges aus, durch die der Ungleichmäßigkeit in der Dicke des Bandes entgegengearbeitet wird.

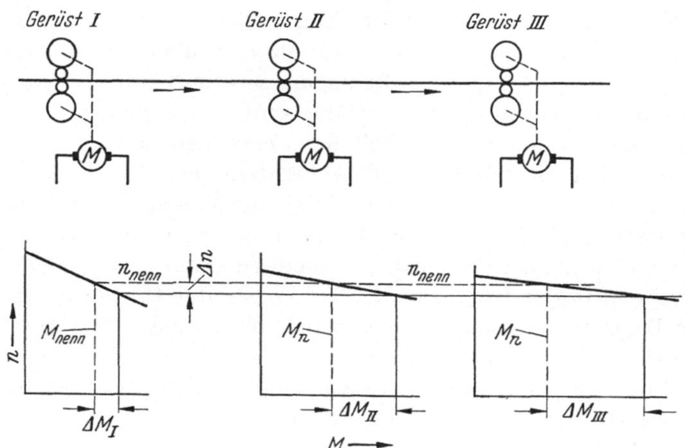

Abb. 106. Tandem-Kaltwalzwerk: Drehzahlkennlinien der Gerüstantriebe. Kennlinien $= f(M)$ wird von Gerüst zu Gerüst härter

Bei den älteren Tandemstraßen hat man dieses Betriebsverhalten der Gerüstantriebe lediglich durch Eingriff in die Motorerregung zu erreichen versucht, wozu hand- oder öldruckbetätigte Stellglieder benutzt wurden. Dabei war sowohl der Bandgeschwindigkeit als auch der Genauigkeit des Walzvorganges eine Grenze gesetzt, nicht zuletzt, weil jeder mit einer Verstellung verbundene Ausgleichvorgang nur mit der Zeitkonstante im Motorerregerkreis verlaufen konnte.

Eine entscheidende Verbesserung in der Regelung von Tandem-Straßen, die sich sowohl auf die Qualität als auch auf die Quantität der Produktion auswirkte, war erst möglich, als in den Maschinenverstärkern geeignete Bauelemente zur Verfügung standen, um das vom Technologen geforderte gestufte Drehzahlverhalten der Gerüstantriebe durch die sogenannte „gestufte JR-Kompensation“ zu erreichen.

Bei einem Gleichstrom-Nebenschluß-Motor tritt ja proportional dem Ankerstrom ein OHMscher Spannungsabfall im Ankerkreis $\Delta U = J\,R_A$ auf, der zu einem Drehzahlabfall führt. Man kann den Spannungsabfall und damit auch den Drehzahlabfall kompensieren, indem man dem Ankerkreis eine stromproportionale Zusatzspannung $k\,J$ aufdrückt. $k\,J = J\,R_A$ bedeutet dann volle Kompensation des Spannungsabfalls. Speist man nun die Anker der Gerüstantriebsmotoren der Tandemstraße aus der gleichen Spannungsquelle (z. B. LEONARD-Generator),

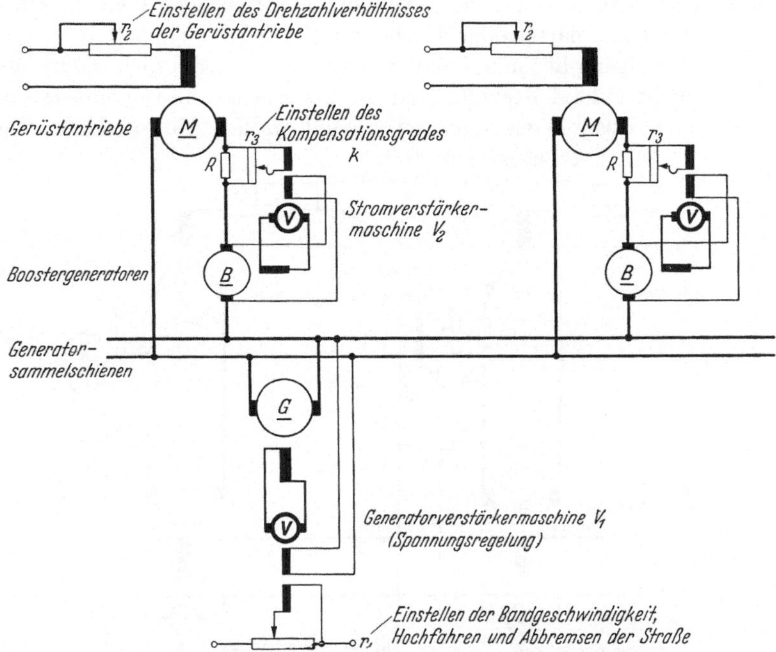

Abb. 107. Tandem-Kaltwalzwerk: Prinzipschaltbild des elektrischen Antriebs (ältere Ausführung). Regelproblem: Ankerspannungsregelung mit gestufter JR-Kompensation. JR-proportionale Zusatzspannung wird in den Ankerkreis der Walzmotoren eingefügt

ordnet jedem Motor ein $k\,J$-Glied zu und stuft den k-Wert der einzelnen Gerüstantriebsmotoren so, daß er in der Laufrichtung des Bandes zunimmt, so erzielt man das gestufte Drehzahlverhalten im Sinne der Abb. 106.

Bei den ersten Anlagen mit JR-Kompensation wurde unter Beibehaltung der Speisung aller Walzmotoranker M von einem gemeinsamen Generator G, dessen Ankerspannung durch eine Verstärkermaschine V_1 geregelt wird, jedem Motoranker ein Zusatzgenerator (BOOSTER B) vorgeschaltet, der von einer Verstärkermaschine V_2 erregt wird[1]. (Abb. 107). An einem Widerstand R im Ankerkreis des Motors, zweck-

[1] CAMPBELL, I. D.: The Amplidyne Generator from an Application Standpoint, Iron and Steel Engineer, May 1945

mäßig an einer hauptstromdurchflossenen Motorwicklung, wird eine stromproportionale Spannung $J\,R$ abgegriffen, die als Führungsgröße für die Ankerspannung des Boosters $k\,J$ dient und zur Speisung der Steuerwicklung der Verstärkermaschine V_2 benutzt wird. Bei der kleinen Steuerleistung der Verstärkermaschine ist damit kein merklicher Leistungsverlust für den Hauptkreis verbunden. Die Ankerspannung des Boosters $k\,J$ (Regelgröße) bzw. eine ihr proportionale Durchflutung wird der Steuerdurchflutung gegengeschaltet. Mit Hilfe des Spannungsteilers r_3 ist man in der Lage, den Kompensationsgrad k einzustellen, d. h. die Maschine härter oder weicher zu machen.

Diese Schaltung hat man bei den modernen Anlagen nicht mehr ausgeführt, nicht zuletzt deshalb, weil die als Hochstrom-Generatoren zu bemessenden Booster-Generatoren sowohl in der Konstruktion und

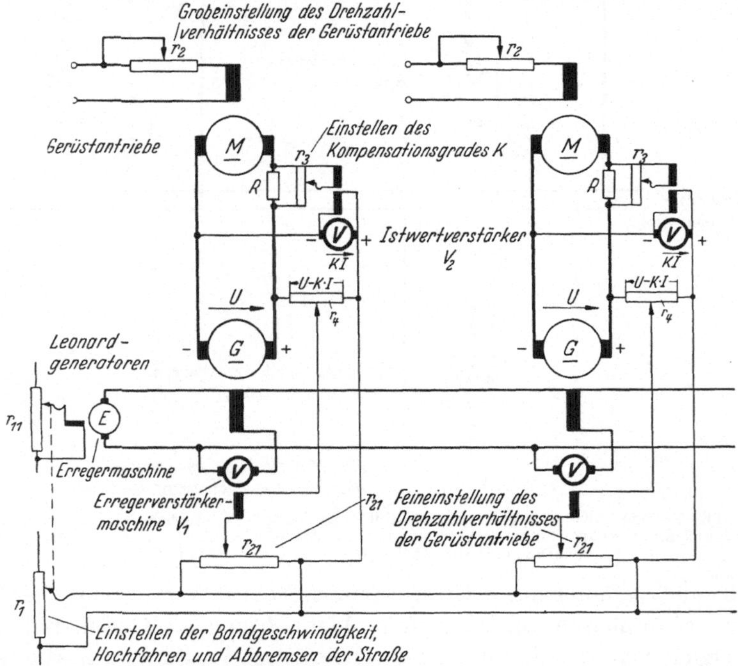

Abb. 108. Tandem-Kaltwalzwerk: Prinzipschaltbild des elektrischen Antriebs (moderne Ausführung). Regelproblem: Spannungsregelung mit gestufter JR-Kompensation. JR-proportionale Zusatzspannung wird in den Erregerkreis der Leonard-Generatoren eingefügt

Fertigung als auch ihrem Betriebsverhalten wenig günstig sind. Heute wird in der Regel jeder Gerüstantrieb, der aus einem oder mehreren Motoren bestehen kann, von einem eigenen Leonard-Generator gespeist. Die Spannung $k\,J$ wird nicht in den Ankerkreis des Motors sondern in die Regelung in dem Sinne eingeführt, daß die Generatorspannung stromproportional erhöht wird.

Die Schaltung kann dabei wie in Abb. 108 ausgeführt werden.[1] Die Ankerspannung des LEONARD-Generators G wird mittels Verstärker-

Abb. 109. Tandem-Kaltwalzwerk Andernach; Maschinenraum (Werkfoto AEG)

maschine V_1 geregelt. Einer am Spannungsteiler r_{21} abgegriffenen Führungsgröße wirkt die am Teiler r_4 abgegriffene Größe, die der Regelgröße proportional ist, entgegen. (Der Teiler r_4 wird nur vorgesehen, wenn die am Teiler r_{21} abgegriffene Spannung wesentlich kleiner als U sein muß.) Mit der Differenz wird die Erregerwicklung der Verstärkermaschine V_1 ausgesteuert, so daß sich die in B I und B II behandelte P-Regelung ergibt. An einem Widerstand R im Ankerkreis des Walzmotors wird eine stromproportionale Spannung $J\,R$ abgegriffen und in der Verstärkermaschine V_2 in eine Spannung $k\,J$ auf größerem Leistungsniveau umgesetzt (Istwertverstärkung). Der Istwertverstärker wird so eingefügt, daß am Widerstand r_4 die Spannung $U—k\,J$ liegt, d. h. dem Spannungsregelkreis wird ein um $k\,J$ kleinerer Istwert der Ankerspannung vorgetäuscht, als wirklich vorhanden ist. Dieses *scheinbare Absinken* der Ankerspannung U um den Betrag $k\,J$ bemüht sich der Regelkreis auszugleichen, indem er die Spannung des Generators um einen $k\,J$ entsprechenden Wert erhöht. Stuft man den k-Wert der einzelnen Gerüstantriebsmotoren wieder so, daß er in Laufrichtung des Bandes zunimmt, wird das gewünschte Betriebsverhalten im Sinne der Abb. 106 erreicht.

[1] nach GE-JE 1043

Der Kompensationsgrad k wird mit Hilfe des Spannungsteilers r_3 eingestellt. Eine Grobeinstellung der Motordrehzahlen für die einzelnen Gerüstantriebe wird mit Hilfe der Motorfeldströme (Widerstand r_2) vorgenommen. Die Feineinstellung erfolgt mit den Spannungsteilern r_{21} über die Führungsgröße für die Ankerspannung. Das Hochfahren und Abbremsen der Tandemstraße wird mit Hilfe des Spannungsteilers r_1 betätigt, aus dessen Mittelabgriff sämtliche Teiler r_{21} der einzelnen Gerüstantriebe gespeist werden. Mit dem Abgriff des Teilers r_1 ist der Abgriff des Teilers r_{11} gekuppelt. Die Teilerstellung r_{11} bestimmt die Ankerspannung der Grunderregermaschine E, die die Erregerwicklungen der Generatoren G speist.

Abb. 109 zeigt die Maschineneinheiten eines Kaltwalzwerkes. Im Hintergrund des Bildes sind links die Walzmotoren mit den Übersetzungsgetrieben zu sehen. Die mit gleicher Achsrichtung aufgestellten Maschinensätze im Vordergrund umfassen die Verstärker- und Erregermaschinen. In der Seitenhalle rechts hinter der Schalttafel befindet sich der Hauptumformer.

3. Haspelantriebe

Bei den Kaltwalzwerken tritt außerdem ein Regelproblem auf, das mehrfach in der Verfahrenstechnik, z. B. bei Warmband- und Drahtstraßen, in der Faserstofftechnik, wiederkehrt: das Aufwickeln des Bandes zum Bund durch einen Haspel.

Ein ordnungsgemäßes Aufwickeln des Bandes erfolgt, wenn der vom Haspel ausgeübte Bandzug Z konstant gehalten wird. In vielen Fällen fordert auch der technologische Prozeß die Einhaltung eines bestimmten Bandzuges. So muß beispielsweise bei den eingerüstigen Umkehrkaltwalzwerken sowohl der Zug am Aufwickelhaspel als auch am Abwickelhaspel konstant gehalten werden. Der von der Regelung konstant zu haltende Bandzug muß bei Kaltwalzwerken in weiten Grenzen stellbar sein, da das Walzen und Aufhaspeln von Bändern verschiedener Dicke und Breite unterschiedliche Bandzüge erfordert. Außerdem müssen sich Drehzahl und Drehmoment der Haspelmotoren den unterschiedlichen Arbeitsbedingungen anpassen lassen. Mit Rücksicht auf diese Forderungen der Antriebstechnik hat sich, zumindest bei den größeren Haspelantrieben, der Gleichstromantrieb durchgesetzt.

Man könnte nun den Bandzug direkt messen und als Ausgangsgröße in eine Zugregelung einführen; das wird jedoch nur in Sonderfällen, z. B. bei dünnen Folien oder besonders hochwertigen Papiersorten gemacht. Der Istwert des Bandzuges wird dem Regelkreis über Widerstandsgeber, kapazitive und induktive Geber gemeldet[1]. Auf diese

[1] Siehe a. *Tensiometer* bei der Papiermaschine, DIV, 3 und P. K. HERMANN: Blechdicken- und Bandzugmessung an Bandwalzwerken mit induktivem Verfahren, AEG-Mitteilungen 44 (1954), S. 388—392

Weise erhält man jedoch nur ein Abbild des Istwertes auf sehr kleinem Leistungsniveau. Die erreichbare Genauigkeit, erkauft mit erheblichen Zusatzkosten, wird häufig von technologischer Seite gar nicht benötigt.

In der Regel versucht man daher, den Bandzug nicht direkt zu messen, sondern aus elektrischen Größen des Haspelantriebes nachzubilden. Sofern der Bandzug nur von Transportwalzen gehalten wird, ist diese Aufgabe leicht zu lösen. Der konstante Bandzug entspricht einem konstanten Drehmoment an den Walzen und damit einem konstanten Drehmoment und Ankerstrom des Antriebsmotors. Nun übernimmt aber der Zughaspel außerdem das Aufwickeln zum Bund. Dann ändert sich bei konstantem Bandzug Z das Drehmoment in weiten Grenzen, da beim leeren Haspel der Bandzug an einem kleinen, beim vollen Haspel an einem großen Durchmesser d angreift. Änderungen des Durchmessers im Verhältnis 1:3 sind nicht ungewöhnlich. Das Drehmoment nimmt also mit steigendem Bunddurchmesser zu, während bei konstanter Bandgeschwindigkeit v die Drehzahl mit steigendem Durchmesser abnimmt (s. Legende zu Abb. 110).

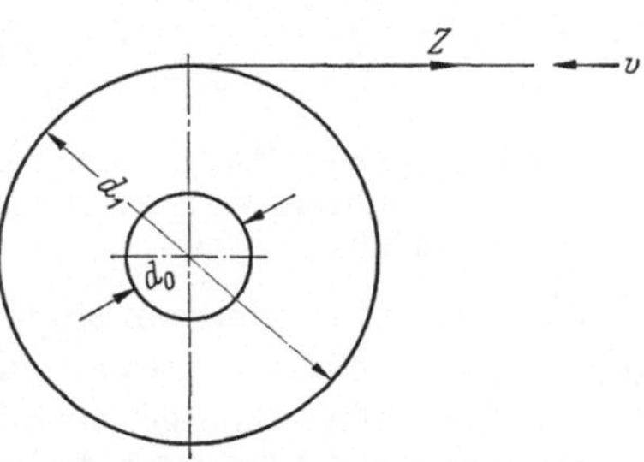

Abb. 110. Zum Aufwickelvorgang am Haspel. Es bedeuten: Z = Bandzug, v = Bandgeschwindigkeit, d_1 = Durchmesser des vollen Haspels, d_0 = Durchmesser des leeren Haspels,

$$\text{Drehmoment } M = Z\,\frac{d}{2} \qquad (91)$$

$$\text{Drehzahl } n = \frac{v}{\pi d} \qquad (92)$$

Auch unter diesen Umständen kann der Bandzug noch durch elektrische Größen des Haspelmotors nachgebildet werden: Wenn man die Leerlaufverluste des Gleichstromhaspelmotors vernachlässigt; annimmt, daß der Motor während des ganzen Wickelvorganges konstanten Wirkungsgrad η hat und außerdem die Beschleunigungs- und Verzögerungsmomente, die als Folge von Drehzahländerungen oder als Folge der Vergrößerung des Schwungmomentes beim Aufbau des Bundes auftreten, nicht berücksichtigt, ergibt sich: (als Größengleichung geschrieben)

$$\eta \cdot \underbrace{\text{Elektr. Leistung}}_{U J} = \underbrace{\text{mech. Leistung}}_{v Z} \qquad (93)$$

wobei

η	den Wirkungsgrad	v	die Bandgeschwindigkeit
U	die Ankerspannung	Z	den Bandzug
J	den Ankerstrom		

bezeichnen.

Wenn man die Ankerspannung U der Bandgeschwindigkeit v proportional macht, bildet der Ankerstrom J gemäß Gl. (93) unter den obengenannten idealisierten Verhältnissen den Bandzug Z nach. Die Regelung des Bandzuges wird damit zurückgeführt auf die Regelung von zwei Größen des Motorankerkreises:

$U \sim v$ (v als Führungsgröße der Regelung)
$J =$ Konst. (für einen bestimmten Bandzug).

Die physikalische Deutung dieser mathematischen Beziehungen liefert die Gl. (1). Demnach gilt für den Ankerstrom des Gleichstrommotors

$$J = \frac{U - EMK}{R_A} = \frac{U - \overbrace{c\,\Phi\,n}^{EMK}}{R_A}$$

EMK = Gegen-EMK im Motoranker
R_A = ohmscher Widerstand des Ankerkreises
Φ = Fluß

Wenn U und R_A konstant sind, kann J nur konstant gehalten werden, wenn auch die EMK konstant bleibt. Nun nimmt beim Aufwickeln des Bundes, konstante Bandgeschwindigkeit v vorausgesetzt, die Drehzahl des Haspels n ab. Wenn sich Φ nicht ändern würde, müßte das zu einem Sinken der EMK und damit wegen Gl. (1) zu einem Ankerstromanstieg führen. Um die EMK und damit den Ankerstrom J wieder auf den Ausgangswert zu bringen, muß Φ verstärkt werden. Die Bedingung $U \sim v$ (bzw. $U =$ konst. für konstante Bandgeschwindigkeit v) kann man also zurückführen auf $EMK \sim v$ (bzw. $EMK =$ konst. für konstante Bandgeschwindigkeit v).

Aus

$$EMK = c\,\Phi\,n = c\,\Phi\,\frac{v}{\pi\,d} \tag{94}$$

läßt sich dann ableiten:

$$\frac{EMK}{v} = \text{konst., wenn } \frac{\Phi}{d} = \text{konst. bzw. } \Phi \sim d\,. \tag{95}$$

Nun ist das Drehmoment eines Motors unter den der Gl. (93) zugrunde liegenden Vernachlässigungen bekanntlich

$$M = c\,\Phi\,J\,. \tag{2}$$

Für konstanten Ankerstrom J gilt also $M \sim \Phi$ und damit nach Gl. (95) $M \sim d$. Das ist aber gerade der am Haspel erforderliche Momentenverlauf [Gl. (91)]. Mit den Bedingungen $U \sim v$ und $J =$ konst. sind also die technologischen Bedingungen des Aufwickelvorganges erfüllt.

Abb. 111 zeigt eine technische Lösung des Regelproblems im Prinzipschaltbild[1]. Der Haspelmotor M arbeitet in einer Leonard-Schaltung. Seine Ankerspannung U wird über den Leonard-Generator G eingeregelt. Als Führungsgröße der U-Regelung dient eine der Bandgeschwin-

[1] Nach Rotating Amplifiers, George Newness: London 1954 und A. Miller: Electric Equipment For Cold Strip Reduction Mills AJEE Technical Paper 48—22

digkeit v proportionale Größe, die von einer Drehzahlgebermaschine TD geliefert wird. Führungs- und Regelgröße werden galvanisch verglichen. Mit der Differenz wird die Verstärkermaschine V_1 für die Generatorerregung ausgesteuert. Der Strom J wird mit Hilfe der Motorerregung eingeregelt, und zwar wird die Motorerregung verstärkt, wenn der Ankerstrom den Sollwert überschreitet. Für die Motorerregung ist ein Netz konstanter Gleichspannung u_c vorhanden. Der Erregerwicklung des Haspelmotors ist eine Verstärkermaschine V_2 vorgeschaltet. V_2 hat mit der Durchflutung Θ_1 der Wicklung w_1 eine der konstanten Gleichspannung u_c entgegengerichtete Ankerspannung u_v. Die Wicklung w_2 wird

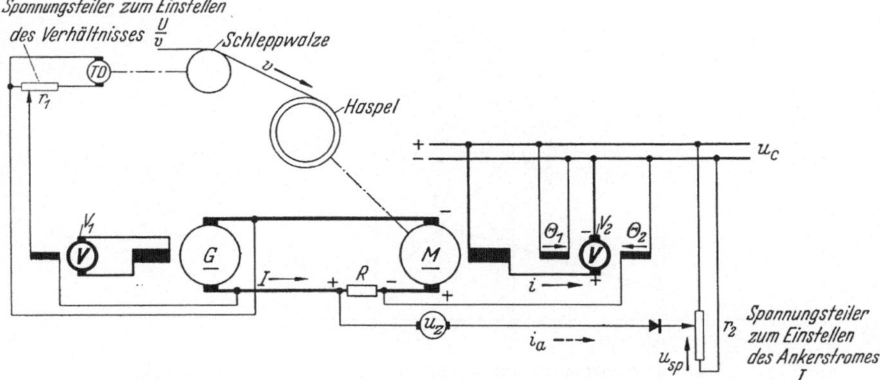

Abb. 111. Prinzipschaltbild des elektrischen Antriebs eines Aufwickelhaspels (ältere Ausführung). Regelproblem: Einregeln eines konstanten Bandzuges.
Lösung: Ankerspannung $U \sim v$ eingeregelt, Ankerstrom J über Feld des Haspelmotors konstant gehalten. Es bedeuten: U = Ankerspannung des Haspelmotors, J = Ankerstrom des Haspelmotors, R = Meßshunt, u_c = konstante Erregerspannung, u_v = Ankerspannung der Verstärkermaschine V_2, i = Erregerstrom des Haspelmotors, r_M = ohmscher Widerstand im Erregerkreis des Haspelmotors, Θ_1 = auferregende Durchflutung der Verstärkermaschine V_2, $\Theta_2 = w_2 i_a$ = gegenerregende Durchflutung der Verstärkermaschine V_2, i_a = Ausgleichstrom, u_{sp} = am Spannungsteiler r_2 einstellbare Spannung, dient als Führungsgröße für den Strom J und damit für den Bandzug Z, r_a = ohmscher Widerstand im Kreis des Ausgleichstroms i_a, u_z = Zusatzspannung für Beschleunigen und Abbremsen des Haspels

durch den Ausgleichstrom i_a erregt, wenn die Spannung $J\,R$, die über einem im Ankerkreis des Haspelmotors liegenden Widerstand abgegriffen wird, die am Spannungsteiler r_2 einstellbare Spannung u_{sp}, die als Führungsgröße für die Regelung des Stromes J und damit des Bandzuges Z dient, überschreitet. Die Durchflutung $i_a\, w_2 = \Theta_2$ schwächt Θ_1 und setzt dadurch die Ankerspannung u_v der Verstärkermaschine V_2 herab. Das führt zu einem Ansteigen des Motorerregerstromes i, der dann in der gewünschten Weise die Verstärkung des Motorflusses Φ bewirkt.

Diese Stromregelung im Motorfeld stellt den mathematischen Zusammenhang der Gln. (94) und (95) nicht exakt her, wie sich an Hand des Schaubildes 112 zeigen läßt: Der Ankerstrom kann mit Hilfe der Gl. (1)

und (94) in der Form

$$J = \frac{U - c_1 \Phi \frac{v}{\pi d}}{R_A} \tag{96}$$

ausgedrückt werden. Im ungesättigten Bereich der Magnetisierungs-Kennlinie des Haspelmotors gilt $\Phi = c_2 i$. Nun ist im eingeschwungenen Zustand zu setzen

$$i = \frac{u_c - u_v}{r_M} \quad \text{und} \quad u_v = c_3 (\Theta_1 - \Theta_2),$$

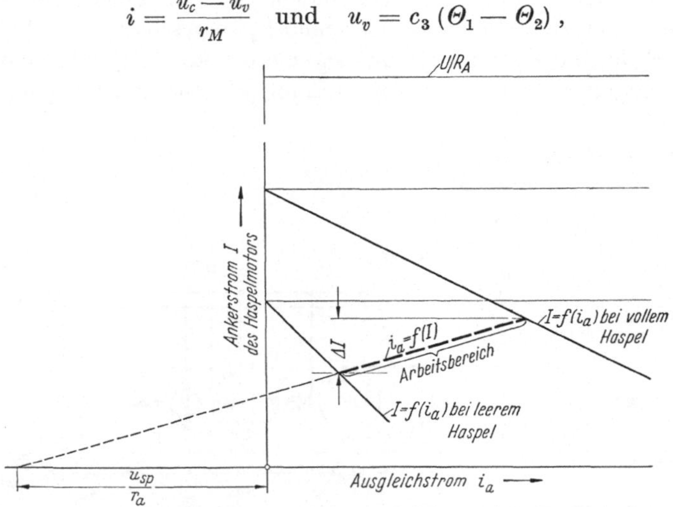

Abb. 112. Regelkennlinien der Schaltung nach Bild 111 (stationärer Zustand)

wenn auch bei der Verstärkermaschine Proportionalität zwischen Durchflutung Θ und Ausgangsspannung u_v angenommen wird. Für den Fluß des Haspelmotors erhält man:

$$\begin{aligned}\Phi = c_2 i = \frac{c_2}{r_M}\left(u_c - u_v\right) &= \frac{c_2}{r_M} u_c - \frac{c_2}{r_M} c_3 (\Theta_1 - \Theta_2)\\ &= \frac{c_2}{r_M} u_c - \frac{c_2}{r_M} c_3 \Theta_1 + \frac{c_2 c_3 w_2}{r_M} i_a .\end{aligned}$$

Da nun u_c und Θ_1 konstant sind, läßt sich Φ in Abhängigkeit vom Ausgleichstrom i_a durch eine Funktion

$$\Phi = \Phi_0 + c_4 i_a \tag{97}$$

darstellen. Die Kombination der Gl. (96) und (97) ergibt für den Ankerstrom J, der sich bei gegebener Spannung U und gegebenem Widerstand R_A in Abhängigkeit vom Ausgleichstrom i_a als Folge der mit i_a verbundenen Feldverstärkung des Motors einstellt,

$$\begin{aligned}J &= \frac{U - c_1 (\Phi_0 + c_4 i_a) \frac{v}{\pi d}}{R_A}\\ &= \frac{U}{R_A} - \frac{c_1 v}{R_A \pi d} (\Phi_0 + c_4 i_a)\end{aligned} \tag{98}$$

In Abb. 112 zeigen zwei ——— ausgezogene Gerade diesen Zusammenhang $J = f(i_a)$ für den leeren (kleiner Durchmesser d) und vollen Haspel (großer Durchmesser d).

Umgekehrt kann man auch angeben, welcher Ausgleichstrom i_a in Abhängigkeit vom Ankerstrom J fließt:

$$i_a = \frac{J\,R - u_{sp}}{r_a} = J\,\frac{R}{r_a} - \frac{u_{sp}}{r_a} = J\,c_5 - c_6. \tag{99}$$

Gemäß dem Schema in Abb. 9 ergibt sich der Arbeitspunkt der Stromregelung aus dem Schnittpunkt der Kurve von Gl. (98) $J = f(i_a)$ mit der Kennlinie $i_a = f(J)$ der Gl. (99), in Abb. 112 – – – – gezeichnet. Zwischen den Arbeitspunkten bei leerem und vollem Haspel ergibt sich ein merklicher Stromunterschied ΔJ (bleibender Fehler bei der Stromregelung) der sich durch Kombination der Gl. (98) und (99) berechnen läßt.

Ein einfaches Kriterium für die Empfindlichkeit dieser Stromregelung, wie es beispielsweise der Ausdruck $\varepsilon = \frac{E}{u}$ für den einfachen Regelkreis nach Abb. 3 darstellt, gibt es hier nicht, da bei der exakten mathematischen Ableitung, die an sich mit Hilfe der analytischen Geometrie möglich ist, sehr viele Varianten zu berücksichtigen sind. Eine einfache Beziehung erhält man aber, wenn man nur den Einfluß des Stromkreises von i_a betrachtet: Wie Abb. 112 zeigt, wird der bleibende Fehler ΔJ um so kleiner, je mehr sich die – – – – Gerade $i_a = f(J)$ der Waagerechten nähert. Nach Gl. (99) ist das der Fall, wenn $R \gg r_a$. Man kann also die Empfindlichkeit der Zugregelung aus dem Faktor

$$\varepsilon' = \frac{R}{r_a} \tag{100}$$

abschätzen.

Der Ansatz der Gl. (93) *Strom — Abbild des Bandzuges* gilt nur unter bestimmten Voraussetzungen, z. B.: die Leerlaufverluste des Motors ändern sich über den ganzen Drehzahlbereich nicht. In Wirklichkeit tritt mit der Drehzahländerung eine Änderung der Reibungs- und Eisenverluste ein. Da bei Strömen $J \leqq 0{,}1\,J_{Nenn}$ die Verluste im Motor und im Getriebe in die Größenordnung der Haspelleistung fallen, wirkt sich dann jede Änderung der Verluste merklich auf den Bandzug aus. Die Stromregelung ermöglicht also bei kleinen Zügen keine einwandfreie Bandzugregelung mehr. Erhebliche Zusatzmomente treten am Haspel beim Beschleunigen (im Sinne eines Gegenmomentes) und Abbremsen (im Sinne eines treibenden Momentes) des Bandes auf. Bei den meisten Haspelantrieben wird deshalb während der Beschleunigungsperiode auf einen größeren, während der Bremsperiode auf einen kleineren Stromwert geregelt, als der wirklichen Haspelleistung entspricht. Das läßt sich in einfacher Weise durch das Einfügen positiver oder negativer Zusatzspannungen in den Stromkreis von i_a betätigen, z. B. durch eine Zusatzmaschine. Ähnliche Maßnahmen kann man auch zum Ausgleich der Reibungs- und Eisenverluste anwenden.

Bei den Haspelantrieben handelt es sich um den typischen Fall einer Einrichtungsregelung (foregoing control). Am Aufwickelhaspel hat beispielsweise, abgesehen von gewissen Störeinflüssen, der Strom unter dem Einfluß des zunehmenden Bunddurchmessers und der sinkenden Haspeldrehzahl nur die Tendenz anzusteigen. Dieser Stromanstieg muß durch Feldverstärkung wieder ausgeglichen werden. Diese Einrichtungswirkung macht es möglich, in den Kreis des Ausgleichstromes ein Gleichrichterelement einzuschalten, das eine Sicherheit gegen eine Stromumkehr i_a, durch die u. U. Pendelungen angefacht werden, bietet. Die Regelung wirkt dadurch so, daß der Ankerstrom J den Antriebsmotor des Haspels immer nur auferregen kann.

Die vorliegende Zugregelung erfordert leistungsfähige Verstärker. Das gilt einmal für die Regelung $U \sim v$, wo nur eine Führungsgröße auf kleinem Leistungsniveau zur Verfügung steht — Drehzahlgebermaschinen insbesondere für höhere Genauigkeit können nämlich nur mit kleiner Leistung wirtschaftlich gebaut werden —, am Erregerfeld des LEONARD-Generators aber Leistungen in der Größenordnung von kW, evtl. mit Stoßerregung benötigt werden. Es gilt auch für die Stromregelung $J =$ konst. über das Motorfeld. Hier muß die Regelgröße, der Strom J dem Hauptkreis auf möglichst kleinem Leistungsniveau entnommen werden. Am Erregerfeld des Haspelmotors werden ebenfalls Leistungen in der Größenordnung von kW benötigt. In den Verstärkermaschinen standen erstmalig geeignete Verstärker zur Verfügung. In vielen Fällen werden für die Stromregelung 2 Verstärkerelemente vorgesehen, wobei das erste die Stromverstärkung (Istwertverstärkung) und die Einführung der Zusatzgrößen für das Beschleunigen und Abbremsen, das zweite die Erregung des Haspelmotors übernimmt.

Die Stromregelung $J = \frac{U - EMK}{R_A}$ über Motorfeld bzw. Motor-Gegen-EMK hat einen großen Nachteil: sie versagt im Stillstand, denn dann wird $EMK = 0$. Im Stillstand muß deshalb der Strom $J = \frac{U}{R_A}$ mit Hilfe der Ankerspannung des LEONARD-Generators eingeregelt werden, wofür im Bedarfsfalle die LEONARD-Generatoren mit einer zusätzlichen Verstärkermaschine auszurüsten sind. Ein weiterer Nachteil der Stromregelung ist die hohe Störgröße, die betriebsbedingt durch die unterschiedliche Stromkennlinie (entspricht dem unterschiedlichen Bunddurchmesser) bei leerem und vollem Haspel (Abb. 112) zustande kommt. Die dadurch bedingte Regelabweichung x_w kann nach praktischen Erfahrungen bis zu 500% des Sollwertes betragen. Um unter diesen Umständen eine genügend kleine bleibende Regelabweichung $\Delta J = x_{w\,rest}$ zu erreichen, muß mit sehr hoher Regelempfindlichkeit gearbeitet werden, was wiederum die Stabilisierung der Schaltung erschwert.

Es gibt nun eine andere technische Lösung, die über den ganzen Geschwindigkeitsbereich einschließlich der Bandgeschwindigkeit 0 (Stillstand) wirksam ist (DÖLZ[1], LÜHR[2]). Sie beruht ebenfalls auf den mathematischen Grundbedingungen der Gl. (93). Allerdings wird nicht $U \sim v$, sondern gemäß Gl. (94) $E \sim v$ geregelt. Das Einregeln des konstanten Stromes übernimmt hier der LEONARD-Generator, der bei kleinen Leistungen wie in Abb. 113 als selbstregelnder *Konstantstromgenerator KG* (unterkompensierte Querfeldmaschine = Metadyne), bei größeren Leistungen wie in Abb. 114 zweckmäßig als gewöhnlicher Gleichstromgenerator mit Verstärkermaschinenerregung gebaut ist.

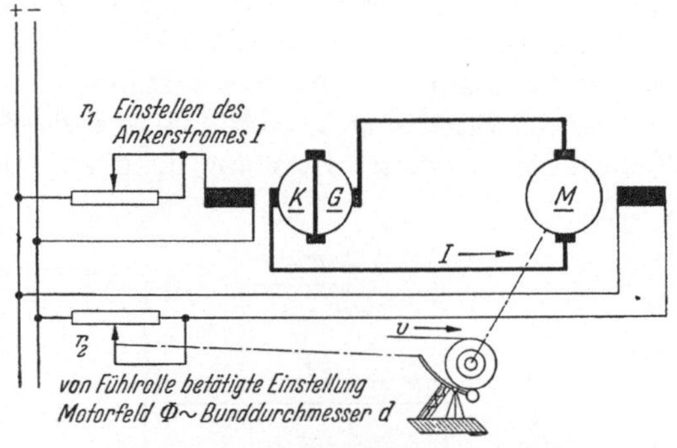

Abb. 113. Prinzipschaltbild des elektrischen Antriebs eines Aufwickelhaspels (moderne Ausführung)
Regelproblem: Einregeln eines konstanten Bandzuges.
Lösung: Ankerstrom J durch Konstantstromquerfeldmaschine gehalten; Motorfluß $\Phi \sim$ Bunddurchmesser d gestellt

Bei der Schaltung Abb. 114 dient die am Spannungsteiler r_1 abgegriffene Spannung bzw. die ihr proportionale Steuerdurchflutung Θ_{st} der Verstärkermaschine V_1 als Führungsgröße für die Stromregelung. Ihr wirkt die dem Ankerstrom J proportionale Durchflutung Θ_{geg}, — Wicklung gespeist vom Spannungsabfall über dem Widerstand R_1 — entgegen. Mit der Differenz $\Theta_{St} - \Theta_{Geg}$ wird die Verstärkermaschine V_1 für die Generatorerregung ausgesteuert. Eine dritte Wicklung dieser Verstärkermaschine wird von der Spannung einer Tachometerdynamo *TD* gespeist. Ihre Durchflutung Θ_{TD} unterstützt die Steuerdurchflutung. Man erzielt dadurch die Wirkung einer Störgrößen-Aufschaltung. Die Empfindlichkeit der eigentlichen Stromregelung kann dann kleiner gemacht werden. Die Durchflutung der Zusatzwicklung Θ_z übernimmt in dieser Schaltung die gleiche Aufgabe wie die Zusatzspannung u_z in der Schaltung Abb. 111: Änderung der Führungsgröße Steuerdurchflutung abhängig davon, ob beschleunigt oder gebremst wird; Ausgleich von Reibungs- und Eisenverlusten des Haspelantriebs.

---

[1] DÖLZ, K.: Elektrische Ausrüstung von Kaltwalzwerken, AEG-Mitteilungen 44 (1954), S. 310—15

[2] LÜHR, W.: Darstellung von Problemen an Haspelantrieben, AEG-Mitteilungen 45 (1955), S. 186

Unabhängig von der Stromregelung bleibt die Einstellung $E \sim v$ dem Motorfeld überlassen. Eine einfache Anordnung — keine echte Regelung, sondern eine Steuerung — wird bei der Schaltung in Abb. 113 verwendet: Gl. (95) zeigt ja, daß bei konstanter Bandgeschwindigkeit und gewissen vereinfachenden Voraussetzungen $E =$ konst., wenn $\Phi \sim d$ gemacht wird. Eine Änderung des Motorfeldes Φ in Abhängigkeit vom Bunddurchmesser wird bei der Schaltung in Abb. 113 über eine Fühlrolle betätigt, die mit zunehmendem Bunddurchmesser den Widerstand r_2 im Erregerkreis des Haspelmotors verringert.

Bei der Schaltung in Abb. 114 wird dagegen $E \sim v$ *eingeregelt.* Als Führungsgröße dieser Regelung dient eine der Bandgeschwindigkeit v

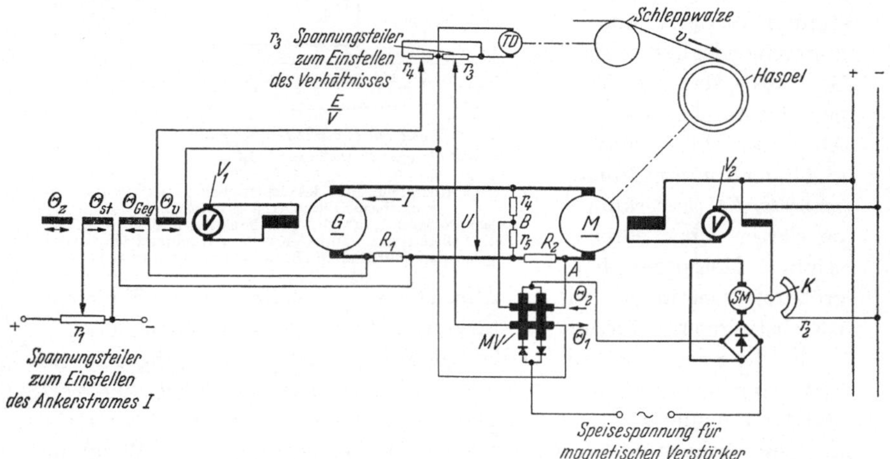

Abb. 114. Prinzipschaltbild des elektrischen Antriebs eines Aufwickelhaspels (moderne Ausführung) Regelproblem: Einregeln eines konstanten Bandzuges
Lösung: Ankerstrom J über LEONARD-Generator und vorgeschalteten Maschinenverstärker konstant gehalten, Motorfluß $\Phi \sim$ Bunddurchmesser d über magnetischen Verstärker und Maschinenverstärker im Motorfeld eingeregelt

proportionale Spannung, die von einer Tachometermaschine TD geliefert wird bzw. ihr Abbild, die Durchflutung Θ_1 eines magnetischen Verstärkers MV. Ihr wirkt eine der Motor-EMK proportionale Durchflutung Θ_2 entgegen. Da man die wirkliche

$$EMK_{Mot} = U - J\, R_{A\,Mot}$$

nicht messen kann, bildet man sie in der Widerstandsbrücke r_4, r_5 und R_2 nach. Zwischen den Punkten A und B liegt die Spannung

$$U_{A-B} = U \frac{r_5}{r_4 + r_5} - J\, R_2 \tag{101}$$

Macht man nun

$$\frac{R_2}{R_{A\,Mot}} = \frac{r_5}{r_4 + r_5} \tag{102}$$

und fügt diesen Ausdruck in Gl. (101) ein, so ergibt sich

$$U_{A-B} = U \frac{R_2}{R_{A\,Mot}} - J\,R_2 = R_2 \left(\frac{U}{R_{A\,Mot}} - J\right) = \frac{R_2}{R_{A\,Mot}} (U - J R_{A\,Mot})$$

$$U_{A-B} = c\,(U - J\,R_{A\,Mot}) = c\,EMK_{Mot}\,.$$

Bei der Widerstandsstufung nach Gl. (102) ist also die zwischen den Brückenpunkten A und B liegende Spannung der Motor-EMK proportional.

Nimmt nun beim Aufwickelvorgang unter dem Einfluß des wachsenden Bunddurchmessers — Abnahme der Drehzahl n — die Motor-EMK ab, so steuert die Differenz Θ_1—Θ_2 den magnetischen Verstärker aus und betätigt damit den Stellmotor SM, der den Kontaktarm K antreibt und dadurch den Widerstand r_2 im Erregerkreis der Erregermaschine V_2, die bei größeren Leistungen als Verstärkermaschine gebaut wird, verkleinert. Als Folge nehmen der Erregerstrom und der magnetische Fluß des Haspelmotors zu. Der Stellmotor SM soll solange laufen, wie überhaupt eine Differenz zwischen Θ_2 und Θ_1 besteht, d. h. er steht, wenn die Bedingung $E \sim v$ erfüllt ist (integrale Regelung).

Bei Stillstand behält der Feldsteller r_2 die Endstellung bei, die einen bestimmten Wert des Motorerregerstromes und Flusses bedingt. Das dem Produkt aus Motorfluß und Ankerstrom proportionale Drehmoment, dem wiederum ein bestimmter Bandzug entspricht, wird daher von Schaltung 114 auch im Stillstand gehalten. Ein besonderer Vorzug der Schaltung ist, daß es nicht wie bei der Schaltung Abb. 111 eine betriebsbedingte Störgröße für die Stromregelung gibt. Man kann daher bei gleicher Regelempfindlichkeit eine größere Genauigkeit als mit der Schaltung Abb. 111 erreichen.

III. Die elektrische Hauptschachtfördermaschine

Die Schachtfördermaschine muß normalerweise nicht nur das unter Tage gewonnene Gut, z. B. Kohle, Erz, Salz, an die Erdoberfläche transportieren, sondern sie hat in vielen Fällen noch eine Reihe aus der Natur des Grubenbetriebes entstehende Aufgabe zu bewältigen, z. B. Transport der unter Tage arbeitenden Belegschaft (Seilfahrt), Transport von Material (wie Motoren, Schienen, Lokomotiven). Die Hauptaufgabe ist jedoch das Heben des bergmännisch gewonnenen Gutes zur Erdoberfläche.

Wenn nun infolge des Einsatzes moderner Abbaugeräte die Abbaumenge unter Tage steigt, muß dementsprechend auch die Fördermenge im Hauptschacht erhöht werden. Zu diesem Zwecke könnte man neue Schächte abteufen oder den Hauptschacht so erweitern, daß zusätzliche Fördereinrichtungen eingesetzt werden können. Beide Maßnahmen wären außerordentlich kostspielig und erforderten überdies einen großen Zeitaufwand.

Ein wirtschaftlicherer Weg wurde damit beschritten, die Nutzlast pro Förderzug zu erhöhen. Im Zuge dieser Entwicklung wurden in vielen Fällen die alten Fördermaschinen durch Maschinen größerer Leistung ersetzt. Moderne Anlagen haben immer einen elektrischen Antrieb, wobei

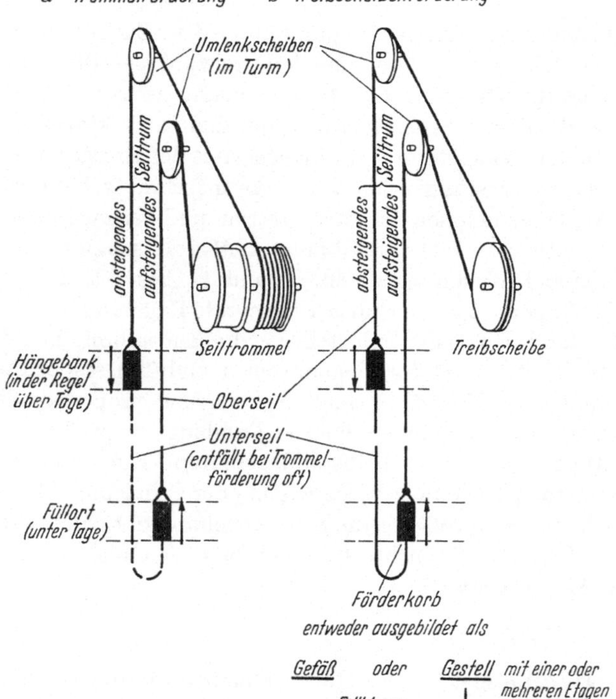

Abb. 115 a u. b. Die Fördermaschine

je nach den Betriebsbedingungen Gleichstrom- oder Drehstrom-Fördermotoren verwendet werden. Da nur bei Gleichstromantrieben Verstärkermaschinen zum Einsatz kommen, soll hier nur über Gleichstromanlagen berichtet werden.

Es gibt noch eine dritte Möglichkeit, die Förderleistung zu steigern, die im Rahmen dieses Buches besonders interessiert: Durch eine moderne Steuerung kann das der Berechnung zugrunde liegende Fahrprogramm eingehalten und dadurch die vorhandene Förderanlage optimal ausgenützt werden. Dabei spielt insbesondere der Gesichtspunkt der Automatisierung eine Rolle. Die Zechenleitungen werden dadurch häufig in die Lage versetzt, die Förderleistungen zu steigern, ohne den Schacht erweitern oder neue Maschinen aufstellen zu müssen. Wenn heute noch Fördermaschinen ohne Automatik in Auftrag gegeben werden, bemißt man sie in der Regel so, daß ein späterer Übergang zur Automatik möglich ist.

Eine Hauptschachtfördermaschine, wie sie Abb. 115 im Prinzip zeigt, ist optimal ausgenutzt, wenn die folgenden Bedingungen erfüllt sind:

1. Es muß ein möglichst großer Teil des Förderzuges mit der maximal zulässigen Geschwindigkeit gefahren werden. Bezüglich der höchstzulässigen Geschwindigkeit für Seilfahrt bestehen in den meisten Ländern bergpolizeiliche Vorschriften.

2. Das Anfahren und Stillsetzen der Fördermaschine muß mit der maximal zulässigen Beschleunigung bzw. Verzögerung erfolgen. Dieser Gesichtspunkt tritt vor allen Dingen bei der Treibscheibenförderung, bei der die Kraftübertragung von der Scheibe zum Seil lediglich durch Reibung erfolgt, in den Vordergrund. Der Reibungswert ($\mu_{reib} = 0{,}2$ bis $0{,}4$) bestimmt dann die zulässige Beschleunigung bzw. Verzögerung. Ein Überschreiten des zulässigen Wertes kann zum Seilrutsch führen. Aus den Bedingungen 1 und 2 ergibt sich das klassische Förderdiagramm nach Abb. 116.

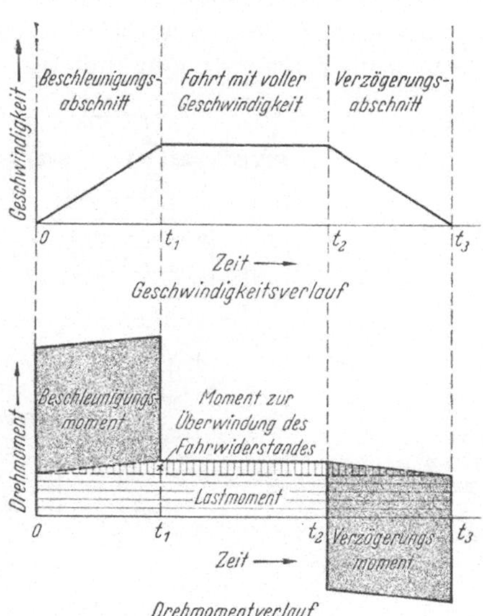

Abb. 116. Das klassische Förderdiagramm (unter der idealisierten Voraussetzung des vollen Seillastausgleichs)

3. Genaues Stillsetzen der Maschine beim Einfahren des Förderkorbes in die sogenannte Hängebank.

4. Begrenzung des Ankerstromes, bei Gleichstromanlagen praktisch gleichbedeutend mit einer Begrenzung des Drehmomentes. Diese Maßnahme dient nicht nur dem Schutz des mechanischen Teiles der Anlage, sondern schützt auch die elektrischen Maschinen und die anderen Teile der elektrischen Anlage vor Überlastungen.

5. Es muß die Möglichkeit bestehen, für bestimmte betriebliche Aufgaben wie Schacht- und Seilrevisionsfahrten, Seilauflegen, Schachtreparaturen usw. mit einer geringen Geschwindigkeit zu fahren.

Über allem steht im Bergbau die Forderung nach der Betriebssicherheit. Nun reicht das menschliche Reaktionsvermögen nicht aus, um bei größtmöglicher Betriebssicherheit auch alle Bedingungen einer wirtschaftlichen Förderung zu erfüllen. Man hat deshalb schon bei Dampffördermaschinen den Maschinenführer durch gewisse Sicherheitseinrichtungen entlastet.

Eines dieser Bauelemente, der sogenannte Kurvenscheibenregler, wurde für die elektrischen Gleichstrom-Fördermaschinen übernommen. Gleichstrom-Fördermotoren arbeiten fast ausschließlich in LEONARD-Schaltung (Abb. 98). Aus Sicherheitsgründen wird die Motordrehzahl nur über die Ankerspannung (mit Hilfe des Widerstandes r_1) eingestellt.

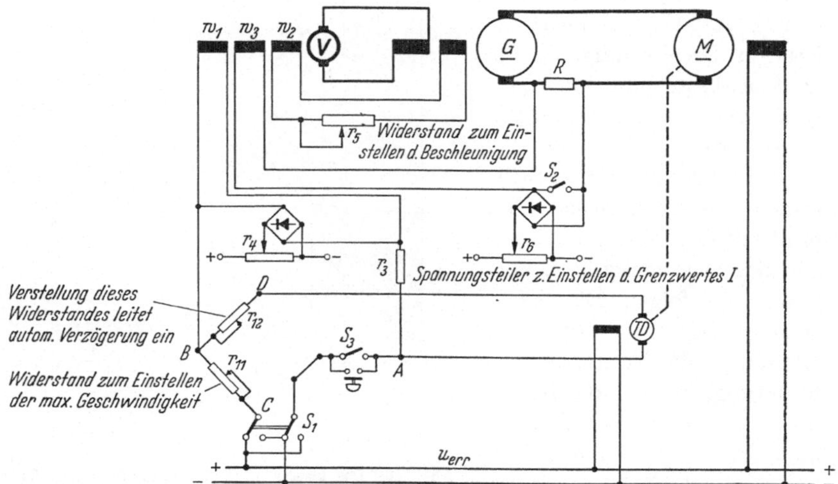

Abb. 117. Prinzipschaltbild einer elektrischen Fördermaschine mit Regelung durch Maschinenverstärker. Regelproblem: Drehzahlregelung mit Strom- und Beschleunigungsbegrenzung

Der Motor wird mit konstantem Strom erregt, der bei modernen Anlagen häufig von einer Querfeldkonstantstrommaschine Metadyne geliefert wird. Beim Absinken des Motorerregerstromes wird die Sicherheitsbremse aufgelegt. Beim Kurvenscheibenregler begrenzen Kurvenscheiben, die mit der Spindel des Teufenzeigers gekuppelt sind, die Auslage des sogenannten Fahrhebels, mit dem der Schleifer des Widerstandes r_1 verbunden ist. Die Kurvenscheiben sind so ausgebildet, daß beim Anfahren und Einfahren in die Hängebank nur eine kleine Hebelauslage möglich ist; d. h. man kann beim Anfahren den LEONARD-Generator nur schwach erregen. Erst mit zunehmendem Anfahrweg wird die Auslage des Fahrhebels freigegeben. Sobald sich der Förderkorb der Hängebank nähert, drückt die Kurvenscheibe den Hebel wieder zurück. Damit läßt sich natürlich der Ablauf eines Förderzuges nicht etwa auf ein bestimmtes Diagramm einregeln. Es handelt sich im wesentlichen um eine Sicherheitseinrichtung: Man verhindert ein allzu hartes Anfahren und Bremsen und ein Überfahren der Hängebank. Die Wirtschaftlichkeit der Förderung hängt allein vom Können des Maschinisten ab.

Die Bedingungen einer wirtschaftlichen Förderung sind nur mit Hilfe einer echten Regelung sicher zu erfüllen. Die Alsthom hat als erste Firma eine größere Anzahl von Fördermaschinen in Belgien und Nordfrankreich mit Amplidyn-Regelung ausgerüstet. Dabei wurden die Grundelemente der LEONARD-Schaltung beibehalten: Ein Gleichstrom-Fördermotor, dessen Erregerstrom konstant gehalten wird, und ein LEONARD-Generator, über dessen Erregerstrom die Drehzahl des Fördermotors eingestellt wird. Der LEONARD-Generator wird von einer Amplidyne erregt, in deren Erregerkreis der Vergleich von Führungs- und Ausgangsgrößen der einzelnen Regelvorgänge erfolgt.

Als erste wurde die Fördermaschine der Schachtanlage *La Mourière*, eine Trommelfördermaschine, mit Verstärkermaschinenregelung ausgerüstet[1]. Da sich die Schaltung gut bewährte, wurde sie für andere Gruben übernommen, unabhängig davon, ob Trommel- oder Treibscheiben-Fördermaschinen aufgestellt waren[2].

Die Grundschaltung zeigt Abb. 117. Die Verstärkermaschine hat ALSTHOM mit 3 Erregerwicklungen versehen, von denen die erste w_1 für die Geschwindigkeitsregelung, die zweite w_2 für die Beschleunigungsregelung und die dritte w_3 für die Strom- oder Drehmomentbegrenzung gedacht ist.

a) Die Regelung der Fördergeschwindigkeit (Drehzahl des Fördermotors). Der Größenvergleich für die Geschwindigkeitsregelung erfolgt in einer Brücke mit den Eckpunkten A, B, C, D, deren Seiten vom Erregernetz (Spannung u_{err}), der Tachometerdynamo TD und den beiden Widerständen r_{11} und r_{12} gebildet werden. Die Spannung u_{err} über $C—A$ kann mit Hilfe des Schalters S_1 sowohl ein- und ausgeschaltet, als auch in ihrer Polarität umgekehrt werden. Die Richtung der angelegten Spannung bestimmt die Fahrtrichtung. Im Brückenzweig $A—B$ liegt die Steuerwicklung w_1 der Verstärkermaschine. Die Spannung des Erregernetzes u_{err} ist konstant. u_T, die Spannung der Tachometerdynamo TD, deren Erregerwicklung gleichfalls von u_{err} gespeist wird, ist der Drehzahl des Fördermotors und damit der Geschwindigkeit des Förderkorbes proportional.

---

[1] CASTEL-JEANNIN: Machine d'extraction, à commande automatique, à controle par amplidyne, des Mines de La Mourière. Revue d'électricité et de mécanique Alsthom No. 81 (Avril — Mai — Juin 1950)

[2] JEANNIN, P.: Les deux machines d'extraction du puits Freyming des Houillères de Sarre et Moselle. Rev. Alsth. No. 96 (Janvier — Février — Mars 1954)

Die Spannung zwischen den Punkten A und B wird 0, wenn

$$\frac{r_{12}}{r_{11}} = \frac{u_T}{u_{err}} \quad \text{oder} \quad u_T = u_{err}\frac{r_{12}}{r_{11}} \tag{103}$$

ist. Da im eingeschwungenen Zustand (Endzustand des Regelvorganges) $u_{AB} \ll u_{err}$ bzw. u_T, ergibt diese Formel mit guter Näherung eine Beziehung für die Tachometerspannung u_T und damit die Motordrehzahl n, die sich im eingeschwungenen Zustand bei vorgegebenem Widerstandsverhältnis $\frac{r_{12}}{r_{11}}$ und konstanter Erregerspannung u_{err} einstellen muß.

In Wirklichkeit muß im Endzustand noch eine gewisse Spannung u_{AB} verbleiben, die einen Strom durch die Wicklung w_1 der Verstärkermaschine

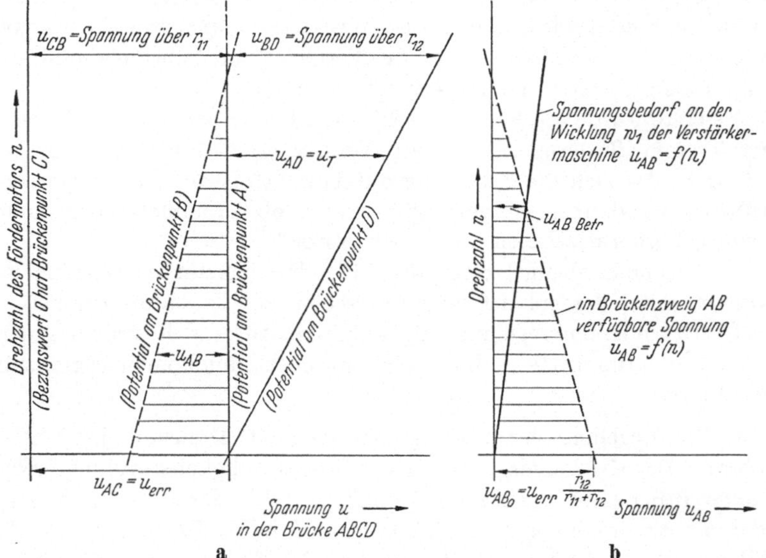

Abb. 118a u. b. Regelkennlinien der Schaltung in Bild 117. Spannungen im Brückenzweig in Abhängigkeit von der Drehzahl des Fördermotors n

treiben kann. Nur unter dem Einfluß einer Durchflutung an der Verstärkermaschine kann ja eine Spannung am Anker der Verstärkermaschine und damit eine Spannung im LEONARD-Kreis hervorgerufen werden. Die genauen Verhältnisse zeigen die Schaubilder 118a und 118b. In Abb. 118a stellt der durch die vertikale Gerade A abgeschnittene Abszissenwert die konstante Erregerspannung $u_{err} = u_{AC}$ dar. Zu u_{err} addiert sich die der Drehzahl des Fördermotors proportionale Spannung der Tachometermaschine $u_{AD} = u_T$. Die Summe der Spannungen $u_{err} + u_T = u_{CD}$ liegt zwischen den Punkten C—D der Brücke. Durch die gestrichelte Gerade wird angedeutet, wie sich die Spannung u_{CD} über den beiden Widerständen r_{12} und r_{11} aufteilt. Von der Spannung u_{AB}

zwischen den Punkten A und B wird die Erregerwicklung w_1 der Amplidyne gespeist. Die Spannung u_{AB} in Abhängigkeit von der Drehzahl wird durch die Abszissenwerte im schraffierten rechtwinkligen Dreieck abgebildet. Abb. 118b zeigt noch einmal die Spannung u_{AB} als Funktion der Drehzahl n (– – – Gerade). Die Spannung zwischen den Brückenpunkten A und B nimmt mit wachsender Drehzahl ab. Die Gerade —— in Abb. 118b gibt nun an, wie sich der Erregerspannungsbedarf der Verstärkermaschine in Abhängigkeit von der Drehzahl ändert. In erster Näherung wird, Sättigungserscheinungen vernachlässigt, dieser Erregerspannungsbedarf, dem eine bestimmte Ankerspannung im LEONARD-Kreis entspricht, der Motordrehzahl proportional sein. Im Endzustand des Drehzahlregelvorganges stellt sich dann eine Drehzahl n ein, bei der die in der Brücke verfügbare Erregerspannung mit dem Erregerspannungsbedarf der Verstärkermaschine übereinstimmt ($u_{AB\text{-}Betrieb}$). Damit ergeben sich die gleichen Verhältnisse, wie sie in Abb. 9 für den P-Regelkreis aufgezeichnet wurden. Der Spannung E des in Abb. 3 dargestellten Regelkreises entspricht hier der im Stillstand über dem Widerstand r_{12} liegende Spannungsanteil $u_{err}\,\frac{r_{12}}{r_{12}+r_{11}}$. Die Empfindlichkeit der Geschwindigkeitsregelung ergibt sich daher zu

$$\varepsilon = \frac{u_{err}}{u_{AB\;Betr}} \cdot \frac{r_{12}}{r_{12}+r_{11}}. \tag{104}$$

b) Beschleunigungsregelung. Eine Regelung der Beschleunigung des Förderkorbes ist gleichbedeutend mit einer Regelung der Drehzahländerung $\frac{dn}{dt}$ des Fördermotors. Es liegt deshalb nahe, die Spannungsänderung $\frac{du_T}{dt}$ der mit dem Fördermotor gekuppelten Tachometermaschine als Abbild für die Beschleunigung zu benutzen. Man könnte z. B. daran denken, als Abbild der Beschleunigung den Strom in einem Kondensator C einzuführen, der an den Ankerklemmen der Tachometermaschine TD liegt: $i = C\,\frac{du_T}{dt} \sim \frac{dn}{dt}$. Leider gewinnt man auf diesem Wege bei wirtschaftlichem Aufwand nur einen Meßwert auf so kleinem Leistungsniveau, daß man ihn in den Regelkreis von Abb. 117 nur nach zusätzlicher Verstärkung z. B. durch einen Röhrenverstärker einführen kann. Die von der Tachometermaschine gelieferte Gleichspannung muß möglichst arm an Oberwellen sein, da sonst über den Kondensator ein zusätzlicher Wechselstrom fließt, der einen falschen Istwert der Beschleunigung vortäuschen kann.

Die ALSTHOM hat die Flußänderung des Steuergenerators als Abbild der Beschleunigung des Förderkorbes eingeführt. Da die Feldwicklung des Fördermotors mit konstantem Strom erregt wird, ist die im Motoranker erzeugte Gegen-EMK_{Mot} der Drehzahl proportional. Mit grober Annäherung (ohmscher Spannungsabfall im LEONARD-Ankerkreis vernachlässigt) ist auch die Generator-EMK der Drehzahl des Fördermotors proportional. Die EMK_{Gen} wird aber durch den magnetischen Fluß des LEONARD-Generators bestimmt; also gilt:

$$n \sim EMK_{Mot} \approx EMK_{Gen} \quad \text{also} \quad n \approx c\, \Phi_{Gen} \quad \text{und daher} \quad \frac{dn}{dt} \approx c\, \frac{d\Phi_{Gen}}{dt}.$$

Die Flußänderung des LEONARD-Generators läßt sich transformatorisch als Spannung $u = w\, \frac{d\Phi}{dt}$ an einer zweiten Hauptpolwicklung des LEONARD-Generators G erfassen. Nach Angaben von ALSTHOM wird mit dieser Spannung nun die Wicklung w_2 der Verstärkermaschine so gespeist, daß beim Anfahren des Motors — Flußzunahme — ihre Durchflutung der Durchflutung von w_1 entgegenwirkt. Dadurch soll der für die Regelung notwendige Effekt der Gegenwirkung von Führungs- und Ausgangsgröße erzielt werden.

Um beim Anfahrvorgang eine konstante Beschleunigung zu erreichen, muß man eine konstante Führungsgröße für die Beschleunigung vorgeben, d. h. die Spannung über der Wicklung w_1 während der Beschleunigungs- und Verzögerungsperiode annähernd konstant halten. Das geschieht durch ein Sperrglied, über das ein Strom fließt, sobald die Spannung über w_1 größer als die am Spannungsteiler r_4 einstellbare Sperrspannung ist. Dieser Parallelstrom ruft über dem Widerstand r_3 einen so großen Spannungsabfall hervor, daß die Erregerspannung an w_1 wieder im gewünschten Sinne zurückgeht. Die dem Widerstand r_4 vorgeschaltete Gleichrichterbrücke bewirkt, daß die Sperrwirkung unabhängig von der Richtung der Spannung über w_1 eintritt.

Die gewünschte Beschleunigung bzw. Verzögerung soll mit Hilfe des Widerstandes r_5 eingestellt werden. Damit kann das Verhältnis der transformatorisch induzierten Spannung zur Gegendurchflutung von w_2 geändert werden. Es handelt sich also um einen Regelkreis, bei dem die Regelgröße nicht durch Änderung der Führungsgröße, sondern durch Änderung des Abbildungsfaktors k eingestellt wird. Anhand der Oszillogramme Abb. 122 weist ALSTHOM nach, daß die Regelung zu einer während des Anfahrvorganges praktisch konstanten Beschleunigung bzw. während des Bremsvorganges praktisch konstanten Verzögerung führt. Die Beschleunigungsregelung soll darüber hinaus sicher stellen, daß beim plötzlichen Ausfall der Spannung u_{err} die Fördermaschine mit zulässiger Verzögerung selbsttätig stillgesetzt wird.

c) Strom (Drehmoment-)-Begrenzung. Die für diese Aufgabe im Feld der Verstärkermaschine vorgesehene Wicklung w_3 ist mit den zur Geschwindigkeits- und Beschleunigungsregelung dienenden Erregerkreisen galvanisch nicht verbunden. Die Strombegrenzung erfolgt in der in D I behandelten Art, solange der Schalter S_2 offen ist.

Mit der Strombegrenzung ist eine Drehmomentbegrenzung verbunden, da der Fördermotor mit konstantem Strom erregt wird und das Drehmoment dann praktisch dem Ankerstrom proportional ist [Gl. (2)]. Wird der Kurzschließer S_2 eingelegt, tritt die Wirkung einer indirekten stromabhängigen Selbstmordschaltung ein. Man benutzt diesen Effekt, um im Stillstand Ankerströme im LEONARD-Kreis zu unterdrücken.

d) Einsatz der automatischen Verzögerung. Eine wirtschaftliche Förderung setzt voraus, daß man im richtigen Zeitpunkt mit der Verzögerung des Förderkorbes beginnt. Setzt die Verzögerung zu früh ein, muß der Korb einen nennenswerten Teil des Schachtes mit sehr kleiner, unwirtschaftlicher Geschwindigkeit durchfahren. Setzt sie zu spät ein, kann die Hängebank überfahren werden.

ALSTHOM leitet die Verzögerung bei einer bestimmten Stellung des Teufenzeigers, der die Stellung des Korbes im Schacht nachbildet, automatisch ein. In dieser Stellung beginnt eine Nocke den Widerstand r_{12} stufenweise kurzzuschließen. Das führt zu einer Verzögerung, denn die Drehzahl des Fördermotors und damit die Geschwindigkeit des Förderkorbes wird ja durch das Widerstandsverhältnis $\frac{r_{12}}{r_{11}}$ bestimmt [Gl. (103)]. Dem Restwiderstand $r_{12\,0}$ entspricht die geringe Restgeschwindigkeit, mit der der Korb in die Hängebank einfahren soll. Wie Abb. 119 zeigt, besitzt der Widerstand r_{12} zwei Kontaktbahnen, von denen jede einem Seiltrum zugeordnet ist. Die Auswahl der Kontaktbahn erfolgt durch den Schalter S_{RL}, der mit dem Fahrtrichtungsschalter S_1 gekuppelt ist. In der Endstellung reißt dann ein Anschlag den Schalter S_3 auf, legt den Schalter S_2 ein und betätigt ein Bremsventil. Der Schalter S_3 kann mit einem Druckknopf kurzzeitig überbrückt werden, um beispielsweise das Umsetzen von Förderkörben mit mehreren Etagen bei geringer Geschwindigkeit zu ermöglichen.

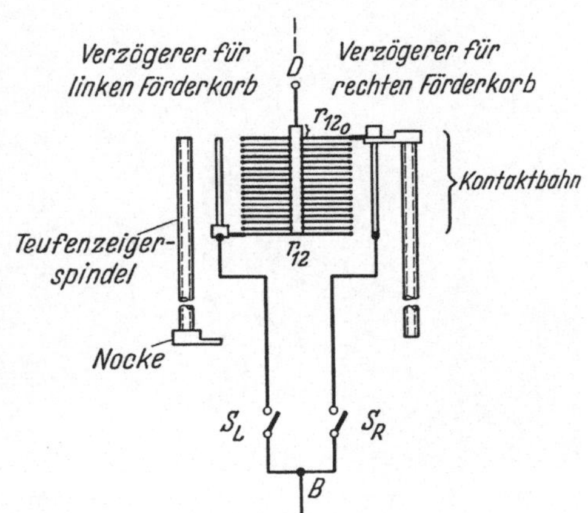

Abb. 119. Elektrische Fördermaschine nach Bild 117. Automatischer Verzögerer (r_{12}) in Ruhestellung (rechter Korb in der Hängebank). S_L wird geschlossen, wenn linker Korb aufsteigt; S_R wird geschlossen, wenn rechter Korb aufsteigt

Der Widerstand r_{11} wird nicht vom Teufenzeiger, sondern vom Steuerpult aus verstellt. Mit r_{11} gibt der Maschinist eine bestimmte Maximal-Geschwindigkeit (Förderung, Seilfahrt, Seilrevision) vor.

Betriebsarten

a) Handsteuerung. Der Maschinist bringt mit dem Fahrhebel den Widerstand r_{11} in die vorgesehene Stellung (entspricht einer bestimmten Motordrehzahl) und legt mit dem Schalter S_1 die Erregerspannung u_{err} an

Abb. 120. Treibscheiben-Fördermaschine der Schachtanlage Freyming (Werkfoto Alsthom)

die Brücke. Der weitere Förderzug läuft dann automatisch ab. Die Maschine wird mit dem durch r_5 vorgegebenen Beschleunigungswert auf die mittels r_{11} vorgegebene Fördergeschwindigkeit beschleunigt, wird automatisch verzögert und exakt stillgesetzt, wobei immer der Grenzwert des Ankerstromes eingehalten wird. Der Maschinist kann während des Förderzuges die Drehzahl willkürlich ändern, die Drehrichtung umkehren, an einem beliebigen Punkte im Schacht anhalten oder weicher als mit dem eingestellten Wert beschleunigen oder verzögern.

b) Automatischer Betrieb. Dabei bleibt der Widerstand r_{11} und damit die max. Motordrehzahl und die Fördergeschwindigkeit immer fest eingestellt. Der Förderzug wird durch Schließen des Schalters S_1 eingeleitet. S_1 kann von der Hängebank oder dem Füllort aus betätigt werden.

Eine vollautomatische Förderung ist auf der Schachtanlage Freyming eingerichtet worden. Hier ist eine Gefäßfördermaschine mit Treibscheibenförderung aufgestellt (Abb. 120). Unter Tage befindet sich ein Bunker, aus dem eine verschließbare Meßtasche, deren Inhalt dem eines Fördergefäßes entspricht, gefüllt wird. Sobald das Fördergefäß am Füllort vorgesetzt hat, entleert sich die Meßtasche in das Gefäß. Dann setzt sich die Förder-

maschine selbsttätig in Gang, hält an der Hängebank und entleert in einen Austragebunker. Wenn der Bunker am Füllort leer oder der an der Hängebank überfüllt ist, wird die Fördermaschine automatisch stillgesetzt. Der regelmäßige Verlauf der vollautomatischen Förderung geht aus dem Tachogramm in Abb. 121 hervor, das den Zugverlauf $n = f(t)$ über einen längeren Zeitraum abbildet. Die Oszillogramme Abb. 122 wurden bei der Fördermaschine Mourière aufgenommen. Die Oszillogramme *a*—*c* zeigen den Zeitverlauf von Drehzahl und Ankerstrom des Fördermotors bei einem Förderzug für unterschiedliche Lastbedingungen. Ein Vergleich der drei Oszillogramme zeigt, daß der Verlauf der Motordrehzahl praktisch lastunabhängig ist. Vom klassischen Förderdiagramm (Abb. 116) unterscheidet sich der Drehzahlverlauf beim Anfahren, beim Übergang von der Beschleunigungsperiode zur Fahrt mit voller Geschwindigkeit und bei Beginn und Ende der Bremsperiode. Ein solcher Verlauf, bei dem die Beschleunigung oder Verzögerung nicht ruckartig einsetzt oder aufhört, ist für den Betrieb günstiger als ein Verlauf nach dem klassischen Förderdiagramm. Im Stromverlauf des Oszillogramms Abb. 122a bildet sich etwa der Drehmomentverlauf von Abb. 116 nach. Da der Seillastausgleich unvollkommen ist, bleibt das Drehmoment bei Fahrt mit voller Geschwindigkeit nicht konstant. Bei Fahrt mit voller Geschwindigkeit und einhängender Last ergibt sich ein Bremsstrom. Das Oszillogramm Abb. 122d zeigt den Zeitverlauf von Ankerspannung des LEONARD-

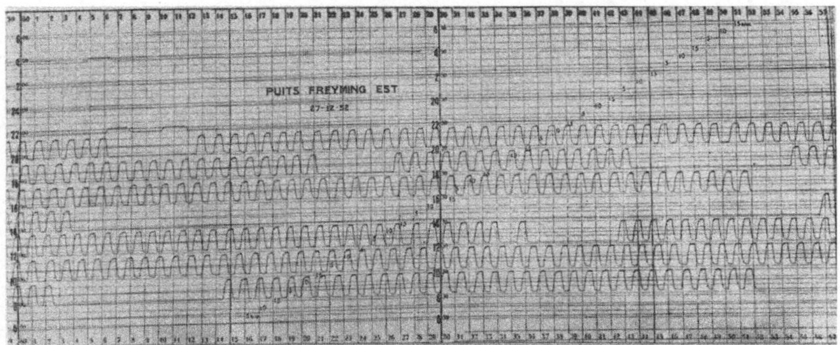

Abb. 121. Fördermaschine Freyming: Tachogramm für einen Arbeitstag (Werkfoto Alsthom)

Generators, Ankerspannung der Amplidyne und Erregerspannung über der Wicklung w_1 der Amplidyne bei einem Zug mit unbelastetem Förderkorb. Der Zeitverlauf der Ankerspannung des LEONARD-Generators entspricht praktisch der Motordrehzahl. Der Verlauf der Erregerspannung der Amplidyne an der Wicklung w_1 zeigt die Wirkung der Erregerspannungsbegrenzung. Ohne Begrenzung wäre gemäß B III etwa ein Verlauf nach einer e-Funktion zu erwarten; durch den parallel zur Wicklung

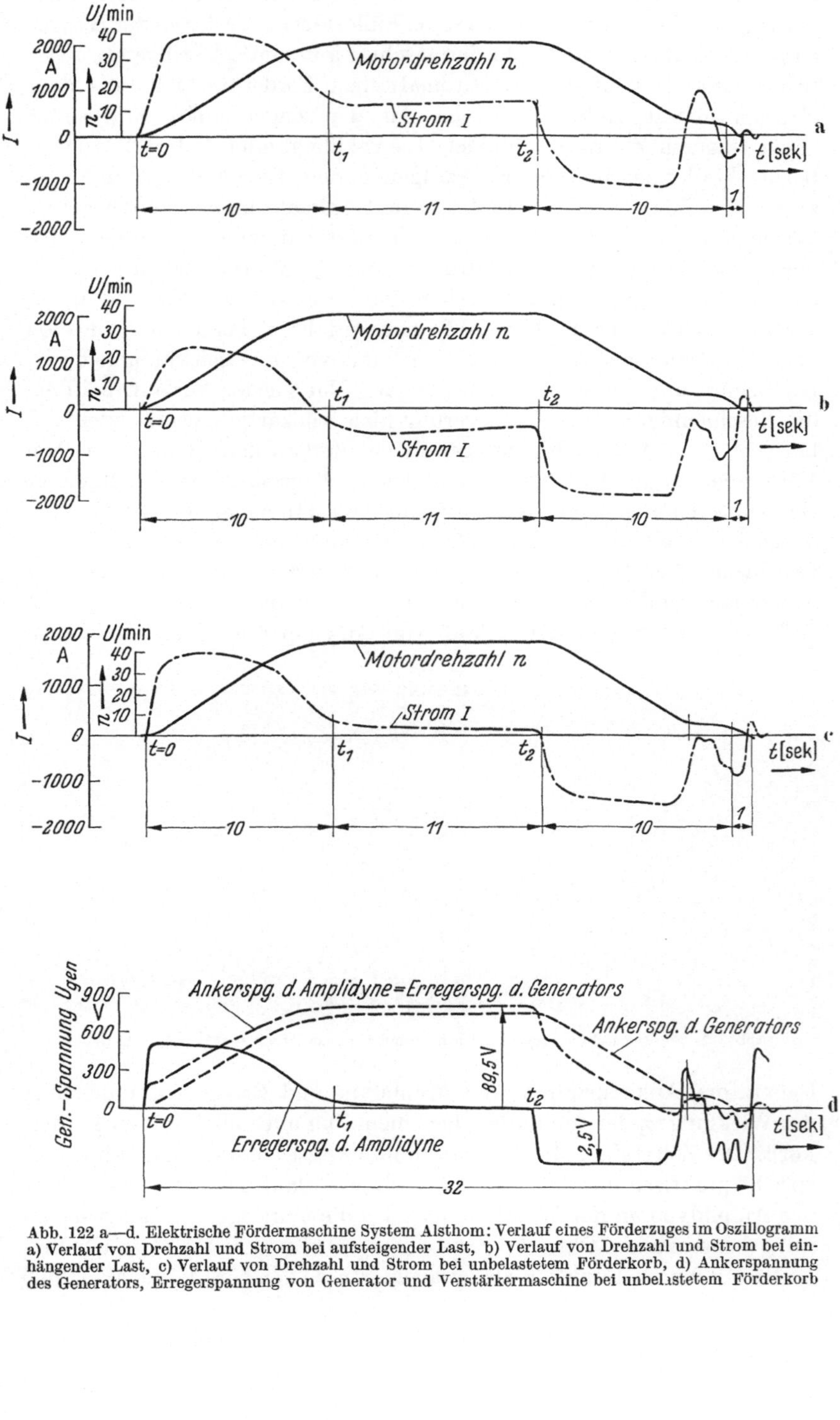

U/min
2000 A
1000
0
-1000
-2000
I
n
40 30 20 10
Motordrehzahl n
Strom I
t=0 t_1 t_2 t [sek]
10 11 10 1
a

U/min
2000 A
1000
0
-1000
-2000
I
n
40 30 20 10
Motordrehzahl n
Strom I
t=0 t_1 t_2 t [sek]
10 11 10 1
b

2000 A
U/min
1000
0
-1000
-2000
I
n
40 30 20 10
Motordrehzahl n
Strom I
t=0 t_1 t_2 t [sek]
10 11 10 1
c

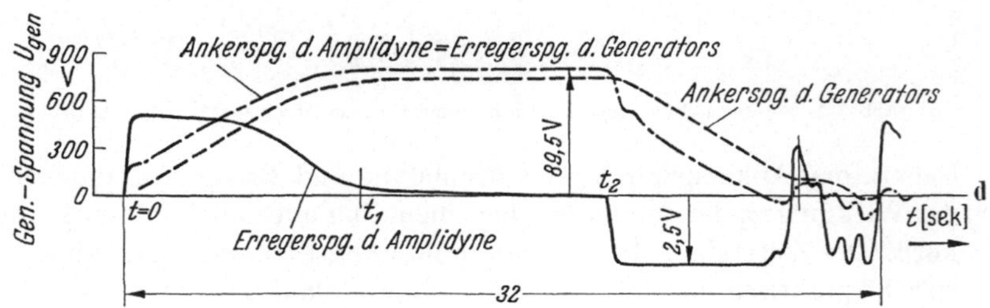

Abb. 122 a—d. Elektrische Fördermaschine System Alsthom: Verlauf eines Förderzuges im Oszillogramm a) Verlauf von Drehzahl und Strom bei aufsteigender Last, b) Verlauf von Drehzahl und Strom bei einhängender Last, c) Verlauf von Drehzahl und Strom bei unbelastetem Förderkorb, d) Ankerspannung des Generators, Erregerspannung von Generator und Verstärkermaschine bei unbelastetem Förderkorb liegenden Widerstand wird die Erregerspannung während der Anfahr- und Beschleunigungsperiode praktisch konstant gehalten.

Nach Angaben der ALSTHOM erfüllen alle mit Amplidyneregelung ausgerüsteten Anlagen, die zum Teil schon jahrelang in Betrieb sind, die in sie gesetzten Erwartungen.

IV. Der elektrische Papiermaschinenantrieb

Papier besteht aus feinen Holz- und Zellulosefäserchen, die unter Zugabe von Leim miteinander verfilzt werden. Die Papiermaschine als Endglied der Produktion hat die Aufgabe, die kontinuierliche Papierbahn herzustellen, indem sie aus den Fasern des ihr zulaufenden stark verdünnten Papierbreies das Blatt bildet und dann

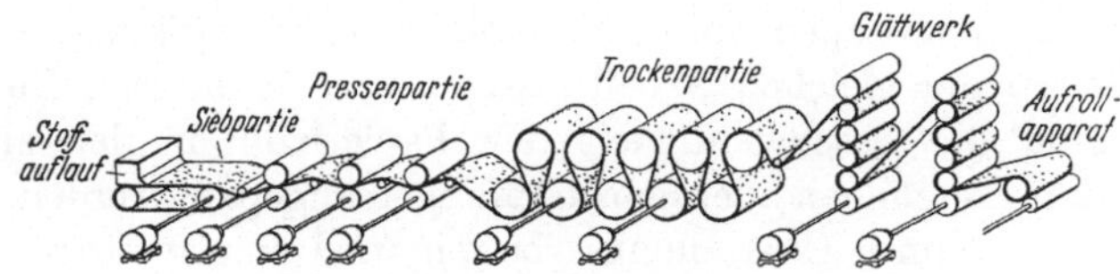

Abb. 123. Arbeitsgruppen einer Papiermaschine

der so entstandenen Papierbahn das Wasser entzieht. Den grundsätzlichen Aufbau einer Papiermaschine zeigt Abb. 123: In der Siebpartie fließen die in Wasser aufgeschwemmten Papierfasern (Trockengehalt unter 2%) einem feinmaschigen Metallsieb zu. Die Zuflußbreite entspricht der späteren Papierbahn. Das Sieb läuft über 2 Walzen um und führt gleichzeitig die zum Verfilzen der Fasern nötige Schüttelbewegung aus. Mit Hilfe von Unterdrucksaugern wird der Papierbahn ein Teil des Wassers entzogen. Ein Auspressen der Papierbahn bis auf etwa 40% Trockengehalt erfolgt in der Pressenpartie. Das restliche Wasser wird in der Trockenpartie verdunstet (Endtrockengehalt ca. 92 bis 96%). Die Papierbahn wird hier um dampfgeheizte Trockenzylinder geführt. Dann läuft sie durch das Glättwerk, und wird durch den Aufroller aufgewickelt.

Der Antrieb einer Papiermaschine hat die folgenden Forderungen zu erfüllen:

1. Die Geschwindigkeit der Papierbahn muß in weitem Bereich feinstufig stellbar sein. Es kann ein Stellbereich bis 1:20 in Frage kommen, normal ist 1:6. Diese Forderung wird gestellt, damit man auf der gleichen Maschine durch Geschwindigkeitsänderung Papiere verschiedener Stärken (meist wird anstelle der Papierstärke das Gewicht pro m² Papier vorgeschrieben) herstellen kann. Bei konstantem Stoffzulauf ist das Papiergewicht naturgemäß etwa der Arbeitsgeschwindigkeit umgekehrt proportional.

2. Die vorgeschriebene Arbeitsgeschwindigkeit muß mit möglichst großer Genauigkeit gehalten werden. Im allgemeinen werden in den Lieferbedingungen für Papier nur Abweichungen vom Sollgewicht in der Größenordnung von 2 bis 4% zugelassen. Da aber solche Abweichungen bereits durch Änderungen in der Stoffzuteilung oder der Konsistenz des zulaufenden Stoffes verursacht werden können, muß die Geschwindigkeitsregelung wesentlich feiner als 2 bzw. 4% sein.

3. Das Geschwindigkeitsverhältnis der einzelnen Arbeitsgruppen zueinander muß in gewissen Grenzen einstellbar sein. Es kommen Änderungen von etwa $\pm$ 7% in Frage. Beim Durchlaufen der einzelnen Arbeitsgruppen ergeben sich nämlich Längungen und Schrumpfungen in der Papierbahn. Um nun zu verhindern, daß das Papier infolge dadurch auftretender Zugbeanspruchungen reißt oder infolge Durchhanges Falten bildet, muß ein bestimmter Papierzug zwischen den einzelnen Arbeitsgruppen, unter Umständen sogar zwischen einzelnen Bauelementen der gleichen Arbeitsgruppe, vorhanden sein. Zu diesem Zwecke muß die Geschwindigkeit der Papierbahn in den einzelnen Gruppen den Längungen oder Schrumpfungen angepaßt werden.

4. Für bestimmte Überholungsarbeiten wird eine niedrige Arbeitsgeschwindigkeit benötigt.

Die alten Papiermaschinen mit Dampfmaschinenantrieb besaßen eine gemeinsame Hauptwelle für die ganze Maschine. Die Kraftübertragung auf die Arbeitswellen der einzelnen Gruppen erfolgte über konische Riemenscheiben. Eine Änderung des Geschwindigkeitsverhältnisses zwischen einzelnen Arbeitsgruppen wurde durch Veränderung der Riemenlage erreicht. Nach der Jahrhundertwende trat an die Stelle der Dampfmaschine ein Elektromotor (Einmotorenantrieb). Mit Rücksicht auf die Forderungen der Antriebstechnik nach einem weiten Stellbereich der Drehzahl wurde der Gleichstrom-Nebenschlußmotor, häufig in Leonard-Schaltung gewählt, der auch heute noch das bevorzugte Antriebselement des elektrischen Papiermaschinenantriebs ist. Nur bei kleinen Maschinen wird gelegentlich der Drehstrom-Kommutatormotor verwendet. Die Drehzahlregelung des Motors übernahmen elektromechanische Regler, die bei der Leonard-Schaltung auf das Generatorfeld, bei Motoren, die von einem Gleichstromnetz konstanter Spannung betrieben wurden, auf das Motorfeld arbeiteten.

Mit Rücksicht auf den mechanischen Teil, insbesondere mit Rücksicht auf Transmissionen und Riementriebe, konnten mit dem Einmotorenantrieb nur Papiergeschwindigkeiten von höchstens 250 m/min erreicht werden. Man hat deshalb schon kurz vor dem ersten Weltkrieg den Mehrmotorenantrieb geschaffen, d.h. jede Gruppe, unter Umständen sogar nur Teile jeder Gruppe, werden von einem eigenen Motor angetrieben.

Damit tritt ein zusätzliches Problem auf, das der Einmotorenantrieb nicht kennt: Die einzelnen Arbeitsgruppen mit ihren getrennten Antrieben müssen im Gleichlauf gehalten werden. Hierfür kann nicht eine gewöhnliche elektrische Welle, die wie eine mechanische Welle an ein festes Drehzahlverhältnis von an- und abtreibendem Wellenteil gebunden ist, eingesetzt werden, da das Drehzahlverhältnis der gleichlaufenden Arbeitsgruppen in gewissen Grenzen stellbar sein muß. Diese Art der Zusammenarbeit wird als *relativer Gleichlauf* bezeichnet. Dieses Regelproblem, Drehzahlregelung bei relativem Gleichlauf mehrerer Motoren, kehrt in der Antriebstechnik mehrfach wieder, wenn auch nicht mit den hohen Genauigkeitsforderungen wie beim Papiermaschinenantrieb.

Beim klassischen Mehrmotorenantrieb liegen die Anker der Motoren an einer gemeinsamen Sammelschiene, die ihre Spannung von einem Leonard-Generator oder von einem Gleichstromnetz erhält. Die Einstellung des Drehzahlverhältnisses der einzelnen Gruppenmotoren zueinander erfolgt über die Motorfelder. Der relative Gleichlauf wird durch eine *Gleichlaufregelung* überwacht. Moderne Anlagen werden mit elektrischen Gleichlaufregelungen ausgerüstet. Bei der in Europa üblichen Technik dient die Drehzahldifferenz zwischen zwei Gruppenantrieben als Regelgröße der Gleichlaufregelung. Soll- und Istwert der Drehzahldifferenz werden durch elektrische Größen nachgebildet. Die Regelabweichung, mit der Kontaktschaltelemente, elektronische oder magnetische Glieder ausgesteuert werden, wird ohne bleibenden Fehler ausgeglichen (integral-wirkende Regelung).

Die General-Electric hat in den letzten Jahren einige Papiermaschinen mit Verstärkermaschinenregelung ausgerüstet. Es handelt sich um Maschinen für besonders hohe Papiergeschwindigkeiten (im Maximum 760 m/min) und große Genauigkeit (0,1%) (Mikelson, u. a.[1]). Bei diesem System ist jeder Gruppenantrieb mit einer proportional wirkenden Drehzahlregelung — nach dem Prinzip von Abb. 6c wirkend — von so hoher Genauigkeit ausgerüstet, daß eine besondere Regelung der Drehzahldifferenz entfallen kann. Wegen der hohen Genauigkeit wird eine so hohe Regelempfindlichkeit benötigt, daß bei wirtschaftlichem Aufwand der Vergleich von Führungs- und Regelgröße auf ein kleineres Leistungsniveau verlegt werden muß, als es der Steuerkreis einer Verstärkermaschine bietet. Man schaltet deshalb der Verstärkermaschine einen elektronischen Verstärker vor.

Die Abb. 124 zeigt eine solche Maschine vom Naßteil aus betrachtet; Abb. 125 das Grundschaltbild des Antriebes. Jede Arbeitsgruppe wird

[1] Mikelson, W.: Electronic Amplidyne Speed Regulator For Sectional Paper Machine Drives; GET 1756, 8—54. — Meloun, A.: The World's Fastest Paper Machine, GER 361, 3—51. — Verchereau, V.: The Modern GE All-Electric Drive For Sectional Paper Machines GER—1148

von einem oder mehreren Gleichstrom-Nebenschlußmotoren M angetrieben, die jeweils mit einer Gleichstrom-Tachometermaschine TD gekuppelt sind. Die Motoren werden von einem Hilfsnetz aus mit konstanter Spannung erregt. Jedem Motor M ist ein eigener LEONARD-Generator G, der von einer Verstärkermaschine (Amplidyne) erregt wird, zugeordnet. Die Amplidyne besitzt eine elektronische Vorstufe, in deren Eingangskreis der Vergleich von Führungs- und Regelgröße verlegt wird. Alle Amplidynen und Generatoren besitzen je einen gemeinsamen Antriebsmotor.

Abb. 124. Papiermaschine; im Vordergrund links der Stoffauflauf (Werkfoto GE)

Mit dem LEONARD-Generatorsatz ist eine Erregermaschine E gekuppelt, die das Hilfsnetz für die Motorerregung speist. Mit dem Verstärkermaschinensatz ist eine Gleichstrommaschine K gekuppelt, deren Spannung mit Hilfe einer elektronischen Regelung konstant gehalten wird. Diese Konstantspannung dient als Normal für die Führungsgrößen der Drehzahlregelung.

Der Größenvergleich erfolgt in einer Brücke, deren Seiten von der Tachometerdynamo TD, dem Erregernetz mit der Spannung u_{err} und den Widerständen r_{11} bis r_{14} gebildet werden. Der Eingang des elektronischen Verstärkers liegt am Brückenzweig A—B. Mit Rücksicht auf die hohe Regelempfindlichkeit ist im eingeschwungenen Zustand der Drehzahlregelung $u_{AB} \ll u_T$ bzw. u_{err}, es gilt also

$$\frac{u_T}{u_{err}} \approx \frac{r_{11}}{r_{12} + r_{13} + r_{14}}$$

und daher

$$n \sim u_T = u_{err} \frac{r_{11}}{r_{12} + r_{13} + r_{14}} \tag{105}$$

Die Spannung u_{err} wird mit Hilfe des Widerstandes r_{10} eingestellt. Sie ist gemeinsame Führungsgröße für die Drehzahlregelung sämtlicher

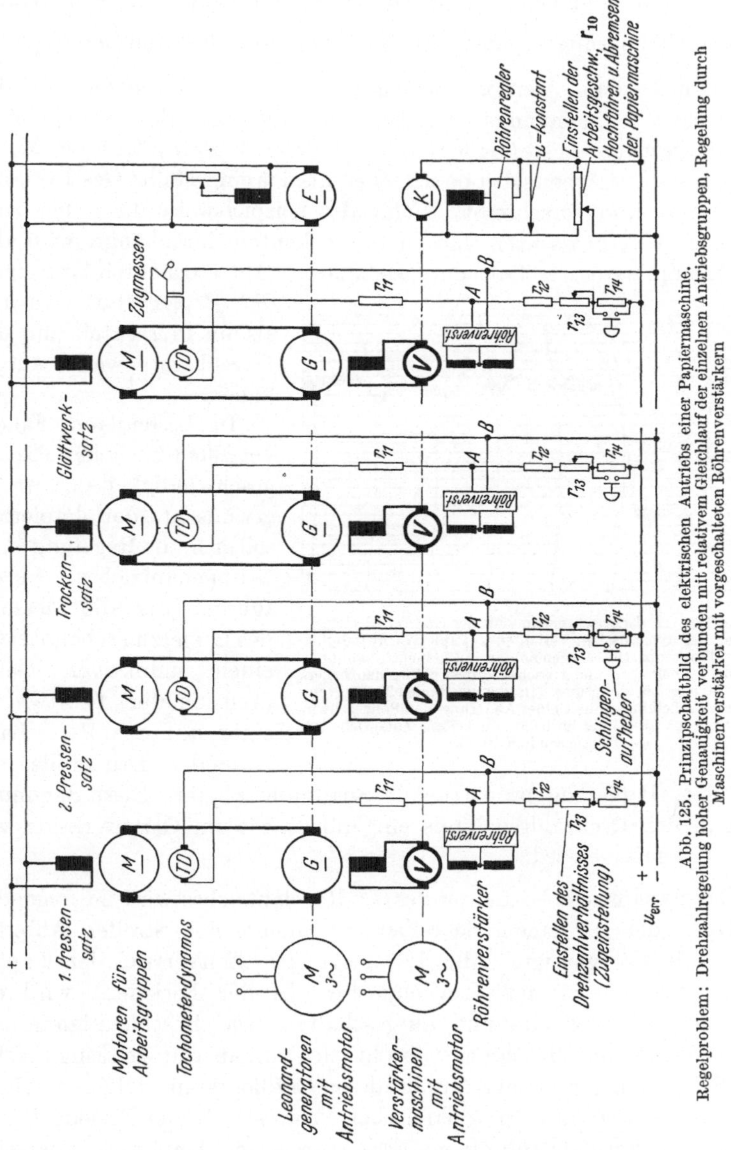

Abb. 125. Prinzipschaltbild des elektrischen Antriebs einer Papiermaschine. Regelproblem: Drehzahlregelung hoher Genauigkeit verbunden mit relativem Gleichlauf der einzelnen Antriebsgruppen, Regelung durch Maschinenverstärker mit vorgeschalteten Röhrenverstärkern

Gruppenmotoren und bestimmt das Geschwindigkeitsniveau der Papiermaschine, denn nach Gl. (105) ist $n \sim u_{err}$. Auch das Hochfahren und Abbremsen der Papiermaschine wird mit Hilfe des Widerstandes r_{10}

betätigt. Das Drehzahlverhältnis der einzelnen Gruppenmotoren läßt sich nun in gewissen Grenzen (etwa $\pm$ 7%) durch die Einstellung des Widerstandes r_{13} abstimmen. Wie aus Gl. (105) hervorgeht, führt eine Widerstandsverkleinerung zu einer Erhöhung der Motordrehzahl $\left(n \sim \frac{1}{c + r_{13}}\right)$. Die Druckknöpfe werden betätigt, wenn ein Durchhang in der Papierbahn aufgenommen werden soll. Solange der Druckknopfkontakt geschlossen ist (Widerstand r_{14} kurzgeschlossen), läuft der Motor der betroffenen Arbeitsgruppe schneller, als das eingestellte Geschwindigkeitsniveau ihm vorschreibt. Wenn also beispielsweise die Papierbahn zwischen dem Pressenteil und dem Trockenteil durchhängt, wird der Druckknopftaster des Trockenteiles betätigt. Im Trockenteil läuft dann die Papierbahn schneller als im Pressenteil und der Durchhang wird aufgehoben.

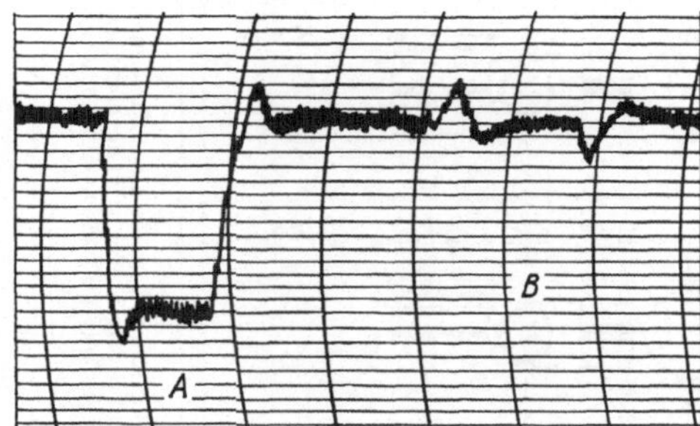

Abb. 126. Papiermaschinenantrieb der General Electric: Prüfung des dynamischen Verhaltens. Papiergeschwindigkeit in der Trockenpartie, aufgenommen mit einem Spannungsschreiber; *A* beim Ein- und Ausschalten des Schlingenaufhebers, *B* bei fiktiver Laständerung. (In der vertikalen Teilung entspricht jede Teilungseinheit einer Änderung der Sollgeschwindigkeit um 0,1 %. In der horizontalen Teilung entspricht jede Teilungseinheit 10 sek)

In besonderen Fällen, vor allem bei hohen Papiergeschwindigkeiten, ist es erwünscht, den Papierzug selbst in die Regelung eines Gruppenantriebes einzuführen. Für die Messung des Papierzuges benutzt *GE* einen induktiven Geber (Tensiometer), betätigt von einer auf der Papierbahn laufenden Druckrolle, der eine dem Papierzug proportionale Spannung abgibt. Diese Spannung wird in den Drehzahlregelkreis eingeführt, wie im Glättwerksatz von Abb. 125 gezeigt wird.

Das dynamische Verhalten des *GE*-Regelantriebes wird im folgenden an Hand der mit einem Schreiber aufgenommenen Streifen Abb. 126 und Abb. 127 gezeigt. Abb. 126 zeigt den Zeitverlauf der Papiergeschwindigkeit in der Trockenpartie. In der Periode *A* wird der Schlingenaufheber ein- und ausgeschaltet. Die Beschleunigung und Verzögerung der Maschine vollzieht sich annähernd schwingungsfrei (die Schwingungen kleiner Amplitude im Oszillogramm stehen in keinem Zusammenhang mit dem dynamischen Prüftest). In der Periode *B* wird durch eine Schalthandlung im Erregerkreis der Amplidyne kurzzeitig eine Laständerung von 100% vorgetäuscht. Die Streifen Abb. 127 wurden an der Papiermaschine einer Fabrik aufgenommen, die ihre Energie von einem eigenen Wasserkraftwerk bezieht. Obwohl unter diesen Umständen mit Belastungsänderungen im Kraftwerk Änderungen von Frequenz und Spannung in der Größenordnung von 2% verbunden sind, treten in der Papiergeschwindigkeit nur Fehler in der Größenordnung von 0,05% auf, wie Streifen Abb. 127 zeigt. Aufgenommen

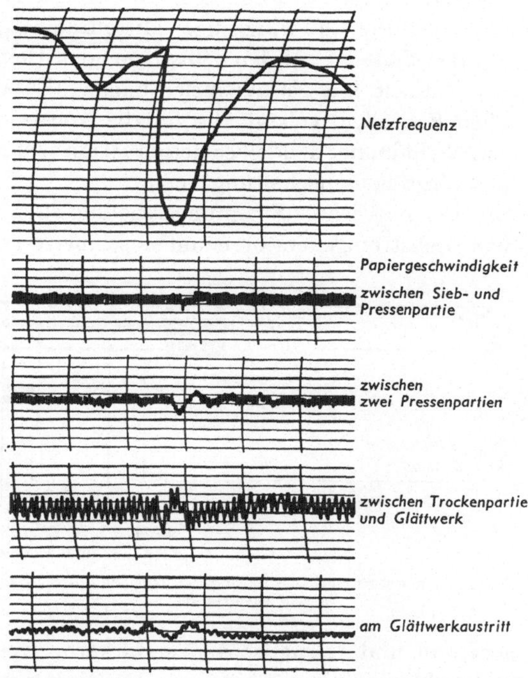

Abb. 127. Papiermaschinenantrieb der General Electric. Prüfung des dynamischen Verhaltens. Papiergeschwindigkeit aufgenommen mit einem Spannungsschreiber. Verlauf der Papiergeschwindigkeit zwischen einzelnen Arbeitsgruppen bei starker Schwankung der Netzfrequenz. (In der vertikalen Teilung entspricht jede Teilungseinheit 0,1 % Größenänderung bezogen auf Sollwert. Horizontale Teilung wie bei 126)

wurde der Zeitverlauf der Papiergeschwindigkeit zwischen einzelnen Arbeitsgruppen bei einem Frequenzeinbruch, verursacht durch das Einschalten eines 3000 kW-Heizkessels. In Abb. 127 sind alle Größen normiert und im gleichen Zeit- und Amplitudenmaßstab aufgetragen.

V. Energieversorgung

In der Energieversorgung sind Verstärkermaschinen für Regelprobleme eingesetzt worden, bei denen der Erregerkreis von elektrischen Maschinen am Wirkungsablauf beteiligt ist: z.B. Spannungsregelung und Blindleistungsregelung von Drehstromgeneratoren. Der Einsatz von Verstärkermaschinen wird anhand von 2 Beispielen erläutert.

1. Selbstregelnde Generatoren

Unter diesem Sammelbegriff faßt man Stromerzeugereinheiten zusammen, deren Spannung ohne Eingriff eines Bedienungsmannes und ohne besondere Regler konstant gehalten wird (LANG[1]). Meist handelt es sich um Einheiten kleiner Leistung, z. B. Notstromaggregate, Bordnetzgeneratoren für Schiffe und Flugzeuge, Mittelfrequenzgeneratoren. In der Mehrzahl der Fälle ist bei den selbstregelnden Generatoren der Stromerzeuger in Einheit mit Zusatzeinrichtungen (Zusatzmaschinen oder magnetischen Bauteilen) gebaut, die für die Konstanthaltung der Spannung sorgen. Nicht immer handelt es sich dabei um echte Regelungen, häufig liegt nur Störgrößenaufschaltung vor.

Erzeugereinheiten mit echter Spannungsregelung sind vorzugsweise Baueinheiten von Drehstromgeneratoren und Maschinenverstärkern bzw.

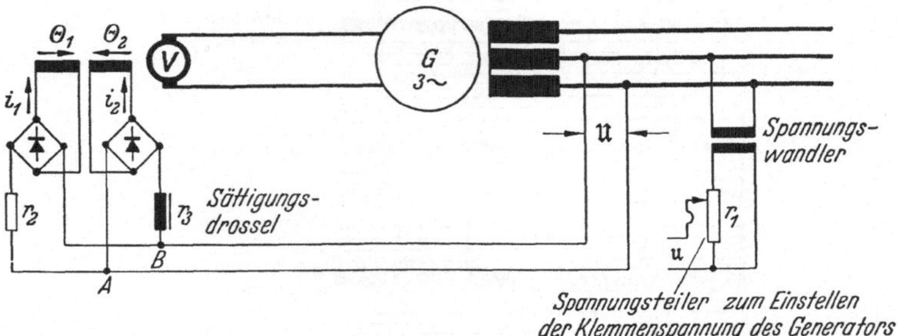

Abb. 128. Prinzipschaltbild eines selbstregelnden Generators. Regelung auf konstante Spannung über Maschinenverstärker

Drehstromgeneratoren und magnetischen Verstärkern. Eine Anordnung mit Verstärkermaschinen ist bereits in einer der Grundpatentschriften[2] zur Amplidyne angegeben. Dabei wird der Drehstromgenerator von einer Verstärkermaschine „Amplidyne" erregt, in deren Erregerkreis der Größenvergleich für die Spannungsregelung erfolgt.

Man könnte grundsätzlich die Spannung eines Drehstromgenerators mit Hilfe einer konstanten Gleichspannung E als Führungsgröße regeln (s. Abb. 5). Ihr wäre die Ausgangsspannung des Generators gleichgerichtet gegenzuschalten und mit der Differenzspannung die Erregung der Verstärkermaschine auszusteuern. Die zusätzliche Spannungsquelle für die Führungsgröße E (Konstantspannungsgenerator oder Batterie) ist jedoch beim selbstregelnden Generator unerwünscht. *GE* hat deshalb das Spannungsnormal durch ein Widerstandsnormal ersetzt; dabei wird der Arbeitspunkt der Regelung durch den Schnittpunkt der Kennlinien eines linearen und eines nichtlinearen Gliedes festgelegt.

---

[1] LANG, A.: Selbstregelnde Generatoren, Regelungstechnik 1953, S. 150

[2] US Patent 2 247 166 vom 24. 6. 1941, angemeldet am 24. 6. 1939

Wie Abb. 128 zeigt, ist die Verstärkermaschine mit Differenzerregung ausgerüstet. Sowohl die auferregende als auch die gegenerregende Wicklung werden von der Regelgröße, der Generatorspannung über Gleichrichter gespeist. Der auferregenden Wicklung ist ein gewöhnlicher OHMscher Widerstand r_2, der gegenerregenden Wicklung ein Schaltelement r_3 vorgeschaltet, dessen Widerstand mit steigendem Strom abnimmt; bei Wechselstrom in einfachster Weise durch eine Sättigungsdrossel zu verwirklichen.

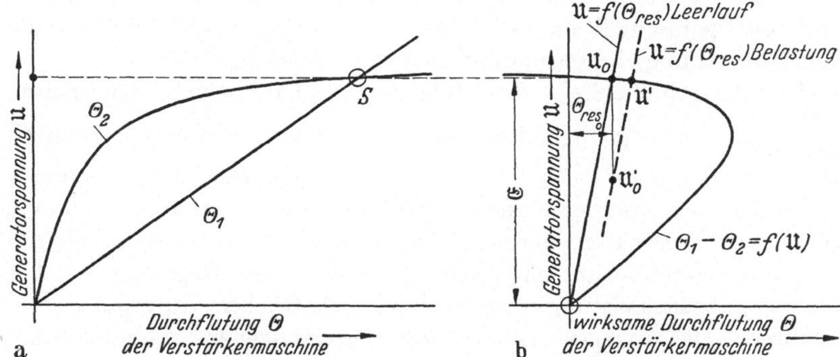

Abb. 129 a u. b. Regelkennlinien des selbsterregten Generators nach Bild 128. a) Durchflutung in den Steuerwicklungen der Verstärkermaschine in Abhängigkeit von der Generatorspannung b) Spannung des Drehstromgenerators in Abhängigkeit von der wirksamen Durchflutung der Verstärkermaschine

Abb. 129 zeigt nun, wie sich die Ströme in den Erregerwicklungen der Verstärkermaschine bzw. die entsprechenden Durchflutungen in Abhängigkeit von der Spannung $\mathfrak{U}$ ändern. i_1, der Strom in der Wicklung w_1, mit OHMschen Vorwiderstand ist der angelegten Spannung proportional. Bei der Drossel nimmt der Widerstand mit zunehmender Sättigung ab. Der Strom i_2 steigt also stärker als proportional mit der Spannung. Durch richtige Abstimmung der Widerstandswerte r_2 und r_3 und der Windungszahlen w_1 und w_2 erreicht man den Kennlinienverlauf $\Theta = f(\mathfrak{U})$ von Abb. 129a.

Das Verhalten dieses Regelkreises (P-Verhalten) kann für den stationären Zustand durch Abb. 129b (ähnlich Abb. 9) erfaßt werden. In Abb. 129b ist als Ordinate die Spannung des Drehstromgenerators $\mathfrak{U}$, als Abszisse die wirksame Durchflutung der Verstärkermaschine aufgetragen. Die stark gekrümmte Kennlinie $\Theta_1 - \Theta_2 = f(\mathfrak{U})$ gibt an, was für eine wirksame Durchflutung sich an der Verstärkermaschine in Abhängigkeit von der Spannung $\mathfrak{U}$ einstellt. Diese Kurve ist durch Subtraktion der entsprechenden Abszissenwerte in Abb. 129a ermittelt worden. Die unter Vernachlässigung der Sättigung als Gerade gezeichnete Kennlinie $\mathfrak{U} = f(\Theta_{res})$ gibt für den Leerlauffall an, welche wirksame Durchflutung an der Verstärkermaschine für eine bestimmte

Generatorwechselspannung $\mathfrak{U}$ benötigt wird. Es stellt sich im stationären Zustand die Generatorspannung so ein, daß die nach Abb. 129a zur Verfügung stehende Durchflutung den Erregerbedarf deckt (Schnittpunkt $\mathfrak{U}_0/\Theta_{res\,0}$). Wird der Anker der Drehstrommaschine belastet, so ändert sich — bezogen auf gleiche Wechselspannung — der Erregerbedarf des Generators (in Abb. 129b durch die ——— Kennlinie angedeutet). Bei Leerlauferregung $\Theta_{res\,0}$ würde als Folge der Belastung die Ausgangsspannung auf den Wert $\mathfrak{U}_0'$ absinken. Unter dem Einfluß der Regelung erhöht sich jedoch die wirksame Durchflutung und es wird eine Spannung $\mathfrak{U}'$ im stationären Zustand eingeregelt. Die bleibende Regelabweichung, Kriterium der P-Regelung ist $\mathfrak{U}_0 - \mathfrak{U}'$.

Die Empfindlichkeit der Regelung ε hängt vom Quotienten $\frac{\Theta_1}{\Theta_1 - \Theta_2}$ ab. Eine genügend empfindliche Regelung verlangt, daß Θ_1 und $\Theta_2 \gg \Theta_{res} = \Theta_1 - \Theta_2$. Daher muß auch die aufzuwendende Erregerleistung, von der wiederum die Größe der Widerstände r_2 und r_3 sowie evtl. Vorschaltglieder abhängt, wesentlich größer sein, als der wirksamen Durchflutung entspricht. Die vorgesehene Regelung ist daher nur auf kleinem Leistungsniveau mit wirtschaftlichem Aufwand durchzuführen. Der Erregerwicklung des Drehstromgenerators muß daher ein Glied mit hoher Verstärkung, z. B. eine Verstärkermaschine, vorgeschaltet werden. Da $\Theta_{res} \ll \Theta_1$ bzw. Θ_2, regelt in erster Näherung der Generator auf eine Spannung $\mathfrak{E}$, bei der $\Theta_1 = \Theta_2$ (dargestellt durch den Schnittpunkt S im Diagramm 129a).

Werden, wie in Abb. 128, die Erregerwicklungen der Verstärkermaschine mit den Vorschaltwiderständen r_2 und r_3 (Anschlußpunkte A und B) unmittelbar an die Klemmenspannung des Drehstromgenerators $\mathfrak{U}$ gelegt, regelt die Anordnung immer auf einen Festwert von $\mathfrak{U}$ ein. Kleine, ungewartete Einheiten werden häufig so gebaut. Wenn aber der Sollwert der Ausgangsspannung einstellbar sein soll, wird an der Abgriffstelle der Spannung $\mathfrak{U}$, die im Regelkreis dem Verzweigungspunkt entspricht, ein Spannungsteiler r_1 vorgesehen, an dessen Potentiometerklemme die Teilspannung $\mathfrak{u} = c\,\mathfrak{U}$ abgegriffen werden kann. Wird nun an die Punkte A und B die Teilspannung $\mathfrak{u} = c\,\mathfrak{U}$ gelegt, schneiden sich die Durchflutungskurven Θ_1 bzw. $\Theta_2 = f(\mathfrak{U})$ im Punkt S jetzt erst, wenn der Generator die höhere Ausgangsspannung $\frac{\mathfrak{E}}{c}$ erzeugt, auf die die Anordnung dann auch in erster Näherung einregelt. In bestimmten Fällen wird es zweckmäßig sein, das Potential des Verstärkermaschinenerregerkreises durch einen Wandler vom Potential des Generatorankerkreises zu trennen.

Nach dem gleichen Prinzip sind auch selbstregelnde Gleichstromgeneratoren, beispielsweise für Windkraftwerke, gebaut worden (SCHEN-

FER u. IWANOW[1]). Als nichtlineare Gleichstromwiderstände kommen Halbleiter zum Einsatz, wie sie unter der Firmenbezeichnung Thyrit, Metrosil und Silit angeboten werden. Da derartige Halbleiter z. Z. nur für beschränkte Leistungen (Größenordnung max. 200 W) gebaut werden können, muß das Leistungsniveau für einen Größenvergleich klein gehalten werden. Selbstregelnde Gleichstromgeneratoren können daher nach diesem Prinzip nur arbeiten, wenn der Generatorerregung ein Glied mit hoher Verstärkung vorgeschaltet wird.

Beachtenswert ist eine Regelung, die die Macfarlane Engineering mit ihrer Verstärkermaschine Magnicon (s. C II 4) gebaut hat und die

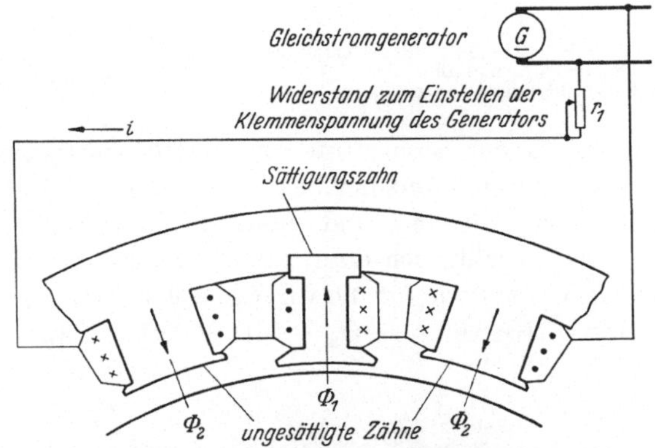

Abb. 130. Steuerpol eines Magnicons, aufgeteilt in Sättigungszahn und ungesättigte Zähne

sich für Gleich- und Wechselstromgeneratoren eignet. Die Verstärkermaschine Magnicon hat gegenüber anderen zweistufigen Maschinen den Vorteil, daß Steuer- und Hauptfluß über getrennte Polachsen gehen. Dadurch erhält man die Möglichkeit, die Gegenwirkung eines linearen und nichtlinearen Gliedes in den magnetischen Kreis der Maschine selbst zu legen. Die Widerstände r_2 und r_3 im Erregerkreis der Verstärkermaschine können entfallen. Macfarlane teilt die Steuerpole (Pole 1 und 3 in Abb. 56) in „Sättigungszahn" (saturated tooth) und ungesättigte Zähne (unsaturated teeth) auf, wie Abb. 130 zeigt. Sättigungszahn und ungesättigte Zähne besitzen getrenn e, aber in Reihe geschaltete Erregerwicklungen. Der Fluß am Sättigungszahn Φ_1 erreicht schon bei etwa $^1/_3$ der Nenndurchflutung das Sättigungsgebiet. In den ungesättigten Zähnen besteht dagegen im ganzen Arbeitsbereich Proportionalität zwischen Durchflutung und Fluß (Φ_2). Die Windungszahlen der Wicklungen und die Luftspalte unter den Zähnen sind so abgestimmt, daß sich für die Flüsse Φ_1

[1] SCHENFER, G., u. W. IWANOW: Gleichstromgeneratoren mit gleichbleibender Spannung für kleine Windkraftanlagen; Elektritschestwo 1940, Bd. 61, S. 14, GE-Druckschrift 501/6—49 „Thyrite controlled d—c generators"

und Φ_2 ein Verlauf wie in Abb. 131 ergibt. Die beiden Erregerwicklungen sind so geschaltet, daß der Strom i am Sättigungszahn eine auferregende und an den ungesättigten Zähnen eine gegenerregende Durchflutung

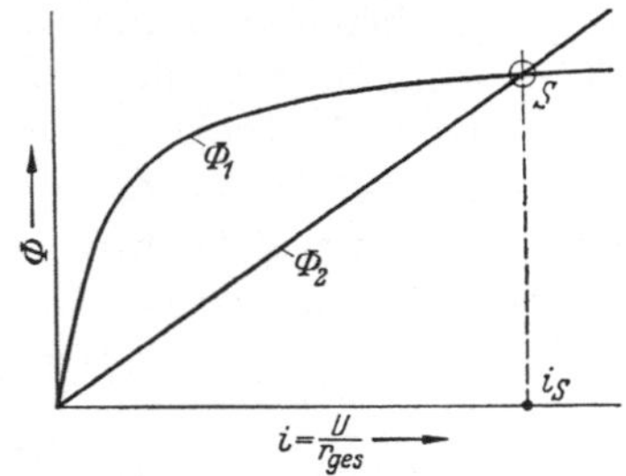

Abb. 131. Regelkennlinie des Magnicons
Φ_1 Fluß im Sättigungszahn
Φ_2 Fluß in den ungesättigten Zähnen) } in Abhängigkeit vom Erregerstrom

bewirkt. Für die in der Steuerstufe des Magnicons erzeugte Ankerspannung ist aber die Differenz der beiden Flüsse $\Phi_1 - \Phi_2$ maßgebend. In Abhängigkeit vom Strom i und damit auch von der Generatorspannung $U = i\, r_{ges}$ ergibt sich dann für die Spannung in der Steuerstufe der gleiche Verlauf wie für die wirksame Erregung der Amplidyne in Schaltung 128 (s. Kurve $\Theta_1 - \Theta_2 = f(\mathfrak{U})$ in Abb. 129a).

Abb. 132. Selbstregelnder Drehstromgenerator mit aufgebauter, über Keilriemen angetriebener Magnicon-Maschine (Werkfoto Mac Farlane)

Auch hier wird die Regelgröße Generatorspannung in erster Näherung durch den Schnittpunkt S der beiden Magnetisierungskennlinien $\Phi_1 = f(i)$ und $\Phi_2 = f(i)$ festgelegt. Für den wirksamen Fluß, der die Ankerspannung der Steuerstufe des Magnicons bestimmt, gilt bei genügend empfindlicher Regelung dann wieder $\Phi_1 - \Phi_2 \ll \Phi_1$ bzw. Φ_2. Der

Schnittpunkt S wird durch den Erregerstrom $i_S = \frac{U}{r_{ges}}$ bestimmt, wobei mit r_{ges} der gesamte Widerstand im Erregerkreis des Magnicons bezeichnet wird. Durch Änderung des OHMschen Widerstandes r_{ges} im Erregerkreis des Magnicons kann man das Verhältnis von Klemmenspannung U zum Erregerstrom i_s ändern, mit Hilfe des Widerstandes r_1 also die Ankerspannung, auf die der Generator regeln soll, einstellen.

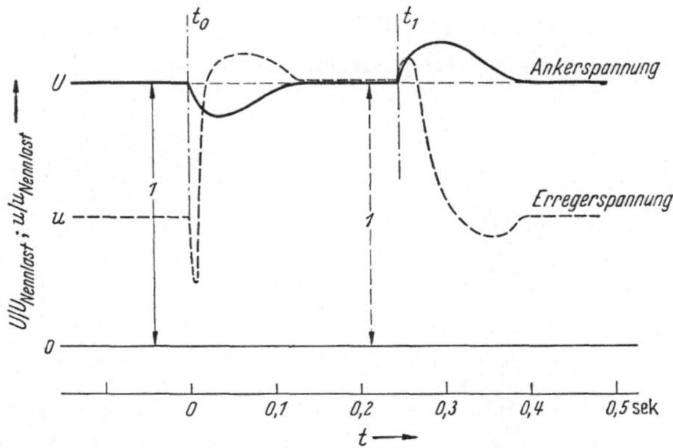

Abb. 133. Selbstregelnder Drehstromgenerator, geregelt durch Magnicon. Übergangsfunktionen von Ankerspannung (gleichgerichtet) und Erregerspannung im Oszillogramm. Im Zeitpunkt t_0 wird Generator mit Nennlast belastet; Lastabwurf im Zeitpunkt t_1

Abb. 132 zeigt einen Drehstromgenerator mit aufgebauter Magniconverstärkermaschine und Stellwiderstand, Abb. 133 im Oszillogramm den Verlauf von Generator- und Verstärkermaschinenspannung bei plötzlicher Belastung (Zeitpunkt t_0) und bei Lastabwurf der Drehstrommaschine (t_1).

2. Drehstromgeneratoren im Verbundbetrieb

Bei den großen Generatoren, die im Verbundbetrieb arbeiten, muß, wie bei den selbstregelnden Generatoren, die Klemmenspannung oder die Spannung an den Sammelschienen, auf die die Generatoren speisen, lastunabhängig konstant gehalten werden. Die Spannungsregelung, die sich grundsätzlich von der bei selbstregelnden Generatoren sowie von der Spannungsregelung von Gleichstromgeneratoren, anhand deren im Teil B in die Theorie der Regelungen elektrischer Maschinen eingeführt wurde, nicht unterscheidet, soll nicht im einzelnen behandelt werden. Der Größenvergleich für die Regelung wird in mechanischen, neuerdings auch magnetischen oder elektronischen Gliedern durchgeführt. Der Ausgang dieser Glieder arbeitet auf das Feld der Erregermaschine. Über den Erregerstrom der Erregermaschine wird dann die Ankerspannung der Erregermaschine — die Erregerspannung des Drehstromgenerators — beeinflußt. Bedingt durch den Parallelbetrieb mehrerer Drehstromgeneratoren muß mit der Spannungsregelung eine Regelung der Blindstromaufnahme und -abgabe der Generatoren gekuppelt werden.

Die Erregeranordnung der im Verbundbetrieb arbeitenden Generatoren hat außerdem noch eine weitere Aufgabe zu erfüllen: Die *Stoßerregung des Drehstromgenerators bei plötzlichen starken Lastschwankungen*. Um mit der Problemstellung dieser Aufgabe vertraut zu werden, betrachte man zunächst den Betrieb der Synchronmaschine an einem Netz, dessen Spannung praktisch als starr anzusehen ist.

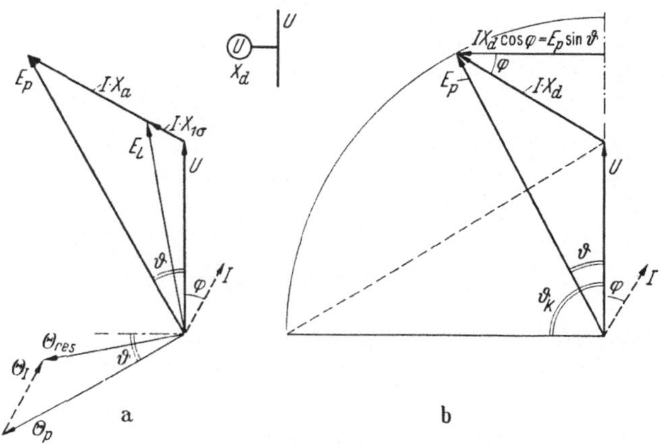

Abb. 134 a u. b. Vektordiagramm der Synchronmaschine: Vollpolmaschine mit der Synchronreaktanz X_d liegt am starren Netz mit der Spannung U

Arbeitet eine Synchronmaschine am starren Netz, so ist bekanntlich der Polradwinkel ϑ, d.h. die Abweichung des Polrades von der Leerlauflage ein Maß dafür, welche Wirkleistung die Synchronmaschine als Generator ins Netz liefert bzw. als Motor aus dem Netz bezieht. Im Diagramm 134a ist der generatorische Betrieb einer Synchronmaschine dargestellt, und zwar für den Fall eines Vollpolläufers. Es bedeutet:

U die vom Netz vorgegebene starre Klemmenspannung
E_L die Luftspaltspannung des Generators
$IX_{1\sigma}$ den Streuspannungsabfall in der Ständerwicklung
I den Ständerstrom
φ den Phasenwinkel zwischen Klemmenspannung U und Strom I

Für die Spannung E_L wird eine Durchflutung Θ_{res} benötigt, die sich aus der Durchflutung des Polrades Θ_p und der Rückwirkung des Ständerstromes I, nämlich Θ_I zusammensetzt.

Das Diagramm wird einfacher, wenn man an Stelle der Durchflutungen diesen Durchflutungen entsprechende Spannungen einführt:

Luftspaltspannung E_L statt der wirksamen Durchflutung Θ_{res}
Polradspannung E_p statt der Polraddurchflutung Θ_p
Reaktanzspannung der Ankerrückwirkung $I\,X_a$ statt der Ständerrückwirkung Θ_I.

$X_a + X_{1\sigma}$ faßt man als Synchronreaktanz X_d zusammen und erhält damit das vereinfachte Vektordiagramm (Abb. 134b), das nur noch die Spannungen U, E_p und $I\,X_d$ enthält. ϑ ist der Winkel, um den die Polradspannung E_p der Klemmenspannung U voreilt, der sog. Polradwinkel.

Die vom Generator abgegebene Wirkleistung je Phase ist

$$N_w = U\,I\cos\varphi\,. \tag{106}$$

Die Wirkleistung läßt sich auch mit Hilfe des Winkels ϑ ausdrücken, wie man an Hand des vereinfachten Spannungsdiagramms 13±b ableiten kann:

$$I\,X_d\cos\varphi = E_p\sin\vartheta \qquad I\cos\varphi = \frac{E_p}{X_d}\,\text{sind}\;\vartheta$$

eingesetzt in Gl. 106, ergibt

$$N_w = U\,I\cos\varphi = U\,\frac{E_p}{X_d}\sin\vartheta \tag{107}$$

N_w muß also bei festen Werten von U, E_p und X_d ihr Maximum, die sog. stationäre Kippleistung

$$N_k = U\,\frac{E_p}{X_d} \tag{107a}$$

erreichen, wenn $\sin\vartheta = 1$, d.h. $\vartheta = 90°$ ist (ϑ immer in Grad elektrisch gemessen). Dieser der stationären Kippleistung N_k entsprechende Winkel wird als stationärer Kippwinkel ϑ_K bezeichnet. Bei gegebener Netzspannung U und Synchronreaktanz X_d läßt sich die stationäre Kippleistung nur dadurch vergrößern, daß man die Polradspannung erhöht. Wird die Kippleistung überschritten, fällt die Synchronmaschine außer Tritt.

$\vartheta_K = 90°$ gilt nur für den Vollpolläufer. Der Kippwinkel der Schenkelpolmaschinen liegt bei etwa 70°. Da es der Sinn dieses Kapitels ist, nur das Grundprinzip der Stoßerregung von Synchronmaschinen im Parallelbetrieb unter vereinfachenden Voraussetzungen aufzuzeigen, wird immer die Vollpolmaschine behandelt, bei der man sowohl einfachere mathematische Beziehungen, als auch einfachere Vektordiagramme erhält.

In der Praxis ist ein Winkel von 90° bzw. 70° zwischen Polradspannung und Spannung an den Generatorklemmen kaum zu erreichen, da der Drehstromgenerator in den meisten Fällen nicht unmittelbar, sondern über Zusatzwiderstände X_Z wie Transformatoren, Drosseln oder Stichleitungen mit dem starren Netz verbunden wird. Diese Verhältnisse zeigt das Diagramm 135. Starr ist dann wohl die Netzspannung U, aber nicht mehr die Generatorspannung U_g. Die Vollpolsynchronmaschine kippt in dieser Schaltung, wenn der Winkel zwischen Netzspannung U und Polradspannung E_p 90° beträgt. Die stationäre Kippleistung geht auf

$$N_k = U \frac{E_p}{X_d + X_Z} \tag{108}$$

zurück (X_Z = Reaktanz der Zusatzglieder). Die Gl. (108) erklärt, warum bei Wasserkraftgeneratoren häufig eine geringe stationäre Kippleistung in Kauf genommen werden muß. Wasserkraftwerke sind oft sehr weit von den Verbraucherbezirken entfernt, so daß die Generatoren durch eine lange Leitung (große Zusatzreaktanz X_Z) mit den Ver-

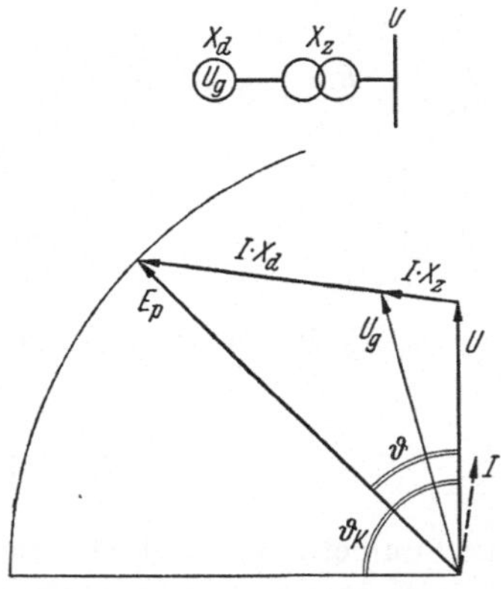

Abb. 135. Vektordiagramm der Synchronmaschine: Vollpolmaschine mit der Synchronreaktanz X_d liegt über der Zusatzreaktanz X_z am starren Netz mit der Spannung U

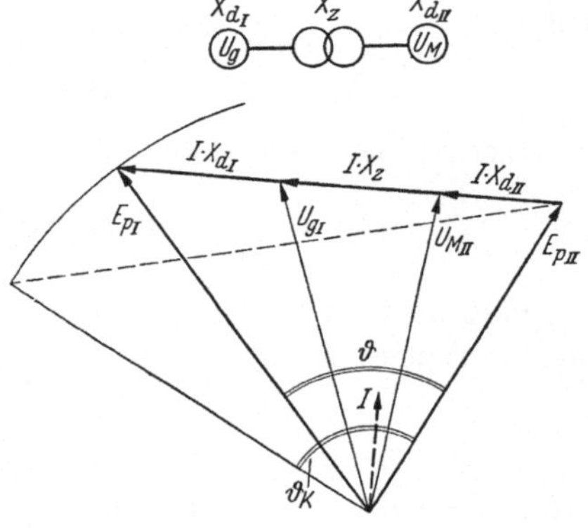

Abb. 136. Vektordiagramm von 2 parallel arbeitenden Synchronmaschinen: Vollpolmaschine mit der Synchronreaktanz X_{dI} arbeitet als Generator auf den Motor mit der Synchronreaktanz X_{dII}.

brauchersammelschienen, deren Spannung in erster Näherung als starr anzusehen ist, verbunden werden müssen. Außerdem sind die Wasserkraftgeneratoren fast ausschl. Schenkelpolmaschinen, mit denen ein Kippwinkel von 90° zwischen starrer Netzspannung U und Polradspannung E_p nicht zu erreichen ist.

Besonders stark geht die stationäre Kippleistung zurück beim Parallelbetrieb von zwei annähernd gleich großen Synchronmaschinen, von denen die eine als Motor, die andere als Generator arbeitet. Das Vektordiagramm dieses Betriebsfalles zeigt Abb. 136. Mit E_{pI} ist die Polradspannung, mit U_{gI} die Klemmenspannung des Generators bezeichnet. E_{pII} ist die Polradspannung, U_{MII} die Klemmenspannung der als Motor arbeitenden Synchronmaschine. Die stationäre Kippleistung dieses Systems, die bei Vollpollmaschinen erreicht wird, wenn ϑ, der Winkel zwischen E_{pI} und E_{pII}, 90° wird, ist

$$N_K = E_{p_{II}} \frac{E_{p_I}}{X_{d_I} + X_Z + X_{d_{II}}}. \tag{109}$$

Der Nenner dieses Ausdrucks, die Gesamtreaktanz, wird sehr groß, da hier die Summe der Synchronreaktanzwerte der beiden Maschinen $X_{d\,I}$, $X_{d\,II}$ und von Zusatzreaktanzen X_Z einzusetzen ist. Die stationäre Kippleistung der Synchronmaschine ist also in einem solchen System unter sonst gleichen Umständen erheblich kleiner, als wenn die Synchronmaschine am starren Netz arbeitet.

Der im Vektordiagramm 136 dargestellte Betriebsfall tritt in der Praxis dort auf, wo Wasserkraftwerke mit Pumpspeicherwerken parallel arbeiten. Auch bei Drehstromantrieben von Schiffspropellern (s. D VII 1) arbeitet in der Regel ein Generator auf einen Propellermotor von etwa gleicher Leistung.

Es treten nun im Verbundbetrieb bei Kurzschlüssen starke Absenkungen der Spannung U auf. Dadurch kann die nach Gl. (108) berechnete Kippleistung der Synchronmaschine kleiner als die Antriebsleistung der Turbinen werden. Die stationäre Kippleistung der Synchronmaschine geht außerdem zurück, wenn durch Ausfall parallel arbeitender Leitungen die Zusatzreaktanz X_Z größer wird.

Auch unter diesen Umständen bleiben in vielen Fällen die Generatoren in Tritt mit dem Netz. Das ist möglich, weil sich bei plötzlichen Laständerungen Ausgleichvorgänge abspielen, die die Kippleistung vergrößern (dynamische Kippleistung). Bei allen Ausgleichvorgängen muß man berücksichtigen, daß sich bei plötzlichen Laständerungen wohl Spannungs- und Stromwerte plötzlich ändern können, daß aber das mit der Läuferwicklung verkettete Feld und damit auch das den Luftspalt durchsetzende Nutzfeld in der Maschine nicht plötzlich, sondern nur mit der Zeitkonstanten des Läuferkreises zu- oder abnehmen kann. Im Vektordiagramm 137a wird das Nutzfeld durch die sogenannte Hauptfeldspannung E_h dargestellt (TITTEL[1]). Diese kann in erster Näherung der Luftspaltspannung E_L gleichgesetzt werden. Für genauere Betrachtungen ist jedoch in der Hauptfeldspannung außer der Ständerstreuung $I\,X_{1\sigma}$ auch noch ein Anteil der Läuferstreuung $i\,X_{2\sigma}$ zu erfassen (i = Strom in der Erregerwicklung). Steigt nun der Ständerstrom I und damit auch die Größe $I\,X_d$ plötzlich stark an, so muß eine Gegenwirkung im Läuferkreis auftreten, da das Nutzfeld E_h der Größe nach zunächst aufrechterhalten bleiben muß. Es ändert sich daher der Erregerstrom i (entspr. der Polradspannung E_p) sprunghaft zugleich mit dem Ständerstrom, ohne daß von der Erregermaschine her eingegriffen wird. In Abb. 137b sind diese Verhältnisse für den Fall eines starken, plötzlichen Ständerstromanstiegs dargestellt. Zur Vereinfachung der Darstellung wird von der Voraussetzung ausgegangen, daß

[1] TITTEL, J.: Synchronmaschine: Rziha-Genthe, Starkstromtechnik 2. Teil 1952, S. 474

die Spannung an den Klemmen des Generators konstant bleibt (TITTEL[1]). In Wirklichkeit sind starke, plötzliche Stromänderungen in der Mehrzahl der Fälle mit einem Einbruch der Spannung U verbunden.

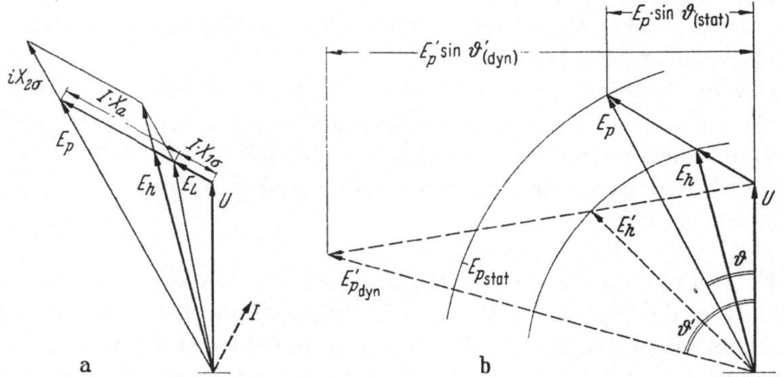

Abb. 137 a u. b. Vektordiagramm der Vollpol-Synchronmaschine a) zur Ermittlung der Hauptfeldspannung E_h, b) zur Ermittlung der stationären und dynamischen Kippleistung

Wie Abb. 137 b zeigt, hat die Erhöhung des Ständerstromes J eine Erhöhung der Polradspannung von $E_{p\,stat}$ auf $E_{p'dyn}$ zur Folge, mit der nach Gl. (107 ff) eine Erhöhung der Kippleistung verbunden ist, *Dynamische Kippleistung*. Abb. 138 zeigt den Zeitverlauf des Erregerstromes i bei plötzlicher Zunahme von J. Die Spitze des Erregerstromes i_{dyn} entspricht der Polradspannung $E_{p'dyn}$. Der Erregerstrom i klingt mit der Kurzschluß-Zeitkonstante im Läuferkreis wieder auf den Wert i_{stat} (entspr. $E_{p\,stat}$) ab. Die Kippleistung geht damit auf den wesentlich geringeren $E_{p\,stat}$ entsprechenden Wert zurück.

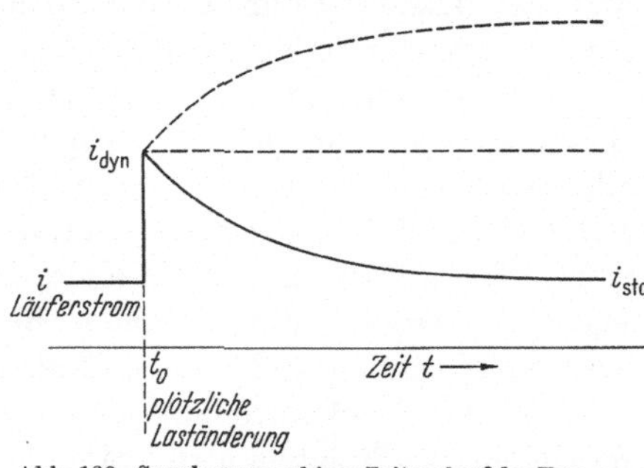

Abb. 138. Synchronmaschine: Zeitverlauf des Erregerstromes bei plötzlichem Laststoß

Gelingt es nun, den Erregerstrom i_{dyn} während des Laststoßes zu halten oder gar zu steigern, wie in Abb. 138 gestrichelt angedeutet ist, so kann die Maschine ihre hohe dynamische Kippleistung über einen längeren Zeitraum halten. Das ist möglich, wenn die Erregermaschine ihre Klemmenspannung mit geringerer Verzögerung auf den i_{dyn} entsprechenden Spannungsverbrauch an der Erregerwicklung des Drehstromgenerators erhöht. Die Erregermaschinen von großen Drehstromgeneratoren müssen

[1] Siehe Fußnote S. 239

sich deshalb sehr schnell auferregen lassen; ein Gesichtspunkt, der bei der Bemessung der Erregermaschinen zu berücksichtigen ist (s. auch C I 1).

Als Maß für die Schnelligkeit der Auferregung, in VDE 0530/7 55 § 6 mit dem Begriff „Erregungsgeschwindigkeit", in den ASA 1.219—221 mit dem Begriff „rate of exciter response" gekennzeichnet, wird der Spannungsanstieg der Erregermaschine von Nennerregerspannung (§ 7 der VDE 0530/7 55) aus bei bestimmten Schaltvorgängen im Erregerkreis, gemittelt über $^1/_2$ sek, festgelegt. Das Ausland mißt den Spannungsanstieg vorzugsweise in absoluten Größen (V/sek). In Deutschland wird die Spannungserhöhung auf die Nennerregerspannung bezogen, so daß man als Einheit für die Erregungsgeschwindigkeit (1/sec) erhält. Wie in B III 1 abgeleitet wurde, hängt bei elektrischen Ma-

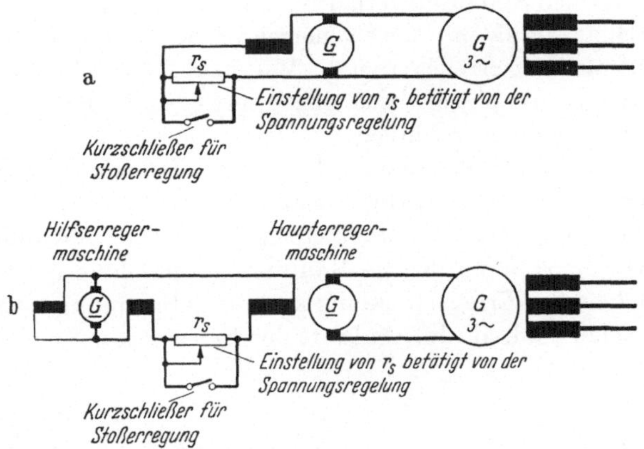

Abb. 139 a u. b. Klassische Erregeranordnungen für Synchrongeneratoren, a) selbsterregte Erregermaschine, b) eigenerregte Erregeranordnung mit Haupt- und Hilfserregermaschine

schinen der Anstieg der Ankerspannung in der Zeiteinheit einmal von der natürlichen Zeitkonstante der Erregerwicklung, zum anderen von Höhe und Verlauf der dem Erregerkreis aufgedrückten Spannung ab [Gl. (15) ff].

In der Mehrzahl der Fälle sind die Drehstromgeneratoren mit selbsterregten (Abb. 139a) oder eigenerregten (Abb. 139b) Erregermaschinen ausgerüstet. Bei den eigenerregten Erregermaschinen liefert eine kompoundierte Hilfserregermaschine lastunabhängig eine konstante Ankerspannung, von der die Erregerwicklung der Haupterregermaschine gespeist wird. Der Erregerstrom der Haupterregermaschine wird über den Widerstand r_s, der von den der Spannungsregelung dienenden Gliedern betätigt wird, eingestellt. Zur Stoßerregung des Drehstromgenerators wird sowohl bei der eigenerregten als auch bei der selbsterregten Einheit der Widerstand r_s kurzgeschlossen.

Die eigenerregte Haupterregermaschine muß bei sonst gleicher Bemessung eine höhere Erregungsgeschwindigkeit als die selbsterregte Maschine aufweisen, denn es kann bereits bei Beginn des Stoßerregungsvorganges der Endwert der Erregerspannung an ihre Erregerwicklung gelegt werden, während sich bei der selbsterregten Maschine der Endwert der Erregerspannung erst nach Ende des Auferregungsvorganges einstellt (hierzu auch RÜDENBERG[1]). Die eigenerregte Anordnung wurde deshalb in den letzten Jahren bei den großen Einheiten bevorzugt; Erregungsgeschwindigkeiten von 1 bis 2 $\left(\frac{1}{\text{sek}}\right)$ sind damit ohne besondere Schwierigkeiten zu erreichen.

Bei großen Erzeugereinheiten, insbesondere Wasserkraftgeneratoren, und Drehstrom-Schiffspropellerantrieben, werden häufig mit Rücksicht auf die kritischen Stabilitätsverhältnisse höhere Erregungsgeschwindigkeiten verlangt, als sie mit der eigenerregten Anordnung bei wirtschaftlichem Aufwand zu erreichen sind. Wie in B III 1 behandelt, gibt es 2 Möglichkeiten, die physikalisch gleichwertig sind, die Erregungszeit elektrischer Maschinen zu kürzen:

a) *Widerstandsschnellerregung.* Der Erregerwicklung wird zusätzlicher ohmscher Widerstand vorgeschaltet,

b) *Stoßerregung der Haupterregermaschine.* Die Spannungsquelle, die die Erregerspannung für die Haupterregermaschine liefert, wird so gebaut, daß sie der Erregerwicklung kurzzeitig Spannungen aufdrücken kann, die höher sind, als der Endwert der Erregerspannung.

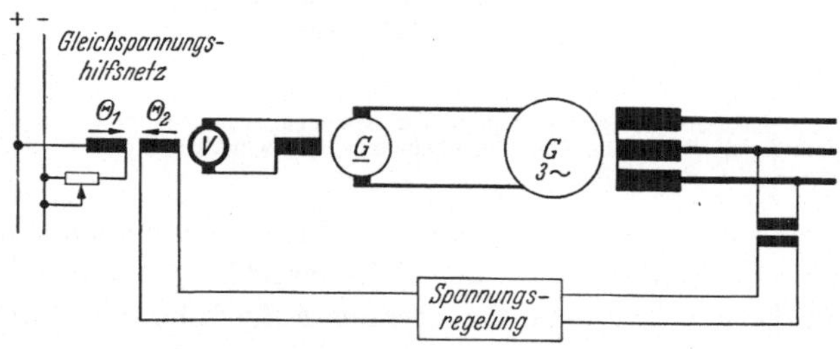

Abb. 140. Erregeranordnung für hohe Erregungsgeschwindigkeit. Haupterregermaschine durch Verstärkermaschine erregt (System AEG)

Aus Gründen, die in B III 1 behandelt wurden, bevorzugt die moderne Technik die Stoßerregung der Haupterregermaschine. Das Schaltbild einer von der AEG entwickelten, in diesem Sinne arbeitenden Erregeranordnung zeigt Abb. 140 (H. JUNIOR[2]). Die Haupterregermaschine

[1] RÜDENBERG, R.: Elektrische Schaltvorgänge in geschlossenen Stromkreisen von Starkstromanlagen, 4. Aufl., S. 432—441. Berlin/Göttingen/Heidelberg: Springer 1953

[2] JUNIOR, H.: Spannungsregelung großer Drehstromgeneratoren mit magnetischen Verstärkern und Verstärkermaschinen; VDE-Fachberichte 1956.

des Drehstromgenerators wird von einer Querfeldverstärkermaschine erregt, die 2 Erregerwicklungen besitzt. Die auferregende Wicklung mit der Durchflutung Θ_1 liegt an einer konstanten Gleichspannung. Die gegenerregende Wicklung (Durchflutung Θ_2) wird aus den Gliedern gespeist, in denen der Größenvergleich für die Spannungsregelung durchgeführt wird (in modernen Anlagen magnetische oder elektronische Glieder). Geht infolge einer plötzlichen starken Belastung die Spannung an den Generatorklemmen stark zurück, wird Θ_2 sehr klein. Unter dem Einfluß der dann praktisch allein wirksamen auferregenden Durchflutung Θ_1 tritt die Stoßerregung von Haupterregermaschine und Drehstromgenerator ein. Steigt infolge Lastabwurfs die Generatorklemmenspannung plötzlich an, wird $\Theta_2 \gg \Theta_1$. Mit dem Durchflutungssinn kehrt sich auch die Ankerspannung der Verstärkermaschine um; dadurch wird eine schnelle Aberregung der Haupterregermaschine und des Drehstromgenerators eingeleitet. Wie schnell diese Erregeranordnung auf Spannungsänderungen der Drehstromseite anspricht, zeigt das Oszillogramm Abb. 141. Aufgenommen wurde der Verlauf von

- U Generatorspannung
- J Generatorstrom
- u_G Ankerspannung der Haupterregermaschine = Erregerspannung des Drehstromgenerators
- i_G Erregerstrom des Drehstromgenerators
- u_E Ankerspannung der Verstärkermaschine = Erregerspannung der Haupterregermaschine
- i_{v2} dem der Durchflutung Θ_2 proportionalen Strom

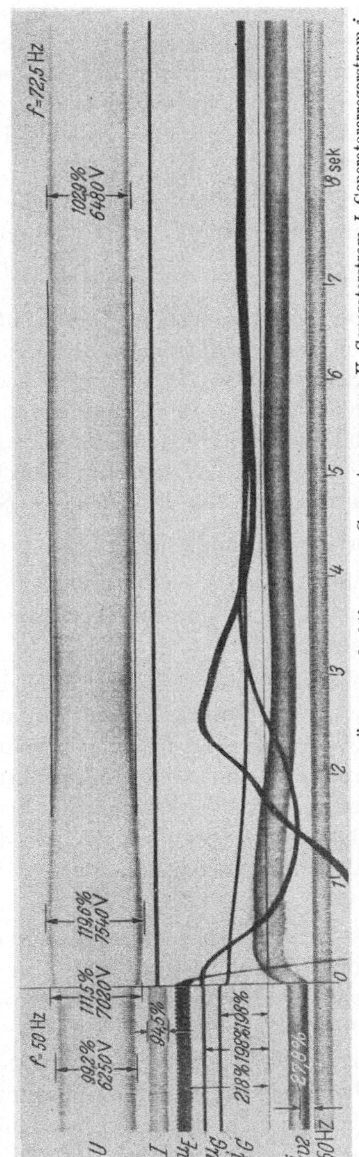

Abb. 141. Erregeranordnung System AEG (Abb. 140) Übergangsfunktionen von Generatorspannung U, Generatorstrom J, Generatorerregerstrom i_G, Ankerspannung u_G und Erregerspannung u_E der Erregermaschine, Strom in der Gegenwicklung der Verstärkermaschine i_{v2} im Oszillogramm. Aufgenommen an einem 30 MVA-Wasserkraftgenerator bei plötzlichem Abschalten von 28,5 MVA, $\cos\varphi = 0{,}65$

bei plötzlichem Abwurf von 28,5 MVA, $\cos \varphi = 0{,}65$ an einem 30 MVA-Generator des Lech-Speicherkraftwerkes Roßhaupten. Das Ansteigen der Generatorwechselspannung U hat eine sofortige Umkehr des Durchflutungssinnes an der Verstärkermaschine zur Folge, kenntlich an einer Umkehr der Ankerspannung u_E der Verstärkermaschine. Die negative Spitze u_E geht weit über den Meßbereich des Oszillogramms hinaus. Die Ankerspannungsumkehr der Verstärkermaschine führt auch kurzzeitig zu einer Umkehr der Ankerspannung u_G der Haupterregermaschine. Der Sollwert der Generatorwechselspannung wird praktisch nach 2,2 sek erreicht, der gesamte Regelvorgang ist nach etwa 7 sek beendet.

Nun wird der Aufwand für die Stoßerregung der Haupterregermaschine im wesentlichen von ihrer dynamischen Verstärkung, dem Quotienten aus Verstärkungsfaktor $\left(v = \frac{\text{Ankerleistung}}{\text{Erregerleistung}}\right)$ und der natürlichen Zeitkonstante T bestimmt [Gl. (59) in C I 1]. Je kleiner nämlich der Verstärkungsfaktor, um so größer muß bei gegebener Ankerleistung der Haupterregermaschine die Erregerleistung im stationären Betrieb — die Dauerleistung der Verstärkermaschine — sein. Je größer die Zeitkonstante der Erregermaschine, um so weiter muß bei vorgeschriebener Übergangsfunktion für die Ankerspannung der Haupterregermaschine die aufgedrückte Stoßspannung über dem Endwert der Erregerspannung liegen. $\frac{v}{T}$ ist wiederum, wie in C I 1 ausführlich behandelt wurde, von der Drehzahl der Maschine abhängig: Deshalb soll man für die Haupterregermaschine eine möglichst hohe Drehzahl anstreben.

Bei Dampfkraftwerken ist diese Forderung ohne Schwierigkeiten zu erfüllen. Die Haupterregermaschine wird entweder direkt oder über Getriebe mit dem Drehstromgenerator, der in der Regel mit einer Drehzahl von 3000 oder 3600 U/min fährt, gekuppelt oder es wird, sofern es die Netzverhältnisse gestatten, ein Erregerumformer für 3000 (bzw. 3600) oder 1500 (bzw. 1800) U/min aufgestellt, dessen Motor an einem Drehstromhilfsnetz, das für die übrigen Hilfsbetriebe ohnehin benötigt wird, liegt.

Wasserkraftwerke erfordern für den Betrieb kein Hilfsnetz großer Leistung. Deshalb strebt man eine feste Kupplung zwischen Wasserkraftgenerator und Haupterregermaschine an. Sind für den Antrieb der Drehstromgeneratoren Pelton- und Francis-Turbinen mit Drehzahlen $\geqq 500$ U/min vorgesehen, kann man Haupterregermaschinen, die mit den Drehstromgeneratoren unmittelbar mechanisch gekuppelt sind, noch mit wirtschaftlichen Abmessungen ausführen. Es ist jedoch angebracht, Verstärkermaschinen für die Stoßerregung der Haupterregermaschinen bei Turbinendrehzahlen < 1000 U/min durch Übersetzungsgetriebe mit der Hauptwelle zu verbinden oder besondere Erregerumformer aufzustellen, da Maschinenverstärker, die mit Drehzahlen < 1000 U/min laufen, sehr hohen Aufwand an Material erfordern. Kurzzeitige Betriebsunterbrechungen am Antriebsmotor des Verstärkermaschinensatzes überbrückt man mit einem Schwungrad. Fällt der Antrieb für die Verstärkermaschine einmal für längere Zeit aus, so kann während der Dauer der Störung die Haupterregermaschine im selbsterregten Betrieb fahren oder die in jedem Kraftwerk für die Betätigung der Hilfsbetriebe vorgesehene Batterie zur Erregung der Haupterregermaschine verwendet werden.

Wesentlich ungünstigere Verhältnisse liegen vor, wenn die Drehstromgeneratoren durch KAPLAN-Turbinen angetrieben werden, deren Drehzahl in der Regel unter 300 U/min liegt. KAPLAN-Turbinen werden verwendet, wenn große Wassermengen bei geringem Gefälle nutzbar gemacht werden. Primäreinheiten, die mit Drehzahlen in der Größenordnung von 100 U/min laufen, gleichzeitig aber unter ungünstigen Stabilitätsbedingungen arbeiten (hohe Erregungsgeschwindigkeit erforderlich), benötigen hohen Aufwand für die Stoßerregung, wenn bei direkter Kupplung von Generator und Haupterregermaschine diese mit wirtschaftlich vertretbaren Abmessungen ausgeführt werden soll. Die deutsche Praxis hat deshalb in einigen Fällen die mechanische Kupplung durch eine elektrische ersetzt. Zu diesem Zweck wird im Tragstern des Drehstromgenerators ein zweiter lastabhängig erregter Drehstromgenerator, der sogenannte Wellengenerator, angeordnet, der den schnellaufenden Antriebsmotor für die Haupterregermaschine und für die Verstärkermaschine speist. Obwohl die Störanfälligkeit einer solchen elektrischen Kupplung sehr gering ist, ziehen viele Betriebe wegen des besseren Wirkungsgrades die unmittelbar mit der Turbinenwelle mechanisch gekuppelte Gleichstromerregermaschine vor.

Von Interesse ist eine Schaltung, die die British Thompson Houston erstmals im Kraftwerk Owen Falls der Uganda-Electricity Board in Zentralafrika eingesetzt hat[1]. Die meisten Kraftwerke dieser Gesellschaft arbeiten unter ungünstigen Stabilitätsbedingungen, denn sie sind über lange Leitungen mit den Verbraucherbezirken verbunden. Die Generatoren benötigen also Erregermaschinen mit hoher Erregungsgeschwindigkeit. Da die meisten dieser Kraftwerke z. Z. noch sehr weit von den Industriegebieten entfernt sind, müssen die Erregeranordnungen so gebaut sein, daß auch bei Störungen an der automatischen Spannungsregelung bis zum Eintreffen von Fachpersonal der Betrieb sicher aufrechterhalten werden kann. Auch die Electricité de France hat von

[1] Owen Falls Hydro-Electric Station, Proc. Inst. electr. Engs. I, Bd. 101, 1954, H. 132, S. 347—390

der Alsthom einige ihrer Kraftwerke mit dieser Erregeranordnung ausrüsten lassen (R. PIGUET[1]).

Bei dieser Schaltung (Abb. 142) werden die Aufgaben der Haupterregermaschine von einer langsamlaufenden Grund- (G_G) und einer schnell-

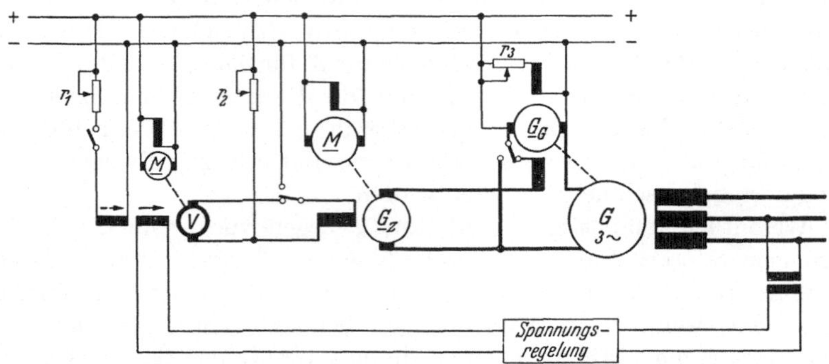

Abb. 142. Erregeranordnung für hohe Erregungsgeschwindigkeit. Haupterregermaschine in Grund- und Zusatzerregermaschine aufgeteilt. Zusatzerregermaschine durch Verstärkermaschine erregt (System Alsthom und BTH)

laufenden Zusatzerregermaschine (G_Z) übernommen. Bei den Einheiten des französischen Wasserkraftwerkes Ottmarsheim gibt beispielsweise die mit der Generatorwelle (Generatorleistung 39 MVA, $\cos \varphi = 0{,}92$,

Abb. 143. Maschinenhaus des Wasserkraftwerkes Ottmarsheim (Werkfoto Alsthom)

Drehzahl 93,75 U/min) gekuppelte Grunderregermaschine, die eine Leistung von 430 kW hat (in Abb. 143 sieht man sie unmittelbar auf dem Betonfundament), im Normalbetrieb eine konstante Gleichspannung

[1] PIGUET, R.: Ottmarsheim, Revue Générale de l'Electricité 1953, S. 412

von 270 V ab. Sie ist mit Nebenschluß- und (abschaltbarer) Hilfsreihenschlußwicklung versehen. Die Erregerspannung des Drehstrom-Generators wird mit Hilfe der Zusatzerregermaschine eingestellt, deren Anker mit dem der Grunderregermaschine in Reihe geschaltet ist. Mit der Zusatzerregermaschine kann man 400 V Gleichspannung zur konstanten Gleichspannung von 270 V zu- und absetzen. Die Zusatzerregermaschine wird von einem Gleichstrommotor mit 1200 U/min angetrieben und von einer 10 kW-Verstärkermaschine Amplidyne erregt. Die Antriebsmotoren für Zusatzerregermaschine und Verstärkermaschine beziehen ihre Leistung aus dem Netz konstanter Gleichspannung, das von der Grunderregermaschine gespeist wird.

Mit der Anordnung wird eine Erregungsgeschwindigkeit von $4\,\frac{1}{\text{sek}}$ erreicht. Im Normalbetrieb wird die Steuerwicklung der Verstärkermaschine aus einem elektronischen Glied gespeist. Fällt die Elektronik aus, kann man die Verstärkermaschine über eine zweite Wicklung erregen, die vom Gleichstromhilfsnetz gespeist wird (Stellwiderstand r_1). Fällt die Verstärkermaschine aus, läßt sich die Zusatzmaschine G_Z vom gleichen Netz erregen (Widerstand r_2). Schließlich kann man auch noch mit der Grunderregermaschine, die ja im Normalbetrieb auch das Hilfsnetz speist, allein arbeiten. Sie fährt dann als selbsterregte Maschine (Widerstand r_3) ohne Reihenschlußwicklung.

VI. Bahnfahrzeuge mit elektrischem Antrieb

Auf dem Bahngebiet kommt die Verstärkermaschine vor allem für die Triebfahrzeuge in Frage, bei denen die in den elektrischen Antriebsmotoren verwendete Stromart (im allgemeinen Gleichstrom) auf dem Triebfahrzeug selbst in einem oder mehreren Generatoren erzeugt wird. Diese Generatoren können angetrieben werden

a) durch Elektromotoren,
b) durch Verbrennungskraftmaschinen.

Beim Antrieb der Stromerzeuger durch einen Elektromotor handelt es sich um *Umformer-Triebfahrzeuge.*

Als Verbrennungskraftmaschinen werden heute in überwiegendem Maße Dieselmotoren verwendet. Diese Art der Erzeugung der notwendigen Traktionsleistungen auf dem Triebfahrzeug hat in den zahlreichen Dieseltriebfahrzeugen mit elektrischer Kraftübertragung ihre Verwirklichung gefunden. Für die Zukunft wird allerdings auch noch der Dampf- bzw. Gasturbine als Antriebsorgan des Stromerzeugers einige Bedeutung beizumessen sein.

In allen genannten Fällen dient die Verstärkermaschine als Erregermaschine der Generatoren.

1. Umformerlokomotiven

Die elektrischen Vollbahnen werden zur Zeit vorwiegend mit Gleichstrom 1500 V und 3000 V oder Einphasen-Wechselstrom 16 2/3 Hz betrieben. Bei Verwendung des Gleichstromsystems erfolgt die Speisung der Fahrleitung in der Regel unmittelbar aus Drehstromleitungen des Landesversorgungsnetzes über Gleichrichter. Beim Wechselstromsystem 16 2/3 Hz müssen entweder besondere Bahnkraftwerke oder zumindest besondere Bahnstromgeneratoren in Betrieb gehalten oder das Fahrleitungsnetz über Werke mit rotierenden Umformern mit dem Drehstromnetz der Landesversorgung gekuppelt werden.

Seit langer Zeit verfolgt der Bahningenieur das Ziel, auch bei Verwendung des Wechselstromes für Traktionszwecke eine einfache und unmittelbare Stromversorgung aus dem Landesnetz zu ermöglichen. Dieser Wunsch führt zunächst einmal zwangsläufig zur Verwendung der gleichen Frequenz im Fahrdraht wie im Landesversorgungsnetz, also zum Einphasen-Wechselstrom 50 Hz, ferner zur Notwendigkeit der Schaffung der geeigneten 50 Hz-Triebfahrzeuge. Hierfür ergeben sich folgende Möglichkeiten:

a) Die Direktlokomotive unter Verwendung von 50 Hz-Motoren,
b) die Umformerlokomotive,
c) die Stromrichterlokomotive.

Eine Lösung des geeigneten 50 Hz-Triebfahrzeuges bildet also die Umformerlokomotive. Die Umformung des Einphasen-Wechselstroms 50 Hz kann sowohl in Drehstrom als auch in Gleichstrom erfolgen, wobei letzterer Lösung der Vorzug zu geben ist.

Das 50 Hz-System gewinnt immer mehr an Bedeutung, insbesondere in den Fällen, wo sich Verkehrsunternehmen für Neuelektrifizierungen von Strecken und Netzen entschließen und sich hierbei der gegenüber allen Gleichstromsystemen bestehenden generellen Vorzüge des Wechselstromsystems, gepaart mit einer einfachen Stromversorgungsmöglichkeit aus dem Landesnetz, bedienen wollen.

Eine ähnliche Entwicklung ist auch bei Werkbahnen im Gange. In den Braunkohlentagebauen sind Abbautiefe und Förderleistung so groß geworden, daß bei Gleichstrom der Aufwand für Fahr- und Speiseleitungen unwirtschaftlich gegenüber dem bei Wechselstrombetrieb wird. Aus diesem Grund wird z.B. für die Bahnanlagen im rheinischen Braunkohlengebiet nunmehr Einphasenwechselstrom 50 Hz mit einer Fahrleitungsspannung von 6 kV verwendet. Die dort eingesetzten Abraumlokomotiven sind z.T. Umformerlokomotiven für Wechselstrom/Gleichstrom mit Verstärkermaschinensteuerung. An ihrem Beispiel sei das Wesen und die Wirkungsweise der Verwendung der Verstärkermaschinen bei Umformerlokomotiven erläutert.

Das Dienstgewicht einer 4-achsigen Lokomotive (s. Abb. 144) mit einem Achsdruck von 30 t beträgt 120 t. Die Umformerdauerleistung ist 1500 kW. Zwei solcher Lokomotiven können in Mehrfachsteuerung als Doppellokomotive betrieben werden (STÖTZER[1]). Die aus der Fahrleitung entnommene Energie wird einem Einphasen-Synchronmotor zugeführt. Dieser Motor ist mit einem Gleichstromgenerator gekuppelt, der in LEONARD-Schaltung die Fahrmotoren speist. Der Gleichstromgenerator wird von einer Verstärkermaschine erregt.

Abb. 144. 50 Hz-Einphasen-Wechselstrom-Gleichstrom-Umformerlokomotive für den Abraumbetrieb im rheinischen Braunkohlengebiet (Werkfoto AEG)

Die Steuereinrichtung der Lokomotive muß u. a. folgende Aufgaben übernehmen:

1. *Einregeln einer bestimmten Betriebskennlinie.* Im normalen Fahrbetrieb soll einer Fahrstufe, die vom Lokführer am Fahrschalter eingestellt wird, etwa eine bestimmte Gleichstromleistung $U\,J$ im Generatorkreis entsprechen. Eine Grenzleistung, die Kippleistung des Synchronmotors, darf nicht überschritten werden. Die Regelung auf $U\,J =$ konst. soll weder für den Anfahrbereich (kleine Drehzahl und daher auch kleine Ankerspannung U) noch für den Betrieb mit großer Fahrgeschwindigkeit und kleiner Belastung (kleine Zugkraft, kleines Drehmoment und daher auch kleiner Ankerstrom J) gelten. Bei der Regelung auf $U\,J =$ konst. würde dann im Anfahrbereich ein zu hoher Strom, im Bereich mit hoher Geschwindigkeit und kleiner Last eine zu hohe Spannung eingeregelt werden.

Der Motorstrom muß selbsttätig begrenzt werden. Die automatische Strombegrenzung, die allgemeines Kennzeichen des geregelten LEONARD-Antriebes ($D\,I$) ist, soll bei der Lokomotive die Fahrmotoren nicht nur

[1] STÖTZER, K.-S.: Die Tagebaulokomotiven für 6 kV, 50 Hz, AEG-Mitteilungen 45 (1955), H. 9/10, S. 416—431

gegen unzulässige Erwärmung oder gegen Kommutierungsfeuer schützen, sondern verhilft, da sie ja nach Gl. (2) gleichbedeutend mit einer Begrenzung des Motordrehmomentes ist, auch dazu, ein Schleudern der Treibräder insbesondere beim Anfahren zu vermeiden.

Auch ein Grenzwert der Ankerspannung darf mit Rücksicht auf Rundfeuer und Überschläge an den Kommutatoren der Gleichstrommaschinen und Schäden an der Isolation des LEONARD-Kreises nicht überschritten werden.

2. Die mechanischen Bremsen des Zuges sollen durch eine *elektrische Bremsung* der Lokomotive entlastet werden.

3. *Drahtlose Fernsteuerung über UKW-Kanal* beim sogenannten Zugverholen: Während der Beladung fährt der Zug langsam (Geschwindigkeit ca. 60 m/min) an der Beladungsstelle vorbei und muß dabei vom

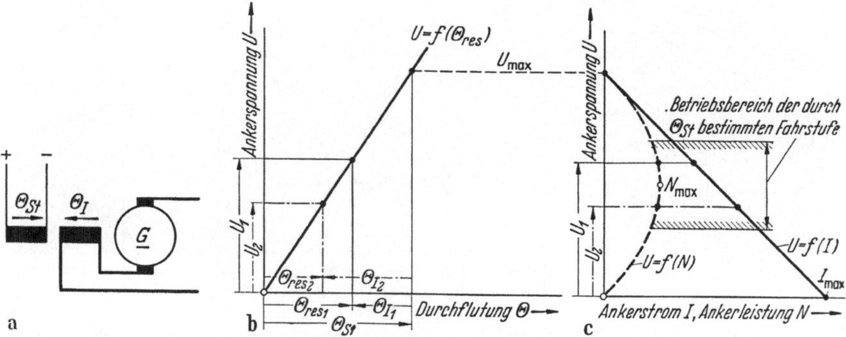

Abb. 145 a—c. Kennliniensteuerung durch Gleichstromgenerator mit Gegenreihenschlußwicklung
a) Schaltung, b) Ankerspannung in Abhängigkeit von der Durchflutung, c) Ankerstrom und Ankerleistung in Abhängigkeit von der Ankerspannung
Kennlinien *b* und *c* unter der Voraussetzung der Proportionalität von Ankerspannung und Durchflutung ermittelt. Spannungsabfall im Anker vernachlässigt

Bagger aus ferngesteuert werden, häufig mit Fahrtrichtungswechsel. Eine Verständigung zwischen Lokführer und Baggerbedienung durch Pfeifsignale genügt nicht. Die Fernsteuerung ist bei den heutigen hohen Baggerförderleistungen entscheidend für die Ausnutzung von Bagger und Abraumzügen.

Die Forderung nach einer günstigen Betriebskennlinie $U = f(J)$ und $N = f(J)$ ist mit einem fremderregten gegenkompoundierten Gleichstromgenerator (Schaltung Abb. 145a) weitgehend zu erfüllen. Die Stromspannungs- und Leistungskennlinie dieses Generators soll anhand von Abb. 145b und c zunächst unter Vernachlässigung der Sättigung und des Spannungsabfalls im Ankerkreis des Generators ermittelt werden. Gegeben ist die Magnetisierungskennlinie des Generators: Ankerspannung U in Abhängigkeit von der wirksamen Durchflutung Θ_{res} (Abb. 145b). Fest liegt das Verhältnis von Steuerstrom i_{st}

und Steuerdurchflutung $\Theta_{st} = i_{st}\, w_{st}$, sowie das Verhältnis von Ankerstrom J und ankerstromabhängiger Gegendurchflutung $\Theta_J = J\, w_J$. Durch die fremderregte Wicklung wird eine Steuerdurchflutung Θ_{st} aufgebracht. Die wirksame Durchflutung des Generators Θ_{res} und damit die Ankerspannung U hängt dann von der Höhe der Gegendurchflutung, also vom Ankerstrom J ab.

$$U = c_1\, \Theta_{res} = c_1\,(\Theta_{st} - \Theta_J) = c_1\,(\Theta_{st} - w_J\, J) \tag{110 a}$$

$$U = c_2 - c_3\, J \tag{110 b}$$

Diesen mathematischen Zusammenhang bildet eine Gerade ab, die die Abszissenachse (J-Achse) beim Grenzstrom J_{max} und die Ordinatenachse (U-Achse) bei der Grenzspannung U_{max} durchstößt (145 c). Es gilt $J = J_{max}$, wenn $U = 0$, also

$$\Theta_{st} = \Theta_J = w_J\, J_{max} \tag{111 a}$$

und $U = U_{max}$, wenn $J = 0$, also

$$U_{max} = c_1\, \Theta_{res\,max} = c_1\, \Theta_{st}\,. \tag{111 b}$$

Für die Ankerleistung des Generators folgt

$$N = U\, J$$

$$N = (c_2 - c_3\, J)\, J = c_2 J - c_3\, J^2 \tag{112}$$

Diese Funktion wird im Diagramm durch eine Parabel abgebildet. Das gilt auch für $N = f(U)$; Abb. 145 c. Nun wird im normalen Betrieb eine Fahrstufe (entspr. einer Erregungsstufe Θ_{st}) selten über den ganzen Bereich ($U = U_{max}/J = 0$ bis $U = 0/J = J_{max}$), sondern praktisch immer nur in dem in 145 c schraffierten Bereich ausgefahren. In diesem Bereich ändert sich die Leistung nur wenig. Eine max. Leistung N_{max}, die auf allen Fahrstufen noch unter der Kippleistung der Kraftmaschine liegen muß, wird nicht überschritten. Ein Grenzstrom J_{max} beim Anfahren und eine Grenzspannung U_{max} bei Leerlauf werden eingehalten.

Abb. 146 zeigt, wie sich die Form der Spannungs- und Leistungskurven ändert, wenn der Generator bis in den Sättigungsbereich ausgesteuert und ein stromproportionaler Spannungsabfall $\Delta U = J\, R$ im Ankerkreis des Generators berücksichtigt wird.

Nun ist bei stark gegenkompoundierten Generatoren die Summe der aufgebrachten Durchflutungen ohne Berücksichtigung des Vorzeichens $\Sigma/\Theta/ = (\Theta_{st} + \Theta_J)$ erheblich größer als die wirksame Durchflutung $\Theta_{res} = (\Theta_{st} - \Theta_J)$, so daß auf den Hauptpolen viel mehr Erregerkupfer aufgebracht werden muß, als der wirksamen Durchflutung entspricht. Die Nutzung des Wickelraumes auf den Hauptpolen kann durch den Faktor

$$f_w = \frac{\Theta_{res}}{\Sigma/\Theta/} = \frac{\Theta_{st} - \Theta_J}{\Theta_{st} + \Theta_J} \tag{113}$$

ausgedrückt werden. Wollte man, wie im Bahnbetrieb wegen Gewichts- und Platzersparnis erwünscht, den Gleichstromgenerator im magnetischen Kreis hoch ausnutzen, stünde bei den üblichen Pol- und Jochabmessungen Wickelraum für zwei gegeneinander arbeitende Erregerwicklungen nicht zur Verfügung. In vielen Fällen ist auch die hohe Leistung, die für die fremderregte Wicklung mit einer relativ großen Steuerdurchflutung benötigt wird, unerwünscht. Man hat deshalb die LEONARD-Generatoren für Fahrzeugantriebe häufig als Krämermaschinen geschaltet (Abb. 147a). Der Krämergenerator besitzt außer der fremderregten Wicklung und der Gegenkompoundwicklung noch eine *auf*erregend wirkende Nebenschlußwicklung.

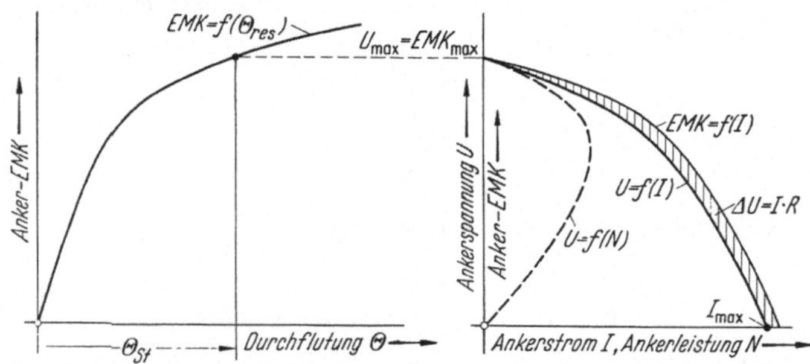

Abb. 146. Kennlinien wie 145 *b* und *c* bei Berücksichtigung der Sättigung und des Spannungsabfalls im Anker der Gleichstrommaschine

Die Stromspannungskennlinie dieses Generators soll, wieder unter Vernachlässigung der Sättigung und des Spannungsabfalls im Ankerkreis des Generators, an Hand von Abb. 147b und c ermittelt werden. Dabei wird von der gleichen Magnetisierungskennlinie $U = f(\Theta_{res})$ wie in Abb. 145 ausgegangen. Die — — — Kurve in 147b gibt an, welchen Durchflutungsbeitrag Θ_U die selbsterregte Wicklung in Abhängigkeit von der Ankerspannung U liefert. Es wird angenommen, daß die Hälfte der benötigten wirksamen Durchflutung Θ_{res} von der selbsterregten Wicklung gedeckt wird. Für den Zusammenhang von Ankerstrom J und Ankerspannung U gilt

$$U = c_1\,\Theta_{res} = c_1\,(\Theta_{st} + \Theta_U - \Theta_J) = c_1\,(\Theta_{st} + c_4\,U - w_J\,J) \quad (114\,\text{a})$$

$$U\,(1 - c_1\,c_4) = c_1\,(\Theta_{st} - w_J\,J)$$

$$U = c_5\,(\Theta_{st} - w_J\,J) \quad (114\,\text{b})$$

(114b) unterscheidet sich von (110 a) lediglich durch den Koeffizienten. Den mathematischen Zusammenhang bildet wieder eine Gerade ab, die die Abszissenachse bei einem Grenzstrom J_{max} und die Ordinatenachse bei der Grenzspannung U_{max} durchstößt. Um die gleichen Werte U_{max}/J_{max} wie beim gegenkompoundierten Generator (Abb. 145) zu erreichen, wird eine Steuerdurchflutung benötigt, die nur halb so groß wie beim gegenkompoundierten Generator ist:

$$U_{max} = c_1\,\Theta_{res} = c_1\,(\Theta_{st} + \Theta_U);\ \text{und da}\ \Theta_U = \frac{\Theta_{res}}{2},\ \text{ergibt sich}\ \Theta_{st} = \frac{\Theta_{res\,max}}{2}$$

Bei der halben Steuerdurchflutung wird aber bei sonst gleicher Bemessung nur noch die halbe Erregerleistung für die fremderregte Wicklung benötigt. $J_{max}/U = 0$ wird erreicht, wenn die Steuerdurchflutung gleich der Gegendurchflutung des Stromes J ist. Da die Steuerdurchflutung der Krämermaschine nur halb so groß wie die des gegenkompoundierten Generators ist, muß auch die Gegendurchflutung des Stromes auf die Hälfte herabgesetzt werden. Diese Verkleinerung der Gegen-

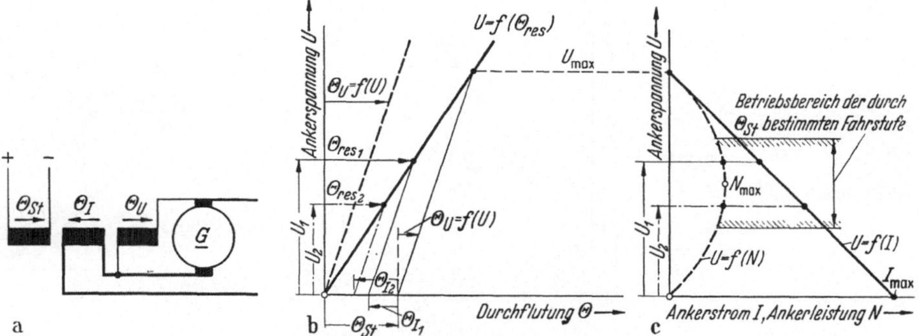

Abb. 147 a—c. Kennliniensteuerung durch Gleichstromgenerator mit Gegenreihenschlußwicklung und auferregend wirkender Nebenschlußwicklung (KRÄMER-Generator). a) Schaltung, b) Ankerspannung in Abhängigkeit von der Durchflutung, c) Ankerstrom und Ankerleistung in Abhängigkeit von der Ankerspannung

Kennlinien *b* und *c* unter der Voraussetzung der Proportionalität von Ankerspannung und Durchflutung ermittelt. Spannungsabfall im Anker vernachlässigt

durchflutung führt wiederum zu einer besseren Ausnutzung des Wickelraumes:

$$f_w = \frac{\Theta_{res}}{\Sigma|\Theta|} = \frac{\Theta_{st} + \Theta_U - \Theta_J}{\Theta_{st} + \Theta_U + \Theta_J}. \qquad (115)$$

Das Hauptanwendungsgebiet von KRÄMER-Generatoren in Fahrzeugen liegt bei dieselelektrischen Schiffspropellerantrieben.

Es gibt nun elektrische Fahrzeugantriebe, bei denen ein rasches Einstellen der Ankerspannung am Generator erwünscht ist. Die Krämermaschine hat eine kleine Erregungsgeschwindigkeit, da sie eine selbsterregte Wicklung besitzt; kann also in solchen Fällen nicht eingesetzt werden. Eine kurze Einstellzeit für die Ankerspannung erreicht man mit einem fremderregten Gegenkompoundgenerator, der mit einer zusätzlichen *gegen*erregenden Nebenschlußwicklung ausgerüstet ist (Schaltung 148 a).

Auch die Strom-Spannungskennlinie dieses Generators ist im ungesättigten Bereich eine Gerade, die die Abszissenachse beim

Grenzstrom J_{max} und die Ordinatenachse bei der Grenzspannung U_{max} durchstößt. Es gilt der Ansatz 114a, jedoch mit negativem Vorzeichen für das Glied $c_4 U$. In Abb. 148b und c wird wieder unter Vernachlässigung der Sättigung und des ohmschen Spannungsabfalls im Ankerkreis gezeigt, wie man die Kennlinie dieses für moderne Fahrzeugantriebe wichtigen Schaltelementes graphisch ermitteln kann, wenn die Leerlaufkennlinie $U = f(\Theta_{res})$, das Verhältnis von Ankerstrom J und Gegendurchflutung Θ_J sowie das Verhältnis von Ankerspannung U und ankerspannungsabhängiger Gegendurchflutung Θ_U gegeben ist. Nach der Terminologie der Regelungstechnik liegt ein Regelkreis vor,

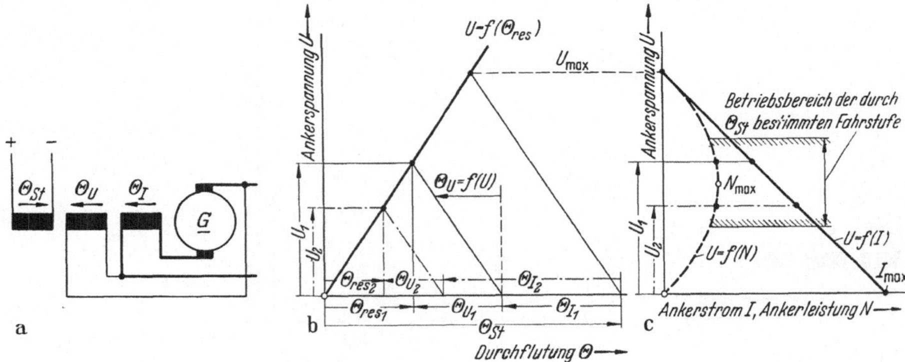

Abb. 148 a—c. Kennliniensteuerung durch Gleichstromgenerator mit Gegenreihenschluß- und Gegennebenschlußwicklung a) Schaltung, b) Ankerspannung in Abhängigkeit von der Durchflutung, c) Ankerstrom und Ankerleistung in Abhängigkeit von der Ankerspannung. Kennlinien *b* und *c* unter der Voraussetzung der Proportionalität von Ankerspannung und Durchflutung ermittelt. Spannungsabfall im Anker vernachlässigt.

bei dem der Führungsgröße Steuerdurchflutung Θ_{st} zwei Ausgangsgrößen: Ankerspannung und Ankerstrom gegengeschaltet sind. Es wird also auf einen bestimmten Wert für die Summe $c_U\, U + c_J\, J$ eingeregelt.

Praktisch wäre ein solcher spannungs- und stromgegenerregter Generator kaum ausführbar, weil die Wickelraumausnutzung

$$f_w = \frac{\Theta_{res}}{\Sigma / \Theta /} = \frac{\Theta_{st} - \Theta_U - \Theta_J}{\Theta_{st} + \Theta_U + \Theta_J} \tag{116}$$

noch wesentlich ungünstiger als beim gewöhnlichen gegenkompoundierten Generator [Gl. (113)] würde. Man kann jedoch für die vorliegende Aufgabe einen gewöhnlichen gut ausgenutzten Gleichstromgenerator verwenden, wenn man ihn mit einer Hilfsmaschine erregt und die Gegenkopplung von Spannung und Strom in die (schwach gesättigte) Hilfsmaschine verlegt, die zweckmäßig als Verstärkermaschine ausgeführt wird. Mit dieser Schaltung wird bei den Umformerlokomotiven des rheinischen Braunkohlengebietes gearbeitet.

Das Grundschaltbild zeigt Abb. 149. Im normalen Fahrbetrieb (Wahlschalterstellung 1) wird die Verstärkermaschine von einem Hilfsnetz aus erregt; der Erregerstrom für die Steuerwicklung über den Widerstand r_1 am Fahrschalter eingestellt. Eine Gegenwicklung wird von der Ankerspannung des Generators, eine zweite von einer stromproportionalen Spannung, abgegriffen über dem Widerstand R_1, erregt. Die Fahrmotoren sind nicht die sonst im Bahnbetrieb üblichen Reihenschlußmotoren, sondern werden von einer Gleichstrommaschine E erregt. Da

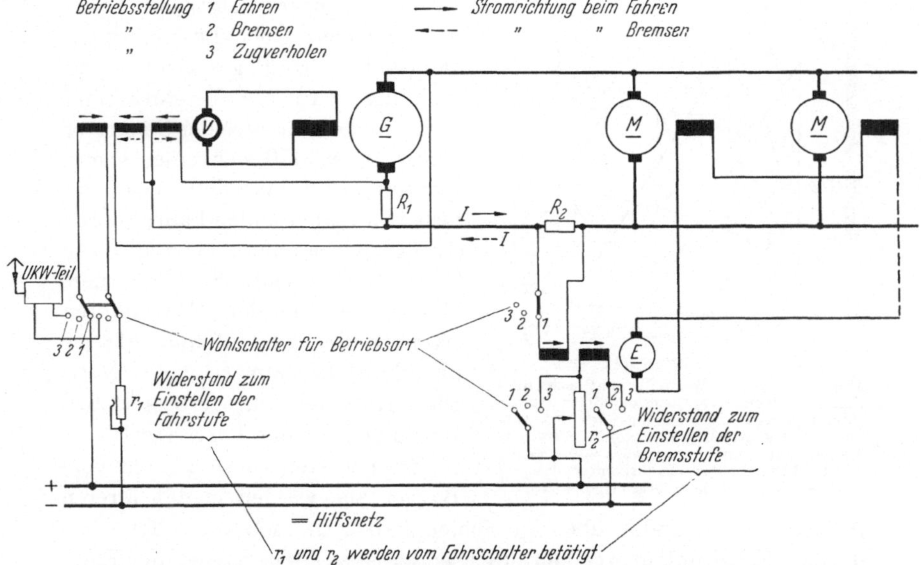

Abb. 149. 50 Hz-Wechselstrom-Gleichstrom-Umformerlokomotive: Prinzipschaltbild des Gleichstrom-LEONARD-Kreises. Regelproblem: Kennliniensteuerung mit Spannungs- und Strombegrenzung

im Fahrbetrieb eine Erregerwicklung der Maschine E von einer dem Ankerstrom J proportionalen Spannung, abgegriffen über dem Widerstand R_2, gespeist wird, ist die Ankerspannung von E und damit die Durchflutung der Fahrmotoren dem Strom J proportional. Die fremderregten Fahrmotoren nehmen daher das Betriebsverhalten von Reihenschlußmotoren an. Die am Hauptgenerator der Lokomotive gemessenen Stromspannungskennlinien zeigt Abb. 150. Parameter der —— Kurvenschar ist die Steuerdurchflutung der Verstärkermaschine, Parameter der – – – Schar die Lokomotivgeschwindigkeit. Die Kurven mit dem Parameter Steuerdurchflutung zeigen praktisch den Verlauf von Abb. 146b.

Die Speisung der Motorfelder durch eine besondere Erregermaschine ermöglicht den Übergang vom Fahren zum Bremsen oder Zugverholen ohne wesentliche Umschaltungen im Generatorkreis. Beim Bremsen (Wahlschalterstellung 2) wird die Steuerwicklung der Verstärkermaschine und die vom Generatorstrom erregte Hauptpolwicklung der Fahrmotorerregermaschine abgeschaltet. Eine zweite Erregerwicklung der Fahrmotorerregermaschine wird vom Hilfsnetz aus über eine zweite Widerstandsbahn des Fahrschalters r_2 fremderregt. Die jetzt in den Motorankern erzeugte Spannung läßt im Hauptstromkreis einen Bremsstrom $J \leftarrow$ — entgegengesetzt dem Fahrstrom fließen. Über die vom Spannungsabfall über R_1 gespeiste Stromwicklung wird die Verstärkermaschine und damit auch der Generator auferregt, so daß sich eine Gegenspannung zu der von den im Generatorbetrieb arbeitenden Fahrmotoren erzeugten Spannung einstellt. Die Gleichstrommaschine des Umformers nimmt die von den Fahrmotoren erzeugte Energie auf und gibt sie über die Synchronmaschine ins Netz. Diese Nutzbremsung verbessert den Wirkungsgrad der Umformerlok.

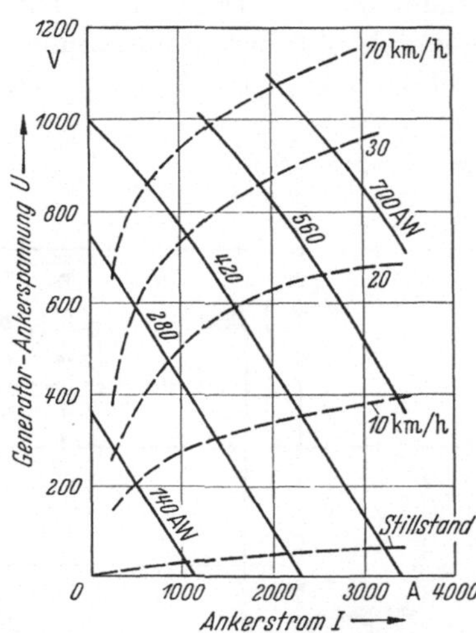

Abb. 150. 50 Hz-Wechselstrom-Gleichstrom-Umformerlokomotive: Regelkennlinien (stationärer Zustand) Ankerspannung des LEONARD-Generators in Abhängigkeit vom Ankerstrom. Als Kurvenparameter vorgegeben —— Steuerdurchflutung der Verstärkermaschine – – – Lokomotivgeschwindigkeit

Zur Fernsteuerung des Zuges vom Bagger aus werden in den älteren Anlagen Kommandos über ein Schleppkabel, in modernen Betrieben durch UKW-Funk übertragen. Der Sender ist auf dem Bagger, der Empfänger auf der Lokomotive untergebracht. Die handelsüblichen UKW-Empfangsgeräte werden für Ausgangsleistungen bis in die Größenordnung von 10 Watt gebaut. Die Feldwicklung einer normalen Erregermaschine oder gar eines LEONARD-Generators kann man also nicht aus dem UKW-Empfänger speisen. Als Steuerleistung für die Verstärkermaschine reicht jedoch die Ausgangsleistung des kommerziellen UKW-Empfängers aus. Beim Zugverholen (Wahlschalterstellung 3) wird die Steuerwicklung der Verstärkermaschine direkt mit dem Ausgang des UKW-Empfängers verbunden, dessen Ausgangsspannung man nun vom Bagger aus praktisch kontinuierlich verstellen kann (Amplituden- oder Frequenzmodulation). Dadurch erhält man die Möglichkeit, die Geschwindigkeit der Lokomotive stufenlos nach Art einer LEONARD-Schaltung vom Bagger aus zu steuern.

Beim Zugverholen werden die Fahrmotoren mit konstantem Strom erregt. Das hat folgende Gründe:

a) Bei konstanter Erregung (Nebenschlußmotor) wird die Drehzahl der Lok weniger lastabhängig als bei stromproportionaler Erregung der Fahrmotoren (Reihenschlußmotor), was für den Beladevorgang sehr wichtig ist.

b) Bei Nebenschlußmotoren entspricht einer Umkehr der Ankerspannung (in Schaltung 149 gleichbedeutend mit einer Umkehr der Verstärkermaschinensteuerdurchflutung) eine Umkehr des Drehsinns, während bei Reihenschlußmotoren die Drehrichtung unabhängig von der Richtung der angelegten Ankerspannung ist. Durch Umkehr der Verstärkermaschinendurchflutung kann man also die Fahrtrichtung der Lokomotive umkehren.

Die ersten Umformerlokomotiven sind seit September 1954 in Betrieb. Sie sind sowohl im Abraumdienst, als auch für den Transport der Kohle in die Brikettfabriken eingesetzt.

2. Diesellokomotiven

Das Dieseltriebfahrzeug spielt heute im Rahmen der Strukturwandlung der Verkehrsbetriebe eine große Rolle. Es zeichnet sich ganz allgemein, ohne auf Einzelheiten einzugehen, gegenüber dem Dampfbetrieb durch größere Wirtschaftlichkeit aus. Diese wiederum ist allerdings in ihrer Größe wesentlich abhängig von den Kosten der im betreffenden Lande zur Verfügung stehenden Brennstoffe. Im Vergleich zum elektrischen Zugbetrieb kann kein allgemein gültiges Werturteil abgegeben werden. Beide Traktionsarten haben unter bestimmten Voraussetzungen ihre wirtschaftlichen Anwendungsgebiete.

Beim Dieselbetrieb hat sich der dieselelektrische Antrieb gut bewährt. Er behauptet fast ausschließlich auf allen Kontinenten das Feld neben dem hydraulischen oder hydromechanischen Antrieb, der in den letzten Jahren, insbesondere in Deutschland, entwickelt wurde und verwendet wird.

Am Beispiel einer 2250 PS-Diesellokomotive amerikanischer Bauart sollen im folgenden die wesentlichen Merkmale des Aufbaues und der Betriebsweise einer solchen Lokomotive dargestellt werden. Den elektrischen Teil der hier behandelten Lokomotiven hat die GE geliefert. Es werden Einheiten von ca. 1500 und ca. 2250 PS-Dieselleistung gebaut. Es können, wie Abb. 151 zeigt, mehrere Einheiten gekuppelt und in Mehrfachsteuerung von einem Führerstand aus betrieben werden (Mc. Gowan[1]).

Bei den dieselelektrischen Lokomotiven ist der Dieselmotor mit einem Gleichstromgenerator gekuppelt (Abb. 152), der in Leonard-Schaltung

[1] Mc. Gowan, G.: Diesel-Electric Locomotiv Handbook; Simmons-Boardman: New York 1951

die als Reihenschlußmotoren ausgebildeten Fahrmotoren speist. Die Leistung, die die Lokomotive abgeben soll, wird durch die Drehzahl der Kraftmaschine vorgeschrieben. Einer Fahrstufe, die der Lokführer am

Abb. 151. Dieselelektrische Lokomotive amerikanischer Bauart. Dieselleistung pro Einheit 2250 PS (Werkfoto GE)

Fahrschalter einstellt, entspricht immer ein bestimmter Drehzahl-Sollwert des Dieselmotors. Aufgabe einer Regelung ist es nun, die Leistung am Zughaken der Lok der durch die Drehzahl vorgeschriebenen Dieselleistung anzupassen.

Abb. 152. Dieselelektrische Lokomotive amerikanischer Bauart: 2250 PS Dieseleinheit mit Gleichstromgenerator und Hilfsmaschinen (Werkfoto GE)

Brennkraftmaschinen, insbesondere Dieselmotoren, arbeiten nur dann wirtschaftlich, wenn sie mit konstantem Drehmoment fahren können, d. h. bei einer festen Drehzahl — entspricht einer bestimmten Fahrstufe der Lokomotive — muß der Diesel konstante Leistung N_D abgeben.

Sinngemäß muß auch der Generator annähernd konstante elektrische Leistung $N_{el} = U\,J$ abgeben, die wiederum von den Fahrmotoren in annähernd konstante mechanische Leistung an den Treibrädern $N_{mech} \sim M\,n$ umzusetzen ist. Nun ändert sich die Zugkraft der Lokomotive und damit das Drehmoment an den Fahrmotoren in weiten Grenzen — bedingt durch die jeweiligen Streckenverhältnisse. Mit dem Drehmoment ändert sich die Stromaufnahme der Fahrmotoren J. Wenn nun die Leistung $U\,J$ unabhängig vom Strom J konstant bleiben soll, muß die Spannung des Hauptgenerators U jeweils dem Strom angepaßt werden, d. h. es muß sein $U \sim \frac{\text{konst.}}{J}$. Das bedeutet für die Leistungsabgabe der Fahrmotoren: Es muß eine Drehzahl

$$n \sim \frac{N_{mech}}{M} \sim \frac{\text{konst.}}{M}$$

eingeregelt werden.

Grundsätzlich liegt die ähnliche Aufgabe beim Kraftwagen vor. Auch die Leistung des Kraftwagenmotors ist durch die Motordrehzahl in etwa gegeben. Die Anpassung an den wirklichen Leistungsbedarf der Räder erfolgt, wenn auch nur in groben Stufen, durch das Einschalten verschiedener Übersetzungen zwischen Motor und Treibrädern.

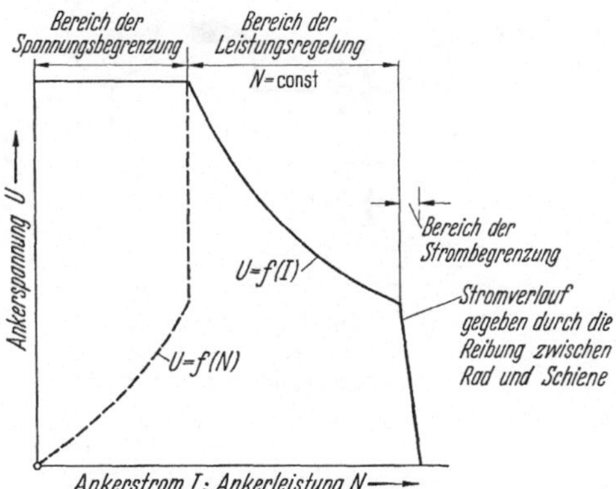

Abb. 153. Ideale Regelkennlinie der dieselelektrischen Lokomotive. Regelproblem: Regelung einer Verbrennungskraftmaschine auf optimale Abgabeleistung über die Ankerleistung im LEONARD-Kreis; mit Spannungs- und Strombegrenzung

Wie bei der Umformerlokomotive darf die Leistungsregelung $N_{el} = U\,J = \text{konst.}$ nicht bei kleinen Drehzahlen (kleinen Spannungen) wirksam sein, da sonst der Strom J im LEONARD-Kreis zu groß wird. Ein gewisser Grenzwert des Stromes J_{max} muß eingehalten werden, einmal, um ein Schleudern der Treibräder zu vermeiden (Drehmomentbegrenzung), zum anderen, um Generator und Fahrmotoren gegen unzulässige Erwärmungen und gegen Kommutierungsfeuer zu schützen. Wie bei der Umformerlokomotive muß auch die Ankerspannung nach oben hin begrenzt werden (U_{max}), um Rundfeuer und Überschläge an den Gleichstrommaschinen und Schäden an der Isolation des LEONARD-Kreises zu vermeiden. Die ideale Betriebskennlinie einer Diesellokomotive zeigt Abb. 153.

Bei der Umformerlok wurde mit der Regelung auf den *Summen*wert $c_U\,U + c_J\,J$ in etwa eine Leistungsregelung, verbunden mit Spannungs- und Strombegrenzung, erzielt. Für die Diesellok reicht die Genauigkeit dieser Regelung nicht aus. Hier wird in einem weiten Bereich eine Regelung auf den *Produkt*wert $U\,J$ verlangt, bedingt durch die Forderung nach einer wirtschaftlichen Ausnutzung des Diesels. Es hat sich deshalb als zweckmäßig erwiesen, getrennte Schaltelemente für die Leistungsregelung und für die Strom- und Spannungsbegrenzung zu verwenden. Bei der GE-Lok, deren Grundschaltung Abb. 154 zeigt, wird der Hauptgenerator von einer Amplidyne erregt; der Größenvergleich für die Regelung wird auf das sehr kleine Leistungsniveau im Erregerkreis der Amplidyne verlegt. Es findet nicht ein Amperewindungsvergleich von Führungs- und Ausgangsgrößen der Regelung wie

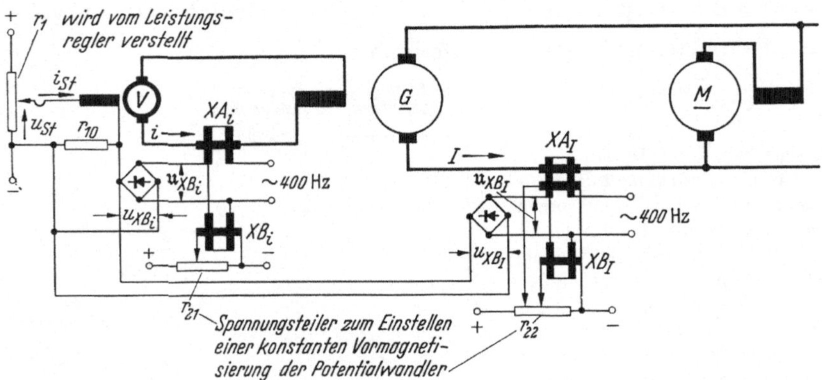

Abb. 154. Dieselelektrische Lokomotive: Prinzipschaltbild des Gleichstrom-Leonard-Kreises. Regelung über Maschinenverstärker

bei der Umformerlok, sondern ein galvanischer Vergleich statt. Da es andererseits aus Gründen der Potentialtrennung vorteilhaft ist, den Erregerkreis der Verstärkermaschine und den Erreger- und Ankerkreis des Hauptgenerators galvanisch nicht zu verbinden, wurden Potentialwandler vorgesehen.

General Electric verwendet dazu gleichstromvormagnetisierte Dreischenkeldrosseln, wie sie in Abb. 155 dargestellt sind, die einfachste Art des magnetischen Verstärkers. Der Mittelschenkel trägt die Gleichstromwicklung, die beiden äußeren Schenkel nehmen die Wechselstromwicklung auf. Der induktive Widerstand im Wechselstromzweig der Drossel ändert sich nun in weiten Grenzen, wenn der Kern mit Gleichstrom vormagnetisiert wird. Die Wirkungsweise der Potentialwandler geht aus dem Schaltbild Abb. 154 hervor. Für jeden Wandler ist ein Drosselpaar XA und XB vorgesehen, dessen in Reihe geschaltete Wechselstromwicklungen mit Wechselstrom von 400 Hz gespeist werden. Die Drossel XB wird durch einen konstanten Gleichstrom, die Drossel XA durch den abzubildenden Strom (i oder J) vormagnetisiert.

Die angelegte Wechselspannung teilt sich über den beiden Drosseln praktisch im Verhältnis der Blindwiderstände auf. Fließt der zu wandelnde Gleichstrom nicht, ist der Blindwiderstand $XA \gg XB$. Die gesamte Spannung liegt also praktisch an XA. Der Spannungsabfall über der Drossel mit konstanter Vormagnetisierung $\mathfrak{u}_{XB}$ wächst aber, wenn auch XA unter dem Einfluß des Gleichstromes vormagnetisiert wird. $\mathfrak{u}_{XB}$ ist deshalb ein Maß für die Größe des umzuwandelnden Stromes. $\mathfrak{u}_{XB}$ wird in einer Graetz-Schaltung zu u_{XB} gleichgerichtet und an den Widerstand r_{10} gelegt, der in den Erregerkreis der Amplidyne geschaltet ist. Auf diesen Widerstand speist sowohl der Ausgang des Potentialwandlers von $J(u_{XBJ})$, als auch von $i\,(u_{XBi})$. Der Widerstand r_{10} wird durch den Erregerstrom i_{st} der Amplidyne vorgespannt. Solange u_{XBJ} und $u_{XBi} < i_{st}\, r_{10}$, üben sie keine Wirkung auf den Erregerstrom der Amplidyne aus. Wird u_{XBJ} oder $u_{XBi} > i_{st}\, r_{10}$, fließt ein Ausgleichstrom über r_{10}, der den Spannungsverbrauch von r_{10} erhöht. Dieser erhöhte Spannungsverbrauch an r_{10} senkt die Spannung an der Erregerwicklung der Amplidyne. Als Folge sinkt i_{st}, und damit auch die Erreger- und Ankerspannung des Leonard-Generators. Mit der Ankerspannung geht auch der Strom im Leonard-Kreis zurück. Abb. 156 zeigt die Potentialwandler einer Lokomotive in Baueinheit mit den Trockengleichrichtern.

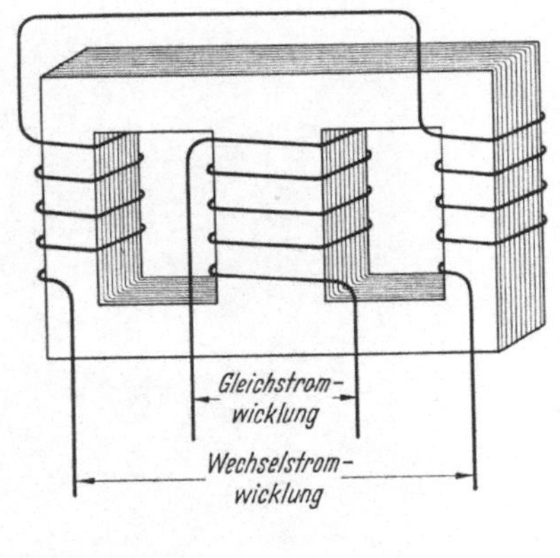

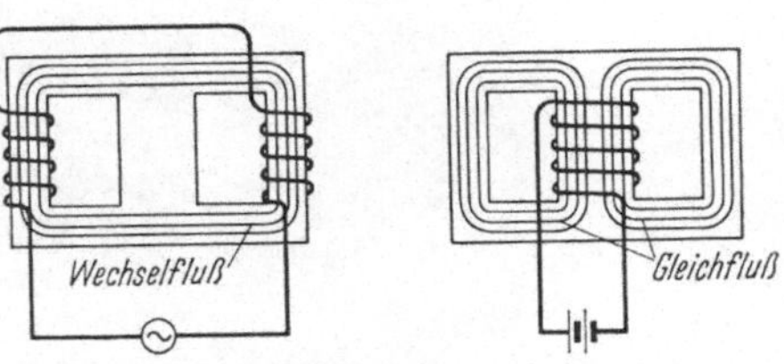

Abb. 155. Zur Wirkungsweise der Potentialwandler

Nun ist die vormagnetisierende Wirkung auf die Drossel des Potentialwandlers unabhängig von der Richtung des zu wandelnden Gleichstromes. Diese Doppeldeutigkeit der Ausgangsspannung ist beim Potentialwandler des Ankerstromes J unerwünscht, denn dieser würde ja gleiche Spannung u_{XBJ} abgeben, unabhängig davon, ob Fahr- oder Bremsstrom fließt. Man verschiebt deshalb den Arbeitspunkt der Drossel XA_J durch eine konstante Vormagnetisierung, die im Sinne eines Fahrstromes magnetisiert.

Auf den Erregerkreis der Verstärkermaschine wirkt auch die Leistungsregelung ein. Die besondere Schwierigkeit bei der Regelung auf optimale Leistung eines Dieselmotors besteht darin, daß es keinen eindeutigen Leistungssollwert gibt, den man z.B. durch eine Spannung nachbilden könnte; die optimale Abgabeleistung hängt vielmehr weitgehend von klimatischen Einflüssen ab, z. B. von Temperatur, Luftdruck, Feuchtigkeit. Ein Kennzeichen für die wirtschaftliche Auslastung des Dieselmotors ist sein Drehzahlverhalten: Ein überlasteter Dieselmotor geht in seiner Drehzahl zurück (Drückung), während die Drehzahl des unterbelasteten Diesels ansteigt. Anstelle von Soll- und Istwert der Leistung kann man daher Soll- und Istwert der Drehzahl vergleichen. Die Auf-

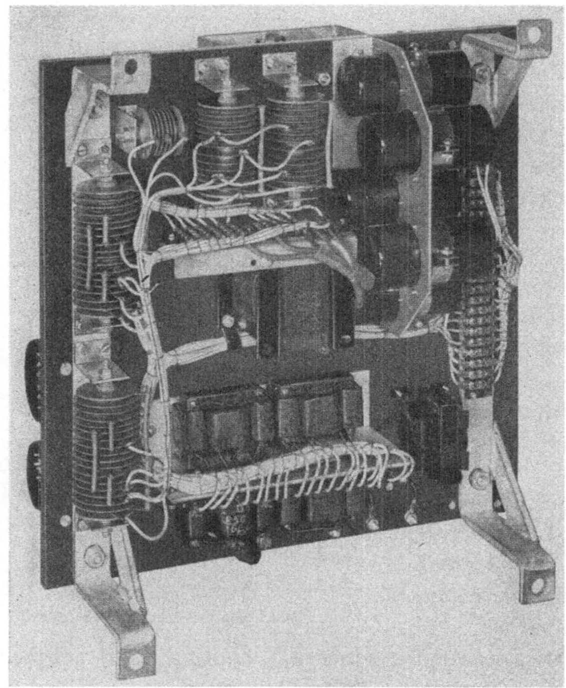

Abb. 156. Dieselelektrische Lokomotive: Potentialwandlereinheit (Werkfoto GE)

gabe für die Regelung lautet damit: Bei Unterdrehzahl — Überlastung — die Generatorspannung und damit die Leistung $U\,I$ vermindern, bei Überdrehzahl — Unterbelastung — die Generatorspannung erhöhen.

Die vor dem 2. Weltkrieg gebauten dieselelektrischen Triebfahrzeuge der Deutschen Reichsbahn arbeiteten mit einem LEONARD-Generator, der ebenso wie die mit ihm starr gekuppelte Erregermaschine nur schwach gesättigt war. Die Ankerspannung des Generators ging dadurch bei einem Drehzahlabfall des Diesels stark zurück. Die Einfachheit dieser sogenannten RZM-Schaltung mußte man jedoch — wegen der schwachen Sättigung im magnetischen Kreis — mit großen, unwirtschaftlichen Maschinen erkaufen. Es wurden deshalb Vorschläge für eine echte Regelung, über einen Größenvergleich von Soll- und Istdrehzahl wirkend gemacht.

Eine nach diesem Prinzip arbeitende Anordnung zeigt die Abb. 157 (FLETCHER und TUSTIN[1], PESTARINI[2]). Für den Größenvergleich wird eine batterieerregte, von der Dieselwelle angetriebene Gleichstrommaschine T, eine Art Tachometermaschine, verwendet, deren Ankerspannung der Drehzahl des Dieselmotors proportional ist. Diese Spannung, die den Istwert der Regelgröße Drehzahl abbildet, wird mit der Batteriespannung, dem Abbild des Drehzahlsollwertes, verglichen.

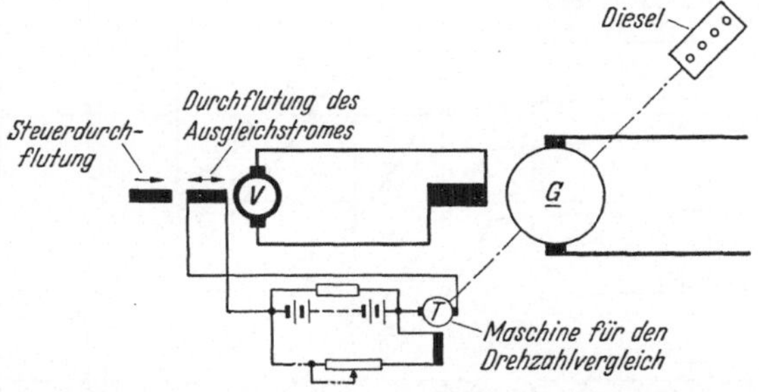

Abb. 157. Dieselelektrische Lokomotive: Prinzipschaltung für eine elektrische Regelung auf optimale Abgabeleistung des Diesels. Leistungskriterium: Dieseldrehzahl

Der Erregerstrom der Maschine T wird so eingestellt, daß bei Solldrehzahl beide Spannungen gleich sind. Überwiegt die Batteriespannung (Unterdrehzahl), fließt ein Ausgleichstrom über die Erregerwicklung der Verstärkermaschine und aberregt Verstärkermaschine und Hauptgenerator. Infolgedessen wird die Spannung an den Fahrmotoren und damit die Leistung herabgesetzt, der Diesel entlastet. Überwiegt die Spannung der Tachometermaschine (Überdrehzahl), wird die Verstärkermaschine und damit auch der Hauptgenerator auferregt, die Spannung und Leistung an den Fahrmotoren also erhöht. Das bedeutet auch eine Leistungserhöhung für den Diesel.

Von der Sollwert-Batterie wird auch das Feld der Tachometermaschine erregt. Dadurch ändert sich die Ausgangsspannung der Tachometermaschine im gleichen Verhältnis wie die Batteriespannung, so daß bei Solldrehzahl immer Spannungsgleichgewicht besteht, auch wenn die Batteriespannung z.B. auf Grund des Ladungszustandes schwankt. Diese Anordnung arbeitet nur einwandfrei, wenn die Ankerspannung der Tachometerdynamo sowohl der Drehzahl als auch der Erregerspannung proportional ist. Man braucht daher eine Tachometermaschine,

[1] FLETCHER, S., u. A. TUSTIN: The Metadyne and its application to electric traction J. I. E. E. 1939 Nr. 513, S. 370 ff.

[2] PESTARINI, J. M.: Metadyne Statics. S. 284 ff. New York: Wiley 1952

die frei von Sättigung, Hysterese und Remanenz ist und deren Erregerkreis seinen Widerstand zwischen Stillstand und Betrieb nicht ändert. Eine ungesättigte Maschine mit großem Luftspalt und großem temperaturunabhängigem Vorwiderstand im Erregerkreis erfüllt diese Bedingungen. Mit wirtschaftlichem Aufwand ist eine solche Maschine nur für sehr kleine Ankerleistung zu bauen, so daß die direkte Einspeisung in eine Erregerwicklung des LEONARD-Generators nicht möglich ist. Die Anordnung ist vorzugsweise bei Lokomotiven angewendet worden, bei denen der LEONARD-Generator von einer Verstärkermaschine erregt

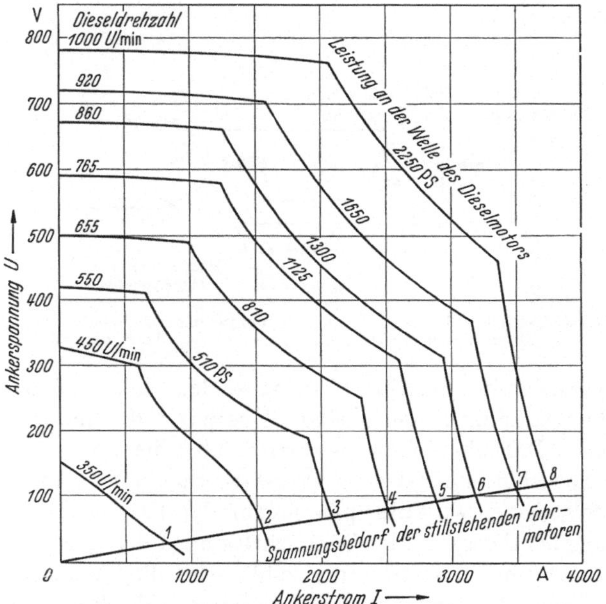

Abb. 158. Dieselelektrische Lokomotive (Abb. 151, 154): Regelkennlinien Ankerspannung des Generators in Abhängigkeit vom Ankerstrom (stationärer Zustand). Als Kurvenparameter vorgegeben: Dieseldrehzahl, entspricht im Bereich konstanter Leistung einer bestimmten Abgabeleistung an der Dieselwelle

wird, da nur für das kleine Leistungsniveau, auf dem der Erregerkreis der Verstärkermaschine arbeitet, die Maschine T wirtschaftlich gebaut werden kann.

Bei den modernen Lokomotiven, so auch bei der hier behandelten GE-Lok, wird meist der Größenvergleich für die Leistungsregelung im Reglerteil des Dieselmotors durchgeführt. Als Führungsgröße der Drehzahlregelung dient dabei die eingespritzte Brennstoffmenge, der bei wirtschaftlicher Auslastung des Diesels eine ganz bestimmte Drehzahl entsprechen muß. Sinkt die Drehzahl unter diesen Sollwert (Überlastung des Diesels), wird über das Reglergestänge der Abgriff des Spannungsteilers r_1 (Schaltbild Abb. 154) betätigt und damit u_{st} verkleinert. Dadurch wird die Spannung des Hauptgenerators und damit die Leistung der Fahrmotoren herabgesetzt. Steigt die Drehzahl über den Sollwert, wird u_{st} vergrößert. Das hat eine Erhöhung der Leistung im LEONARD-Kreis und damit auch der Leistung an den Fahrmotoren zur Folge. Abb. 158 zeigt gemessene Stromspannungskennlinien des LEONARD-Generators der 2250 PS-Lokomotive. Parameter sind durch die Dieseldrehzahl gegebene Leistungsstufen. Die Kurven entsprechen weitgehend der Idealkennlinie von Abb. 153.

VII. Schiffselektrotechnik

Die meisten Schiffe besitzen heute umfangreiche elektrische Anlagen. Neben elektrischen Fernmelde- und Lichtanlagen sind viele Arbeitsmaschinen, wie Pumpen und Winden, mit elektrischen Antrieben ausgerüstet. In vielen Fällen werden auch die Propeller durch Elektromotoren angetrieben.

Die Forderung des Schiffbauers nach geringem Gewicht und Raumbedarf der elektrischen Anlage zwingt den Schiffselektrotechniker, Maschinen und Geräte bis an Ihre Leistungsgrenze auszunutzen. Bei Steuervorgängen ist es jedoch für das Bedienungspersonal oft schwierig, die vorgeschriebenen Grenzwerte einzuhalten, insbesondere bei Manövern. Es hat sich daher auch in der Schiffselektrotechnik als zweckmäßig erwiesen, die Aufgabe der Betriebsüberwachung dem Menschen abzunehmen und einer Regelung zu übertragen, wodurch man sowohl dem Gesichtspunkt der wirtschaftlichen Ausnutzung als auch dem der leichten Bedienbarkeit gerecht werden kann.

Im folgenden wird über einige Gebiete der Schiffselektrotechnik berichtet, wo für Regelzwecke Maschinenverstärker eingesetzt wurden.

1. Elektrische Fahrantriebe

Die elektrische Kraftübertragung von der Maschine zum Schiffspropeller weist Vorteile gegenüber der mechanischen Kupplung von Propeller und Kraftmaschine auf, über die im einschlägigen Schrifttum mehrfach berichtet worden ist (HEESCH u. JUNG[1]). Gewinn von Schiffsraum, der bei direktem Antrieb durch die in langen, begehbaren Tunneln zu führenden Wellen verlorengeht, freie Platzwahl für die Maschinenanlage im Schiff, sind nur einige dieser Vorteile. Ein anderer Vorteil ist, daß sich der Drehsinn der Propeller durch Maßnahmen in der elektrischen Übertragungsanlage umkehren läßt. Bei direkter Kupplung muß dagegen entweder die Drehrichtung der Kraftmaschine umgesteuert oder

[1] HEESCH, C., u. H. JUNG: Dieselelektrischer Schraubenantrieb für die Neubauten der HADAG-Fährschiffe, Hansa (1953) Nr. 17/18

sogar (bei Turboantrieb) ein besonderer Maschinensatz für die Rückwärtsfahrt aufgestellt werden.

a) Drehstrompropellerantriebe. Für große Antriebsleistungen am Propeller hat sich der Drehstrom-Synchronmotor bewährt. Der Drehstrom ermöglicht die Anwendung hoher Spannungen und damit die Verwendung kleiner Kupferquerschnitte in Schaltanlagen und Verbindungskabeln. Gegenüber dem Asynchronmotor hat der Synchronmotor den Vorteil, daß sich ein Leistungsfaktor $\cos\varphi = 1$ einstellen läßt.

Die Drehstromfahranlage muß auch bei Laststößen stabil arbeiten, d.h. die Maschinen dürfen nie außer Tritt fallen. Laststöße treten am Propellermotor z. B. auf, wenn das Schiff manövriert oder wenn das Schiff bei schwerem Seegang den Wellenberg erklettern muß und anschließend hinabgleitet oder wenn sich bei schwerem Seegang die Schraube aus dem Wasser hebt und wieder eintaucht. Nun erhält man jedoch bei einer Drehstrom-Kraftübertragung Synchrongenerator—Synchronmotor (Abb. 136) recht ungünstige Stabilitätsverhältnisse, wie bereits in D V 2 gezeigt wurde, denn die stationäre Kippleistung einer solchen Anordnung ist sehr klein [Gl. (109)]. Um sie zu erhöhen, kann man einmal den Nenner in Gl. (109) klein machen, d. h. die Maschinen mit kleiner Synchronreaktanz X_d bauen, ein Weg, den man bei den meisten älteren Drehstromfahranlagen gegangen ist. Man kann aber auch den Zähler in Gl. (109) vergrößern, d. h. durch Stoßerregung der Maschinen die Polradspannungen E_p erhöhen. Durch die Anwendung einer Stoßerregung erzielt man bei Generator und Propellermotor eine erhebliche Gewichtsersparnis, denn Generator und Motor sind dann im wesentlichen nach ihrer Dauerleistung zu bemessen. Eine kleine Synchronreaktanz erkauft man dagegen bei Synchronmaschinen im allgemeinen mit einer Typenvergrößerung.

Im zweiten Weltkrieg hat die US-Marine fast 500 elektrisch angetriebene 7000 t Transportschiffe (die sog. Liberty-Schiffe) mit Stoßerregeranordnungen ausgerüstet. Für die Wahl des elektrischen Antriebes war unter anderem der folgende Gesichtspunkt maßgebend: Die Bauzeit der Schiffe mußte auf etwa 1 Monat gedrückt werden. Unter diesen Umständen konnte man bei einem derartigen Riesenprojekt nicht nur auf die wenigen Firmen zurückgreifen, die Erfahrungen im Bau von Schiffsmaschinen und -getrieben hatten und die ja mit Rüstungsaufträgen ohnehin überlastet waren, sondern mußte auch die Kapazität anderer Industriezweige, so vor allem der Elektroindustrie ausnutzen.

Abb. 159 zeigt das Schaltbild einer von Westinghouse erstellten elektrischen Fahranlage (LINDBECK[1]). Synchron-Propellermotor und Synchron-Turbogenerator werden durch eine gemeinsame Haupterregermaschine er-

[1] LINDBECK, S.: Rototrol Reduces Size of Ship-Drives, Westinghouse Engineer 1947, S. 87

regt, deren Feldwicklung von einer Verstärkermaschine Rototrol gespeist wird. Das Rototrol ist mit 3 Erregerwicklungen versehen. Die Steuerwicklung wird von einem Gleichstromnetz gespeist. Der Steuerstrom i_{st} ist über den Widerstand r_1 einstellbar. Der Sekundärseite eines Spannungswandlers wird eine der Fahrnetzspannung U proportionale Spannung u entnommen. Im Sekundärkreis des Spannungswandlers liegt eine Drossel, deren induktiver Widerstand $\omega L = 2\pi f L$ groß gegenüber allen anderen Widerständen im Kreise ist. Es wird daher $i_2 \approx \frac{u}{2\pi f L} \sim \frac{U}{f}$. Der Wechselstrom im Sekundärkreis des Wandlers wird in einer GRAETZ-Brücke gleich-

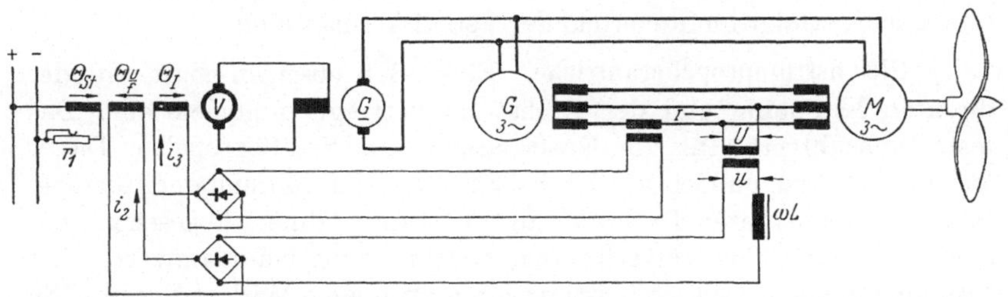

Abb. 159. Prinzipschaltung der elektrischen Fahranlage eines Drehstromschiffes: Regelung durch Rototrol-Verstärkermaschine (System Westinghouse). Regelproblem: Regelung auf konstanten Wert U/f. Stoßerregung der Drehstrommaschinen bei plötzlichen Laststößen

gerichtet und einer Wicklung der Verstärkermaschine zugeführt, deren Durchflutung $\Theta_{u/f}$ der Steuerdurchflutung entgegenwirkt. Ein dem Fahrstrom proportionaler Wechselstrom wird einem Stromwandler entnommen, in einer GRAETZ-Schaltung gleichgerichtet und einer dritten Erregerwicklung der Verstärkermaschine zugeführt. Die dem Fahrstrom proportionale Durchflutung Θ_J wirkt im Sinne der Steuerdurchflutung.

Die Durchflutungen der 3 Wicklungen sind so abgestimmt, daß sich bei stationärem Betrieb $\Theta_{u/f}$ und Θ_J nahezu aufheben und praktisch nur die Steuerdurchflutung Θ_{St} wirksam ist. Tritt ein Laststoß auf, steigt der Fahrstrom J, während bei annähernd gleichbleibender Frequenz f die Spannung U absinkt. Damit sinkt die Gegendurchflutung $\Theta_{u/f}$, während die auferregende Durchflutung $\Theta_{St} + \Theta_J$ zunimmt. Die plötzliche Erhöhung der wirksamen Durchflutung erzwingt einen schnellen Anstieg der Ankerspannung der Verstärkermaschine und leitet damit über die Haupterregermaschine die Stoßerregung von Synchronmotor und Synchrongenerator ein, wirkt also gemäß Gl. (109) im Sinne einer Erhöhung der Polradspannungen E_p. Nach Angaben von WESTINGHOUSE arbeitet die Fahranlage mit dieser Erregeranordnung noch unter Belastungsverhältnissen stabil, unter denen konstanterregte Synchronmaschinen nicht mehr im Synchronismus zu halten sind.

Unter den deutschen Nachkriegsbauten ist das 1953 in Dienst gestellte Frachtschiff „Falkenstein“ mit einer modernen Drehstromfahranlage ausgerüstet, die von der AEG geliefert wurde.[1] Auf den Synchron-Propellermotor dieses Schiffes, der bei 125 U/min eine Leistung von 4650 PS abgibt, können 4 dieselgetriebene Synchrongeneratoren von je 1150 kVA geschaltet werden. Eine gemeinsame Haupterregermaschine liefert die Erregerspannung für Generatoren und Propellermotor. Ihre Erregerwicklung wird von einer Querfeldverstärkermaschine gespeist. Regelgröße ist der Quotient $\frac{U}{f}$. Der Größenvergleich für die Regelung, die gleichzeitig eine wirksame Stoßerregung der Drehstrommaschinen ermöglicht, erfolgt im Steuerfeld der Verstärkermaschine.

b) Gleichstrompropellerantriebe. Eine Betriebseigenschaft ist der direkten Kupplung und der Drehstromübertragung gemeinsam: Das feste Drehzahlverhältnis von Kraftmaschine und Schiffspropeller. Dieses kann in Kauf genommen werden bei Schiffen, die während der Hochseefahrt mit konstanter Drehzahl und Leistung laufen, abgesehen von gewissen Laststößen bei schwerem Seegang und bei Manövern. Die Fahranlage hat bei dieser Leistung ihren optimalen Wirkungsgrad. Ein Fahren mit geringerer oder etwas größerer Drehzahl und Leistung ist technisch möglich. Da aber die Dauer eines solchen Betriebes gemessen an der gesamten Hochseefahrtzeit nicht ins Gewicht fällt, braucht man auf die besonderen Betriebsbedingungen einer Fahrt mit größerer oder geringerer Leistung in den meisten Fällen bei der Bemessung des Propellerantriebs keine Rücksicht zu nehmen.

Bei anderen Schiffseinheiten gehört das Fahren in mehreren Geschwindigkeitsstufen grundsätzlich zum Betrieb, beispielsweise bei Kriegsschiffen. Für solche Einheiten bringt die starre Kupplung von Kraftmaschine und Propeller nun betrieblich einen wesentlichen Nachteil, der an Hand des Leistungs-Drehzahl-Schaubildes eines Dieselantriebes $\mathfrak{N} = f(\nu)$ (Abb. 160a) erläutert werden soll. Es sind normierte Größen aufgetragen. Als Bezugsgröße für die Ordinate $\mathfrak{N} = \frac{N}{N_{opt}}$ ist eine optimale Leistung N_{opt}, die der Modelleistung des Dieselmotors entspricht, gewählt. Die zugehörige Drehzahl, auf die die Abszissenwerte $\nu = \frac{n}{n_{opt}}$ bezogen sind, sei mit n_{opt} bezeichnet.

Wie schon in D VI 2 erwähnt wurde, arbeiten Dieselmotoren nur wirtschaftlich, wenn sie mit konstantem Drehmoment fahren können. Sie sind gegen Überlastung außerordentlich empfindlich. Unterhalb des wirtschaftlichen Drehmomentes arbeiten sie mit schlechtem Wirkungsgrad. Die wirtschaftliche Leistung eines Dieselmotors N_D ist daher seiner

[1] HEIL, W.: Elektrische Schiffsschraubenantriebe, ETZ B/6 (1954), S. 266 uff.

Drehzahl n_D proportional, also

$$N_D = \text{konst.} \cdot n_D \quad \text{oder} \quad \frac{N_D}{N_{D\,opt}} = \frac{n_D}{n_{D\,opt}} \quad \text{und damit} \quad \mathfrak{N}_D = \nu_D \qquad (117\text{a})$$

Im normierten Diagramm kann also die wirtschaftliche Dieselleistung in Abhängigkeit von der Drehzahl durch eine unter 45° verlaufende Gerade dargestellt werden.

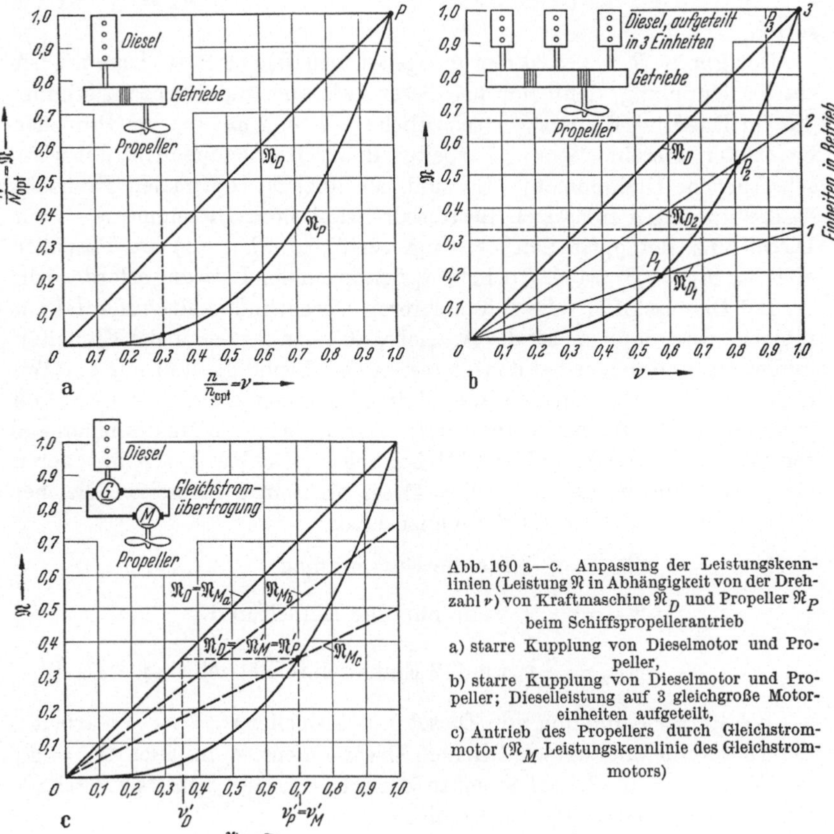

Abb. 160 a—c. Anpassung der Leistungskennlinien (Leistung $\mathfrak{N}$ in Abhängigkeit von der Drehzahl ν) von Kraftmaschine $\mathfrak{N}_D$ und Propeller $\mathfrak{N}_P$ beim Schiffspropellerantrieb

a) starre Kupplung von Dieselmotor und Propeller,

b) starre Kupplung von Dieselmotor und Propeller; Dieselleistung auf 3 gleichgroße Motoreinheiten aufgeteilt,

c) Antrieb des Propellers durch Gleichstrommotor ($\mathfrak{N}_M$ Leistungskennlinie des Gleichstrommotors)

In das gleiche Schaubild ist auch die Leistung des Propellers N_P als Funktion seiner Drehzahl n_P eingetragen. Die Propellerkennlinie ist in erster Näherung eine kubische Parabel, so daß $N_P = \text{konst.} \cdot n_P^3$ oder in normierten Größen

$$\frac{N_P}{N_{P\,opt}} = \left(\frac{n_P}{n_{P\,opt}}\right)^3 \qquad \text{und damit} \qquad \mathfrak{N}_P = \nu_P^3 \qquad (117\text{b})$$

zu setzen ist. Mit $N_{P\,opt}$ ist eine der optimalen Dieselleistung entsprechende Leistung am Propeller bezeichnet. $n_{P\,opt}$ ist die Propellerdrehzahl bei der optimalen Leistung $N_{P\,opt}$. Nun sind aber Dieselmaschine und Schiffspropeller starr gekuppelt, also muß sein $\frac{n_D}{n_{D\,opt}} = \nu_D = \frac{n_P}{n_{P\,opt}} = \nu_P = \nu$. Da im Diagramm nicht mit der wirklichen Leistung, sondern nur mit bezogenen Größen gearbeitet wird, kann für Betrachtungen grundsätzlicher Art der Wirkungsgrad der Übertragung $\eta = \frac{N_P}{N_D}$ unberücksichtigt bleiben. Es ist daher für $\nu = 1$ auch $\mathfrak{N}_D = \mathfrak{N}_P = \mathfrak{N} = 1$ zu setzen.

Der Punkt $\mathfrak{N}$, $\nu = 1$ ist der einzige wirtschaftliche Betriebspunkt bei starrer Kupplung, denn nur bei dieser Leistung und Drehzahl stimmt die am Diesel verfügbare wirtschaftliche Leistung mit der am Propeller benötigten überein. Bei $\nu < 1$ arbeitet die Kraftmaschine nicht mit wirtschaftlichem Drehmoment. So sind bei 30% der optimalen Drehzahl — der untersten zulässigen Betriebsdrehzahl eines Dieselmotors — am Diesel 30% der optimalen Leistung verfügbar ($\mathfrak{N}_D = \nu$) am Propeller aber nur $\mathfrak{N}_P = 0{,}3^3 = 0{,}027$, d. h. 2,7% der optimalen Leistung erforderlich.

Bei Dieselschiffen, die mit mehreren Geschwindigkeitsstufen fahren müssen, wird dann meist die Antriebsanlage in 2 oder mehr Einheiten aufgeteilt, von denen bei den kleineren Geschwindigkeiten nur ein Teil in Betrieb ist. Aber auch dann wird die Maschinenanlage noch nicht voll ausgenutzt. Die Betriebsverhältnisse einer unterteilten Maschinenanlage seien anhand des Schaubildes 160b betrachtet. Die Kraftmaschine, deren Gesamtleistung wieder N_{opt} ($\mathfrak{N} = 1$) sei, wird in 3 Einheiten gleicher Leistung aufgeteilt. Es ist dann anzusetzen

$$\mathfrak{N}_D = \nu \quad \text{für die Gesamtanlage,}$$

$$\mathfrak{N}_{D1} = \frac{1}{3}\nu, \quad \text{wenn nur eine Einheit und}$$

$$\mathfrak{N}_{D2} = \frac{2}{3}\nu, \quad \text{wenn 2 Einheiten in Betrieb sind.}$$

Bei starrer Kupplung von Diesel und Propeller $\nu_D = \nu_P = \nu$ arbeitet der Diesel nur mit wirtschaftlichem Drehmoment, wenn auch $\mathfrak{N}_D = \mathfrak{N}_P$ ist. Wenn nur eine Dieseleinheit in Betrieb ist, ergibt sich als wirtschaftlicher Betriebspunkt P_1. Dabei gilt:

$$\mathfrak{N}_{D1} = \frac{1}{3}\nu \quad \text{und} \quad \mathfrak{N}_P = \nu^3 .$$

Aus der Bedingung $\mathfrak{N}_{D1} = \mathfrak{N}_P$ folgt dann

$$\nu^2 = \frac{1}{3} \qquad \nu = \sqrt{\frac{1}{3}} = 0{,}575 .$$

Das entspricht einer Leistung $\mathfrak{N} = 0{,}575^3 = 0{,}19$. Bei voller Drehzahl $\nu = 1$ könnte die Dieseleinheit eine Leistung von $\mathfrak{N}_D = 0{,}33$; ihre Modelleistung, abgeben. Wenn nur eine Einheit in Betrieb ist, kann der Diesel aber nie voll ausgefahren werden, da ja oberhalb des

Punktes P_1 der Diesel die am Propeller erforderliche Leistung nicht mehr aufbringen kann. Man erreicht daher bei Betrieb mit unterteilter Kraftmaschine einen Punkt mit verminderter Geschwindigkeit, an dem der Diesel zwar mit wirtschaftlichem Drehmoment, aber nur etwa mit der Hälfte seiner Modelleistung fahren kann. Bei Betrieb mit 2 Einheiten arbeitet der Diesel mit wirtschaftlichem Drehmoment bei einer Drehzahl $\nu = 0{,}815$, entspricht einer Leistung $\mathfrak{N} = 0{,}54$ (P_2). Die Modelleistung des Diesels beträgt aber $\mathfrak{N}_D = 0{,}66$. Die volle Ausnutzung ist daher auch bei unterteilter Maschinenanlage nur am Punkt P_3 ($\mathfrak{N} = 1, \nu = 1$) möglich, d.h. bei Betrieb mit allen 3 Einheiten.

Eine bessere Ausnutzung des Dieselmotors wird erreicht, wenn eine Gleichstrom-LEONARD-Schaltung für die Energieübertragung von der Kraftmaschine zum Propeller benutzt wird. Dabei werden die Gleichstrom-Propellermotoren von LEONARD-Generatoren gespeist, die mit den Dieselmotoren gekuppelt sind (HEIL[1]). Das Drehzahlübersetzungsverhältnis von Kraftmaschine und Propellermotor ist bei einer Gleichstrom-LEONARD-Fahranlage durch drei willkürlich stellbare Größen zu beeinflussen.

α) Die Drehzahl der Kraftmaschine n_D; (Unterste zulässige Drehzahl $\nu = 0{,}3$). Der Drehzahl entspricht eine bestimmte wirtschaftliche Leistung der Kraftmaschine.

β) Die Ankerspannung des LEONARD-Generators U. Sie wird nicht allein von der Drehzahl n_D, sondern von dem Produkt aus n_D und magnetischem Fluß Φ_{Gen} (stellbar über den Erregerstrom i_{Gen}) bestimmt. Die Drehzahl des Propellermotors, die ja gemäß Gl. (1) der Ankerspannung U proportional ist, wird also unabhängig von der Drehzahl des Dieselmotors. Bei einer Gleichstromübertragung läßt sich daher auch eine Propellerdrehzahl $\nu_P < 0{,}3$ einstellen, was bei starrer Kupplung mit Rücksicht auf den Diesel unmöglich ist. Dadurch ergeben sich günstige Manövriereigenschaften, auf die es z. B. bei Fährschiffen (z. B. Dieselelektrische Hafenfähren der HADAG, Hamburg), Lotsenschiffen und ähnlichen Spezialfahrzeugen ankommt.

γ) Der magnetische Fluß des Propellermotors Φ_{mot}, stellbar durch den Erregerstrom des Propellermotors i_{mot}. Das Drehmoment einer Gleichstrommaschine ist in erster Näherung nach Gl. (2) dem Produkt aus Maschinenfluß Φ und Ankerstrom J proportional. Die Drehzahl des Gleichstrommotors ist nach Gl. (1) dem magnetischen Fluß umgekehrt proportional. Wenn also ein Gleichstrommotor eine ihm zugeführte elektrische Leistung $U\,J$ in eine mechanische Leistung $N_{mech} = \eta\, U\, J = \text{konst.} \cdot M\, n$ umformen soll, so

[1] HEIL, W.: Elektrische Antriebe für Schiffsschrauben, AEG-Mitt. 1952, Heft 1/2

hängt es vom magnetischen Fluß und damit vom Erregerstrom des Motors ab, wie groß jeder der Faktoren Drehmoment M und Drehzahl n des durch $U\,J$ bestimmten konstanten Produkts ist. Bei starkem magnetischem Fluß (hoher Erregerstrom) hat der Motor ein hohes Drehmoment, aber eine kleine Drehzahl; bei schwachem Feld (kleiner Erregerstrom) ein kleines Drehmoment, aber eine hohe Drehzahl. Der Gleichstromnebenschlußmotor hat also die Eigenschaft eines *Drehmomentwandlers.* Bei konstantem Ankerstrom J ist die obere Drehmomentgrenze durch die Sättigung im Motorfeld gegeben. Die untere Drehmomentgrenze liegt dort, wo die Ankerrückwirkung und die Bürstenkurzschlußströme so starken Einfluß auf das geschwächte Hauptfeld gewinnen, daß die Maschine instabil wird. Das tritt bei Gleichstromnebenschlußmotoren in der Regel ein, wenn der magnetische Fluß auf weniger als $\frac{1}{3}$ seines Nennwertes geschwächt wird.

Diese Drehmomentwandlereigenschaft des Gleichstrom-Nebenschlußmotors wurde bei älteren Gleichstromfahranlagen zur Anpassung von Kraftmaschinen- und Propellerkennlinie benutzt. Während sich ja bei starrer Kupplung ein wirtschaftlicher Betriebspunkt $\mathfrak{N}_D = \mathfrak{N}_P$ immer nur dort ergibt, wo außer den $\mathfrak{N}$-Werten auch die ν-Werte übereinstimmen — da die Leistung dem Produkt aus Drehmoment und Drehzahl verhältnisgleich ist, setzt die starre Kupplung auch ein festes Drehmomentverhältnis von Propeller und Antriebsmaschine voraus — ist beim elektrischen Antrieb der wirtschaftliche Betriebspunkt nur noch durch die Bedingung $\mathfrak{N}_P = \mathfrak{N}_D$ festgelegt. Das Drehzahl- und Momentenverhältnis von Kraftmaschine und Propeller spielt keine Rolle mehr.

Abb. 160c zeigt die Drehzahlleistungskennlinie einer älteren Gleichstromfahranlage, wiederum aufgetragen in normierten Größen für den nicht unterteilten Diesel (entspricht a), mit der Leistungskennlinie $\mathfrak{N}_D = \nu_D$, dargestellt durch eine unter 45° verlaufende Gerade und der Propellerkennlinie $\mathfrak{N}_P = \nu_P^3$. Als Leistungskennlinie des Propellermotors ergibt sich eine Gerade, wenn konstantes Drehmoment (Φ = konst., J = konst.) vorausgesetzt und eine Änderung des Wirkungsgrades mit der Drehzahl vernachlässigt wird: $\mathfrak{N}_M = \text{konst.} \cdot \nu_M$. Da der Gleichstrommotor mit dem Propeller starr gekuppelt ist, gilt $\nu_M = \nu_P$. Im Diagramm sind drei Leistungskennlinien für den Propellermotor eingetragen: Eine Leistungskennlinie $\mathfrak{N}_{Ma} = \mathfrak{N}_D$ mit dem Drehmoment M_a, wie sie einzustellen ist, wenn die Maschinenanlage voll ausgefahren werden soll. Sie deckt sich mit der Kennlinie des Dieselmotors $\mathfrak{N}_D = \nu_D$. $\mathfrak{N}_{Mb}$ entspricht einer Drehmomenteinstellung von 0,75 M_a, $\mathfrak{N}_{Mc}$ einer Drehmomenteinstellung von 0,5 M_a, bei der eine Propellerdrehzahl $\nu'_P = 0{,}7$ erreicht wird. Die Leistung am Propeller beträgt dabei

$\mathfrak{N}'_P = 0{,}35$. Diese Leistung gibt der Diesel bei einer Drehzahl von $\nu'_D = 0{,}35$ ab, wenn er mit wirtschaftlichem Drehmoment fährt.

Bei modernen Gleichstromfahranlagen fährt der Propellermotor mit konstantem Erregerstrom. Das am Propellermotor entwickelte Drehmoment ist dann dem Ankerstrom proportional [Gl. (2)]. Durch eine Kennliniensteuerung am LEONARD-Generator wird erreicht, daß sich Ankerspannung U und Ankerstrom J so einstellen, daß der Diesel immer mit wirtschaftlicher Leistung fährt. Diese „Selbsttätige Drehmomentwandlung" ermöglicht eine sichere Anpassung der Kennlinien von Kraftmaschine und Schiffspropeller, die vor allem bei Schleppfahrzeugen von Bedeutung ist. Das sind u. a. Schlepper, Fischdampfer vor dem Netz, Eisbrecher und Minensuchboote.

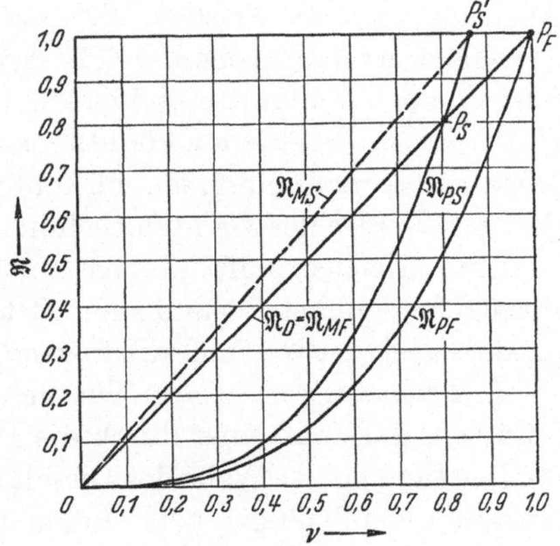

Abb. 161. Leistungskennlinien bei Freifahrt ($\mathfrak{N}_{PF}$, $\mathfrak{N}_{MF}$) und Schleppbetrieb ($\mathfrak{N}_{PS}$, $\mathfrak{N}_{MS}$)

Die besonderen Betriebsbedingungen des Schleppvorganges seien anhand des Schaubildes 161 betrachtet: Das Schiff weist bei Freifahrt eine Propellerkennlinie $\mathfrak{N}_{PF} = \nu_P^3$ auf. Im Schleppbetrieb stelle sich dagegen eine Propellerkennlinie $\mathfrak{N}_{PS} = 1{,}5\,\nu_P^3$ ein. (Der Kurvenverlauf $\mathfrak{N}_{PS}$ ist dadurch zu erklären, daß das Schleppen einer Zusatzlast, z. B. des Netzes bei gleicher Drehzahl ν_P eine größere Leistung am Propeller erfordert als die Freifahrt. Ein unterschiedlicher Kurvenverlauf $\mathfrak{N}_P = f(\nu_P)$ ergibt sich auch bei U-Booten zwischen der Fahrt in getauchtem und aufgetauchtem Zustand.) $\mathfrak{N}_D = \nu_D$ sei wiederum die Leistungskennlinie des Dieselmotors. Bei starrer Kupplung von Kraftmaschine und Propeller gibt es sowohl bei Freifahrt als auch bei Schleppbetrieb nur einen einzigen wirtschaftlichen Betriebspunkt $\mathfrak{N}_D = \mathfrak{N}_P$: Bei Freifahrt P_F ($\mathfrak{N} = 1$; $\nu = 1$), bei Schleppbetrieb P_s ($\mathfrak{N} = 0{,}8$; $\nu = 0{,}8$). Es kann also beim Schleppen nie mit voller Maschinenleistung $\mathfrak{N}_D = 1$; $\nu_D = 1$ gefahren werden. Nun steht aber im Gleichstrommotor ein Propellerantrieb zur Verfügung, dessen Drehzahl und Drehmoment unabhängig von Drehzahl und Drehmoment der Kraftmaschine sind.

Bei der Drehmomentwandlung über den Erregerstrom des Propellermotors würde die volle Ausnutzung der Maschinenleistung ($\mathfrak{N}_D = 1$; $\nu_D = 1$) erreicht, indem man am Propellermotor die Leistungskennlinie $\mathfrak{N}_{MS}$ einstellt. Diese Kennlinie schneidet die Propellerkennlinie des

Schleppbetriebes $\mathfrak{N}_{PS}$ im Punkt P_S, entspricht einer Propellerdrehzahl $\nu_P = 0{,}88$ und einer Leistung $\mathfrak{N}_{PS} = 1$. Um also auch bei Änderung der Propellerkennlinie immer mit voller Maschinenleistung fahren zu können, müßte man die jeweilige Kennlinie des Propellermotors durch Feldänderung der Propellerkennlinie anpassen. Das erfordert eine sehr aufwendige und empfindliche Regelung für den Erregerstrom des Propellermotors. Bei einer Kennliniensteuerung am LEONARD-Generator erfolgt die Anpassung dagegen selbsttätig.

Die besonderen Vorzüge einer Kennliniensteuerung über den LEONARD-Generator zeigen sich ferner bei Schiffen, an deren Propeller häufig Stoßbelastungen auftreten, z. B. Fährschiffe beim Ruderlegen und Umsteuern, Eisbrecher beim Aufschlag des Propellers auf das Eis. Auch für derartige Spezialschiffe hat sich, genau wie für die Schlepper, der Gleichstrompropellerantrieb gut bewährt. Bei starrer Kupplung muß nämlich die Kraftmaschine die Laststöße vom Propeller aufnehmen. Unter diesen Umständen könnte man den gegen Überlast empfindlichen Dieselmotor nicht einsetzen, obwohl man ihn aus wirtschaftlichen Gründen gerade hier der Dampfmaschine vorziehen möchte.

Eine Gleichstromfahranlage mit dieselgetriebenem Generator, die für den Schleppbetrieb und einen Betrieb mit häufiger Stoßbelastung besonders geeignet ist, muß die folgenden Forderungen erfüllen:

1. *Leistungsbegrenzung:* Um den Dieselmotor vor Überlastung zu schützen, darf auf einer durch die Dieseldrehzahl gegebenen Fahrstufe die Leistung an der Welle des Diesels 110% der Dauerleistung nicht überschreiten, unabhängig von Drehmoment und Drehzahl des Propellermotors.

2. *Strombegrenzung:* Mit Rücksicht auf die elektrischen und mechanischen Beanspruchungen der Fahranlage muß der Strom im LEONARD-Kreis auf ca. 200 bis 230% des Nennstromes begrenzt werden. Dieser Punkt der Kennlinie wird bei scharfen Manövern sowie bei von außen her stillgesetztem Propeller (z. B. Blockierung durch Eis oder ähnliches) erreicht. Er entspricht etwa dem 2 bis 2,3fachen Nennmoment des Propellermotors (Stillstandsmoment).

3. *Spannungsbegrenzung:* Die Leerlaufspannung darf 125 bis 130% der Nennspannung nicht überschreiten. Dadurch wird verhindert, daß der Propellermotor bei plötzlicher Entlastung (z. B. bei Austauchen oder Verlust eines Propellers) eine unzulässig hohe Drehzahl annimmt. Auch hier gilt die Relation, daß sich im Leerlauffall die Drehzahl auf ca. 1,25 bis 1,3fachen Wert der Nenndrehzahl einstellt. Sowohl die Isolation der Maschinen, Schaltanlagen und Kabel, als auch die Festlegung der Schleuderdrehzahl der Propellermotoren wird hiernach bestimmt.

Die Stromspannungskennlinie des LEONARD-Generators in einer Gleichstromfahranlage muß also etwa den gleichen Verlauf wie die des

Generators einer Umformerlokomotive aufweisen. Abb. 146 zeigt diese für den Generator üblicher Bemessung. Diesen Verlauf erhält man bei Kennlinien von Generatoren in Schaltung 145a, 147a und 148a.

Für die Gleichstromfahranlagen hat sich die KRÄMER-Schaltung (Abb. 147a) hervorragend bewährt. Sie weist nicht nur den gewünschten Kennlinienverlauf auf, sondern bietet darüber hinaus die Möglichkeit,

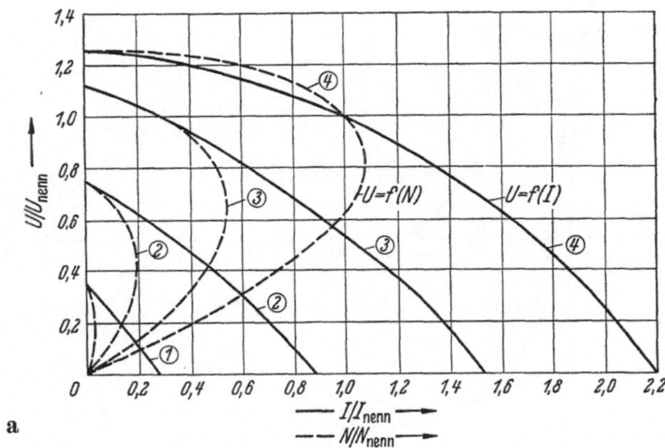

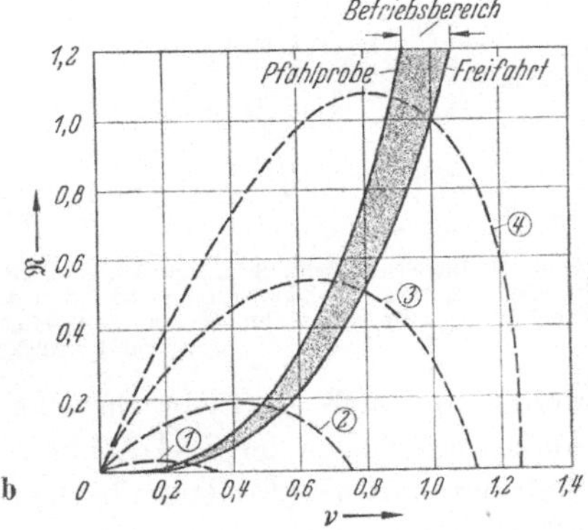

Abb. 162 a u. b. Dieselelektrischer Schiffsantrieb der HADAG-Fährschiffe mit Kennlinienregelung durch Gleichstrom-KRÄMER-Generatoren: Regelkennlinien (stationärer Zustand)
a) Ankerstrom und Ankerleistung in Abhängigkeit von der Ankerspannung. Als Kurvenparameter vorgegeben: Steuerdurchflutung des KRÄMER-Generators,
b) Leistungsbedarf am Schiffspropeller und Leistungsabgabe des KRÄMER-Generators in Abhängigkeit von der Drehzahl des Propellermotors. Als Kurvenparameter vorgegeben: blockierter Schiffskörper (Pfahlprobe) und Freifahrt bei der Propellerkennlinie; Steuerdurchflutung beim KRÄMER-Generator

die notwendigen Verzögerungszeiten bei Umsteuervorgängen einzustellen. Dies wird erreicht durch zweckmäßige Abstimmung der Durchflutungsbeträge und Zeitkonstanten von fremderregter Steuerwicklung, selbsterregter Nebenschlußwicklung und Stromgegenwicklung. Die KRÄMER-Schaltung kann daher für Manöverantriebe als ideale Regelmaschine bezeichnet werden. Dabei ist zunächst gleichgültig, ob der Durchflutungsvergleich in den LEONARD-Generator selbst oder in einen besonderen Maschinenverstärker, der die Erregerwicklung des Fahrgenerators speist, gelegt wird.

Für Propellerantriebe kleiner und mittlerer Leistung wird meist der LEONARD-Generator selbst als KRÄMER-Maschine ausgebildet. So sind beispielsweise die modernen Fährschiffe der HADAG von der AEG mit derartigen Maschinenanlagen ausgerüstet worden. Die Dieselleistung dieser Schiffe liegt zwischen 160 und 375 PS.[1] Die Schiffe sind für den Fährverkehr im Hamburger Hafengebiet bestimmt. Gelegentlich

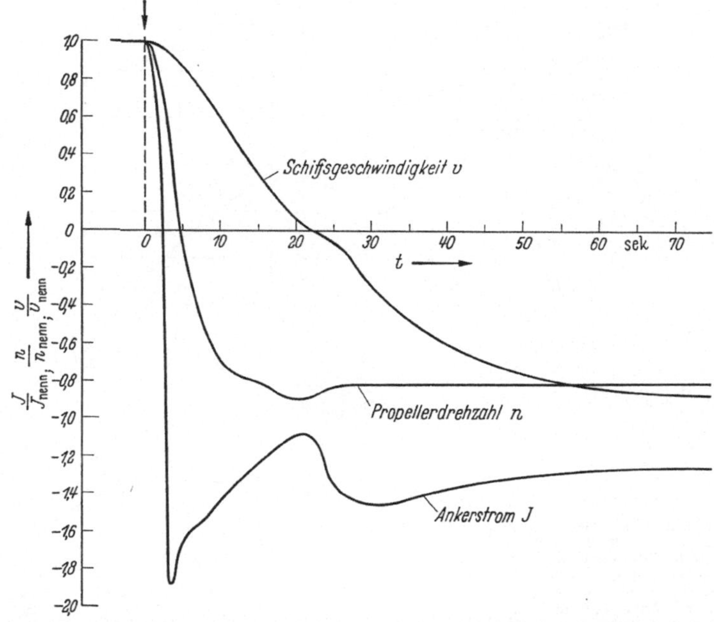

Abb. 163. Dieselelektrischer Schiffsantrieb der HADAG-Fährschiffe. Übergangsfunktionen von Schiffsgeschwindigkeit v, Propellerdrehzahl n und Strom des Ankerkreises J im Oszillogramm. Im Zeitpunkt $t = 0$ wird die Steuerdurchflutung des KRÄMER-Generators im Sinne „Volle Fahrt voraus" auf „Volle Fahrt zurück" umgeschaltet

werden sie auch als Eisbrecher benutzt. Bei der Ausschreibung dieses Auftrages war von der HADAG besonderer Wert auf die gute Manövrierfähigkeit und leichte Bedienbarkeit gelegt worden. So sollte sich das Fährschiff unmittelbar von der Brücke aus von „Volle Fahrt voraus" auf „Volle Fahrt zurück" umsteuern lassen, ohne daß während des Umsteuervorganges die Betriebsgrößen, insbesondere der Ankerstrom, die vorgesehenen Grenzwerte überschreiten.

Abb. 162a zeigt die Stromspannungskennlinie des KRÄMER-Generators dieser Schiffe $U = f(J)$, sowie die Leistungskennlinie $U = f(N)$, aufgetragen in auf Nennwert bezogenen Größen. Als Kurvenparameter sind 4 Fahrstufen vorgegeben. Die Ankerspannung entspricht dabei in

[1] HEESCH, C., u. H. JUNG: Dieselelektrischer Schraubenantrieb für die Neubauten der HADAG-Fährschiffe, Hansa (1953) S. 677—682.

etwa der Drehzahl, der Ankerstrom dem Drehmoment des Propellermotors. Die Leistungsdrehzahlkennlinien $\mathfrak{N} = f(\nu)$ des Propellerantriebes sind, wiederum in bezogenen Größen in Abb. 162b aufgetragen. Der Leistungsbedarf am Propeller in Abhängigkeit von der Drehzahl ist für Freifahrt und blockierten Schiffskörper (Pfahlprobe) angegeben. Der Betriebspunkt für eine bestimmte Fahrstufe ist der Schnittpunkt der Propellerkennlinie mit der Leistungskennlinie des Fahrgenerators. Abb. 163 zeigt im Oszillogramm den Verlauf von Schiffsgeschwindigkeit v, Propellerdrehzahl n und Ankerstrom J beim Umsteuervorgang. Der Ankerstrom J, dessen Verlauf dem Drehmoment am Propeller entspricht, kehrt nach etwa 3 sec seine Richtung um, ohne daß unzulässige Stromspitzen auftreten. Nach etwa 5 sec geht die Propellerdrehzahl durch Null. Das Schiff kommt nach etwa 22 sec zum Stillstand — eine für Schiffe dieser Größe sehr kurze Zeit — um nach etwa 70 sec seine volle Rückwärtsgeschwindigkeit zu erreichen.

Bei größeren dieselelektrischen Schiffseinheiten ist es zweckmäßig, den Durchflutungsvergleich ganz oder teilweise in die Erregermaschine zu verlegen, die als Verstärkermaschine ausgeführt sein kann. Dieser Weg wurde z. B. beim Propellerantrieb des Eisbrechers „General San Martin“ gegangen.[1]

2. Konstantstromsysteme

Konstantstromsysteme (Constant current drives) werden vorzugsweise auf Spezialschiffen angewandt, die außer dem Fahrantrieb noch Hilfsantriebe größerer Leistung (z. B. Pumpen oder Winden bei Schwimmbaggern oder Schwimmkranen) aufweisen. Bei Spezialschiffen dieser Art hat sich heute der elektrische Propellerantrieb durchgesetzt. Die mit den Dieselmotoren gekuppelten Generatoren werden wahlweise zur Speisung der elektrischen Propellermotoren oder der Elektromotoren für die Hilfsantriebe benutzt.

Der elektrische Antrieb allein sichert in solchen Fällen noch nicht die wirtschaftlichste Ausnutzung von Kraftmaschine, Fahranlage und Hilfsantrieben, wie anhand eines praktischen Beispiels gezeigt werden kann: In einem Saugbagger seien zwei Dieselaggregate von je 400 kW eingebaut. Wenn unabhängig von der Fahranlage die Hilfsmaschine im Leonard-Betrieb arbeiten soll, muß ein Erzeugeraggregat auf die Hilfsmaschine umgeschaltet werden. Dem Fahrantrieb gehen damit 400 kW verloren, auch wenn die Hilfsmaschine erheblich weniger Leistung (beispielsweise nur 100 kW) verbraucht. Wenn für den Hilfsantrieb mehr als 400 kW aufzubringen sind, müßte der Fahrantrieb überhaupt abgeschaltet werden.

[1] Heil, W., u. W. Hollmann: Eisbrecher San Martin; Hansa (1955) Nr. 28/29

Falls die hier geschilderten Betriebsverhältnisse unerwünscht sind, muß, sofern man beim einfachen LEONARD-Antrieb bleiben will, entweder die Kraftanlage stark unterteilt werden, wodurch man zu kleinen, u. U. unwirtschaftlichen Einheiten kommt oder es müssen höhere Maschinenleistungen eingebaut werden, als man in Wirklichkeit gleichzeitig benötigt. Diese Nachteile vermeidet des Konstantstromsystem, bei dem alle Gleichstromanker: Generatoren, Propellermotoren und Motoren der Hilfsantriebe in Reihe geschaltet sind und der Ankerstrom konstant gehalten wird. Drehmoment und Drehzahl der Motoren werden mit Hilfe der Motorfeldströme eingestellt.

Konstantstrommotoren unterscheiden sich in ihrem Betriebsverhalten wesentlich von den Gleichstrom-Nebenschlußmotoren in der gewöhnlichen LEONARD-Schaltung (Konstantspannungsmotoren), wie man leicht anhand der Grundgleichungen (1) und (2) zeigen kann.

Aus Gl. (1) folgt bekanntlich, daß dem Nebenschlußmotor in LEONARD-Schaltung bei konstanter Ankerspannung U und konstantem Feld Φ eine bestimmte Leerlaufdrehzahl n vorgeschrieben wird. Der Strom J stellt sich gemäß Gl. (2) entsprechend dem geforderten Drehmoment M ein. Der unter dem Einfluß der Last auftretende Drehzahlabfall $\frac{\Delta n}{n_L} \approx \frac{J\,R}{U}$ ist gering (Abb. 164a). Bei Überlastung kann der Motor einen unzulässig hohen Strom aufnehmen, wenn keine Schutzeinrichtungen vorhanden sind.

Dem Konstantstrommotor wird bei konstantem Feld Φ und konstantem Ankerstrom J ein bestimmtes Drehmoment M vorgeschrieben, das entweder zur Überwindung eines Gegenmomentes oder zum Beschleunigen von rotierenden Massen dienen kann. Der Antrieb nimmt die Betriebsdrehzahl an, bei der das Gegenmoment dem Motordrehmoment gleich ist. Die Ankerspannung stellt sich entsprechend der Drehzahl ein. Wird der Motor mit einem Gegenmoment belastet, das größer als das Motormoment ist, sinkt seine Drehzahl soweit ab, bis das Gegenmoment wieder dem Motormoment gleich ist. Übersteigt das Gegenmoment auch das Stillstandsmoment, geht der Konstantstrommotor zum generatorischen Betrieb über. Der Motor kann also im Ankerkreis niemals thermisch überlastet werden, weil $J = \text{konst.}$ Liegt im gesamten Drehzahlbereich das Gegenmoment unter dem Motormoment, geht der Motor durch.

Die Betriebskennlinie $n = f(M)$ des Konstantstrommotors bildet sich in Abb. 164c durch eine Gerade mit annähernd gleichem Abszissenwert ab. Eine gewisse Neigung gegenüber der Vertikalen tritt lediglich unter dem Einfluß der Eisen- und Reibungsverluste auf, da die Konstantstromregelung nur das innere Drehmoment im Luftspalt, nicht aber das an der Welle abgegebene Drehmoment konstant hält.

Abb. 164 a—c. Drehzahl-Drehmoment-Verhalten bei Gleichstrommotoren

a) Nebenschlußmotor in Konstantspannungsschaltung

b) Reihenschlußmotor in Konstantspannungsschaltung

c) Nebenschlußmotor in Konstantstromschaltung

	a Nebenschlußmotor (Konstantspannung)	b Reihenschlußmotor (Konstantspannung)	c Nebenschlußmotor (Konstantstrom)
Vorgegeben wird	Ankerspannung U Magnetischer Fluß Φ	Ankerspannung U	Ankerstrom J Magnetischer Fluß Φ
und damit	Leerlaufdrehzahl n_L	Hyperbelähnliche Kennlinie	Stillstandsmoment M_{st}
Drehzahlverhalten	Leerlaufdrehzahl vorgeschrb. Geringer Drehzahlabfall bei Belastung	Drehzahl stellt sich dem Drehmoment entsprechend ein	Drehzahl stellt sich so ein, daß Belastungsmoment = vorgegebenem Motormoment
Ankerspannung U	vorgegeben	vorgegeben	stellt sich entsprechend Drehzahl ein
Drehmoment M des Motors	stellt sich entspr. Belastungsmoment ein	stellt sich entspr. Belastungsmoment ein	Stillstandsmoment vorgeschrb. Geringes Nachl. d. Drehmom. u. Einfluß d. Eisen- u. Rbg.-Verluste
Ankerstrom	stellt sich entspr. Drehmoment ein	stellt sich entspr. Drehmoment ein	vorgegeben
erforderliche Schutzeinrichtung	Schutz gegen Überstrom (zu hohe Belastung)	Schutz gegen Überstrom (zu hohe Belastung); Schutz gegen Überdrehzahl (zu geringe Belastung)	Schutz gegen Überdrehzahl (zu geringe Belastung)
Übergang zum generatorischen Betrieb	wenn Drehzahl $> n_L$	erfordert besondere Schaltmaßnahmen	wenn Belastungsmoment $> M_{st}$

Als Bindeglied zwischen dem Nebenschlußmotor in Konstantspannungs- und Konstantstromschaltung ist der Reihenschlußmotor anzusehen (Abb. 164b). Er weist über seinem Arbeitsbereich weder eine konstante Drehzahl noch ein konstantes Drehmoment auf. Wie seine Kennlinie $n = f(M)$ zeigt, muß jede Drehmomentvergrößerung, die mit einer Stromerhöhung kleiner als beim Konstantspannungsnebenschlußmotor verbunden ist, mit einem Drehzahlabfall erkauft werden, der wesentlich größer als der Drehzahlabfall der Konstantspannungsmaschine ist.

Die Regelprobleme des Konstantstromantriebes sind:

1. Konstanthalten des Stromes im Ankerkreis,

2. Begrenzung der Drehzahl des Konstantstrommotors für den Fall, daß die Belastung plötzlich zurückgeht, beispielsweise durch Leergehen der Pumpe oder Verlust eines Propellers.

Abb. 165. Mit Konstantstromsystem ausgerüsteter dieselelektrischer Schwimmbagger Mersey 26 Dieselleistung 3 × 780 PS (Werkfoto Metropolitan Vickers)

Schaltungen für eine Regelung auf konstanten Strom wurden in D II 3 (Haspelantriebe) behandelt. Konstantstromsysteme von Schiffen erfordern im allgemeinen weder in stationärer noch in dynamischer Beziehung so empfindliche Stromregelungen wie die Haspelantriebe. Zur Stromregelung verwendet man bei kleinen Leistungen stromregelnde Querfeldgeneratoren (Metadynen). Konstantstromsysteme größerer Leistung arbeiten mit gewöhnlichen fremderregten Gleichstromgeneratoren, die bezogen auf gleiche Ankerleistung leichter als Querfeldgeneratoren sind. Der Größenvergleich für die Stromregelung wird in die Erregeranordnung verlegt.

Von Metropolitan Vickers sind mehrere Spezialschiffe mit derartigen Konstantstromsystemen ausgerüstet worden[1], darunter der in Abb. 165 dargestellte 1949, in Dienst gestellte Schwimmbagger Mersey 26 mit einer Dieselleistung von 3 · 780 *PS*. Für die Erregung der Gleichstromgeneratoren verwendet Metrovick Querfeldverstärkermaschinen. Ma-

[1] Diesel Electric Dredgers, descriptive list 7826/14 Form 5060 und Diesel Electric Cruising-Ferry Vessel *Royal Iris* descriptive list 7826/15, Form 5557

schinenverstärkern gibt man in der Schiffselektrotechnik dort gern den Vorzug vor magnetischen und elektronischen Verstärkern, wo ein Gleichstromnetz konstanter Spannung (Bordnetz) vorhanden ist. Magnetische und elektronische Verstärker müssen ihre Hilfsenergie immer aus einem Wechsel- oder Drehstromnetz konstanter Spannung beziehen, erfordern also ein Drehstrombordnetz oder ein besonderes Drehstromaggregat. Die Hilfsenergie des Maschinenverstärkers (Drehbewegung) kann mit einem Gleichstrom-Nebenschlußmotor ebensogut wie mit einem Drehstrommotor erzeugt werden. Man kann außerdem den Maschinenverstärker mit der Kraftmaschine direkt kuppeln.

Abb. 166 zeigt die Schaltung des Schwimmbaggers. Sämtliche Motoren- und Generatorenanker sind in Reihe geschaltet. Die Schaltungsfolge Motor–Generator-Motor–Generator .... (Punga-Schaltung) verhindert, daß bei Erdschluß zwischen irgendeinem Punkte des Konstantstromkreises und dem Schiffskörper eine Potentialdifferenz auftritt, die höher als die Spannung eines Generators ist. Jeder Anker ist mit einem Kurzschluß-Trennschalter versehen, mit dessen Hilfe er bei kleinen Spannungen und Drehzahlen überbrückt und dann vom Konstantstromsystem abgetrennt werden kann. Die drei Generatoren werden gemeinsam von der Querfeldverstärkermaschine V_1 erregt, während für jeden Propellermotor eine eigene Verstärkermaschine (z. B. V_2) vorgesehen ist.

Der Größenvergleich für die Regelung des Ankerstromes erfolgt im Feld der Generatorverstärkermaschine V_1, und zwar in der Form, daß der Steuerwicklung w_1, deren Erregerstrom mit Hilfe des Spannungsteilers r_1 eingestellt werden kann, eine stromdurchflossene Wicklung w_2 entgegenarbeitet. Auch die Motorfelder werden von Verstärkermaschinen erregt, weil man dadurch die Möglichkeit erhält, die Motordrehzahl auf dem sehr kleinen Leistungsniveau der Verstärkermaschinenerregung einzustellen — besonderer Vorteil bei Betätigung der Maschinenanlage von der Brücke aus. Auf diesem kleinen Leistungsniveau kann auch ein Größenvergleich für die Drehzahlbegrenzung des Motors vorgenommen werden. Die Steuerwicklung w_1 der Motorverstärkermaschinen (in Abb. 166 V_2) wird von einem Spannungsteiler r_2 mit Mittelanzapfung gespeist. Diese Ausführung des Potentiometers ermöglicht eine Richtungsumkehr des Steuerstromes und damit auch eine Richtungsumkehr des Motordrehmomentes. Eine Gegendurchflutung, verursacht durch einen Strom in der Wicklung w_2, tritt auf, sobald die Spannung der mit dem Propellermotor gekuppelten Tachometerdynamo TD die am Teiler r_3 abzugreifende Sperrspannung u_{sp} — ein Maß für die zulässige Motordrehzahl — überschreitet. Die Gegendurchflutung von w_2 setzt die Ankerspannung und damit auch den Motorerregerstrom und das Motordrehmoment herab. Ein Rückgang der Drehzahl auf den durch u_{sp} bestimmten Grenzwert ist die Folge.

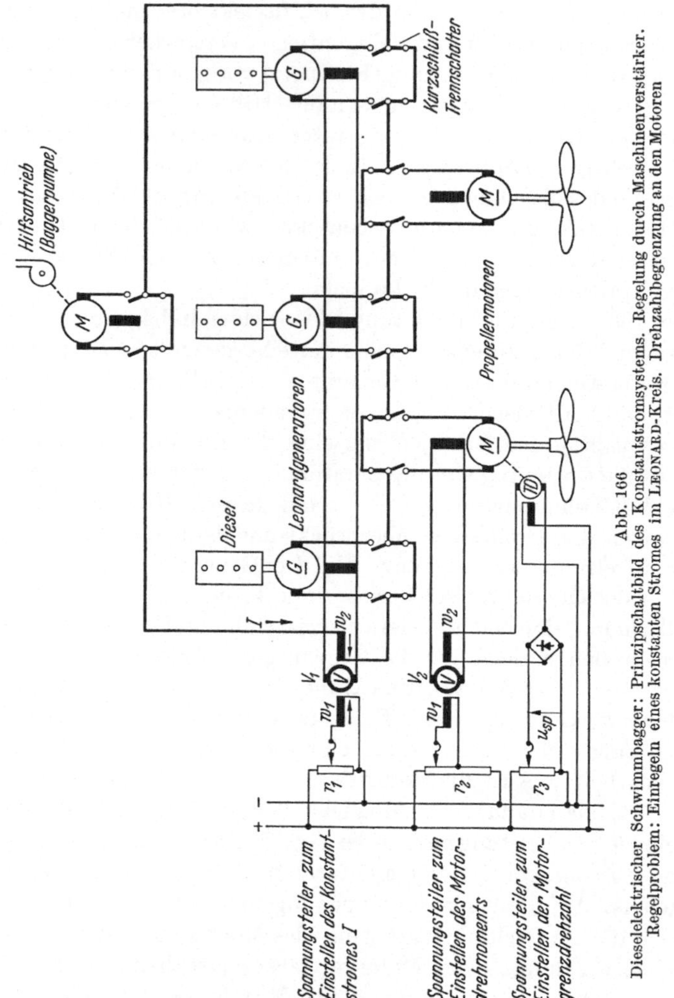

Abb. 166
Dieselelektrischer Schwimmbagger: Prinzipschaltbild des Konstantstromsystems. Regelung durch Maschinenverstärker. Regelproblem: Einregeln eines konstanten Stromes im LEONARD-Kreis. Drehzahlbegrenzung an den Motoren

Abb. 167 zeigt im Oszillogramm die Übergangsfunktionen von

Konstantstrom J
Ankerspannung des Dieselgenerators U
Erregerstrom des Dieselgenerators i_{Gen}
Erregerspannung des Dieselgenerators = Ankerspannung der Generatorverstärkermaschine $\Big\}\ u_{Gen}$
Motorerregerstrom i_{Mot}
Motordrehzahl n_{Mot}
Steuerstrom der Generatorverstärkermaschine i_{st}

bei Richtungsumkehr des Erregerstromes eines Konstantstrommotors.

Wegen seines kleinen Leistungsniveaus ist der Erregerkreis der Verstärkermaschine auch als Summierungspunkt für Regelkreise geeignet, die zum Einregeln bestimmter Kennlinien dienen sollen. So erzielt man beispielsweise beim Konstantstrommotor die Aufnahme kon-

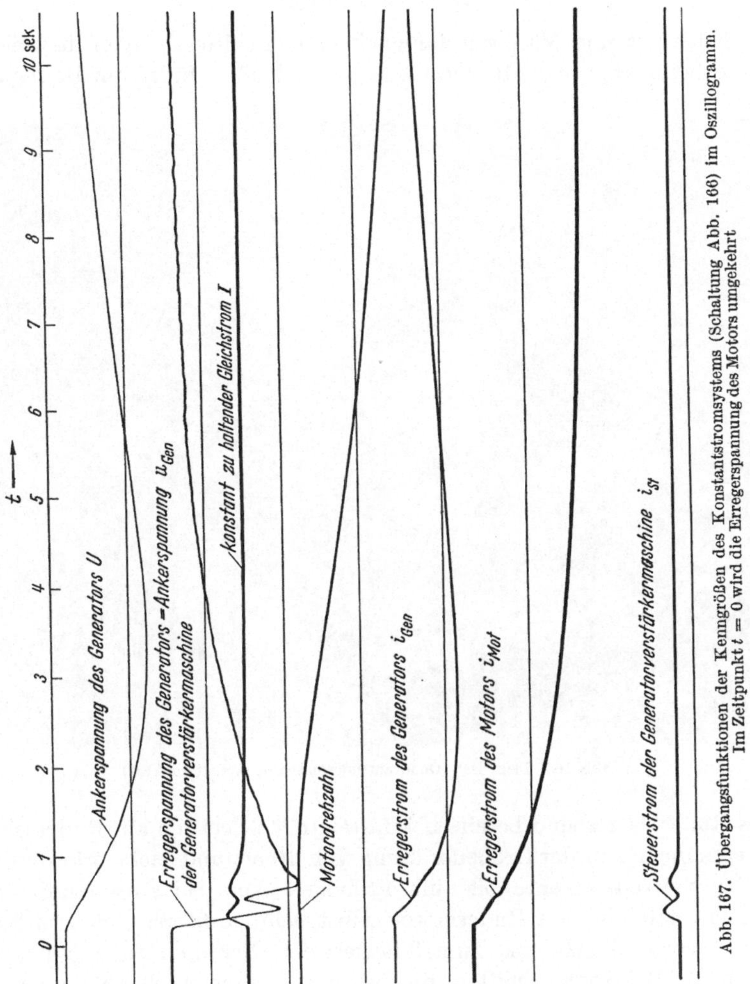

Abb. 167. Übergangsfunktionen der Kenngrößen des Konstantstromsystems (Schaltung Abb. 166) im Oszillogramm. Im Zeitpunkt $t = 0$ wird die Erregerspannung des Motors umgekehrt

stanter Leistung dadurch, daß man den Konstantstrommotor über seinen Erregerstrom auf konstante Ankerspannung unabhängig von der Motordrehzahl regelt. Diese Regelung ist für den in Abb. 161 dargestellten Schleppbetrieb (Schlepper, Fischdampfer am Netz) von Interesse.

Der Propellermotor paßt sich dabei durch Feldverstärkung (entspr. einer Drehmomentverstärkung) der Schlepplast selbsttätig so an, daß die Dieselmotoren immer mit ihrer optimalen Leistung arbeiten.

3. Ruderanlagen — einfaches Beispiel einer Lageregelung (position control)

Sicherheit und Manövrierfähigkeit eines Schiffes hängen in weitem Maße davon ab, wie die Ruderanlage ihre Aufgabe erfüllt. Zur Bewegung

Abb. 168. Elektrische Quadrantrudermaschine (Werkfoto AEG)

des Ruderblattes sind bereits bei mittelgroßen Schiffen am Ruderschaft Drehmomente in der Größenordnung von 10 mt und mehr erforderlich, wobei Spitzenmomente bis zum 1,5fachen Wert bei schwerer See am Ruderschaft und am Rudermotor selbst beim Anfahren aus dem Stillstand sogar Werte bis zum 3 fachen des Nennmomentes auftreten können. Bei Spezialschiffen, die besondere Manövrierbedingungen erfüllen müssen z. B. Eisbrecher, sind die Beanspruchungen noch größer. (Kosack[1, 2]).

[1] Kosack, H.-J.: Starkstromtechnik auf Handelsschiffen, Hansa (1954) Nr. 9/10

[2] Kosack, H.-J., u. A. Wangerin: Elektrotechnik auf Handelsschiffen, Berlin/Göttingen/Heidelberg: Springer: 1956

Auf modernen Schiffen wird die Stellarbeit am Ruder im allgemeinen von einem Elektromotor übernommen, der das Ruderblatt über ein Schneckengetriebe und einen Getriebequadranten antreibt (Abb. 168). Bei kleinen und mittleren Schiffen wird häufig ein Gleichstrommotor in LEONARD-Schaltung verwendet. Bei modernen großen Schiffen haben sich durchlaufende Motoren mit stellbarem, hydraulischem Getriebe durchgesetzt. Hier sollen nur Gleichstrom-LEONARD-Antriebe behandelt werden.

Die Ruderanlage eines Schiffes muß unter allen Umständen betriebssicher arbeiten. Das Ruderblatt soll sich möglichst schnell und genau auf eine von der Brücke vorgegebene Lage einstellen. Das Ruderlegen von einer Hartlage (Endlage) in die andere (Maximum der Winkelverstellung $\Delta\beta_{max}$) soll bei voller Fahrt des Schiffes nicht länger als 30 sek dauern. Im stationären Zustand darf die Ruderlage vom vorgegebenen Sollwert nicht mehr als 1° Ruderwinkel abweichen. Erwünscht ist ferner eine annähernd konstante, von der Größe des Stellwinkels $\Delta\beta$ unabhängige Stellgeschwindigkeit; mit Rücksicht auf Erwärmung und Kommutierung darf ein Grenzwert des Stromes im Anker des Stellmotors nicht überschritten werden.

Früher wurden einfache LEONARD-Schaltungen angewandt, die so arbeiteten, daß der Steuergenerator von der Brücke aus erregt wurde, wenn der Ruderwinkel geändert werden sollte. Dem Rudergänger auf der Brücke wurde die Stellung des Ruders mit Hilfe eines Fernanzeigers gemeldet. Das Einstellen der Ruderlage erfordert in dieser einfachen Schaltung eine gewisse Übung; denn, da die umlaufenden Massen von Motor und Getriebe nicht plötzlich stillgesetzt werden können, läuft der Motor auch nach dem Entregen des Generators noch eine kurze Zeit weiter (Nachlauf). Außerdem tritt häufig bei entregtem Steuergenerator unter dem Einfluß der Remanenz noch ein gewisser Reststrom im LEONARD-Kreis auf, so daß der Rudermotor mit geringer Drehzahl (Schleichdrehzahl) weiterläuft. Deshalb muß die Remanenz durch besondere Maßnahmen unterdrückt, unter Umständen sogar im Stillstand der LEONARD-Kreis aufgerissen werden. Zur Vermeidung des Nachlaufes muß man die umlaufenden Massen elektrisch oder mechanisch abbremsen. Der Rudergänger muß den Erregerstrom des LEONARD-Generators so langsam verstellen, daß unzulässige Stromspitzen im LEONARD-Kreis nicht auftreten können [Gl. (90)].

Nun liegt der Gedanke nahe, diese „Handregelung“ der Ruderlage durch eine echte, „selbsttätige Regelung“ zu ersetzen, wobei der Rudergänger auf der Brücke den Sollwert des Ruderwinkels vorgibt, auf den sich dann das Ruderblatt mit Hilfe der Regelung selbsttätig einstellt. In der Regelungstechnik werden diese und ähnliche Aufgaben mit dem

Sammelbegriff „Lageregelung (position control)“ gekennzeichnet. Zweckmäßig ist die Lageregelung mit einer selbsttätigen Strombegrenzung im LEONARD-Ankerkreis zu verbinden, die ja allgemeines Kennzeichen des geregelten LEONARD-Antriebes ist (DI).

Das Grundbauelement der elektrischen Lageregelung ist der Gleichstrommotor im Brückenzweig einer Gleichstrombrücke, deren Seiten von 2 Spannungsteilern gebildet werden, die an gleicher Spannung u liegen (Abb. 169). Der Abgriff des Spannungsteilers r_S ist willkürlich stellbar, beispielsweise mit Hilfe eines Handrades auf der Kommandobrücke. Der Abgriff des zweiten Spannungsteilers r_R ist mit dem Objekt, dessen Lage zu regeln ist, beispielsweise dem Ruderschaft, verbunden. Jeder Stellung des Abgriffs von r_R ist ein bestimmter Ruderwinkel β zugeordnet. Im Brückenzweig sind die Abgriffe von r_R und r_S über den Anker eines fremderregten Gleichstrommotors verbunden. Der Brückenzweig ist stromlos ($u_{R-S} = 0$), wenn die Abgriffe an den Spannungsteilern so stehen, daß $\frac{r_{S_1}}{r_{S_2}} = \frac{r_{R_1}}{r_{R_2}}$. Wird der Abgriff r_S verstellt ($u_{R-S} \neq 0$), fließt ein Ausgleichstrom über den Anker des Gleichstrommotors und erzeugt an diesem ein Drehmoment M_{mot}. Sobald $M_{Mot} > M_{Geg}$, das Gegenmoment an der Motorwelle, dreht sich der Anker und verstellt dabei den Abgriff des Spannungsteilers r_R in dem Sinne, daß die Potentialdifferenz u_{R-S} verkleinert wird. Der Motor läuft solange, bis der Ausgleichstrom so klein wird, daß $M_{mot} < M_{Geg}$.

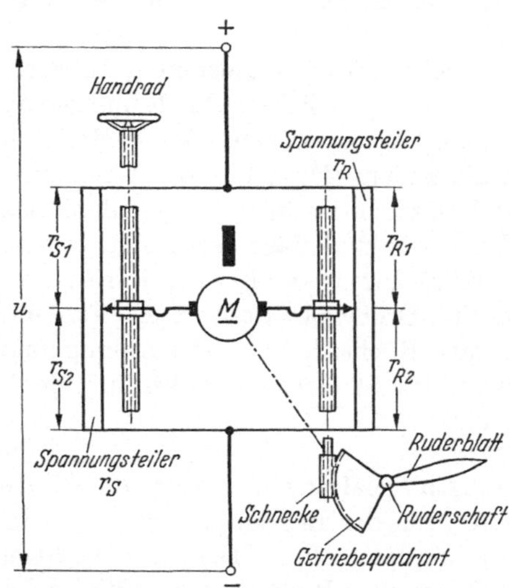

Abb. 169. Prinzipschaltbild einer Lageregelung. Regelproblem: Einregeln einer vorgegebenen Lage des Ruderblattes

Die Stellung des Spannungsteilerabgriffs r_S stellt also die Führungsgröße der Lageregelung dar, denn mit ihr wird ein bestimmter Sollwert für die Lage des Abgriffs r_R und damit des Ruderblattes vorgegeben. Störgrößen der Lageregelung sind die Gegenmomente M_{Geg} an der Motorwelle, verursacht durch den Druck der See auf das Ruderblatt und die Reibung im Stellantrieb. Bei $M_{Geg} = 0$ kommt der Motor erst zum Stillstand ($u_{R-S} = 0$), wenn der Ruderwinkel den vorgeschriebenen Sollwert erreicht hat.

Die Schaltung Abb. 169 ist in der Praxis nur bei wenig empfindlicher Regelung und mit Stellmotoren sehr kleiner Leistung zu verwirklichen. Bei empfindlicher Regelung muß schon bei sehr kleinen Regelabweichungen, abgebildet durch $u_{R-S} \ll u$, $M_{Mot} \gg M_{Geg}$ sein, da sonst der Stellmotor zum Stillstand kommt, bevor der Sollwert der Ruderlage erreicht ist. Andererseits muß aus bekannten Gründen der Strom im Brückenzweig klein gegenüber dem Strom in den Seiten der Brücke sein. Man würde deshalb Spannungsteiler sehr großer Leistung (bis zum 100-fachen der Motorleistung) vorsehen müssen, ein Aufwand, der wirtschaftlich nicht zu vertreten ist.

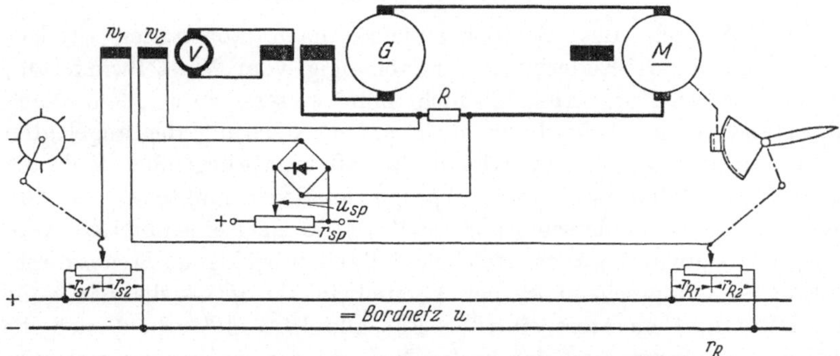

Abb. 170. Lageregelung mittels Verstärkermaschine und LEONARD-Generator. Regelproblem: Einregeln einer vorgegebenen Lage des Ruderblattes verbunden mit einer Strombegrenzung im Motorankerkreis

Man kann nun mit der Potentialdifferenz u_{R-S} nicht unmittelbar den Anker des Stellmotors, sondern die Erregerwicklung für den LEONARD-Generator des Stellmotors speisen. Nach diesem Prinzip arbeitet die „Sympathische Rudersteuerung" der AEG.[1]

Bei Stellmotoren größerer Leistung sind vorwiegend im amerikanischen Ausland anstelle gewöhnlicher Gleichstrommaschinen für die Lageregelung des Ruders vorzugsweise Verstärkermaschinen als LEONARD-Generatoren eingesetzt. Die Leistung im Brückenzweig kann dadurch um eine Ordnung verkleinert werden. Wenn nötig, wird eine weitere Verstärkungsstufe vorgesehen. So wird bei der in Abb. 170 dargestellten Regelung der Ruderstellmotor aus einem gewöhnlichen LEONARD-Generator gespeist, der von einer Verstärkermaschine erregt wird. WESTINGHOUSE hat ähnliche Schaltungen für die Ruderanlagen großer Eisbrecher gewählt. Die Seiten der Brücke werden auch hier von den Spannungsteilern r_S und r_R gebildet, die an gleicher Spannung (Bordnetz) liegen. r_S befindet sich im Steuerstand auf der Kommandobrücke. Der Abgriff des Teilers r_R ist mit dem Ruder-

[1] GREGOR, W.: Neuerungen elektrisch angetriebener Schiffsruderanlagen, AEG-Mitteilungen 1952, H. 1/2

schaft verbunden. Die Verbindung der beiden Potentiometerabgriffe über die Steuerwicklung w_1 der Verstärkermaschine stellt den Brückenzweig dar, dessen Leistungsniveau durch die Verstärkermaschinenerregung bestimmt wird. Wie in Schaltung Abb. 169 ist der Brückenzweig stromlos, wenn $\frac{r_{S1}}{r_{S2}} = \frac{r_{R1}}{r_{R2}}$. Um das Schleichen des Rudermotors zu verhindern, wird die Restspannung des LEONARD-Generators, die unter dem Einfluß der Remanenz von Verstärkermaschine und LEONARD-Generator auftritt, durch eine Gegenreihenschlußwicklung weitgehend unterdrückt. Eine zweite Erregerwicklung der Verstärkermaschine w_2 übernimmt die Begrenzung des Ankerstromes im LEONARD-Kreis (hierzu D I Abb. 99).

Der Wunsch des Schiffsingenieurs nach konstanter Stellgeschwindigkeit des Ruderblattes, unabhängig vom Verstellwinkel $\Delta\beta$, ist mit der Schaltung Abb. 169 nicht ohne weiteres zu erfüllen. Nach Gl. (1) ist ja die Ankerdrehzahl in erster Näherung der angelegten Spannung, d. h. u_{R-S}, proportional, so daß im vorliegenden Falle die Motordrehzahl dem Verstellwinkel proportional sein müßte ($n_{Mot} \sim \Delta\beta$). Durch die Nacheinanderschaltung von Verstärkermaschine und LEONARD-Generator kann man jedoch erreichen, daß schon bei kleiner Steuerdurchflutung — entsprechend kleinen Verstellwinkeln $\Delta\beta'$ — die Sättigung des LEONARD-Generators eintritt. Für alle $\Delta\beta > \Delta\beta'$ erhöht sich die Generatorspannung und damit die Drehzahl des Stellmotors nur sehr wenig, d. h. für alle $\Delta\beta > \Delta\beta'$ ist die Stellgeschwindigkeit praktisch konstant.

Lageregelungen sind heute auf nahezu allen Gebieten der zivilen und militärischen Technik von Bedeutung. Um einige Beispiele zu nennen, bei denen Verstärkermaschinen eingesetzt wurden: Einregeln des Spaltes bei Walzgerüsten, Einregeln des Fortschritts und der Auslegerstellung großer Bagger, (R. DEHMLOW[1]). Lageregelungen sind auch bei den sogenannten fühlergesteuerten Werkzeugmaschinen (Kopierdrehbänke, Kopierfräsmaschinen) häufig vorgesehen: Mittels einer Lageregelung wird das Werkzeug dem Fühler nachgeführt.

Als Muster einer Lageregelung besonders hoher Genauigkeit mit großen Anforderungen an das stationäre und dynamische Verhalten der Regelung sei die von der AEG gebaute Lageregelung des Radio-Teleskops auf dem Stockert (Eifel) erwähnt (H. KLESSMANN[2]), die ebenfalls mit Maschinenverstärkern arbeitet. Dabei muß die Winkellage des um eine vertikale und horizontale Achse drehbaren sogenannten Spiegels,

[1] DEHMLOW, R.: Folgeregelung mit Wegvergleich (Lageregelung) mit automatischer Summierung einer einstellbaren Wegvorgabe, VDE-Fachberichte 1956

[2] KLESSMANN, H.: Die elektrische Folgeregelung eines Radio-Teleskops, Telefunkenzeitung, Jg. 29 (1956), S. 174—181

einer Radarantenne von 25 m ⌀ der Bewegung astronomischer Objekte nachgeführt werden.

Lageregelungen mit Querfeldverstärkermaschinen hat vorwiegend das englisch sprechende Ausland während des 2. Weltkrieges bei automatischen Richtgeräten für Kanonen- und Maschinengewehrstände, die die Waffe nach ihrer Seiten- und Höhenrichtung der Stellung des Zielgerätes nachführen sollen, eingesetzt (Thompson[1]).

Die Nachbildung von Soll- und Istwert der Lage durch die Stellung der Abgriffe von Spannungsteilern hat nun gewisse Nachteile:

a) Die Kontaktbahnen und Schleifer müssen gegen äußere Einflüsse abgeschirmt werden und bedürfen einer gewissen Wartung;

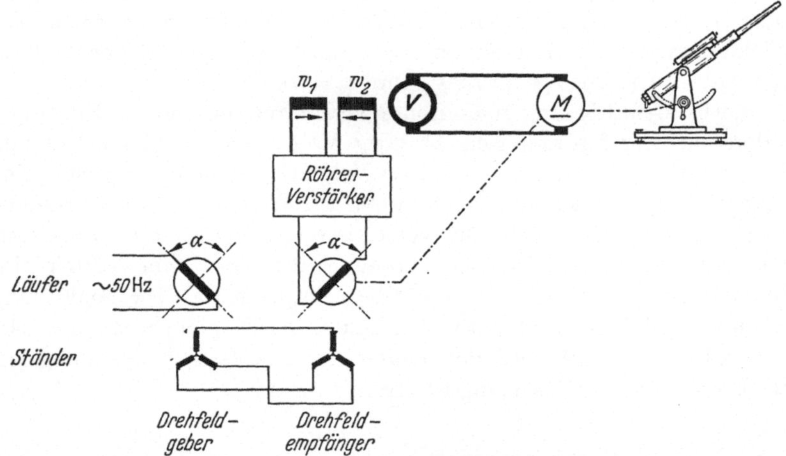

Abb. 171. Prinzipschaltbild einer Lageregelung hoher Genauigkeit. Regelung über Maschinenverstärker mit vorgeschaltetem Röhrenverstärker. Meßwertgabe durch Synchros

b) nicht immer läßt sich die Widerstandsbahn so fein stufen, daß eine kontinuierliche Nachbildung der Lage gewährleistet ist;

c) in manchen Fällen steht die zur Verstellung der Potentiometerabgriffe nötige Kraft nicht zur Verfügung.

Die moderne Technik bevorzugt deshalb kontaktlose Meßwertumformer, die eine stufenlose Nachbildung von Soll- und Istwert der Lage ermöglichen und außerordentlich kleine Stellkräfte erfordern: die Drehfeldsysteme (synchros) (Abb. 171). Synchros besitzen dreiphasig gewickelte Ständer, wie Drehstrom-Induktionsmotoren und einphasig gewickelte Schleifringläufer. Der Läufer des Gebers, dessen Winkelstellung den Sollwert der Lage nachbildet, wird mit Wechselstrom

[1] Thompson, G.: Electric gun turrets for aircraft, Transactions, Nov. 44 Vol. 63 p. 799

von 50 Hz, bei besonderen Anforderungen an die Genauigkeit und das stationäre und dynamische Betriebsverhalten mit Wechselstrom von höherer Frequenz gespeist. Dadurch wird ein Wechselfeld erzeugt, das die Ständerwicklungen durchsetzt und in diesen entsprechend der Lage der Wicklungen zur Achse des Wechselfeldes drei verschieden große Spannungen induziert. Diese Phasenspannungen oder die verketteten Ständerspannungen kennzeichnen eindeutig die jeweilige mechanische Stellung des Läufers. Bei Zusammenschaltung mit den Ständerwicklungen eines ähnlich aufgebauten Drehfeldempfängers entstehen in dessen Ständer ebenfalls Wechselfelder. Vektoriell addiert ergeben sie ein resultierendes Feld, dessen relative Lage zum Stator mit der magnetischen Achse des Läufers im Drehfeldgeber übereinstimmt. Die in der Läuferwicklung des Drehfeldempfängers induzierte Spannung u_e ist proportional dem Cosinus des Winkels α zwischen den Wicklungsachsen der Läufer von Geber und Empfänger. In der Stellung von Abb. 171 (Ruhelage $\alpha = 90°$) wird $u_e = 0$.

u_e wird dem Eingang eines Röhrenverstärkers mit hohem Eingangswiderstand zugeführt, dessen Ausgang zwei gegeneinander arbeitende Steuerwicklungen w_1 und w_2 einer Verstärkermaschine speist. Die Durchflutung von w_1 überwiegt, wenn $\alpha < 90°$; die Durchflutung w_2 überwiegt, wenn $\alpha > 90°$. Die Verstärkermaschine arbeitet direkt auf den Anker des Gleichstromstellmotors, der mit dem Läufer des Drehfeldempfängers über ein Getriebe gekuppelt ist. Die Anordnung arbeitet so, daß der Stellmotor den Läufer des Empfängers auf $\alpha = 90°$ zurückdreht. Damit wird der Läufer des Empfängers spannungslos, der Endzustand der Regelung ist erreicht.

Namen- und Sachverzeichnis